能源与环境出版工程

（第二期）

总主编　翁史烈

“十三五”国家重点图书出版规划项目

上海市文教结合“高校服务国家重大战略出版工程”资助项目

区域智能电网技术

Regional Smart Grid Technology

蔡 旭　李 征　著

内容提要

本书为"十三五"国家重点图书出版规划项目"能源与环境出版工程"之一。本书重点探索含高比例风光电源的区域智能电网综合集成技术，探索多能互补优化电源特性及输配用协同高效消纳与利用风光电源的关键技术。主要内容包括：配合大规模风电并网的风-燃互补发电控制技术、风-光-电池储能互补发电控制技术、电池储能主导的微电网技术及电池储能作为主导电源的电压源型控制技术、微能源网优化运行技术、用户端源-储-荷互动技术、区域电网纵横向互动控制技术，以及上述技术在一个典型含高比例风光电源的区域电网中的综合示范应用情况及结果评估。

本书适合从事新能源并网发电控制的工程技术人员和电气工程专业师生阅读参考。

图书在版编目(CIP)数据

区域智能电网技术/ 蔡旭，李征著. —上海：上海交通大学出版社，2018

ISBN 978-7-313-19086-4

Ⅰ. ①区… Ⅱ. ①蔡… ②李… Ⅲ. ①智能控制—电网 Ⅳ. ①TM76

中国版本图书馆 CIP 数据核字(2018)第 137548 号

区域智能电网技术

著　　者：蔡　旭　李　征
出版发行：上海交通大学出版社　　地　　址：上海市番禺路 951 号
邮政编码：200030　　电　　话：021-64071208
出 版 人：谈　毅
印　　制：上海万卷印刷股份有限公司　　经　　销：全国新华书店
开　　本：710 mm×1000 mm　1/16　　印　　张：21.5
字　　数：401 千字
版　　次：2018 年 10 月第 1 版　　印　　次：2018 年 10 月第 1 次印刷
书　　号：ISBN 978-7-313-19086-4/TM
定　　价：158.00 元

能源与环境出版工程丛书学术指导委员会

能源与环境出版工程
丛书编委会

总 序

能源是经济社会发展的基础，同时也是影响经济社会发展的主要因素。为了满足经济社会发展的需要，进入21世纪以来，短短十余年间(2002—2017年)，全世界一次能源总消费从96亿吨油当量增加到135亿吨油当量，能源资源供需矛盾和生态环境恶化问题日益突显，世界能源版图也发生了重大变化。

在此期间，改革开放政策的实施极大地解放了我国的社会生产力，我国国内生产总值从10万亿元人民币猛增到82万亿元人民币，一跃成为仅次于美国的世界第二大经济体，经济社会发展取得了举世瞩目的成绩！

为了支持经济社会的高速发展，我国能源生产和消费也有惊人的进步和变化，此期间全世界一次能源的消费增量38.3亿吨油当量中竟有51.3%发生在中国！经济发展面临着能源供应和环境保护的双重巨大压力。

目前，为了人类社会的可持续发展，世界能源发展已进入新一轮战略调整期，发达国家和新兴国家纷纷制定能源发展战略。战略重点在于：提高化石能源开采和利用率；大力开发可再生能源；最大限度地减少有害物质和温室气体排放，从而实现能源生产和消费的高效、低碳、清洁发展。对高速发展中的我国而言，能源问题的求解直接关系到现代化建设进程，能源已成为中国可持续发展的关键！因此，我们更有必要以加快转变能源发展方式为主线，以增强自主创新能力为着力点，深化能源体制改革、完善能源市场、加强能源科技的研发，努力建设绿色、低碳、高效、安全的能源大系统。

在国家重视和政策激励之下，我国能源领域的新概念、新技术、新成果不断涌现；上海交通大学出版社出版的江泽民学长著作《中国能源问题研究》(2008年)更是从战略的高度为我国指出了能源可持续的健康发展之路。为了“对接国家能源可持续发展战略，构建适应世界能源科学技术发展趋势的能源科研交流平台”，我们策划、组织编写了这套“能源与环境出版工程”丛书，其目的在于：

一是系统总结几十年来机械动力中能源利用和环境保护的新技术新成果；

二是引进、翻译一些关于“能源与环境”研究领域前沿的书籍，为我国能源与环境领域的技术攻关提供智力参考；

三是优化能源与环境专业教材，为高水平技术人员的培养提供一套系统、全面的教科书或教学参考书，满足人才培养对教材的迫切需求；

四是构建一个适应世界能源科学技术发展趋势的能源科研交流平台。

该学术丛书以能源和环境的关系为主线，重点围绕机械过程中的能源转换和利用过程以及这些过程中产生的环境污染治理问题，主要涵盖能源与动力、生物质能、燃料电池、太阳能、风能、智能电网、能源材料、能源经济、大气污染与气候变化等专业方向，汇集能源与环境领域的关键性技术和成果，注重理论与实践的结合，注重经典性与前瞻性的结合。图书分为译著、专著、教材和工具书等几个模块，其内容包括能源与环境领域内专家们最先进的理论方法和技术成果，也包括能源与环境工程一线的理论和实践。如钟芳源等撰写的《燃气轮机设计》是经典性与前瞻性相统一的工程力作；黄震等撰写的《机动车可吸入颗粒物排放与城市大气污染》和王如竹等撰写的《绿色建筑能源系统》是依托国家重大科研项目的新成果新技术。

为确保这套“能源与环境”丛书具有高品质和重大的社会价值，出版社邀请了杜祥琬院士、黄震教授、王如竹教授等专家，组建了学术指导委员会和编委会，并召开了多次编撰研讨会，商谈丛书框架，精选书目，落实作者。

该学术丛书在策划之初，就受到了国际科技出版集团 Springer 和国际学术出版集团 John Wiley & Sons 的关注，与我们签订了合作出版框架协议。经过严格的同行评审，截至 2018 年初，丛书中已有 9 本输出至 Springer，1 本输出至 John Wiley & Sons。这些著作的成功输出体现了图书较高的学术水平和良好的品质。

“能源与环境出版工程”从 2013 年底开始陆续出版，并受到业界广泛关注，取得了良好的社会效益。从 2014 年起，丛书已连续 5 年入选了上海市文教结合“高校服务国家重大战略出版工程”项目。还有些图书获得国家级项目支持，如《现代燃气轮机装置》《除湿剂超声波再生技术》（英文版）、《痕量金属的环境行为》（英文版）等。另外，在图书获奖方面，也取得了一定成绩，如《机动车可吸入颗粒物排放与城市大气污染》获“第四届中国大学出版社优秀学术专著二等奖”；《除湿剂超声波再生技术》（英文版）获中国出版协会颁发的“2014年度输出版优秀图书奖”。2016年初，“能源与环境出版工程”（第二期）入选了“十三五”国家重点图书出版规划项目。

希望这套书的出版能够有益于能源与环境领域里人才的培养，有益于能源与环境领域的技术创新，为我国能源与环境的科研成果提供一个展示的平台，引领国内外前沿学术交流和创新并推动平台的国际化发展！

翁史烈

2018年9月

前　言

风光可再生能源能的开发利用是我国能源发展战略规划中的重要环节。随着风力和太阳能发电技术越来越成熟，成本不断降低，其产业化进程发展迅速，装机容量已跃居世界首位。我国风光可再生能源能的开发利用采取大规模集中开发和分布式开发并举的战略。集中开发的大规模风电场、光伏电站需要高电压接入电力系统的输电层。分布式发电与用电负荷距离较近，一般接入配电层或用电层。尽管新能源发电在电力系统中总体占比并不高，但随着电网中大规模风光电源等随机波动电源的高度渗透，在局部地区风光可再生能源装机比例已经大于50%，先期形成含高比例可再生能源的区域电网，如何安全、高效地消纳与利用风光电能成为电网面临的主要挑战。

伴随着大型风光电源在区域电网输电层的接入，引发输电功率的大幅波动及与主电网的友好交互问题。数量众多的分布式风光电源接入配电层和用电层，改变了传统电力系统能量单向流动的特性，呈现出电能双向流动的特征，引发用电电能质量、可再生能源的高效消纳利用问题。如何综合集成智能电网各单项技术，探索含高比例风光电源的区域电网与主网的友好互动、区域电网中高比例可再生能源的友好并网、分层分区高效高质量利用的关键技术与基本理论方法十分必要。一方面，含高比例可再生能源的区域电网对于其所接入的大电网而言增加了电网调度的难度，加大了系统调峰调频的压力和运行风险，因此需要探索提高风光电源的可调性和可控性及区域电网与大电网之间横向互动的技术手段与控制策略；另一方面，为充分利用区域电网内部各层的可控资源，促进可再生能源就近高效、高质量利用，需要研究区域电网内部输电层、配电层和用电层之间协调优化的纵向互动方法。针对接入用户端的风光电源，探索含高比例风光电源环境下微电网及含多种能源结构的微能源网的运行、控制及能源管理技术；基于区域电网电力信息平台，探究智能电网各项技术的综合集成应用；在区域电网的输电层基于大型风光电源集群与可控电源的互补发电等效技术，实现高比例可再生能源发电的可控可调及与主网的友好互动；在配电层充分利用储能等可控资源，基于配网自动化系统的物理操作，实现广纳风光电源的主动配电网；在用户层，建立对配网友好的微电网、微能源网及互动用户。构建风光电源分层分区立体协调互动消纳与高效利用框架，实现区域电网与主网的横向互动调控、输配用三层间纵向互动控制、高比例风光电源的友好接入与分层分区高效高质量利用、安全高效运行、用户主动参与互动的区域智能电网。

本书总结了上海交通大学风力发电研究中心团队在风力发电并网控制、微电网与微能源网及储能应用领域的多年研究积累。全书由蔡旭负责定稿、李征统稿修改；第1章由蔡旭撰写，柴炜博士参与写作及整理，第2～4章由李征负责撰写，柴炜、彭思敏、王鹏博士、熊坤、顾静鸣硕士参与写作及整理；第5～8章由蔡旭负责撰写，柴炜博士、陈为嬴、何舜、刘楚晖硕士参与写作及整理。感谢风电中心研究生们在相关研究中做出的贡献，感谢国家科技支撑计划“以高比例可再生能源利用为特征的智能电网综合示范工程”项目组成员及项目牵头单位国家电网上海电力公司对相关研究成果二次创新、推广应用的贡献，也感谢张迪硕士为本书统稿的文字整理和图表加工做出的贡献。

感谢国家科技支撑计划项目“以高比例可再生能源利用为特征的智能电网综合示范工程”的资助。

由于时间仓促，书中难免存在错误，恳请读者批评指正。

目　　录

第1章　概　　述

可再生能源的开发利用对于保障能源安全、解决环境污染问题具有重要意义[1]。随着可再生能源发电技术的不断进步，产业规模不断扩大，其在电力系统中电源的占比越来越大[2,3]。其中，水力发电的技术较为成熟，装机容量占比最高，但增速较为缓慢，而风力发电和太阳能发电由于技术逐步趋于成熟、成本不断降低，产业化进程发展迅速。

在全球可再生能源的开发利用中，亚洲国家的发展最为迅速，占据了2016年可再生能源发电新增装机容量的58%，并以每年13.1%的增速稳居发展最快的区域。目前亚洲国家可再生能源发电的累计装机容量已达812 GW，占全球可再生能源发电的累计装机容量总量的40.5%，其中，中国可再生能源至2016年底累计装机容量570 GW，占全球可再生能源发电的累计装机容量总量的28.4%。

根据国际可再生能源理事会(IRENA)发布的数据[4]，2006—2016年全球各类型可再生能源发电的累计装机容量如图1-1所示。虽然水力发电的占比最高，但

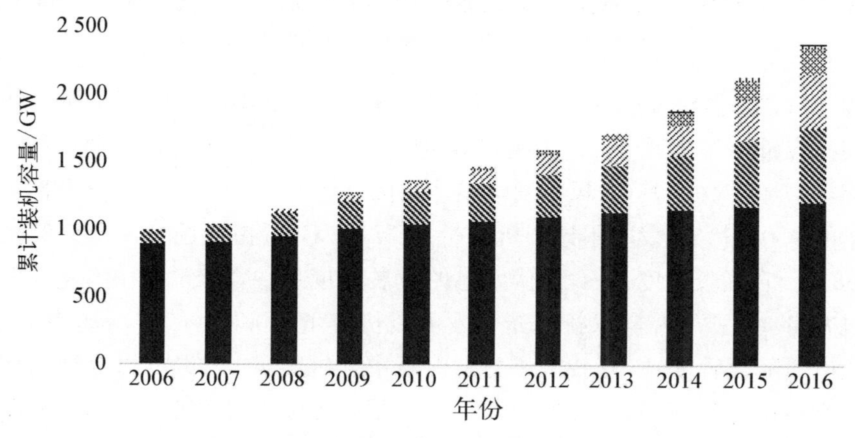

图1-1　全球各类型可再生能源发电的累计装机容量(2006—2016年)

风力发电和太阳能发电的增速更快。截至2016年底，全球水力发电的装机容量约占全部可再生能源发电总容量的56％，但2006—2016年水力发电的年均增长率仅为3.31％。而风力发电和太阳能发电的占比分别由2006年的7.01％和0.63％升至2016年的23.28％和13.94％，年均增长率分别高达20.65％和47.55％。此外，生物质能发电的累计装机容量占比相对较小，而地热能和海洋能的开发利用目前仍处于研究探索阶段[5]。

目前，全球可再生能源发电量约占全部发电量的23.5％，截至2016年末，全球可再生能源发电的累计装机容量已达2 006 GW，2016年新增装机容量161 GW，年增速为8.7％，呈逐年上升趋势。非可再生能源发电的新增装机容量则逐步放缓，并被可再生能源发电反超，2007—2016年全球可再生能源与非可再生能源发电的新增装机容量比较如图1-2所示[6]，体现了世界范围内对可再生能源开发利用以及节能环保的共识。

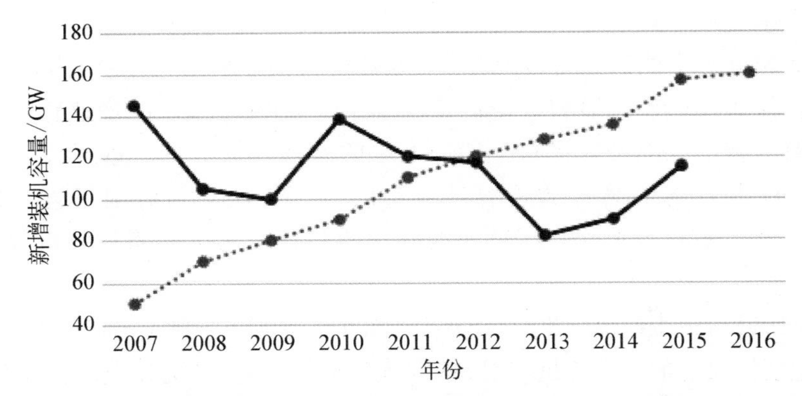

图1-2　全球可再生能源与非可再生能源发电的新增装机容量比较(2007—2016年)

可再生能源发电　非可再生能源发电

我国可再生能源发电的接入比例逐年上升，截至2016年，中国可再生能源发电的装机容量已占全国全部电力装机容量的34.6％，比2015年的可再生能源发电装机容量增加10％。其中，风力发电累计装机容量为149 GW，占我国全部电力装机容量的9.0％；光伏发电累计装机容量为77.42 GW，占我国全部电力装机容量的4.68％。在增长速度方面，光伏发电的发展速度最快，2016年我国光伏发电新增装机容量34 GW，占全球新增光伏发电装机容量的47.5％，年增速为79.3％。风力发电紧随其后，2016年我国风力发电新增装机容量20 GW，占全球新增风力发电装机容量的39.7％，年增速为15.5％。根据国际可再生能源理事会和我国国家能源局发布的数据[4,7,8]，2006—2016年我国各类型可再生能源发电的累计装机容量如图1-3所示。

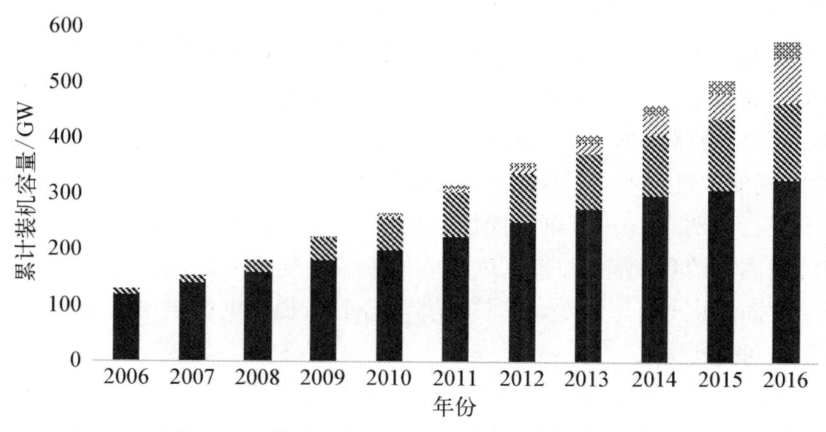

图1-3 中国各类型可再生能源发电的累计装机容量(2006—2016年)

■水利 风能 太阳能 生物能 地热能

但是,在可再生能源消纳方面,我国风力发电和光伏发电的电力消纳却相对滞后。2016年,全国可再生能源的电力消纳量为1 505.8 TW①·h,在全部用电量中占比25.4%,比2015年的消纳量增加了0.9%。其中,风力发电和光伏发电等非水可再生能源2016年的电力消纳量为371.7 TW·h,在全部用电量中占比仅为6.27%,比2015年的非水可再生能源消纳量增加了1.3%[7,8]。可以看出,虽然我国风力发电和光伏发电装机的增速很快,逐渐呈现出高比例接入的趋势,但其电力消纳却相对滞后,某些地区为保障电网安全运行被迫采取弃风限光的措施[9,10]。2016年全国弃风电量497亿千瓦·时,“弃水、弃风、弃光”电量近1 100亿千瓦·时,严重影响了可再生能源的消纳。

1.1 含高比例可再生电源区域电网面临的挑战

风光可再生能源的大规模开发利用是我国能源发展战略规划中的重要环节[11],大量集中式开发的大规模风电场、光伏电站接入电力系统的输电层。随着分布式发电技术的迅猛发展,越来越多的小型风光电源逐渐靠近用户端部署,大量分布式发电接入了配电层和用电层[12,13],用户需求响应与可再生能源消纳互为促进[14,15]。伴随着大型、分布式可再生能源发电的同步快速发展,区域电网的输电层、配电层和用电层中都将接入大量风力发电和光伏发电设备。电力系统在传统的垂直分层结构的基础上,能量将不只局限于垂直单向流动,未来区域电网将呈现

① 1 TW=10^3 GW=10^{12} W。

出高比例可再生能源分层接入、能量双向流动、层间互动的特点。

风力发电和光伏发电的出力存在随机性、波动性和间歇性，难以像传统电源一样实现调度和控制。与传统同步机电源不同，风光电能经电力变换后体现为电流源性质，并且变换器隔离了电源的惯性，随着风力发电和光伏发电的并网接入比例提高，大电网的惯性减小，这不仅会导致消纳难的问题[16,17]，也会引发电力系统的安全稳定运行问题[18-20]。可再生能源发电接入区域电网的输、配、用各个层面，改变了传统电网潮流单向流动的特点，形成一个多源复杂网络，潮流分布随之发生变化[21,22]，引发电压波动与闪变，同时也给降低网损、提高电能供给效率、配网优化运行提供了多种可能。

随着风光电源高比例接入区域电网，提高光伏/风力发电的可调性和可控性，探索含高比例风光电源的区域电网与主网的友好互动、区域电网中高比例可再生能源的友好并网、分层分区高效高质量利用的关键技术与基本理论方法十分必要。

1.2 区域智能电网技术的发展趋势

传统电力系统是垂直分层的结构，能量主要由输电层、配电层向用电层单向流动。风光电源在输、配和用电层的大规模接入，对输电层面的大型调频（调峰）电厂的可控性能、配电层面的主动性和灵活性、用电层面的互动行为都提出更高的要求，这势必引发区域电网网架结构和电源性质的改变。未来的区域电网对外部电网将具备更灵活的横向互动性能，内部将逐渐呈现出分布式的结构及上下层间的纵向双向互动行为。配网中将引入储能等大量可控电源，以辐射型为主的配网架构也将具有更多的环网形态。用户侧将出现数量众多的、可灵活调配的微电网，微电网的主导电源将呈现出电压源特性。由于区域电网每个层面的消纳能力和控制裕度有限，能量会在层间双向流动，有可能出现不利于可再生能源就近消纳以及增加网损的情况。

含高比例可再生能源的区域电网对于其所接入的大电网而言增加了电网调度的难度，加大了系统调峰调频的压力和运行风险，因此探索提高风光电源的可调性和可控性及区域电网与大电网之间横向互动的技术手段与控制策略显得十分必要。此外，为充分利用区域电网内部各层的可控资源，促进可再生能源就近高效、高质量利用，需要研究区域电网内部输电层、配电层和用电层之间协调优化的纵向互动方法。关于接入用户端的风光电源，探索含高比例风光电源环境下微电网及微能源网的运行、控制及能源管理技术。基于区域电网电力信息平台，研究智能电网单项技术的综合集成应用方法与手段，在区域电网的输电层，基于大型风光电源集群与可控电源的互补发电等效技术，实现高比例可再生能源发电的可控可调及与主网的友好互动。在配电层充分利用储能等可控资源、电动车充换储电站及可调控用户，基于配网自动化系统的物理操作，实现广纳风光电源的主动配电网。在用户层面，建立对配网友好的微电网、微能源网及互动用户。构建风光电源分层分区立体协调互动消纳与高效利用架构，实现区域电网与主网的横向互动调控、输配用层间纵向互动控制、高比例风光电源的友好接入与分层分区高效高质量利用、区域电网安全高效运行、用户主动参与互动的区域智能电网。

参考文献

[1] Domínguez R, Conejo A J, Carrión M. Toward fully renewable electric energy systems[J]. IEEE Transactions on Power Systems, 2014, 30(1): 316 - 326.

[2] Spieker C, Teuwsen J, Liebenau V, et al. European electricity market simulation for future scenarios with high renewable energy production, 2015 IEEE Eindhoven Power Tech[C]. Eindhoven, Netherlands: 2015.

[3] Wu Y, Lau V K N, Tsang D H K, et al. Optimal energy scheduling for residential smart grid with centralized renewable energy source[J]. IEEE Systems Journal, 2017, 8(2): 562 - 576.

[4] International Renewable Energy Agency. Renewable capacity statistics 2017[R/OL]. [2017 - 03]. http://www.irena.org/publications/2017/Mar/Renewable-Capacity-Statistics - 2017.

[5] Halamay D A, Brekken T K A, Simmons A, et al. Reserve requirement impacts of large-scale integration of wind, solar, and ocean wave power generation[J]. IEEE Transactions on Sustainable Energy, 2011, 2(3): 321 - 328.

[6] International Renewable Energy Agency. Rethinking energy 2017[R/OL]. [2017 - 02]. http://www.irena.org/publications/2017/Jan/REthinking-Energy - 2017.

[7] 国家能源局. 2016年度全国可再生能源电力发展监测评价报告[R/OL].[2017 - 04 - 10]. http://www. 2fxxgk.nea.gov.cn/auto87/201704/t20170418_2773.htm.

[8] 国家能源局. 2015年度全国可再生能源电力发展监测评价报告[R/OL]. [2016 - 08 - 16]. http://www. 2fxxgk.nea.gov.cn/auto87/201608/t20160823_2289.htm.

[9] Niu T, Guo Q, Sun H, et al. Voltage security regions considering wind power curtailment to prevent cascading trip faults in wind power integration areas[J]. IET Renewable Power Generation, 2017, 11(1): 54 - 62.

[10] Sindhu K S V, Venkaiah C. An energy acquisition model for DISCOMs with high renewable energy integration, 2016 National IEEE Power Systems Conference[C]. Bhubaneswar, India: 2016.

[11] 田书欣，程浩忠，曾平良，等.大型集群风电接入输电系统规划研究综述[J].中国电机工程学报，2014，34(10)：1566 - 1574.

[12] 王文静，王斯成.我国分布式光伏发电的现状与展望[J].中国科学院院刊，2016，2：165 -

172.
[13] 梁有伟,胡志坚,陈允平.分布式发电及其在电力系统中的应用研究综述[J].电网技术,2003,27(12):71-75.
[14] Pedrasa M A A, Spooner T D, Macgill I F. Coordinated scheduling of residential distributed energy resources to optimize smart home energy services[J]. IEEE Transactions on Smart Grid, 2010, 1(2): 134-143.
[15] Cecati C, Citro C, Siano P. Combined operations of renewable energy systems and responsive demand in a smart grid[J]. IEEE Transactions on Sustainable Energy, 2011, 2(4): 468-476.
[16] Katiraei F, Aguero J R. Solar PV integration challenges[J]. IEEE Power & Energy Magazine, 2011, 9(3): 62-71.
[17] Chen L, Min Y, Dai Y, et al. Stability mechanism and emergency control of power system with wind power integration[J]. IET Renewable Power Generation, 2017, 11(1): 3-9.
[18] Papazoglou T M, Gigandidou A. Impact and benefits of distributed wind generation on quality and security in the case of the Cretan EPS, CIGRE/IEE PES International Symposium Quality and Security of Electric Power Delivery Systems, 2003[C]. Montreal, Quebec: Quality and Security of Electric Power Delivery Systems, 2003.
[19] 王成山,李鹏. 分布式发电、微网与智能配电网的发展与挑战[J]. 电力系统自动化,2010,34(2):10-14.
[20] Tamimi B, Cañizares C, Bhattacharya K. System stability impact of large-scale and distributed solar photovoltaic generation: the case of ontario, Canada[J]. IEEE Transactions on Sustainable Energy, 2013, 4(3): 680-688.
[21] Holttinen H, Kiviluoma J, Estanqueiro A, et al. Variability of load and net load in case of large scale distributed wind power, 10th International Workshop on Large-Scale Intergration of Wind Power into Power Systems as well as on[C]. Aarhus, Denmark: 2010.
[22] 王志群,朱守真,周双喜,等.分布式发电对配电网电压分布的影响[J].电力系统自动化,2004,28(16):56-60.

第 2 章　配合大规模风电并网的风-燃互补发电控制技术

众所周知，风电由于受自然气候变化的影响，具有随机波动性和间歇性，大规模波动电能并网将使电网接收到的总体电能波动加大。对电力系统而言，保持电网频率和电压稳定在一定范围是运行的基本要求。达到这一要求的本质是保持系统发出电能与消耗电能的平衡。电力系统通过调节发电机的出力来补偿负荷随机波动：对于变化幅值小且波动频率较高的负荷，通常通过发电机的转速调节来实现；对于波动幅值较大且变化频率较低的负荷，通过调节发电机原动机的输出功率来实现；对于波动幅值大，变化频率低的负荷，往往需要通过增加或减少发电机组台数来实现。总的来说，电力系统应对负荷的波动需具有一定的备用发电容量，可进行输出功率调节。面对新能源接入的快速、大幅波动，电力系统中的调节发电机面临调节速度和可调容量的考验。通常，风电场功率通过升压变压器升压后，经长距离输电线路送出到并网点，一般通过并入可调功率，减少传输入网的功率波动就可以减少风电并网对电力系统和并网点电压产生的不利影响。

燃气发电具有较好的调节性能，且安装灵活，是最适合担任新能源互补发电的设备，易于通过控制手段达到减少新能源波动的目的[1]。该发电设备到位后，控制策略是技术关键，其中，准确地预知风电功率波动是实现互补发电必不可少的前提。

2.1　风电出力特性与预测模型

2.1.1　风电出力特性建模

1）波动率及其概率分布

衡量风电出力波动性的重要指标为波动率（用 λ 表示），即风电有功功率变化率。可以定义为前后采样时刻有功功率变化量占风电机组额定容量的百分比。即

$$\lambda=\frac{P_{\mathrm{w}}(t+T)-P_{\mathrm{w}}(t)}{P_{\mathrm{N}}}\times 100\% \tag{2-1}$$

式中，$P_{w}(t)$为 t 时刻风电机组的有功输出功率；P_{N}为风电机组的额定容量；采样间隔 T 对应了波动率的时间尺度，如：秒级波动率、1 min 波动率、15 min 波动率等。

风电机组输出功率的概率分布可用一定时间内的概率密度曲线表示，体现风机出力的随机分布特性。图 2－1 为某风场一个月内一台 1.5 MW 风电机组出力的概率分布。

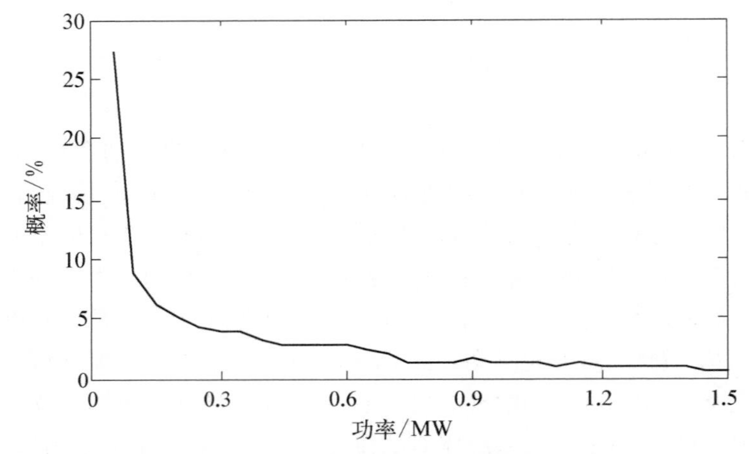

图 2－1　某风电机组输出功率的概率分布曲线

风电场由多台机组组成，机组排列的分布性导致机组接收到的风能具有分布性。波动叠加的结果使得风电场总体风电出力的波动性比单机有所减少，也就是风场具有平滑效应。平滑的程度与机组的台数和位置排布特性相关。图 2－2 比较了某风电场中单台风电机组、6 台成单行排列机组和 6 台成矩形排列机组的风电出力波动率的概率分布，可看出最大变化量的明显降低。

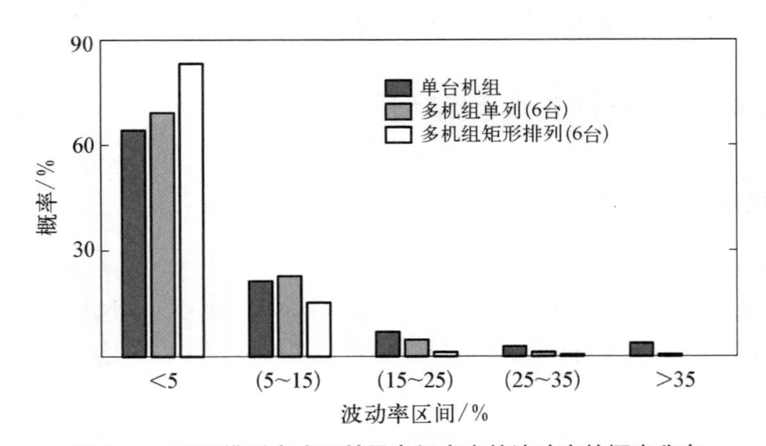

图 2－2　不同排列方式下某风电场出力的波动率的概率分布

2）置信区间与置信水平

风电出力具有不确定性，波动置信区间衡量了一定置信水平下风电出力的波动程度。设置信水平（概率指标）为 p_l，则置信区间 I 定义如下：

$$P(|\lambda| \leqslant I) = p_l \tag{2-2}$$

式中，$P(\quad)$为求解概率的函数，即波动率 λ 在 $\pm I$ 范围内的置信水平为 p_l，置信区间 I 可以通过波动率绝对值的累积概率进行求取。置信水平 p_l 取 90%时单台风电机组与6台风电机组的平均输出功率、平均波动率、输出功率序列归一化处理后的标准差以及波动置信区间如表 2-1 所示。

表 2-1　不同排列方式下的某风电场出力特性

类　型	平均输出功率/kW	平均波动率/%	标准差	波动置信区间/%
单台机组	433.2	5.24	0.326 6	18.4
单行排列(6台)	464.6	4.6	0.323 1	14.2
矩形排列(6台)	423.0	2.55	0.284 5	9.7

3）混沌特性及其判据

风电出力具有混沌特性。混沌是动态非线性系统中的随机无序运动，介于发散和稳定之间，可通过相空间重构的方法分析风电功率序列的混沌特性[2,3]。

设 p_i 为风电场在时刻 i 的输出功率，则风电功率的时间序列为

$$p = \{p_i \mid i = 1,\ 2,\ \cdots,\ N\} \tag{2-3}$$

式中，N 为所研究的时域中采样所得风电功率的总点数。依据 Takens 时间嵌入理论[1]将其重建为一个新的相空间：

$$\boldsymbol{P} = \{\boldsymbol{P}_i \mid \boldsymbol{P}_i = [p_i,\ p_{i+l},\ \cdots,\ p_{i+(m-1)\cdot l}],\ i = 1,\ 2,\ \cdots,\ M\} \tag{2-4}$$

式中，$\boldsymbol{P}_i$ 表示重构后新建相空间中的相点，每个相点为 m 个原始空间中的点所组成的子序列，该子序列中每两点在原始空间中的间隔为 l，即重构之后的相空间内包含 M 个相点，形成一个 m 维的相空间，其中 $M = N - (m-1) \cdot l$。

具有混沌特性的时间序列至少存在一个正李雅普诺夫指数，故通过求取风电出力序列相空间重构后的最大李雅普诺夫指数 L_p 作为其是否为混沌系统的判据，即 L_p 大于零的风电出力序列具有混沌特性。设 L_i 为相点 $\boldsymbol{P}_i$ 与其最邻近的相点 $\boldsymbol{P}_k$ 之间的距离，L_i' 为下一时间段运动后此两相点之间的距离，则最大李雅普诺夫指数为

$$L_p = \frac{1}{T}\sum_{i=1}^{M}\ln\frac{L_i'}{L_i} \tag{2-5}$$

式中，T 为时间序列总时长。

图 2-3 为通过最小二乘法对某风电功率序列相空间重构后求斜率得到的最大李雅普诺夫指数判据，结果表明，该系统 $L_p=0.0052$，即 $L_p>0$，则该风电功率的时间序列具有混沌特性。

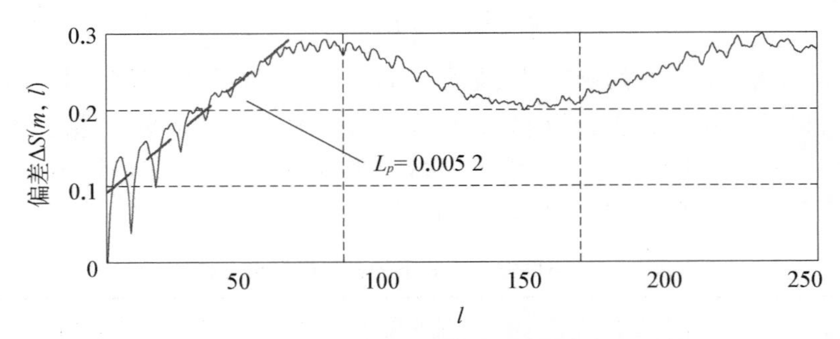

图 2-3　某风电序列混沌相空间重构后的 L_p 判据

2.1.2　风电出力的超短期组合预测模型

风-燃互补发电控制的研究需要建立超短期风电功率预测模型，时间尺度为分钟级。常规线性预测方法适用于较平稳时间序列，而风电功率具有混沌特性且为非平稳序列，因此，结合基于混沌理论的预测方法可以提高其预测精度。

1）线性预测及改进滑动平均预测模型[4-6]

线性预测模型所需的计算代价和时间代价都较小，因而得到广泛的应用，通常适用于精度需求不高的短期和超短期预测应用场合。最基本的线性预测模型为持续时间模型，即将上一时刻风电功率的实际值作为当前风电功率的预测值。若 $p_{\mathrm{w},\,t-1}$ 为 $t-1$ 时刻风电实际输出功率，则 t 时刻风电功率预测值为

$$p_{\mathrm{wf},\,t}=p_{\mathrm{w},\,t-1} \tag{2-6}$$

滑动平均模型是一种灵活且应用较为广泛的常规线性预测方法，其核心是将选定的固定长度窗口内的所有数值做算术平均，将平均值作为窗口中心点的数值输出。考虑到风电的随机波动性较大，且风轮具有一定惯性，下一时刻的值与当前一段时间的趋势相关度更高，因而对滑动平均模型进行改进。设预测时间尺度为 T，在时间段 T 内共计 N 个风电功率采样点，采样时间为 Δt，即 $T=N\cdot\Delta t$，则改进滑动平均法预测所得 t 时刻风电功率为

$$\begin{cases}p_{\mathrm{wf},\,t}=\sum\limits_{i=1}^{x}\alpha_i\cdot p_{\mathrm{w},\,t-i}+\sum\limits_{i=N-y+1}^{N}\beta_i\cdot p_{\mathrm{w},\,t-1}^{i}\\ \sum\limits_{i=1}^{x}\alpha_i+\sum\limits_{i=N-y+1}^{N}\beta_i=1\end{cases} \tag{2-7}$$

式中，$p^{i}_{\mathrm{w},\,t-1}$ 为第 $t-1$ 时刻对应的 T 时段内第 i 个采样点对应的风电功率，x 和 y 为项数系数，α_i 和 β_i 为第 i 项的权重系数。式(2-7)中，第一式右边第一项考虑了近期较长时间段内的风电功率历史信息，右边第二项考虑了前一时刻最近若干采样点的实际风电功率。该方法同时兼顾了较长时间段的历史信息和当前时段的风电变化趋势。

2）基于混沌理论的预测模型

风电出力具有混沌特性，其混沌状态可以被瞬时预测[2]。该方法需要重构混沌系统的相空间，重点要选取合适的参数 m 和 l。首先定义关联积分 C[3]：

$$
\begin{aligned}
&C(m,\,N,\,d,\,l)=\frac{2}{M(M-1)}\sum_{1\leqslant i\leqslant j\leqslant M}\theta(d-d_{ij})\\
&\theta(x)=\begin{cases}0,\ x<0\\ 1,\ x\geqslant 0\end{cases}
\end{aligned}
\tag{2-8}
$$

式中，d 为距离参数；d_{ij} 为重构的相空间中相点 i 和相点 j 之间的距离；关联积分 $C(m,\,N,\,d,\,l)$ 衡量了以 m 和 l 对原 N 点时间序列进行相空间重构后，相点间距在 d 范围内的概率。

根据关联积分统计相点之间的自相关性可表示为

$$
S(m,\,d,\,l)=\lim_{N\to\infty}\frac{1}{l}\sum_{s=1}^{l}\{C_s(m,\,N/l,\,d,\,l)-[C_s(1,\,N/l,\,d,\,l)]^m\}
\tag{2-9}
$$

式中，将原始时间序列划分为 l 个子序列，每个子序列的长度为 N/l（假设 l 能整除 N），第 s 个子序列为 $\{p_s,\,p_{s+l},\,\cdots,\,p_{N-l+s}\}$ $(s=1,\,\cdots,\,l)$，则 $C_s(m,\,N/l,\,d,\,l)$ 可表示子序列 s 的关联积分，而 $S(m,\,d,\,l)$ 则表示相点 $\boldsymbol{P}_i$ 的自相关性。

设 d_i 为 i 乘以 d，以 m 和 l 重构相空间后所有距离范围内的最大偏差 $\Delta S(m,\,l)$ 为

$$
\Delta S(m,\,l)=\max_{1\leqslant i\leqslant n}\{S(m,\,d_i,\,l)\}-\min_{1\leqslant i\leqslant n}\{S(m,\,d_i,\,l)\}
\tag{2-10}
$$

式(2-9)和式(2-10)的联合概率函数为

$$
S_{\mathrm{cor}}(l)=\left|\frac{1}{n(m_{\max}-1)}\sum_{m=2}^{m_{\max}}\sum_{i=1}^{n}S(m,\,d_i,\,l)\right|+\frac{1}{m_{\max}-1}\sum_{m=2}^{m_{\max}}\Delta S(m,\,l)
\tag{2-11}
$$

最佳时间间隔 l 取 $\Delta S(m,\,t)$ 的第一个局部极小值，嵌入窗 l_{w} 取 S_{cor} 的全局最小点[3]，其中，嵌入窗为

$$
l_{\mathrm{w}}=(m-1)\cdot l
\tag{2-12}
$$

设需要预测的风电功率 p_{N+1} 所在的相点为 $\boldsymbol{P}_{M+1}$，根据 Takens 定理，对于具有混沌特性的系统（最大李雅普诺夫指数 $L_p>0$），按照上述方法重构后相空间的轨迹与原始时间序列具有相似的规律特点[4]，故可通过最小领域法对 $\boldsymbol{P}_{M+1}$ 进行预测：

$$\| \boldsymbol{P}_{M+1} - \boldsymbol{P}_{k+1} \| = \| \boldsymbol{P}_M - \boldsymbol{P}_k \| \mathrm{e}^{L_p} \tag{2-13}$$

式中，相点 $\boldsymbol{P}_k$ 为相空间中与 $\boldsymbol{P}_M$ 距离最近的相点。

综上，基于混沌理论预测的原理如图 2-4 所示，通常距离参数 d 取原始时间序列的标准差 $\mathrm{std}(p_i)$，根据重构后相空间中各相点间距及轨迹运动规律预测下一时刻的相点 $\boldsymbol{P}_{M+1}$，进而得到原时间序列的预测值 p_{N+1}。

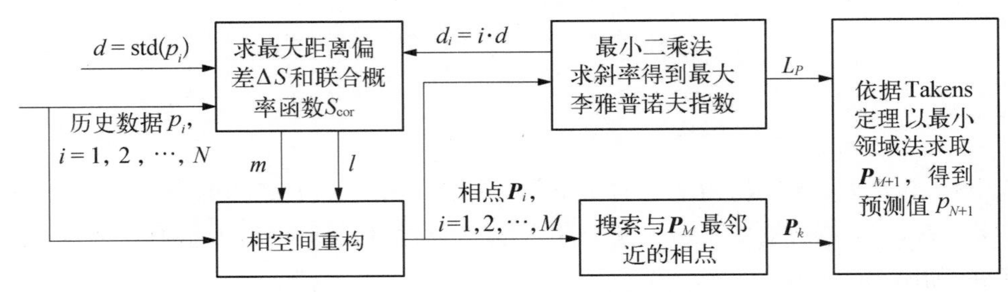

图 2-4　基于混沌理论预测的原理

基于混沌理论的风电功率预测方法是一种非线性预测法，由于在具有混沌特性的系统中，相邻相点间的距离差以指数级别上升，故该方法对初始状态非常敏感，预测精度因此受到限制，不适用于平稳时间序列的预测。

3）混沌-神经网络组合预测模型

线性预测模型和混沌预测模型的结合能够优势互补，进一步提高预测精度。在此，采用 BP 神经网络，将上述预测方法得到的预测值和对应实际值作为 BP 神经网络学习的输入-输出对，提取多种预测值与实际值之间的映射关系，逐渐逼近实际值，从而建立非线性组合预测模型。具体步骤如下。

设基于混沌理论预测所得的风电场输出功率预测值为 h_i、滑动平均法得到的预测值为 a_i、持续时间法的预测值为 c_i，将这些作为神经网络输入层神经元的输入。输入的样本数据经过归一化处理。

设神经网络包含一个隐含层，隐含层最优神经元个数通过离线仿真来确定。若隐含层中神经元的个数过多，则会增加预测结果的分散性；若个数太少，则无法全面反映系统特性。这两者均会影响系统的预测精度。通过仿真，从小至大逐一检验不同隐含层神经元个数时神经网络的输出偏差，选取偏差最小时的神经元个数作为最优值。隐含层采用 tansig 函数作为其激活函数。

神经网络输出层采用一个神经元，其输出为组合预测模型归一化的预测值，通过用三种预测方法分别求得预测值，对其进行反归一化处理后即可得到组合预测模型的最终预测值 $p_{\mathrm{pre},\,i}$。输出层采用 purelin 函数作为激活函数。

风电场实际输出功率数据 p_i 将作为输出样本值，与预测值 $p_{\mathrm{pre},\,i}$ 进行对比。利用有动量的梯度下降法以及偏差反向传播算法对样本数据进行反复学习和训练，不断调整优化上下层神经元之间的连接权值 w_{ij}，直到输出偏差满足预定精度。

神经网络组合预测模型的结构如图 2-5 所示。

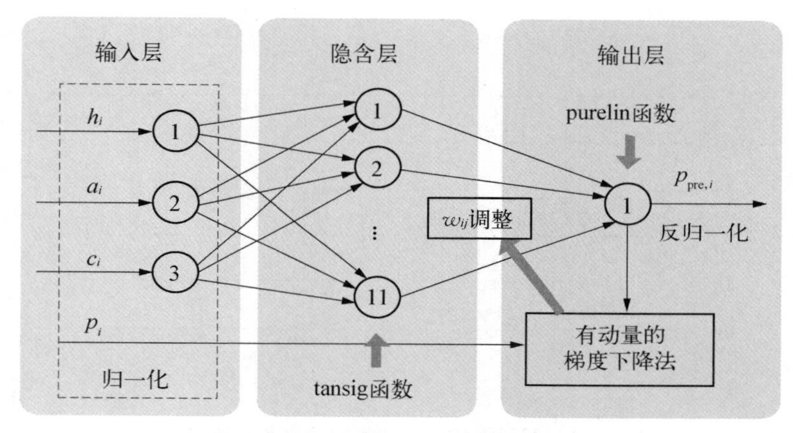

图 2-5　神经网络组合预测模型的结构

4）仿真对比

计划调度层需要每 15 min 更新数据样本和预测结果。首先依据混沌理论预测方法对风电功率的时间序列进行相空间重构，时间序列长度 N 取 2 000，计算各相点间的关联积分、联合概率函数等统计数据以选取合适的相空间重构参数 m 和 l，如图 2-6所示。图 2-6(a)中，$\Delta S(m,\ l)$的第一个局部极小值为 29，故相空间重构的最佳时间间隔 l 取 29。图 2-6(b)中，$S_{\mathrm{cor}}(l)$的全局最小值为 58，故嵌入窗 l_{w}取 58，相空间重构的维数 m 取 3。该系统的最大李雅普诺夫指数 $L_p=0.008\,4$，即该风电功率序列有混沌特性，能够基于混沌理论对其预测。

依据所提 BP 神经网络超短期组合预测模型对风电功率混沌理论预测结果进行改进，神经网络训练的样本选取时间最近的 1 000 个风电功率序列，时间间隔为 15 min，最多允许训练 3 000 次，学习率和动量因子分别为 0.05 和 0.9，原始风电功率、组合预测模型的预测结果以及混沌理论预测结果分别如图 2-7 中三条曲线所示，可以看出，基于混沌理论能够较为准确地预测风电场输出功率的波动趋势，但是具有一定的不稳定特性，而基于神经网络的组合预测模型的预测弥补了这方面不足，仿真结果表明，混沌理论预测法的归一化绝对平均误差为 5.03%，而神经网络组合预测模型将其降低到了 2.89%。

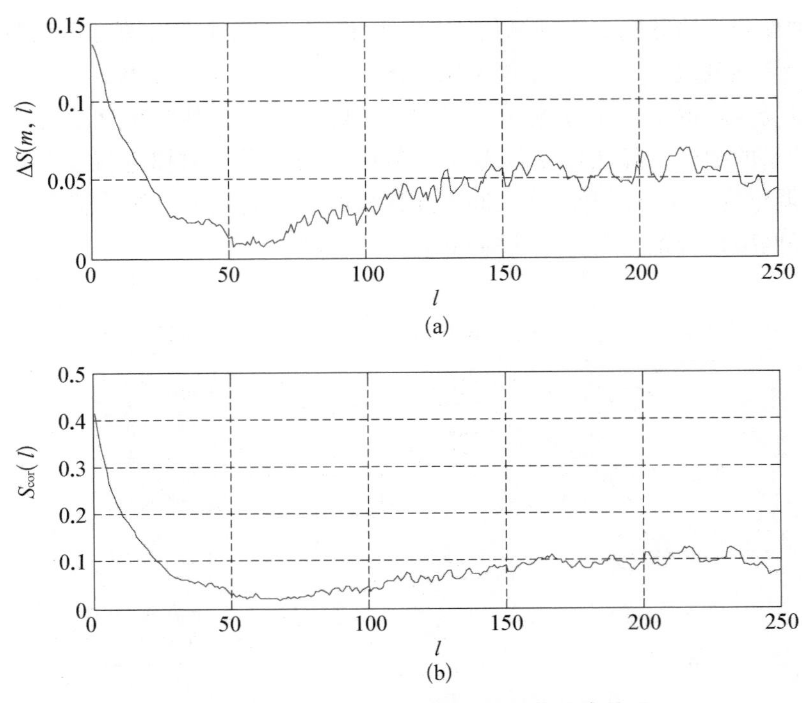

图 2-6　基于混沌理论的相空间重构仿真结果

(a) $\Delta S(m, l)$与 l 的关系曲线;(b) $S_{cor}(l)$与 l 的关系曲线

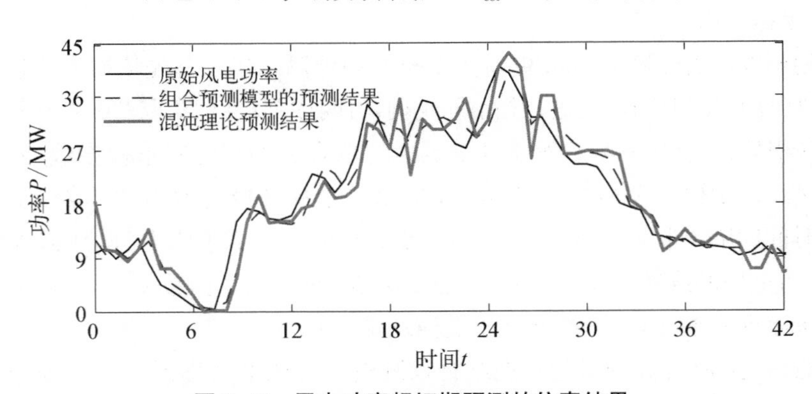

图 2-7　风电功率超短期预测的仿真结果

2.2　燃气-蒸汽联合循环机组的控制特性

燃气-蒸汽联合循环机组(combined cycle gas turbine, CCGT)的动态响应特性以及与风电的互补性是建立 CCGT 控制系统模型、实现风-燃互补发电控制的基础。

2.2.1　CCGT 的控制系统建模

燃气轮机以燃料和空气混合燃烧形成的高温高压气体为动力完成热功转换。燃气轮机简单循环发电系统的组成包括压气机、燃烧室、燃气轮机、发电机等。压气机将外界空气进行压缩，加压后的空气在燃烧室与喷入的气体燃料或液体燃料混合并燃烧，排出高温高压燃气膨胀做功，推动燃气轮机和压气机的叶轮旋转，将热能转换为机械能。发电机转子在燃气轮机转子主轴的带动下旋转发电。其系统结构如图 2-8 所示[7-11]。

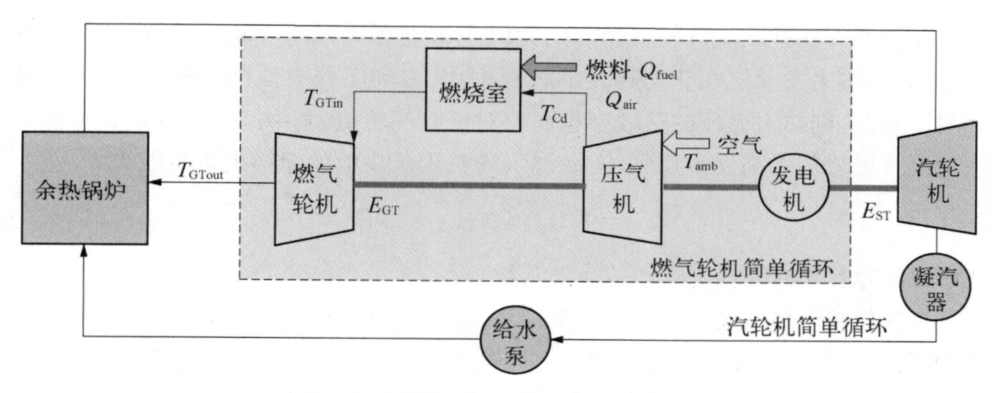

图 2-8　燃气-蒸汽联合循环机组结构

图 2-8 中燃气轮机简单循环虚线框内，首先由压气机将外界空气进行绝热压缩，有

$$T_{Cd}=T_{amb}+\Delta T_{C} \tag{2-14}$$

式中，T_{amb}为空气进气温度，T_{Cd}为压气机排气温度，ΔT_{C}为空气经绝热压缩后的温度变化量。

已知压气机的压缩比为 γ_{C}，工作效率为 η_{C}，比热比为 σ，则空气经压气机后的温度变化量为

$$\Delta T_{C}=\frac{1}{\eta_{C}}T_{amb}\left(\gamma_{C}^{\frac{\sigma-1}{\sigma}}-1\right) \tag{2-15}$$

设空气和燃料喷入燃烧室的流量分别为 Q_{air} 和 Q_{fuel}，两者混合后燃烧形成高温高压燃气，T_{GTin}为该高温高压燃气进入燃气轮机的温度，通常可高达 1 300℃，其额定值为 $T_{GTin,N}$；压气机排气温度 T_{Cd}的额定值为 $T_{Cd,N}$，则有

$$T_{GTin}=T_{Cd}+(T_{GTin,N}-T_{Cd,N})\frac{Q_{fuel}}{Q_{air}} \tag{2-16}$$

燃气轮机的叶轮在燃气作用下旋转，燃气膨胀做功后温度有所下降，但该排气温度仍然较高，约为500℃左右，高温排气造成了能量的浪费。设燃气轮机的排气温度为

$$T_{\mathrm{GTout}} = T_{\mathrm{GTin}} - \Delta T_{\mathrm{GT}} \tag{2-17}$$

已知燃气轮机透平的膨胀比为 γ_{GT}，工作效率为 η_{GT}，则气体经燃气轮机膨胀做功后的温度变化量 ΔT_{GT} 可表示为

$$\Delta T_{\mathrm{GT}} = \eta_{\mathrm{GT}} T_{\mathrm{GTin}} (1 - \gamma_{\mathrm{GT}}^{\frac{\sigma-1}{\sigma}}) \tag{2-18}$$

高温燃气在推动燃气轮机做功的同时也带动压气机的叶轮旋转加压，根据热力学原理，热力发动机在热功转换的过程中，其中间工作介质的加热温度越高、排气温度越低，则热力循环的热效率越高。对于燃气轮机，其中间工作介质是燃料与空气混合燃烧后的高温高压气体，故燃气轮机用于发电的净输出机械能为

$$E_{\mathrm{GT}} = K_0 Q_{\mathrm{air}} (\Delta T_{\mathrm{GT}} - \Delta T_{\mathrm{C}}) \tag{2-19}$$

式中，K_0 为表征燃气轮机热功转换的常数。

燃气轮机的排气温度 T_{GTout} 较高，若直接排放将造成能量浪费，由于结构和材料的限制，汽轮机的水蒸气进气温度和排气温度都相对较低，其进气温度通常不超过600℃，故CCGT可利用燃气轮机高温排气给余热锅炉中的水加热，形成高温蒸汽推动汽轮机做功，从而实现能量的梯级利用。已知汽轮机功率转换常数为 K_1 考虑滑压控制方式，则汽轮机获得的机械能为

$$E_{\mathrm{ST}} = K_1 Q_{\mathrm{air}} T_{\mathrm{GTout}} \tag{2-20}$$

CCGT运行过程中，转速、加速度和温度是需要控制的主要变量。对于发电机组，其负荷频率控制主要通过转速控制来实现，以便在负荷一定时保证转速恒定。若CCGT的转速参考值为 n_{GT}^{*}，实际转速为 n_{GT}，则转速控制的输入为转速偏差 $(n_{\mathrm{GT}}^{*} - n_{\mathrm{GT}})$，通过PID闭环控制(proportional-integral-derivative closed-loop control)保证转速恒定。为保障CCGT的正常运行，需要对转子加速度和燃气温度加以限制。加速度由转速 n_{GT} 经过微分环节(Ts)得到(s 是拉氏变换后的变量，为复数域函数)，加速度控制将加速度与其限定值 a_{GT}^{*} 之间的差值作为输入，通过积分控制将加速度限定在允许范围内。温度控制以燃气温度 T_{GTout} 与其限定值 T_{GTout}^{*} 之差作为输入，通过PI控制器(proportional-integral controller)避免温度超限。而CCGT的发电机输出功率 $P_{\mathrm{E,GT}}$ 主要由燃料供给决定，因此燃料控制是其控制系统的基础，通常选取转速控制、加速度控制和温度控制输出信号中的最小值作为燃料流量的控制参考值，经限幅后指导燃料供给。综上，CCGT的控制

系统模型如图 2－9 所示。其中，$T_{I,AC}$为 CCGT 加速度控制模块中积分控制器的积分时间；$P^*_{E,GT}$为机组功率给定，$k_{s,GT}$为调差系数，$K_{P,NC}$、$T_{I,NC}$和 $T_{D,NC}$分别为转速控制模块中 PID 控制器的比例放大系数、积分时间和微分时间；$K_{P,TC}$和 $T_{I,TC}$分别为温度控制模块中 PI 控制器的比例放大系数和积分时间；MIN 代表燃料控制中的最小值选择器；LM 代表限幅器；$G_{GT}(s)$代表机组传递函数。

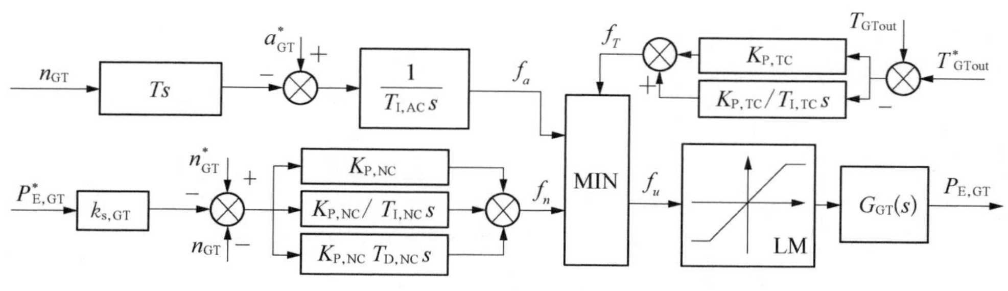

图 2－9　CCGT 的控制系统模型

2.2.2　CCGT 的动态响应特性

由上述 CCGT 的控制系统模型，在附表 A－1 所列参数情况下，通过仿真计算可得到其转速控制、加速度控制、温度控制、启停特性、斜坡出力控制等动态响应特性。

1）转速控制响应

图 2－10 为 CCGT 升负荷工况下转速控制的响应曲线，机组负荷给定 P_r由 75%小幅上调，升负荷后转速 n_{GT}下降，设转速变化率为

$$\lambda_n = \frac{n_{GT} - n^*_{GT}}{n^*_{GT}} \times 100\% \tag{2-21}$$

在 λ_n的作用下转速控制模块的输出值 f_n增大，燃料供给随之增加，燃机发电功率 $P_{E,GT}$逐渐增大。由图 2－10(b)可知，升负荷过程中转子加速度和燃气温度都没有超过限定值，故加速度控制模块和温度控制模块的输出 f_a和 f_T都没有变化；而转速控制模块的输出 f_n始终低于加速度和温度控制，因此燃料的供给由转速控制信号决定，即 $f_n = f_u$。

2）加速度控制响应

加速度控制主要在机组启停、切负荷等负荷变化较大的工况下发挥作用。图 2－11 为 CCGT 机组负荷给定 P_r由 95%大幅下调的降负荷工况下的加速度控制响应曲线。降负荷过程中燃气温度 T_{GTout}不会上升，因此，温度控制模块的输出 f_T保持不变，不参与燃料调节；降负荷后机组转速 n_{GT}上升，出现转速偏差，转速控制模块的输出值 f_n下降。由于负荷下调幅度太大，变负荷过程中机组加速度

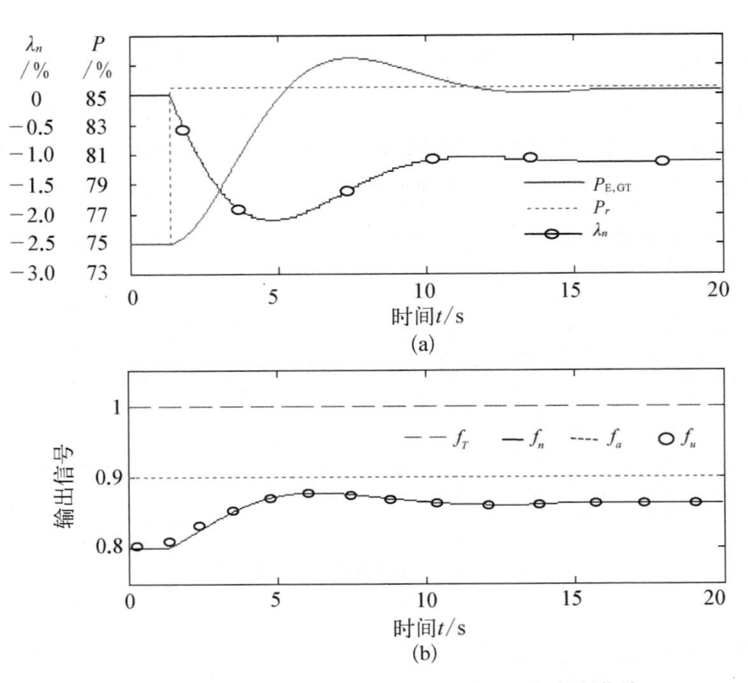

图 2－10 CCGT 升负荷工况下转速控制的响应曲线

(a) 机组响应；(b) 控制信号

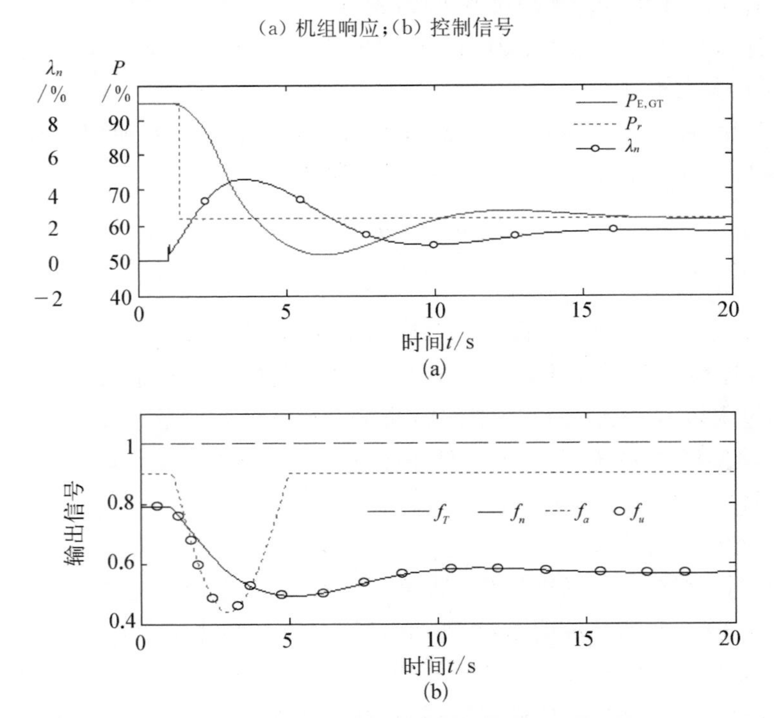

图 2－11 CCGT 降负荷工况下加速度控制的响应曲线

(a) 机组响应；(b) 控制信号

变化超出给定值，偏差不断累积，加速度控制模块的输出值 f_a 大幅下降，当其低于 f_n 时，加速度控制成为燃料控制的主导控制信号，燃料供给随之大幅下调，机组发电功率 $P_{E,GT}$ 逐渐下降。

3）温度控制响应

图 2－12 为温度控制下燃气轮机排气温度 T_{GTout} 的响应曲线，CCGT 利用燃气轮机的高温排气加热汽轮机发电系统中锅炉里的水，由于汽轮机进气温度通常要求不超过 600℃，因此 T_{GTout} 的温度限定值 T^*_{GTout} 设为略低于 600℃，如图 2－12 所示。逐渐增加机组负荷，燃气轮机的排气温度随之升高，当其超过最大温度限值时温度控制模块的输出 f_T 下降，取代速度控制模块成为燃料控制的主导控制信号，燃料供给在温度控制的作用下减小，机组功率 $P_{E,GT}$ 降低，燃机排气温度 T_{GTout} 维持在其限定范围内。

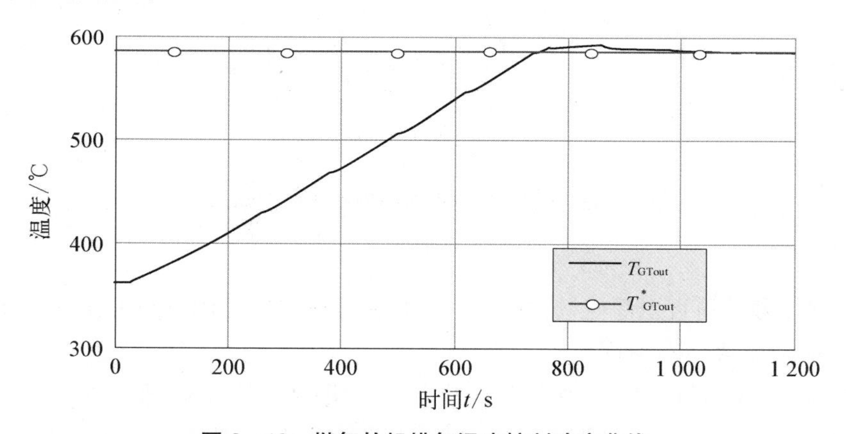

图 2－12　燃气轮机排气温度控制响应曲线

4）启停特性

CCGT 的启动过程主要包括燃气轮机(gas turbine，GT)的启动和汽轮机(steam turbine，ST)的启动两部分。燃气轮机的启动速度快，升负荷速度快，而汽轮机中的蒸汽温度和蒸汽压力不能上升太快，故启动初期燃气轮机的部分排气通过蒸汽旁路向外排出。汽轮机启动速度慢是制约 CCGT 启动速度的主要因素。图 2－13 为 CCGT 冷启动和热启动的负荷曲线，冷启动需要首先进行暖机，热启动可直接将负荷升满，故热启动速度较快，仅需 60 min，冷启动则需要约 150 min，但是热启动通常要求转子金属温度高于 390℃。启动初期，蒸汽旁路系统开启，因此汽轮机负荷上升速度很慢，冷启动在约 95 min 时关闭蒸汽旁路系统，热启动在约 45 min 时关闭，蒸汽旁路系统关闭后燃气轮机所排气体全部进入余热锅炉，提高了能量的利用率。联合循环机组停机时，燃气轮机按照所允许的最大调节值进行降负荷，直至可转导叶关闭，在保持燃气轮机负荷不变的情况下执行汽轮机停机程序，汽轮机解列后燃

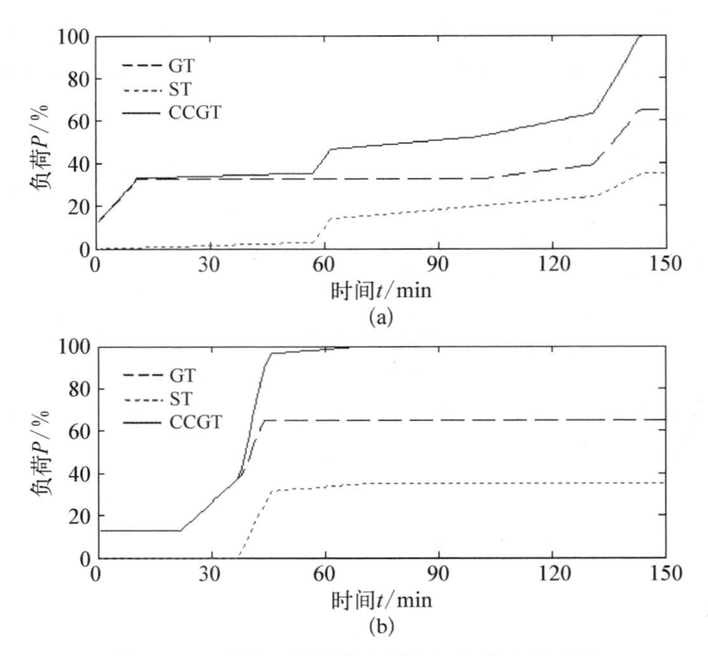

图 2-13 燃气-蒸汽联合循环机组的启动曲线

(a) 冷启动；(b) 热启动

气轮机继续降负荷直至停机，燃气-蒸汽联合循环机组的停机时间为 50～60 min。

5）斜坡出力动态响应

图 2-14 对比了 CCGT 中燃气轮机和汽轮机的动态响应（机组模型参数见附表 A-1）。由图 2-14(a)可以看出，燃气轮机响应迅速，基本无延迟，调节速度也很快，承担的负荷相对较多。而图 2-14(b)中，汽轮机的响应较慢，延迟约 250 s，调节速度也较为缓慢，存在惯性环节。模型中汽轮机采用滑压控制模式，即汽轮机输出功率跟随燃气轮机变化，因此燃气轮机与汽轮机的负荷之比维持在 2∶1 附近。图 2-14(c)为 CCGT 整体的负荷响应曲线，由于汽轮机存在延迟和惯性环节，故斜坡出力响应中实际负荷与给定负荷存在一定的偏差，但汽轮机承担的负荷比例较小，故 CCGT 基本能够跟随斜坡控制指令。

2.2.3 CCGT 与风电的互补能力评价

由 CCGT 的动态响应特性可知，CCGT 响应时间短、启停迅速，能够较准确跟踪斜坡出力指令。此外，为补偿风电功率的快速波动，CCGT 还需具备负荷的快速调节能力。CCGT 的负荷调节速度是影响其与风电互补能力的重要因素，图 2-15 为某 CCGT 机组的负荷调节测试曲线，其变负荷速率 κ 为每分钟 3.25%。

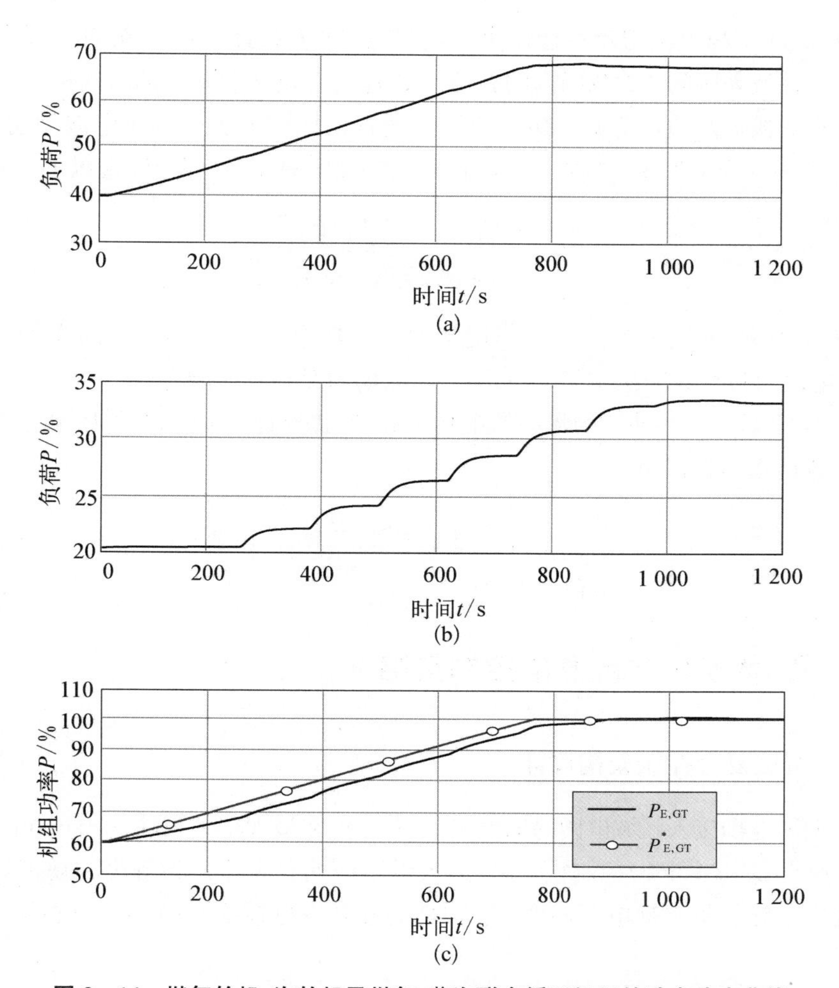

图 2-14　燃气轮机、汽轮机及燃气-蒸汽联合循环机组的动态响应曲线

(a) 燃气轮机动态响应曲线；(b) 汽轮机动态响应曲线；(c) 燃气-蒸汽联合循环机组动态响应曲线

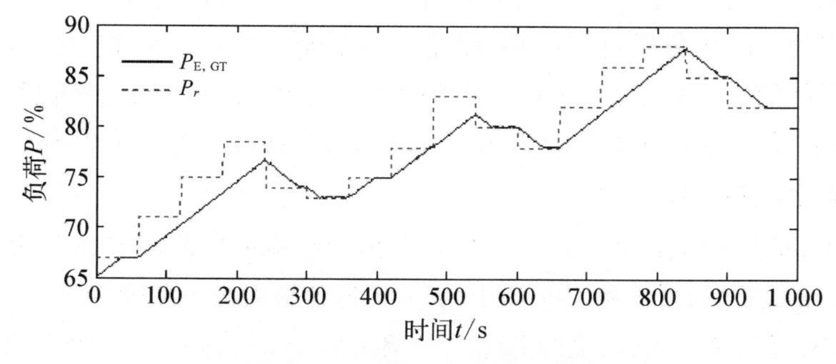

图 2-15　CCGT 负荷调节曲线

由 2.1.1 节风电出力特性建模可知，置信区间 I 和置信水平 p_l 表示风电出力波动率 λ 在波动区间 $\pm I$ 范围内的置信水平为 p_l。设波动率 λ 的时间尺度为 t，若 CCGT 在时段 t 内的负荷调节功率能够补偿置信区间 I 表征的风电波动功率，则在置信水平 p_l 下，CCGT 具备与该风电场互补发电的能力，即应满足以下公式：

$$\begin{cases}\kappa \cdot P_{\mathrm{GN}} \cdot t \leqslant I \cdot P_{\mathrm{N}} \\ P(|\lambda| \leqslant I) = p_1\end{cases} \tag{2-22}$$

式中，P_{GN} 和 P_{N} 分别为 CCGT 和风电场的额定功率。可见，CCGT 的变负荷速率 κ 和风电出力特性共同决定了 CCGT 与风电场的互补发电能力。

根据 CCGT 所能补偿的最大风电功率波动，提出评价 CCGT 与风电互补能力的最大置信水平指标 $p_{l\max}$：

$$p_{l\max} = P\left(|\lambda| \leqslant \frac{\kappa \cdot P_{\mathrm{GN}} \cdot t}{P_{\mathrm{N}}}\right) \tag{2-23}$$

2.3 风-燃互补联合发电控制策略

2.3.1 双层复合控制架构设计

大型风电场接入区域电网的输电层，通常工作在最大功率跟踪（maximum power point tracking, MPPT）控制模式，以最大限度地捕获风能。为解决大规模风电的安全稳定输送和拟常规电源调度，建立风-燃互补发电系统的 CCGT 双层复合控制架构。

第一层为计划调度层，基于神经网络超短期组合预测模型得到风电出力的预测值 $P_{\mathrm{wf},t}$，根据调度指令得到燃机电厂的初步基准功率。根据 CCGT 的负荷调节特性对燃机基准功率 $P_{\mathrm{Gref},t}$ 进行优化计算，进一步提高控制精度。

第二层为实时优化层，包括功率偏差和频率偏差的实时调节。针对风电功率波动及其引起的频率偏差，考虑 CCGT 的运行特点和控制效果，包括其耐用性、调节偏差、安全可靠性等，求取燃机调节量 $\Delta P_{\mathrm{Gp},t}^{i}$ 和 $\Delta P_{\mathrm{Gf},t}^{i}$，分别实时补偿风电功率波动和响应系统频率偏差 Δf_t^i。

最后，CCGT 的输出功率 $P_{\mathrm{G},t}^{i}$ 还应符合出力约束和负荷调节速度约束，$P_{\mathrm{G,max}}$ 和 $P_{\mathrm{G,min}}$ 为 CCGT 的最大和最小输出功率，κ 为其最大变负荷速率。

综上，风-燃互补发电系统的总体控制架构如图 2-16 所示。每个风电场的主控制器对风机进行控制并将现场风况、风机和集电线路等信息传递至区域电网的

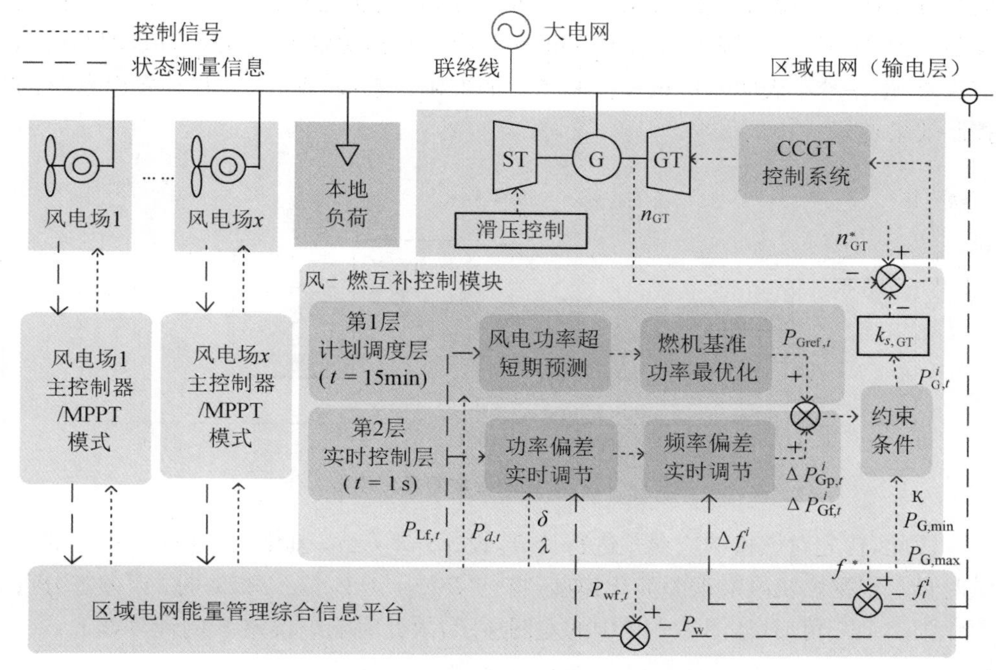

图 2 - 16　风-燃互补发电系统的总体控制架构

能量管理综合信息平台。综合信息平台将风功率信息、区域负荷信息、区域电网的电压频率信息以及控制需求等传递给风-燃互补控制模块，根据风-燃互补发电的双层复合控制策略指导 CCGT 出力。

2.3.2　燃机基准功率的最优化计算

根据 96 点计划出力曲线，每 15 min 风-燃互补发电系统的计划调度层对燃机基准功率指令完成一次更新计算，通过控制 CCGT 的输出功率保证系统总体出力按照调度指令运行。设时段 $t(t=1, 2, \cdots, 96)$的计划出力为 $P_{d,t}$，则 t 时段所对应的 15 min 内燃机基准功率指令为

$$P_{\mathrm{Gref},t}=P_{d,t}-P_{\mathrm{wf},t} \tag{2-24}$$

式中，$P_{d,t}$为风-燃互补发电系统的调度指令，$P_{\mathrm{wf},t}$为风电功率预测值，由基于混沌理论与 BP 神经网络的风电功率超短期组合预测模型计算得到。

由 2.2.2 节所述 CCGT 的工作特性可知，与常规火电机组相比，CCGT 的负荷调节速度较快、响应时间短。为便于衡量 CCGT 的响应误差，根据工作特性将其响应曲线简化为斜率为 κ 的直线，如图 2 - 17 所示。其中，$P_{\mathrm{Gref},t}$为 CCGT 的功率指令，$P_{g,t}$为简化后的机组实际功率响应曲线。对比图 2 - 15 所示负荷调节测试

曲线可知，简化后的响应曲线保持了原曲线的基本特征，且便于计算和后续的优化控制。图 2－17 中，阴影面积为 CCGT 实际出力与其功率指令间的差值，即燃机响应误差，误差越小表明燃机跟踪控制指令的准确度越高，即风-燃互补发电系统的控制效果越好。

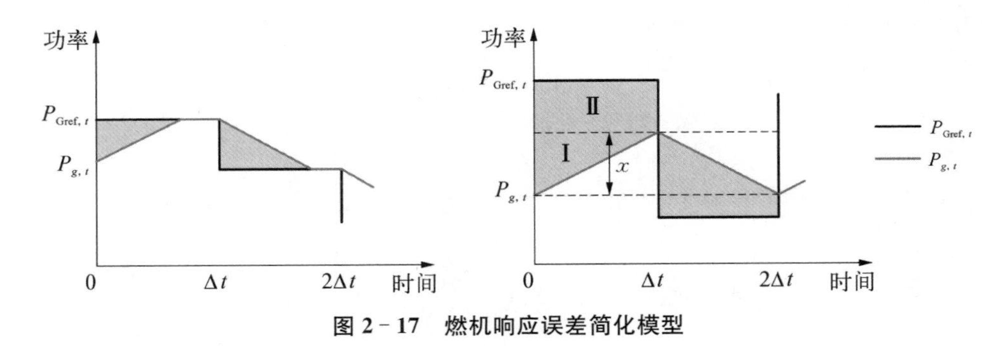

图 2－17　燃机响应误差简化模型

因此，首先对燃机响应误差进行计算，设 $x=\kappa\cdot\Delta t$，其中 Δt 为燃机指令的持续时长。根据燃机响应误差简化模型，当 $|P_{\text{Gref},t}-P_{g,t}|\leqslant x$ 时，误差部分可简化为一个三角形，如图 2－17 中的左图所示，故此时响应误差 S 的计算如下：

$$\begin{cases} S=\dfrac{1}{2}t_s\,|P_{\text{Gref},t}-P_{g,t}| \\ t_s=\dfrac{1}{\kappa}\,|P_{\text{Gref},t}-P_{g,t}| \end{cases},\ |P_{\text{Gref},t}-P_{g,t}|\leqslant x \tag{2-25}$$

当 $|P_{\text{Gref},t}-P_{g,t}|>x$ 时，误差部分可简化为一个梯形，如图 2－17 中的右图所示，故此时响应误差 S 为三角形面积 $S_{\text{Ⅰ}}$ 与矩形面积 $S_{\text{Ⅱ}}$ 之和，即

$$\begin{cases} S=S_{\text{Ⅰ}}+S_{\text{Ⅱ}} \\ S_{\text{Ⅰ}}=\dfrac{1}{2}\Delta t\cdot x \\ S_{\text{Ⅱ}}=\Delta T(|P_{\text{Gref},t}-P_{g,t}|-x) \end{cases},\ |P_{\text{Gref},t}-P_{g,t}|>x \tag{2-26}$$

为减小燃机响应误差，提高燃机跟踪控制指令的准确度，需对燃机基准功率指令进行优化。设优化后新的燃机基准功率指令为 P'_{Gref}，如图 2－18 所示，根据新的控制指令，燃机响应曲线 $P_{g,t}$ 进行了调整，图中阴影部分所示的响应误差随之改变，其中点状阴影区域为新增的响应误差，斜线状阴影区域为减小的响应误差。因此，当斜线状阴影区域面积大于点状区域面积时，表明调节燃机基准功率指令后的响应误差得到了降低，响应误差减小的面积越大则优化效果越好。

设调节后的燃机基准功率指令 $P'_{\text{Gref}}=P_{g,t}+\Delta P$，为了减小燃机响应误差，进

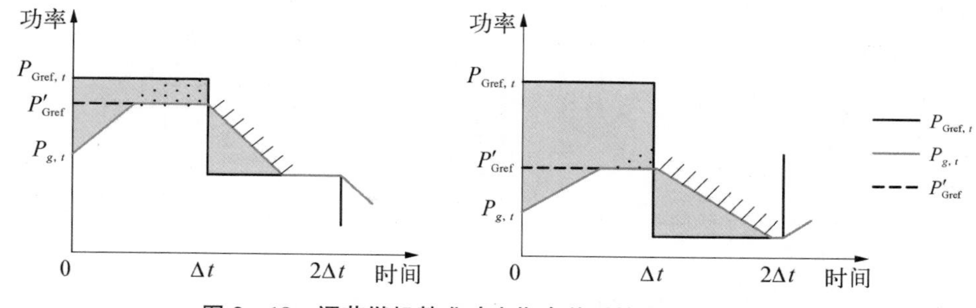

图 2-18　调节燃机基准功率指令前后的响应误差对比

一步提高风-燃互补发电系统的出力准确度和控制效果，提出对控制变量 ΔP 进行优化，则燃机基准功率优化的目标函数为

$$\begin{aligned}&\min \quad f(\Delta P)=S'_{\Delta t}+S'_{2\Delta t}-(S_{\Delta t}+S_{2\Delta t})\\&\text{s.t.} \quad -\beta P_{\text{Gref},t}\leqslant \Delta P\leqslant \beta P_{\text{Gref},t}，(\beta \text{ 为比例系数})\end{aligned} \tag{2-27}$$

式中，$S_{\Delta t}$ 和 $S_{2\Delta t}$ 分别为无基准功率指令优化(即 $\Delta P=0$)时 $0\sim\Delta t$ 时段和 $\Delta t\sim 2\Delta t$ 时段响应误差，由式(2-25)和式(2-26)计算可得；$S'_{\Delta t}$ 和 $S'_{2\Delta t}$ 分别为优化后 $0\sim\Delta t$ 时段和 $\Delta t\sim 2\Delta t$ 时段响应误差。由式(2-27)可知，$\Delta P=P_{\text{Gref}}-P_{g,t}$ 时 $f(\Delta P)=0$；而 $f(\Delta P)<0$ 表明燃机基准功率指令优化后响应误差得到了降低，$f(\Delta P)$ 越小则优化效果越好，故搜寻使 $f(\Delta P)$ 最小的控制变量 ΔP 对燃机基准功率指令进行优化调节。为了衡量所提优化方法的控制效果，提出优化指标 ξ：

$$\xi=-\frac{f(\Delta P)}{S_{\Delta t}+S_{2\Delta t}}\times 100\% \tag{2-28}$$

根据机组当前的负荷状态以及 ΔP 的不同取值将调节燃机基准功率指令后的响应误差划分为 12 种情景，以此计算调节后的燃机响应误差 $S'_{\Delta t}$，如图 2-19 所示为 $P_{g,t}\leqslant P_{\text{Gref},t}$ 时的 6 种情景。$P_{g,t}>P_{\text{Gref},t}$ 时，根据 ΔP 的不同取值也划分为相应的 6 种情景，与 $P_{g,t}\leqslant P_{\text{Gref},t}$ 时类似，不再赘述。

图 2-19(a)和图 2-19(d)中的阴影区域为 $\Delta P\leqslant 0$ 时的响应误差，情景 A 对应 $-x<\Delta P\leqslant 0$ 的情况 ($x=\kappa\times\Delta t$)，如图 2-19(a)所示，此时响应误差 S_{A} 为矩形区域面积 S_{AI} 与三角形斜线状阴影区域面积 S_{AII} 之差，即：

$$\begin{cases}S_{\text{A}}=S_{\text{AI}}-S_{\text{AII}}\\S_{\text{AI}}=\Delta t(\mid P_{\text{Gref},t}-P_{g,t}\mid+\mid \Delta P\mid)\\S_{\text{AII}}=\dfrac{1}{2}\dfrac{1}{\kappa}\cdot\mid \Delta P\mid^{2}\end{cases}，-x<\Delta P\leqslant 0 \tag{2-29}$$

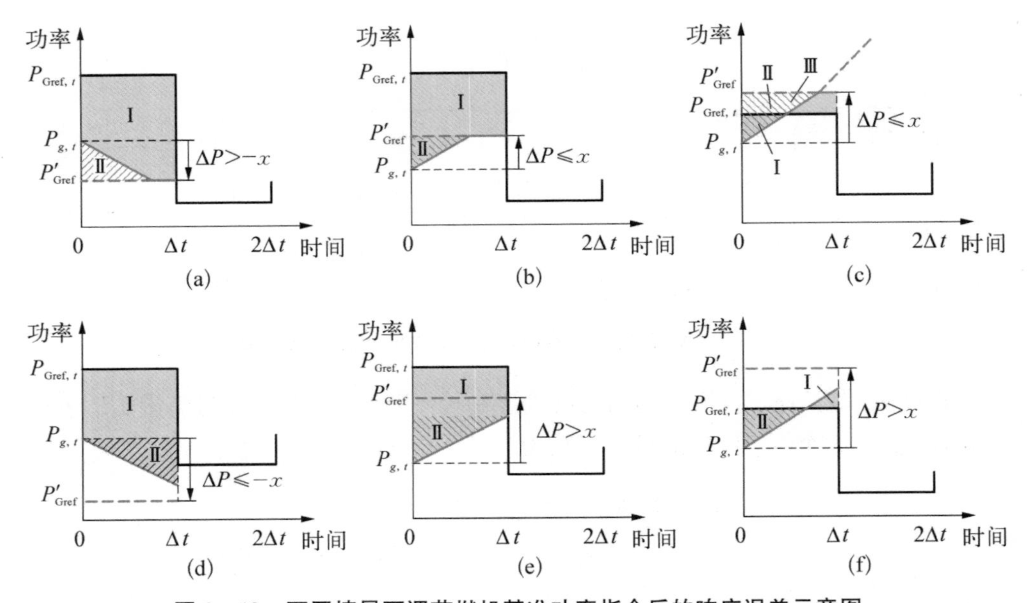

图 2-19　不同情景下调节燃机基准功率指令后的响应误差示意图

(a) 情景 A；(b) 情景 B；(c) 情景 C；(d) 情景 D；(e) 情景 E；(f) 情景 F

情景 D 对应 $\Delta P \leqslant -x$，如图 2-19(d)所示，此时响应误差 S_{D}为矩形区域面积 $S_{\mathrm{D\,I}}$ 与三角形斜线状阴影区域面积 $S_{\mathrm{D\,II}}$ 之和，即

$$\begin{cases} S_{\mathrm{D}} = S_{\mathrm{D\,I}} + S_{\mathrm{D\,II}} \\ S_{\mathrm{D\,I}} = \Delta t \mid P_{\mathrm{Gref},\,t} - P_{g,\,t} \mid \\ S_{\mathrm{D\,II}} = \dfrac{1}{2}\Delta t \cdot x \end{cases},\ \Delta P \leqslant -x \tag{2-30}$$

图 2-19(b)和图 2-19(e)中的阴影区域为 $0 < \Delta P \leqslant \mid P_{\mathrm{Gref},\,t} - P_{g,\,t} \mid$ 时的响应误差，情景 B 对应此时 $\Delta P \leqslant x$ 的情况，如图 2-19(b)所示，情景 B 下响应误差 S_{B}为矩形区域面积 $S_{\mathrm{B\,I}}$ 与三角形斜线状阴影区域面积 $S_{\mathrm{B\,II}}$ 之和，即

$$\begin{cases} S_{\mathrm{B}} = S_{\mathrm{B\,I}} + S_{\mathrm{B\,II}} \\ S_{\mathrm{B\,I}} = \Delta t(\mid P_{\mathrm{Gref},\,t} - P_{g,\,t} \mid - \mid \Delta P \mid) \\ S_{\mathrm{B\,II}} = \dfrac{1}{2}\dfrac{1}{\kappa} \cdot \mid \Delta P \mid^{2} \end{cases},\ 0 < \Delta P \leqslant \mid P_{\mathrm{Gref},\,t} - P_{g,\,t} \mid \cap \Delta P \leqslant x \tag{2-31}$$

情景 E 对应 $0 < \Delta P \leqslant \mid P_{\mathrm{Gref},\,t} - P_{g,\,t} \mid$ 且 $\Delta P > x$ 的情况，如图 2-19(e)所示，此时响应误差 S_{E}为矩形区域面积 $S_{\mathrm{E\,I}}$ 与三角形斜线状阴影区域面积 $S_{\mathrm{E\,II}}$ 之和，即

$$\begin{cases} S_{\mathrm{E}} = S_{\mathrm{E\,I}} + S_{\mathrm{E\,II}} \\ S_{\mathrm{E\,I}} = \Delta t(\mid P_{\mathrm{Gref},\,t} - P_{g,\,t} \mid - x) \\ S_{\mathrm{E\,II}} = \dfrac{1}{2}\Delta t \cdot x \end{cases},\ 0 < \Delta P \leqslant \mid P_{\mathrm{Gref},\,t} - P_{g,\,t} \mid \cap\ \Delta P > x \tag{2-32}$$

图 2-19(c)和图 2-19(f)中的阴影区域为 $\Delta P > \mid P_{\mathrm{Gref},\,t} - P_{g,\,t} \mid$ 时的响应误差，情景 C 对应 $\mid P_{\mathrm{Gref},\,t} - P_{g,\,t} \mid < \Delta P \leqslant x$ 的情况，如图 2-19(c)所示，图中斜线状阴影区域对应的三角形面积为 $S_{\mathrm{C\,II}}$，该三角形内阴影区域对应的小三角形面积为 $S_{\mathrm{C\,I}}$，其上的矩形面积为 $S_{\mathrm{C\,III}}$，则情景 C 下的响应误差 S_{C} 为

$$\begin{cases} S_{\mathrm{C}} = [S_{\mathrm{C\,III}} - (S_{\mathrm{C\,II}} - S_{\mathrm{C\,I}})] + S_{\mathrm{C\,I}} \\ S_{\mathrm{C\,I}} = \dfrac{1}{2}\dfrac{1}{\kappa} \cdot \mid P_{\mathrm{Gref},\,t} - P_{g,\,t} \mid^{2} \\ S_{\mathrm{C\,II}} = \dfrac{1}{2}\dfrac{1}{\kappa} \cdot \mid \Delta P \mid^{2} \\ S_{\mathrm{C\,III}} = \Delta t(\mid \Delta P \mid - \mid P_{\mathrm{Gref},\,t} - P_{g,\,t} \mid) \end{cases},\ \mid P_{\mathrm{Gref},\,t} - P_{g,\,t} \mid < \Delta P \leqslant x \tag{2-33}$$

情景 F 对应 $\Delta P > \mid P_{\mathrm{Gref},\,t} - P_{g,\,t} \mid$ 且 $\Delta P > x$ 的情况，如图 2-19(f)所示，此时响应误差 S_{F} 为三角形面积 $S_{\mathrm{F\,I}}$ 与斜线状阴影区域面积 $S_{\mathrm{F\,II}}$ 之和，即

$$\begin{cases} S_{\mathrm{F}} = S_{\mathrm{F\,I}} + S_{\mathrm{F\,II}} \\ S_{\mathrm{F\,I}} = \dfrac{1}{2}\dfrac{1}{\kappa} \cdot (x - \mid P_{\mathrm{Gref},\,t} - P_{g,\,t} \mid)^{2} \\ S_{\mathrm{F\,II}} = \dfrac{1}{2}\dfrac{1}{\kappa} \cdot \mid P_{\mathrm{Gref},\,t} - P_{g,\,t} \mid^{2} \end{cases},\ \Delta P > \mid P_{\mathrm{Gref},\,t} - P_{g,\,t} \mid \cap\ \Delta P > x \tag{2-34}$$

2.3.3　风-燃互补发电的实时优化

风速实时波动，导致风电场输出功率实时变化，甚至引起系统频率波动，CCGT 的快速响应能力和负荷调节能力可以应对这一问题。但是，对风电功率中的高频分量进行补偿会影响 CCGT 的耐久度和运行寿命，且汽轮机及其锅炉有一定的响应滞后，故在补偿波动的同时需保障 CCGT 长期可靠运行，为此需要对 CCGT 补偿功率指令进行低通滤波处理：

$$\Delta P^{i}_{\mathrm{Glow},\,t} = \frac{\tau}{\tau + t_{s}}\Delta P^{i-1}_{\mathrm{Glow},\,t} + \frac{t_{s}}{\tau + t_{s}}(P_{\mathrm{wf},\,t} - P^{i}_{\mathrm{w},\,t}) \tag{2-35}$$

式中，τ 为滤波时间；t_s 为采样时间；$P^i_{w,t}$ 为在 t 时段中采样时刻 i 的实际风功率；$\Delta P^i_{Glow,t}$ 为低通滤波后 t 时段内第 i 个采样点需要 CCGT 补偿的需求功率。时段 t($t=1, 2, \cdots, 96$)的时长通常为 15 min，计划调度层已对每个时段 t 的燃机基准功率进行优化求解，而实时优化层则对时段 t 内每个采样时刻的 CCGT 补偿功率进行优化计算，从而完成实时优化控制。

CCGT 的输出功率包括基准出力 $P_{Gref,t}$ 和波动补偿功率 $\Delta P^i_{Glow,t}$，但由于对功率波动进行补偿时经过了低通滤波，原始信息存在一定程度的失真，风-燃互补效果会受到一定的影响。设风-燃互补系统调度指令与实际出力的偏差 δ 为

$$\delta = P_{d,t} - P^i_{w,t} - (P_{Gref,t} + \Delta P^i_{Glow,t}) \tag{2-36}$$

为保障控制效果，需要对此控制偏差进行限幅，同时考虑到补偿功率高频分量对 CCGT 的影响，提出如下修正策略：限制偏差 δ 的可行域，当 δ 在规定区间内时，维持低通滤波功率补偿结果；当 δ 在允许区间之外时，对补偿功率 $\Delta P^i_{Glow,t}$ 进行修正，优先保证风-燃互补系统实际出力跟踪调度指令，则实时优化层中 CCGT 对风力发电功率波动进行补偿的调节功率 $\Delta P^i_{Gp,t}$ 为

$$\Delta P^i_{Gp,t} = \begin{cases} (1-\lambda)P_{d,t} - P^i_{w,t} - P_{Gref,t}, \ \delta > \lambda P_{d,t} \\ \Delta P^i_{Glow,t}, \ -\lambda P_{d,t} \leqslant \delta \leqslant \lambda P_{d,t} \\ (1+\lambda)P_{d,t} - P^i_{w,t} - P_{Gref,t}, \ \delta < -\lambda P_{d,t} \end{cases} \tag{2-37}$$

式中，λ 为风-燃互补系统实际出力与调度指令之间功率偏差的允许范围。

高比例风电并网可能引起系统频率变化，风-燃互补发电应具备一定的频率支撑能力。采用传统 PI 调节算法对系统频率偏差进行实时闭环控制，频率实测值与参考值之差 Δf^i_t 作为 PI 控制器的输入，CCGT 的调频功率分量为 PI 控制器的输出，则实时优化层 CCGT 对系统频率偏差进行补偿的调节功率 $\Delta P^i_{Gf,t}$ 为

$$\Delta P^i_{Gf,t} = \begin{cases} K_P \Delta f^i_t + K_I \sum_{k=s}^{i} \Delta f^k_t, \ i \geqslant s \\ 0, \ i < s \end{cases} \tag{2-38}$$

式中，K_P 为 PI 控制器中的比例系数、K_I 为 PI 控制器中的积分系数、s 为控制启动时间。在每个调控时段(15 min)开始前，要防止控制器过调节，同时达到快速跟踪调节指令的效果，调节量 $\Delta P^i_{Gf,t}$ 应做归零处理，当 CCGT 的输出功率达到某值如 $(1\pm\lambda)P_{Gref,t}$ 时，启动控制器开始进行频率实时调控。

综上，风-燃互补双层复合控制中，计划调度层由风电功率组合预测模型求得燃机基准功率，通过所提最优化算法对其进行优化计算以降低响应误差。实时优

化层通过波动补偿功率低通滤波、调度跟踪偏差范围限制以及频率闭环调节等对系统功率和频率进行实时调节，则 CCGT 的最终出力指令 $P^{i}_{G,t}$ 为

$$P^{i}_{G,t}=P_{Gref,t}+(\Delta P^{i}_{Gp,t}+\Delta P^{i}_{Gf,t}) \tag{2-39}$$

此外，$P^{i}_{G,t}$ 还应符合出力约束和负荷调节速度约束：

$$\begin{cases} P_{G,min}\leqslant P^{i}_{G,t}\leqslant P_{G,max} \\ |P^{i}_{G,t}-P^{i-1}_{G,t}|\leqslant \kappa\cdot t_{s} \end{cases} \tag{2-40}$$

式中，$P_{G,max}$ 和 $P_{G,min}$ 分别为 CCGT 的最大和最小输出功率，κ 为其最大变负荷速率。

为了对所提双层复合控制策略的有效性进行评价，提出风-燃互补发电系统的控制性能指标 ε：

$$\varepsilon^{i}_{t}=[(P_{d,t}-P^{i}_{line,t})/P_{d,t}+\Delta f^{i}_{t}/f_{N}]/2 \tag{2-41}$$

$$\varepsilon=\frac{1}{N\cdot M}\sum_{t=1}^{M}\sum_{i=1}^{N}\varepsilon^{i}_{t} \tag{2-42}$$

式中，ε^{i}_{t} 为 t 时段内第 i 个采样点的控制偏差，包括两部分：右边第 1 项表示风-燃互补发电系统跟踪调度指令的准确度，右边第 2 项表示系统频率调节的控制准确度。其中 $P^{i}_{line,t}$ 为风-燃互补发电系统的实际出力，f_{N} 为系统额定频率。

2.4　风-燃互补发电控制案例分析及仿真

燃机电厂选取西门子 GUD_1S.V94.3A 型额定容量 400 MW 的单轴燃气-蒸汽联合循环机组，机组模型参数见附录 A。CCGT 的变负荷速率 κ 为 0.22 MW·s^{-1}，可以补偿 5 min 波动率 λ 在 ±42% 范围内的风电波动，根据该风电场群的出力特性，CCGT 与风电互补能力的最大置信水平指标 p_{lmax} 可达 99.8%，具备风-燃互补发电的能力。因此，对所提风-燃互补发电控制策略进行仿真分析与验证，表 2-2 为仿真中控制策略的基本参数。

表 2-2　风-燃互补发电系统仿真控制参数

参　数	数　值	参　数	数　值
κ/(MW·s^{-1})	0.22	K_{I}	0.02
τ /s	3	$P_{G,max}$/MW	400
λ/%	2	$P_{G,min}$/MW	200
K_{P}	6.5	f_{N}/Hz	50

表 2-3 为计划调度层各时段优化前后的 CCGT 出力指令。图 2-20 为对应各时段在不同 ΔP 下的响应误差减小量 $f(\Delta P)$。燃机初始出力为 320.0 MW，对燃机出力指令进行优化调节后，CCGT 的出力和响应误差随之变化，$f(\Delta P)<0$ 表明燃机基准功率指令优化后响应误差得到了降低，$f(\Delta P)$越小则优化效果越好，故每条曲线的最低点对应的控制变量 ΔP 为所需求取的最优值。可以看出，每条曲线都有部分线段位于零位水平线以下，且都具有极小点，表明优化算法能够有效减小燃机响应误差，且具有最优值。仿真结果显示，优化后燃机响应误差比无优化时降低了 8.25%，验证了所提优化策略的有效性。

表 2-3　CCGT 基准功率优化结果

时　　段	1	2	3	4	5	6
优化前指令/MW	374.0	370.2	381.3	343.4	358.1	350.0
优化后指令/MW	377.5	367.9	383.2	339.7	360.1	345.9

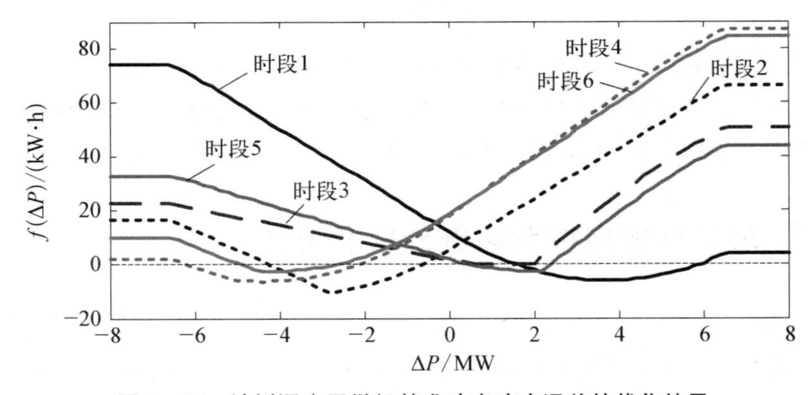

图 2-20　计划调度层燃机基准功率响应误差的优化结果

图 2-21 为风-燃互补发电实时控制层时段 1 至时段 2 的仿真运行结果。设 $t=0$ 时刻风-燃互补发电系统的调度指令由 340 MW 变为 390 MW，$t=15$ min 时刻维持该指令不变，即控制目标为联合发电系统稳定向外送电半小时，输送功率为 390 MW。图 2-21(a)为两个风电场的出力曲线，图 2-21(b)左图为 CCGT 出力指令 P_r 与其实际输出功率的对比，由于 $t=0$ 时刻系统调度曲线为阶跃上升，CCGT 在满足自身运行约束的条件下迅速响应该调度指令，提升负荷出力，但汽轮机存在一定的延迟和较大的惯性环节，故阶跃响应初期 CCGT 实际出力与其指令要求有一定的偏差。之后两个时段系统调度曲线维持不变，风电出力实时变化，可以看出，此时 CCGT 的实际出力能够很好地跟随其出力指令 P_r，满足风电调控需求。图 2-21(b)右图分别是燃气轮机(GT)和汽轮机(ST)的负荷曲线，可见 GT

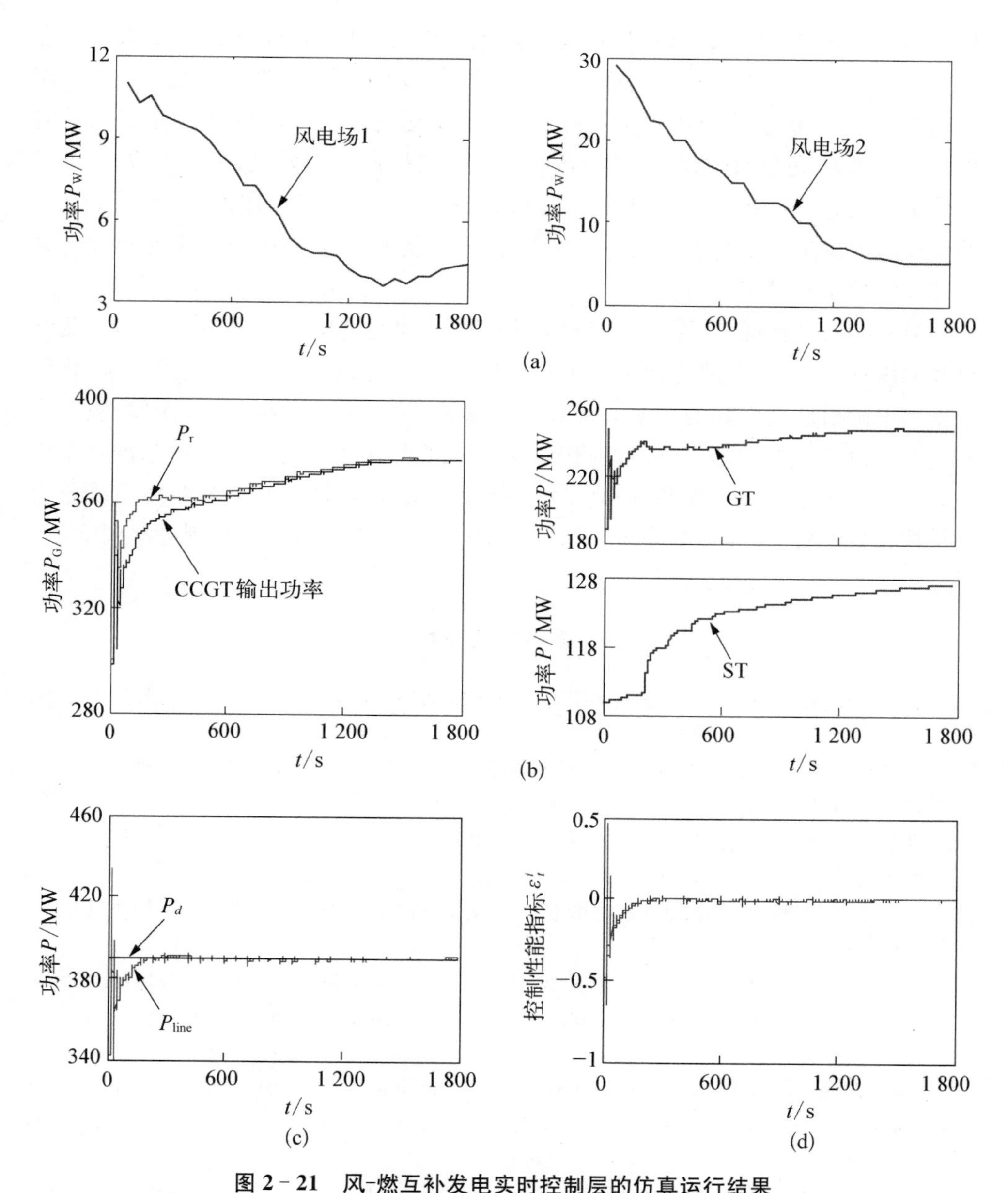

图 2-21　风-燃互补发电实时控制层的仿真运行结果

(a) 风电场输出功率曲线；(b) 燃气-蒸汽联合循环机组输出功率曲线；
(c) 系统功率跟踪效果曲线；(d) 控制偏差性能曲线

的动态响应和负荷调节都很迅速，而 ST 存在较大的延迟和惯性环节，ST 的负荷占比约为 GT 的二分之一。图 2-21(c)为风-燃互补发电系统的总输出功率 P_{line} 按调度指令 P_d 运行的出力曲线，可以看出，初始时刻 P_{line} 为 340 MW，之后指令

P_d变为 390 MW,P_{line}在 CCGT 的迅速响应控制下逐渐上升至调度要求,并维持在调度曲线附近。图 2-21(d)为根据式(2-41)计算得到的风-燃互补发电系统控制性能指标 ε_t^i,表征了系统功率控制和频率控制的运行效果,可以看出:运行初始时刻 CCGT 无法完全响应调度曲线的阶跃上升,故控制偏差较大;随后 CCGT 迅速调节负荷出力,很快缩小了控制偏差;之后指标 ε_t^i 基本维持在零附近,表明 CCGT 的调控能够满足调度要求和风电互补需求,即控制策略能够保障风-燃互补发电系统整体的功率和频率稳定。

风-燃互补发电的双层复合控制策略中的计划调度层基于风电功率的预测结果和调度计划,按照上述优化算法可得到燃机电厂的最优基准功率。实时优化层依据风电随机波动引起的功率波动和频率偏差,实时调节燃机出力,使风-燃联合发电系统以最小的波动实时跟踪调度曲线。仿真结果表明所用的燃机基准功率优化算法降低了燃机响应误差,提高了控制精度,风-燃互补控制策略能使系统总发电量按计划调度,保障功率和频率稳定,实现风-燃互补发电的拟常规电源调度。

参 考 文 献

[1] 柴炜,陈为赢,蔡旭,等.风-燃互补联合发电系统的控制策略及应用研究[J].太阳能学报,2017,38(8):2097-2105.

[2] 蒋洪德,任静,李雪英,等.重型燃气轮机现状与发展趋势[J].中国电机工程学报,2014,34(29):5096-5102.

[3] 张宜阳,卢继平,孟洋洋,等.基于经验模式分解和混沌相空间重构的风电功率短期预测[J].电力系统自动化,2012,36(5):24-28.

[4] 陆振波,蔡志明,姜可宇.基于改进的 C-C 方法的相空间重构参数选择[J].系统仿真学报,2007,19(11):2527-2529.

[5] An X, Jiang D, Zhao M, et al. Short-term prediction of wind power using EMD and chaotic theory[J]. Communications in Nonlinear Science and Numerical Simulation, 2012, 17(2): 1036-1042.

[6] Xie L, Gu Y, Zhu X, et al. Short-term spatio-temporal wind power forecast in robust look-ahead power system dispatch[J]. IEEE Transactions on Smart Grid, 2014, 5(1): 511-520.

[7] Haque A U, Nehrir M H, Mandal P. A hybrid intelligent model for deterministic and quantile regression approach for probabilistic wind power forecasting[J]. IEEE Transactions on Power Systems, 2014, 29(4): 1663-1672.

[8] Meegahapola L. Characterisation of gas turbine dynamics during frequency excursions in power networks[J]. IET Generation, Transmission&Distribution, 2014, 8(10): 1733-1743.

[9] Meegahapola L, Flynn D. Characterization of gas turbine lean blowout during frequency

excursions in power networks[J]. IEEE Transactions on Power Systems, 2014, 30(4): 1877 - 1887.

[10] Lalor G, Ritchie J, Flynn D, et al. The impact of combined-cycle gas turbine short-term dynamics on frequency control[J]. IEEE Transactions on Power Systems, 2005, 20(3): 1456 - 1464.

[11] Troy N, Flynn D, O'Malley M. Multi-mode operation of combined-cycle gas turbines with increasing wind penetration[J]. IEEE Transactions on Power Systems, 2012, 27(1): 484 - 492.

第3章 风-光-电池储能互补发电控制技术

中小型风电场和光伏电站通常以分散式电源(distributed generation, DG)的形式接入配电网,这改变了配电系统的单一电能分配角色,对配电网络的结构和运行产生很大影响,将改变原配电网的潮流和电压分布,可能引发电能损耗增加、接入点电压越限、短路容量大幅度增加等问题。DG的高度不确定性还会改变配电网的继电保护特性,同时也可能降低系统的可靠性。为避免上述负面影响,除需要合理地设计DG的接入分布及容量外,减少接入DG电能的随机波动带来的影响也是十分关键的技术。

电池储能系统(battery energy storage system, BESS)通过功率变换系统(power conversion system, PCS)的控制可以实现有功功率和无功功率的双向流动。其与新能源发电联合运行,可以减小并网新能源电力的波动,为DG友好并网提供一种可行的解决方案。电池储能与风、光电场的联合运行有两种方式,集中配置在风场或光伏电站并网母线上或分散配置在各机组中。本章将分别予以讨论。

由于电池的价格较高且循环寿命有限,BESS在应用中储能容量和最大充放电功率会受到较大限制,因而不同的运行工况和控制机制会对电池老化和系统运行损耗产生不同影响。在有限的储能容量下,使可再生能源发电成为波动程度可控、有功无功可按计划调度、并网电压和功率因数可调节的"优质电源",同时延缓储能电池老化、降低系统运行损耗的有功无功多目标协调控制方法成为目前的主要挑战。本章以磷酸铁锂电池为例建立能够反映其充放电倍率、控制步长、充放电次数和温度等多重因素作用的寿命模型,研究计及使用寿命的BESS多重目标优化控制技术。在有功控制方面,研究利用有限的储能容量高效地平滑有功波动或使其按计划发电的控制策略。在无功控制方面,研究BESS调节并网电压、功率因数以及无功功率的多运行模式控制策略。最后仿真验证所提控制策略的有效性。

3.1 电池储能系统的控制模型

BESS由储能电池、电池管理系统、功率转换系统以及能量管理与监控系统等部分构成，如图3-1所示。储能电池由大量单体电池串并联而成，电池管理系统负责监测、评估和保护电池运行，PCS承担储能电池与外界的能量交互，能量管理与监控系统对整个储能系统进行集中监测、控制和保护，各部分间的通信可以采用RS485、CAN总线等通信协议。PCS是控制功率双向流动的关键部件，分为主电路和控制电路两部分。主电路中，直流侧电容起到稳定直流侧电压u_{DC}并过滤谐波的作用，变流器为传统电压源型变换器，u_O和i_O分别为变流器交流侧输出电压和输出电流，u_G和i_G为并网电压和并网电流。控制电路中，ADC模块将测量得到的模拟信号转换为数字信号并传送给主控器进行运算，通过改变变流器的调制比和功角，调节其交流侧电压u_O的幅值和相位，从而控制BESS整体的出力状态。

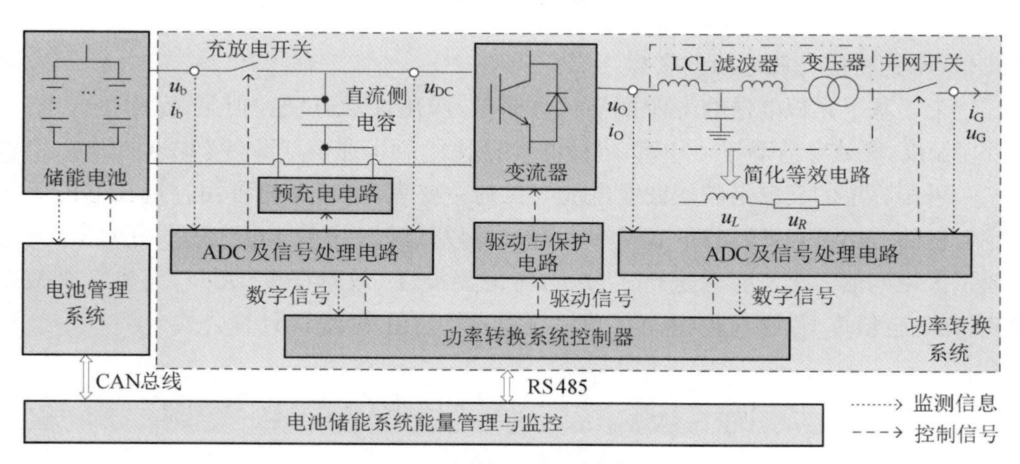

图3-1　电池储能系统结构

使用寿命是储能电池的重要指标，BESS的控制方式会影响电池的使用寿命，讨论控制策略必须考察其对使用寿命的影响。

3.1.1 考虑多因素聚合的储能电池寿命建模

磷酸铁锂电池成本适中，充放电效率较高。本节以其为例，研究BESS中电池寿命建模方法。电池寿命参数通常用循环充放电周期数来表示，即在标准实验环境下以恒定倍率满充满放的循环次数。在配合分布式可再生能源并网的应用中，BESS往往不是周期性定量地充放电，故其寿命通常用总体充放电量来表征，即累积电量寿命模型。

设 BESS 的额定容量为 C_N(A·h),寿命周期内的可循环次数为 N 次,则其预期可充放电总量为

$$C_{total}=2N\cdot C_N \tag{3-1}$$

设第 k 次充放电时 BESS 的输出功率为 P_b^k(放电为正方向),控制步长即充放电持续时间为 t_c^k,电池输出电压为 u_b^k,则第 k 次充放电的实际吞吐电量为

$$C^k=\frac{|P_b^k|\cdot t_c^k}{u_b^k} \tag{3-2}$$

设 BESS 的老化程度为 $\gamma_A\in(0,1)$,$\gamma_A=0$ 时,则 BESS 是全新状态,γ_A 的值越大表示老化越严重,$\gamma_A=1$ 时达寿命终点。因此,BESS 的老化程度 γ_A 由当前累积充放电的总量所占其预期可充放电总量的百分比进行估算:

$$\gamma_A=\sum_{k=1}^{K}\frac{C^k}{C_{total}}\times 100\% \tag{3-3}$$

式中,K 为目前充放电的总次数。

上述基于累积电量的寿命模型计算简单、应用灵活方便。但是,实际运行中,环境温度、充放电倍率等对 BESS 寿命的影响很大,而上述模型没有考虑这些因素。

可用容量的衰减是磷酸铁锂电池老化的主要表现,减少的可用容量在电池额定容量的占比可表征其容量衰退率。John 等以磷酸铁锂单体电池为研究对象,完成了大量电池老化实验并进行了分析,考虑温度 T、放电深度 DOD、充放电次数 M、充放电倍率 C_i 等因素,建立了单体电池容量衰退率 γ_{S_i} 的计算公式[1]:

$$\gamma_{S_i}=B_i\exp\left(\frac{-a_1+a_2C_i}{RT}\right)\cdot(2M\cdot DOD)^z,\ i=1,2,3,4 \tag{3-4}$$

式中,R 为理想气体常数,充放电倍率中,C_1 为 0.5 倍率、C_2 为 2 倍率、C_3 为 6 倍率、C_4 为 10 倍率,B_i 是其对应的参数,B_i、a_1、a_2 和 z 都是在大量单体电池老化实验中通过数据拟合求得。

在可再生能源并网应用中,BESS 的充放电具有随机性,而式(3-4)适用于周期性的循环出力模式,故应对上述公式进行修正。式(3-4)中,$2M\cdot DOD$ 为电池充放电总量,而可再生能源并网应用中,需对该充放电总量进行重新计算。对 BESS 以不同倍率出力时的充放电总量进行统计,对应式(3-4)划分为 3 个出力区间:$\psi_1=(0, 0.5]$ 为充放电倍率低于 0.5 的出力区间;$\psi_1=(0.5, 2]$ 表示 BESS 出力在 0.5 倍率和 2 倍率之间;$\psi_3=(2, 6]$ 为出力高于 2 倍率的区间,当充放电倍率高于 6 时会严重影响 BESS 寿命,甚至损坏电池,故不允许超过 6 倍率出力。计算

上述各个出力区间内BESS的充放电总量为

$$Ah_i=\sum_{k=1}^{K}\frac{|P_b^k|t_c^k}{u_b^k},\qquad \frac{|P_b^k|}{u_b^k I_{1C}}\in\psi_i,\ i=1,\ 2,\ 3 \tag{3-5}$$

电力应用中BESS的容量较大，单体电池的寿命模型并不能反映实际应用中BESS的工作特性，故应根据电力储能运行特性对单体电池寿命模型进行改进。单体电池通过串联实现总电压的提升，通过并联实现总电流的增大，大容量储能中的每个单体电池只承担了部分充放电量。设BESS的串并联系数为

$$l_{SP}=\frac{C_{N_1}}{C_N} \tag{3-6}$$

式中，C_{N_1}和C_N分别为单体电池和大容量储能的额定容量。那么充放电总量Ah_i与串并联系数l_{SP}的乘积则为单体电池所承担的充放电量。

但是，单体差异极易导致储能电池的不均流问题、不均压问题、环流问题等，严重影响储能电池使用寿命，因此定义不均衡系数为

$$l_{Ub}=\frac{N_1}{N} \tag{3-7}$$

式中，N_1为单体电池寿命周期内的可循环次数。电池单体的串联和并联增大了储能容量，但加剧了储能电池的老化，因此循环寿命N通常低于N_1。故系数l_{Ub}表征电力储能应用中大量单体电池不一致性导致的储能电池老化加剧现象。

综上，可再生能源并网应用中大容量BESS的储能电池的容量衰退率为

$$\gamma_{L_i}=B_i\exp\left(\frac{-a_1+a_2C_i}{RT}\right)\cdot(l_{SP}\cdot l_{Ub}\cdot Ah_i)^z,\ i=1,\ 2,\ 3 \tag{3-8}$$

则多因素聚合寿命模型计算所得BESS的寿命状况为

$$\gamma_M=\sum_{i=1}^{3}\gamma_{L_i} \tag{3-9}$$

3.1.2　BESS综合控制模型

3.1.2.1　变步长控制

由上述BESS中储能电池的寿命模型可知，其有功出力P_b^k和控制步长t_c^k对使用寿命影响较大。根据多因素聚合寿命模型计算所得BESS有功出力和控制步长对其寿命水平的影响如图3-2所示，可以看出，单次充放电中，BESS的有功出力P_b^k越大，即充放电倍率越高，则其容量衰退率γ_M越大，即老化越严重；P_b^k相同时，

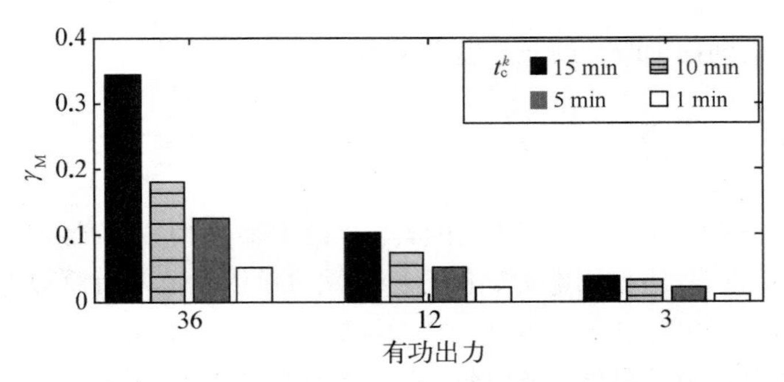

图 3-2 控制步长和有功出力对 BESS 寿命的影响

BESS 的控制步长 t_c^k 越大，意味着充放电时间越长，则 γ_M 也越大，即 BESS 寿命损耗越多。据此，提出 BESS 控制步长自适应调节的控制思想，当有功出力较大时，适当选择小控制步长，反之亦然，从而提高 BESS 的使用寿命。

BESS 控制步长的自适应调节是指依据当前并网状态和储能运行情况对步长 t_c 进行实时控制，达到使可再生能源并网电能质量符合要求，同时提高 BESS 使用寿命的双重目标。

3.1.2.2 储能系统的有功无功控制

为便于分析，设 BESS 的网侧为 L 型滤波器并假设变压器变比为 1∶1，此时 PCS 交流侧输出电流 i_O 与并网电流 i_G 相等，记为 i，则有

$$u_G = u_O + R \cdot i + L\frac{di}{dt} \tag{3-10}$$

可以看出，在电网电压 u_G 一定的情况下，并网电流 i 仅由 PCS 交流侧电压 u_O 决定，通过改变 u_O 的幅值和相位，使得并网电流 i 的幅值和相位也随之改变，从而控制 BESS 的并网有功功率 P_b 和无功出力 Q_b，如图 3-3 所示。设等效电路的电感电压为 u_L，电阻电压为 u_R，则电感电压 u_L 比电流 i 超前 90°，电阻电压 u_R 与电流 i 同相位。图 3-3(a)和图 3-3(b)分别为 BESS 单位功率因数充电运行和放电运行时的电路相量图。放电时为正方向，电流 i 与电网电压 u_G 同相位时 BESS 放电，输出有功功率；反相位时 BESS 充电，输入有功功率。图 3-3(c)和图 3-3(d)分别为 BESS 仅发出、吸收无功功率时的电路相量图，此时电流 i 比电网电压 u_G 超前或滞后 90°。图 3-3(e)～图 3-3(h)为 BESS 同时发出或吸收有功和无功时的电路相量图，可以看出，通过控制 PCS 交流侧输出电压 u_O 的幅值和相位，能够改变并网电流 i 的大小及其与电网电压 u_G 的相位差，从而决定 BESS 发出或吸收的有功功率和无功功率。

设变 PCS 交流侧输出电压 u_O 和电流 i 在两相旋转坐标系 dq 下的 d 轴分量和 q 轴分量分别为 u_{Od}，u_{Oq}，i_d 和 i_q，而电网电压 u_G 的 d 轴分量为其相电压幅值 U_G，

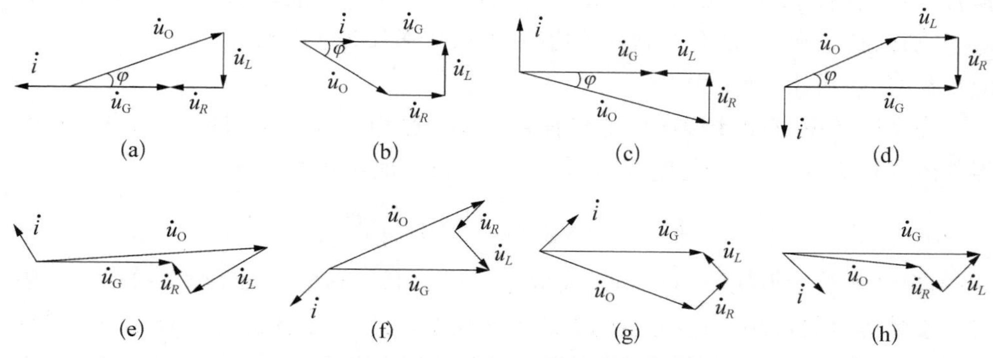

图 3-3　BESS 不同运行状态下的电路相量图

(a) 单位功率因数充电；(b) 单位功率因数放电；(c) 仅发出无功功率；(d) 仅吸收无功功率；(e) 充电并发出无功；(f) 充电并吸收无功；(g) 放电并发出无功；(h) 放电并吸收无功

q 轴分量为零，故结合式(3-10)可得：

$$\begin{bmatrix} u_{\mathrm{Od}} \\ u_{\mathrm{Oq}} \\ P \\ Q \end{bmatrix} = -\begin{bmatrix} Lp+R & -\omega L \\ \omega L & Lp+R \\ -U_{\mathrm{G}} & 0 \\ 0 & U_{\mathrm{G}} \end{bmatrix} \begin{bmatrix} i_{\mathrm{d}} \\ i_{\mathrm{q}} \end{bmatrix} + \begin{bmatrix} U_{\mathrm{G}} \\ 0 \\ 0 \\ 0 \end{bmatrix} \tag{3-11}$$

由上式可知，由三相静止坐标系转换为电网电压定向的两相旋转坐标系后，BESS 向电网输出或输入的有功功率 P 仅由 d 轴电流 i_{d}决定，无功功率 Q 仅由 q 轴电流 i_{q}决定。因此分别控制 i_{d}和 i_{q}即可独立地控制 BESS 输出的有功功率和无功功率，进而调节功率因数，故采用带 PI 调节的电流闭环控制使 BESS 并网的有功功率和无功功率按给定值运行，如图 3-4 所示。PCS 采用空间矢量脉宽调制策略输出三相桥臂的开关状态 S_A，S_B和 S_C，指导变流器功率器件的导通和关断，使交流侧输出电压满足其给定值 u_{Od}^*和 u_{Oq}^*。由式(3-11)可知，u_{Od}和 u_{Oq}之间存在

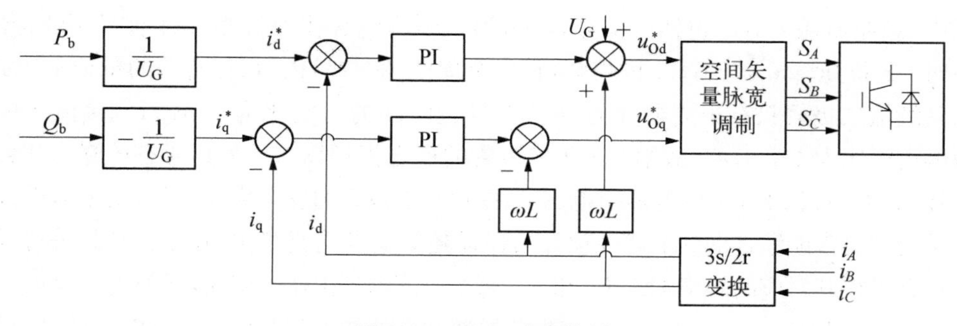

图 3-4　BESS 功率控制

耦合项，故在控制环中分别加入相应的前馈解耦以去掉耦合项，从而实现 u_{Od} 和 u_{Oq} 分别控制 i_{d} 和 i_{q}，进而控制有功功率、无功功率及功率因数。

3.1.2.3　损耗计算模型

在运行效率方面，BESS 的能量损耗主要包括电池充放电损耗 P_{cd}、PCS 功率器件的损耗 P_{vsc}、电抗器与电容器的损耗 P_{LC} 及其他损耗 P_{sd}，即

$$P_{\mathrm{loss}}=P_{\mathrm{cd}}+P_{\mathrm{vsc}}+P_{LC}+P_{\mathrm{sd}} \tag{3-12}$$

式中，电池充放电损耗 $P_{\mathrm{cd}}(t)$ 与其充放电电流 $I_{\mathrm{b}}(t)$、荷电状态 $SOC(t)$ 以及电阻电容参数等有关，根据储能电池的等效电路模型，可以将电池部分等效为一个受控电压源、一个串联内阻和若干 RC 并联网络的串联电路，设其等效内阻为 R_{eq}，则电池充放电损耗为

$$\begin{aligned}P_{\mathrm{cd}}(t)&=R_{\mathrm{eq}}\cdot I_{\mathrm{b}}^{2}(t)\\R_{\mathrm{eq}}&=b_{1}\cdot \mathrm{e}^{b_{2}\cdot SOC(t)}+b_{3}\end{aligned} \tag{3-13}$$

式中，b_1、b_2 和 b_3 是通过大量实验测试分析，拟合得到的。

PCS 功率器件损耗 $P_{\mathrm{vsc}}(t)$ 主要是绝缘栅双极型晶体管（IGBT）和续流二极管的导通损耗 $P_{\mathrm{cl}}(t)$、开关损耗 $P_{\mathrm{sw}}(t)$ 和静态损耗，其中，静态损耗为功率器件关断状态下漏电流产生的损耗，漏电流很小故可忽略，则有

$$\begin{aligned}P_{\mathrm{vsc}}(t)&=P_{\mathrm{cl}}(t)+P_{\mathrm{sw}}(t)\\P_{\mathrm{cl}}(t)&=\frac{1}{2\pi}\int_{0}^{\pi}u_{\mathrm{CE}}(\omega t)\cdot i(\omega t)\cdot \tau(\omega t)\mathrm{d}\omega t\\&\quad+\frac{1}{2\pi}\int_{0}^{\pi}u_{\mathrm{F}}(\omega t)\cdot i(\omega t)\cdot[1-\tau(\omega t)]\mathrm{d}\omega t\\P_{\mathrm{sw}}(t)&=\frac{1}{\pi}\cdot f_{\mathrm{sw}}\cdot(k_{\mathrm{on}}+k_{\mathrm{off}}+k_{\mathrm{rr}})\cdot I(t)\end{aligned} \tag{3-14}$$

式中，导通损耗 $P_{\mathrm{cl}}(t)$ 包括两部分，右边第 1 项为绝缘栅双极型晶体管（IGBT）导通时 CE 极压降 $u_{\mathrm{CE}}(t)$ 产生的损耗，在一个周期（0～2π）内，每相桥臂的单个 IGBT 及其续流二极管只有半周期导通，IGBT 导通时间的占空比为 $\tau(\omega t)$，则续流二极管的占空比为 $1-\tau(\omega t)$，故第 2 项为二极管的通态损耗，$u_{\mathrm{F}}(t)$ 为其通态压降。开关损耗 $P_{\mathrm{sw}}(t)$ 包括 IGBT 的开通损耗、关断损耗和二极管的反向恢复损耗，功率器件说明手册中通常能够查询到上述 3 项开关损耗随集电极电流变化的曲线，对其进行线性拟合可得其对应的斜率 k_{on}、k_{off} 和 k_{rr}，每个功率器件工作半周期，开关频率为 f_{sw}。

电抗器损耗 $P_{L\mathrm{loss}}(t)$ 包括电感铁芯损耗和绕组损耗，即铁损和铜损；电容器损

耗 $P_{\text{Closs}}(t)$主要是直流侧纹波电流 $I_{\text{cap}}^2(t)$作用于直流侧电容内阻 R_{cap}并考虑介质损耗角正切 δ_{cap}的能量损耗，综上，电抗器与电容器的损耗 $P_{LC}(t)$计算如下：

$$\begin{aligned} P_{LC}(t) &= P_{L\text{loss}}(t) + P_{\text{Closs}}(t) \\ P_{L\text{loss}}(t) &= \eta_{\text{Fe}} f^{a_1} B_{\text{m}}^{a_2} V_{\text{L}} + I^2(t) R_{\text{ac}} \\ P_{\text{Closs}}(t) &= I_{\text{cap}}^2(t)\left(R_{\text{cap}} + \frac{\tan\delta_{\text{cap}}}{\omega C}\right) \end{aligned} \tag{3-15}$$

式中，电抗器铁损主要与其工作频率 f、磁感应强度 B_{m}以及铁磁材料的体积 V_{L}相关，铜损由绕组导线表现出的交流电阻 R_{ac}计算得到，其中系数 η_{Fe}、a_1和 a_2等通常由器件厂家提供的说明手册中查得。

其他损耗 P_{sd}包括储能系统的自放电损耗、控制回路的损耗等。与超级电容相比，电池的自放电损耗相对较低，且控制回路的电压等级较低，损耗很小，故 P_{sd}通常忽略不计。

3.2 储能-可再生能源联合发电优化控制

3.2.1 平抑波动控制算法

3.2.1.1 风电有功功率波动

对于风电并网标准，不同国家根据自身不同的电网结构设定了不同的标准。中国国家电网公司对风电并网的功率波动制定了最低并网标准。将装机容量大小分为三个范围，小于 30 MW，大于 30 MW 但是小于 150 MW，大于 150 MW；波动允许标准分为 1 min 和 10 min 来区别；其具体波动标准如表 3-1 所示。

表 3-1 风电场有功功率波动标准[2]

风电场装机容量/MW	10 min 最大有功功率变化限值/MW	1 min 最大有功功率变化限值/MW
<30	10	3
30～150	装机容量/3	装机容量/10
>150	50	15

风电机组出力变化率可从不同时间段来描述，如小时级、分钟级、秒级。通常，单台风力机的出力变化率相对其自身容量变化率比较高，但绝对波动量并不太大。对风电场而言，由于各台风机的风功率具有一定的互补性，波动率会降低。另外，随着时间尺度的增大，波动量会增大。为了使风电场出力满足国家并网标准或减

小并网的功率波动，需要应用储能系统进行平滑。

最大风电功率波动量指的是在某一时间区间内，风电功率波动的最大值。

在秒级数据时，风电功率 1 min 内的最大功率变化量为

$$P_{\max1}=\max\{P_k-P_{k-1},\ P_k-P_{k-2},\ \cdots,\ P_k-P_{k-59}\}$$

10 min 内最大有功变化量(以 1 min 为一个点计算)为

$$P_{\max10}=\max\{P_k-P_{k-1},\ P_k-P_{k-2},\ \cdots,\ P_k-P_{k-9}\}$$

用此统计计算方法进行风电的波动量数据分析可以从时域角度反映风电的波动情况。

3.2.1.2 一阶低通滤波算法

一阶数字低通滤波是基本的滤波方法之一，离散化的数学表达为如下形式：

$$Y_k=\frac{\tau}{\tau+\Delta t}Y_{k-1}+\frac{\Delta t}{\tau+\Delta t}X_k \tag{3-16}$$

式中，τ 是滤波器的时间常数，Y 是滤波器的输出，X 是滤波器的输入，Δt 为离散数据滤波器的步长。

定义常数 $\alpha=\dfrac{\tau}{\tau+\Delta t}$，则式(3-16)可写成：

$$Y_k=\alpha Y_{k-1}+(1-\alpha)X_k \tag{3-17}$$

式(3-17)有着指数移动平均(EMA)的形式，其与式(3-16)在数学上是等价的。

对于时间常数为 τ 的低通滤波器，其截止频率为

$$f=\frac{1}{2\pi\tau} \tag{3-18}$$

时间常数 τ 越大，截止频率越小，平滑效果越好(见图 3-5)。如图 3-5 所示，原始波动较大的数据经过滤波器后被修正为较平滑的形式，超过截止频率的分量被有效滤去，差值被储能系统吸收，功率波动对电网的影响能够大幅度减小。时间常数的大小涉及所需要的储能容量不同，其关系如图 3-6 所示。可以看出时间常数对于滤波后数据的平滑程度有一定影响。更大的时间常数能够减小功率的波动量，但所需的变流器容量与储能容量都大幅上升。因此在优化储能功率与容量前，应当先按照需要滤除的波动频率确定合适的滤波时间常数。

算例：

以实际某风电场某天的出力为例，采用 10%储能进行一阶低通滤波前后风功率与并网功率的对比如图 3-7 所示，其最大变化量明显降低。

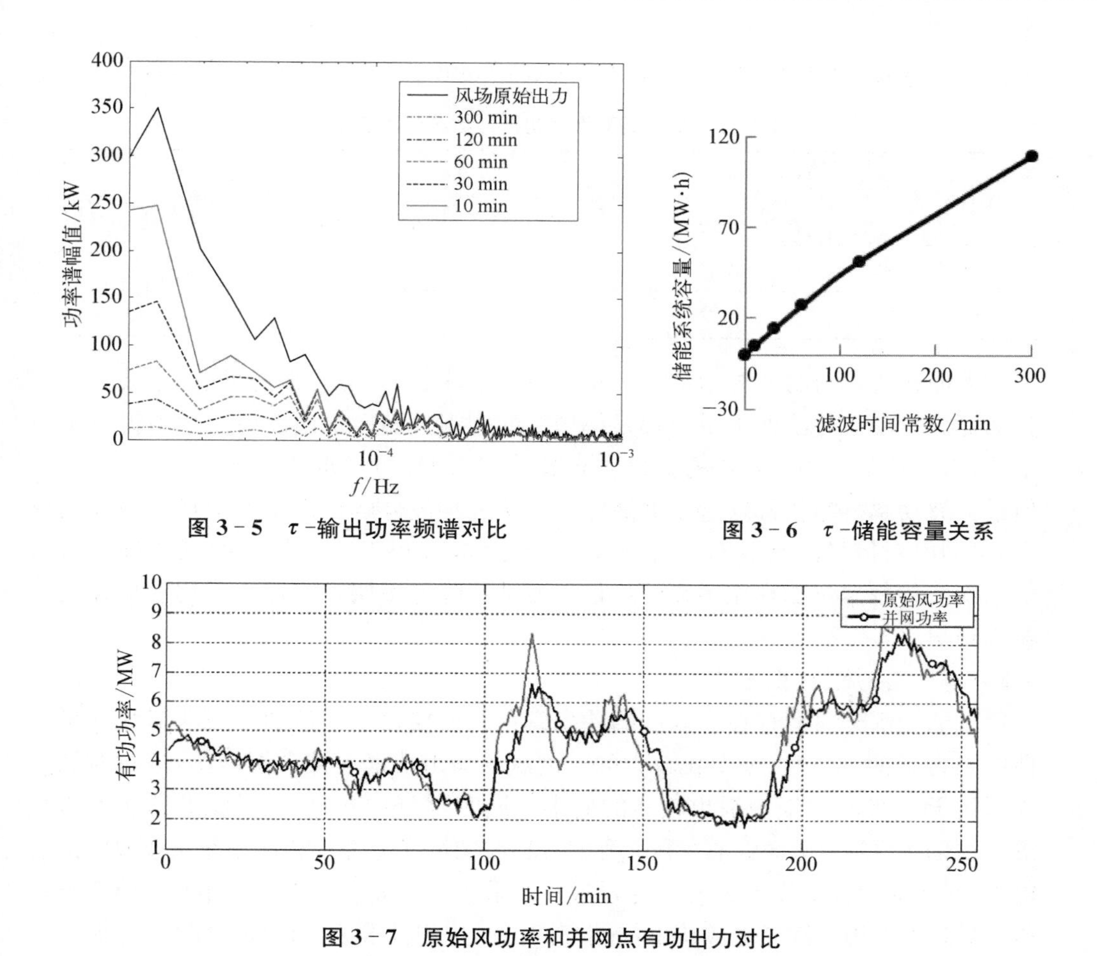

图 3-5　τ-输出功率频谱对比

图 3-6　τ-储能容量关系

图 3-7　原始风功率和并网点有功出力对比

平滑前后风功率 1 min 和 10 min 有功变化量统计分布如图 3-8 所示。图中横坐标为波动变化量分度,纵坐标为对应变化量出现的频度。滤波前后某风场某

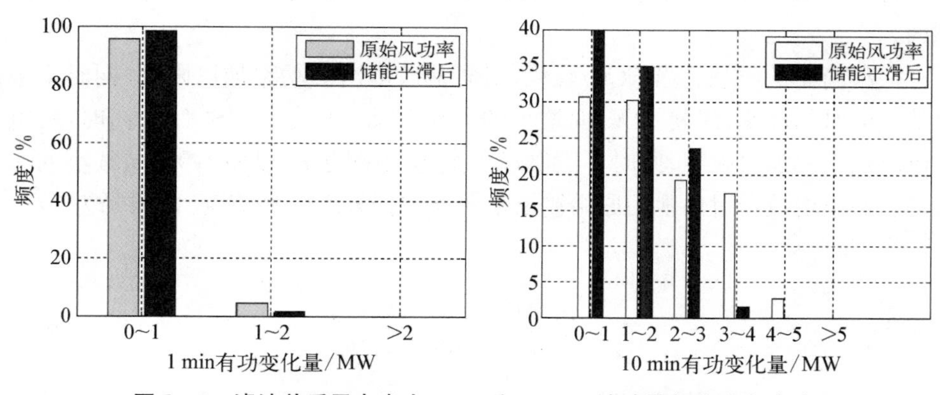

图 3-8　滤波前后风电出力 1 min 和 10 min 波动量频度分布统计

天有功功率最大变化如表 3-2 所示。可见 10 min 最大变化量有较明显降低。

表 3-2　某风场某天有功出力滤波前后变化量

名　称	1 min		10 min	
	最大变化量/MW	减少比率/%	最大变化量/MW	减少比率/%
原始风功率	1.51	17.9	4.65	34.4
储能平滑后	1.24		3.05	

平抑新能源的功率波动还有一些其他常用算法，如滑动平均算法、小波分解算法等。滑动平均法的平滑原理是将选定的固定长度窗口内的所有数值做算术平均，将平均值作为窗口中心点的数值输出，这同样可以取得明显的平滑效果，但最大波动率分布指标略逊于低通滤波算法。小波分解法由小波变换法演变而来，可同时对信号的高频和低频分量进行分解，有利于分析信号的某些细节特征。小波的频率过滤作用最显著但最大波动量降低不明显。详细对比波形在此暂不列出。

3.2.1.3　电池的 *SOC* 控制

风电场部分时间存在大幅度的功率变化。若仅仅采用低通滤波法对该功率曲线进行平抑，部分功率变化较大的时刻点的输出功率会被大幅修正，这将对储能系统 PCS 的功率能力提出较高的要求。同时，简单的一阶低通滤波器法不考虑电池的 *SOC*，为保证电池在新能源的各种波动情况下都具有连续充电或放电的能力，对电池的容量提出了较高的要求。如果数字滤波器不考虑电池的 *SOC*，可能会导致电池因连续充电或放电使储存的电能达到其上下限而停止工作，进而影响整个系统的性能。同时，当电池的 *SOC* 过高或过低时，易导致电池过充或过放，从而对电池寿命造成损伤[3]。然而，数字滤波器法能够通过控制滤波时间常数而滤去特定频率波动，对低通滤波器的输出加以调整就可以将 *SOC* 控制在一定范围内。

一种简单的方法：当 *SOC* 较低，对电池放电时的功率加以限制，同时不限制电池充电时的功率，以使 *SOC* 向增大的方向移动。反之，当 *SOC* 较高时，对电池充电时的功率加以限制，同时不限制电池放电时的功率，以使 *SOC* 向减小的方向移动。假设滤波器对电池的原始输出指令为 $P_{充}$ 或 $P_{放}$，则 *SOC* 的限制为

当 $SOC < a$ 时，

$$\begin{cases} P_{充} = P_{充} \\ P_{放} = m \times SOC \times P_{放} \end{cases} \tag{3-19}$$

当 $SOC > b$ 时，

$$\begin{cases}P_{放}=P_{放}\\P_{充}=n\times(1-SOC)\times P_{充}\end{cases}\tag{3-20}$$

式中，a、$b(a<b)$ 代表 SOC 控制开始的边界，m 与 n 代表 SOC 控制的斜率。特别地，可以取 $a=0.3$，$b=0.7$，$m=n=3.33$，这样可以保证以下几点：

(1) 在充电与放电时的 SOC 限制对称。

(2) SOC 控制开启的时机适中，不会因过早开启影响电池利用率，或过晚开启影响电池的 SOC 控制效果。

(3) 在 SOC 控制开启与关闭的边界点上功率百分比变化连续。

综合的控制算法流程如图 3-9 所示，SOC 控制方式如图 3-10 所示。

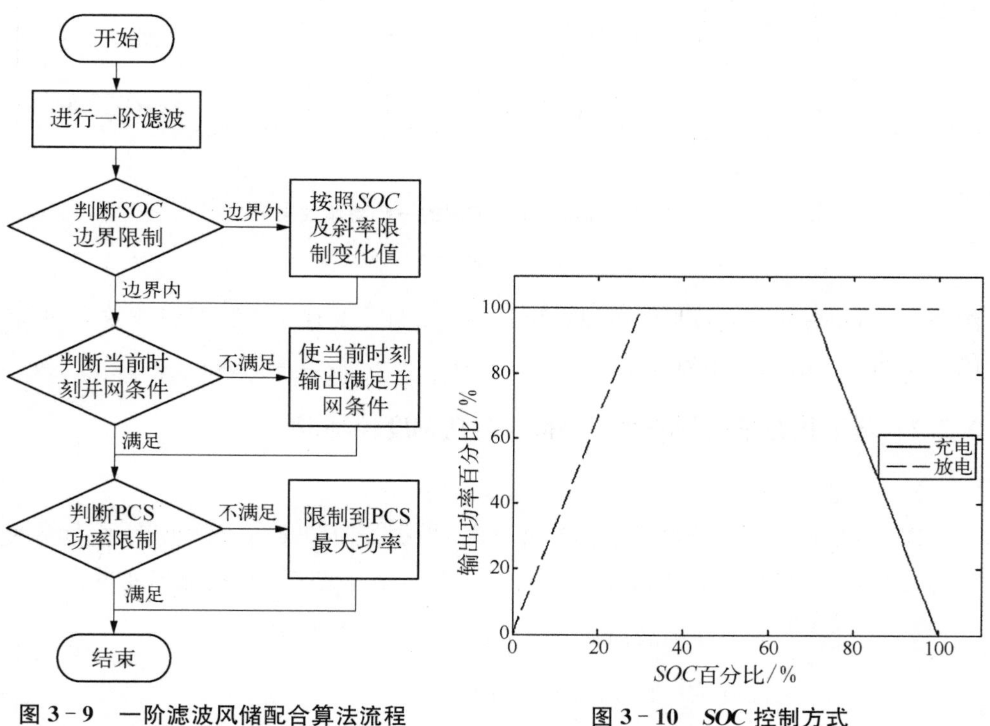

图 3-9　一阶滤波风储配合算法流程　　**图 3-10　SOC 控制方式**

图 3-11 是结合 SOC 控制后的一阶滤波效果。在其他参数相同的情况下，可以看出结合 SOC 控制的算法可以有效地将 SOC 控制在一定范围内，图中 SOC 保持在[0.21, 0.94]，基本不会影响电池寿命。而通过普通的一阶滤波算法得到的模拟 SOC 值达到 1.7，这意味着需要至少 1.7 倍的电池容量才能够保证此一阶滤波算法的正常工作，如果考虑到裕量以及 0 以下的容量，可能需要 3 倍以上的电池容量。由于 SOC 超过 1 的时间只占了总时间的 10%左右，为此增大储能容量是不

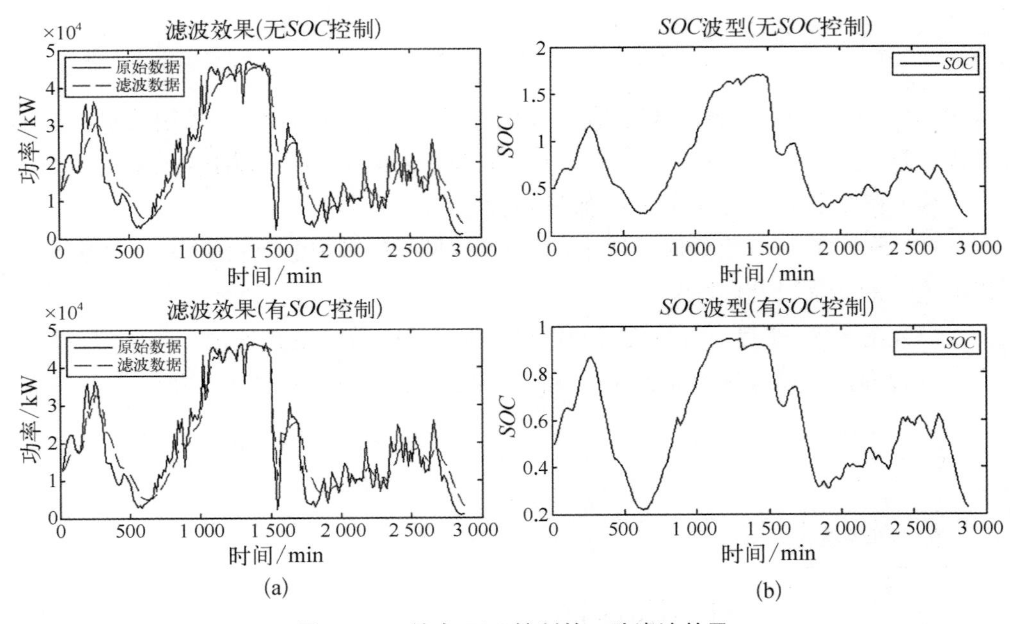

图 3-11 结合 SOC 控制的一阶滤波效果

(a) 滤波效果比较;(b) SOC 波型比较

经济的。同时,从滤波效果图可以看出,SOC 控制并没有显著影响滤波效果,两者的功率曲线平滑程度相当接近。

3.2.2 基于状态量预测的波动平抑与有功调度控制策略

3.2.2.1 控制策略

BESS 平抑可再生能源发电功率波动时,根据一阶数字低通滤波算法,输入变量为分布式可再生能源发电的输出功率 $P_{ren}(t)$,则滤波平滑后的输出变量为

$$\begin{aligned} &P_{ref}(t)=\alpha(t)P_{ref}(t-\Delta t)+[1-\alpha(t)]P_{ren}(t) \\ &\alpha(t)=\tau(t)/[\tau(t)+\Delta t] \end{aligned} \tag{3-21}$$

式中,$\tau(t)$为滤波时间常数,Δt 为采样时间。

当分布式电源按照计划发电或接受调度时,其输出功率需要跟踪调度指令,调度指令仍设为 $P_{ref}(t)$。$P_{ref}(t)$通常取调度周期内的平均风电功率 $P_a(t)$,同时考虑到系统损耗,须增加比例系数 β,则在有功调度模式下有

$$P_{ref}(t)=\beta \cdot P_a(t)\ (\beta<1) \tag{3-22}$$

BESS 具有快速充放电的特性,可用于补偿 $P_{ref}(t)$与 $P_{ren}(t)$之间的差值,设其

放电效率为 η_d，且放电为正方向，则 BESS 的充放电功率指令为

$$P_{b0}(t)=\begin{cases}[P_{ref}(t)-P_{ren}(t)]/\eta_d,\ P_{ref}(t)>P_{ren}(t)\\ P_{ref}(t)-P_{ren}(t),\ P_{ref}(t)\leqslant P_{ren}(t)\end{cases} \tag{3-23}$$

BESS 成本较高，配置容量有限，如何利用有限的储能容量实现较好的并网效果是需要解决的主要问题。当储能容量不足时，*SOC* 接近极限状态，BESS 的控制能力受限，配合可再生能源并网应用时会出现功率尖峰波动。预测控制能够在一定程度上缓解上述问题，设 $P_{ren}(t+t_p)$ 为由超短期功率预测模型得到的可再生能源发电的输出功率预测值，其中 t_p 为预测周期，则由式(3-21)～式(3-23)可得到波动平抑模式下或有功调度模式下 BESS 的预测有功出力为 $P_{bp}(t+t_p)$，那么储能 *SOC* 的预测值为

$$SOC_p(t+t_p)=SOC(t)+P_{bp}(t+t_p)t_p/C_N U_b \tag{3-24}$$

式中，$SOC(0)$ 为 BESS 的初始荷电状态，由安时法计算储能剩余容量，C_N 为 BESS 的额定容量，U_b 为输出电压。

由上述预测模型得到的电池荷电状态可作其容量裕度的判断。将 *SOC* 划分为如下区间：禁止区 Φ_1，过充过放严重影响 BESS 寿命，故此区间禁止充电或放电，控制裕度最低；警示区 Φ_2，即将达到容量极限，控制能力较差；缓冲区 Φ_3，此区间控制裕度略微不足；安全区 Φ_4，此区间控制裕度充足，对并网控制最有利。设 $S_{z,i}$ 为区间 Φ_i 的 *SOC* 边界值，须满足：

$$\begin{cases}S_{z,1}=SOC_{min}\\ SOC_{min}<S_{z,2}<S_{z,3}<50\%\end{cases} \tag{3-25}$$

那么，提出电池极限状态的如下分区方法：

$$\Phi_i=\begin{cases}\{SOC\mid SOC\leqslant S_{z,i}\cup SOC\geqslant 1-S_{z,i}\},\ i=1\\ \{SOC\mid S_{z,i-1}<SOC\leqslant S_{z,i}\cup\\ \qquad 1-S_{z,i}\leqslant SOC<1-S_{z,i-1}\},\ i=2,\ 3\\ \{SOC\mid S_{z,i-1}<SOC<1-S_{z,i-1}\},\ i=4\end{cases} \tag{3-26}$$

在 BESS 有功出力指令 $P_{b0}(t)$ 的基础上增加实时调节分量 ΔP，根据 $SOC_p(t+t_p)$ 所在的分区对电池状态作出判断，对应不同的分区进行不同力度的调控。当预判 BESS 处于安全区时，控制裕度充足，要求优先满足并网性能要求，不需要进行额外调节；当预判 BESS 处于缓冲区和警示区时，需要适度进行储能容量调控，在并网质量满足要求的情况下将 *SOC* 向安全区方向调节，可以适当降低并网性能；当预判 BESS 处于禁止区时，调控力度最大，保证 BESS 始终能够进行有

功充放电控制。基于上述分析，提出在线调节控制器：

$$\begin{cases}\Delta P=\kappa_i(1+\delta)[SOC_p(t+t_p)-S_{z,i}]C_N U_b/t_p, \\ \qquad SOC_p(t+t_p)\leqslant 50\%,\ SOC_p(t+t_p)\in\Phi_i \\ \Delta P=\kappa_i(1+\delta)[SOC_p(t+t_p)-(1-S_{z,i})]C_N U_b/t_p, \\ \qquad SOC_p(t+t_p)>50\%,\ SOC_p(t+t_p)\in\Phi_i\end{cases} \tag{3-27}$$

式中，$\delta\sim N(0,\sigma^2)$为考虑预测误差的正态分布随机变量，κ_i为区间Φ_i的调控系数：

$$\begin{cases}\kappa_1>\kappa_2>\kappa_3>\kappa_4 \\ \kappa_4=0\end{cases} \tag{3-28}$$

上述调控策略虽然可以提高储能控制裕度，降低 BESS 退出控制引发可再生能源并网尖峰功率的风险，但代价是当前并网性能的下降，为了将该调控力度限制在可控范围内，需要对调控分量 ΔP 限幅。设配备了 BESS 的分布式可再生能源发电的并网波动偏差性能指标为

$$\lambda(t)=\frac{P_{ren}(t)+P_b(t)-P_{ref}(t)}{P_{ref}(t)} \tag{3-29}$$

则某时段$(t_0,\ t_K)$内，BESS 与可再生能源发电的并网功率波动平均偏差性能指标为

$$\lambda_E=\sqrt{\sum_{t=t_0}^{t_K}[\lambda(t)]^2/(K+1)}\quad t=t_0,\ t_1,\ \cdots,\ t_K \tag{3-30}$$

对不同的状态区间设置不同的波动尺度限值，当预测并网功率波动超出此限值时，减小 ΔP 的调控力度，以防过调节。BESS 的荷电状态预测值 SOC_p靠近中值时储能控制裕度充足，应优先保证并网性能，故设置较小的波动限值；SOC_p在安全区时不进行容量调控，故波动限值置零；而 SOC_p靠近极限值时，应优先保证储能控制能力，可适度增大调控幅度，故设置较大的波动限值。设 $\lambda_V>\lambda_H>\lambda_L>0$，则 SOC_p大于 50%时，定义状态区间 Φ_i对应的波动尺度限值为

$$\lambda_{mi,P}=\begin{cases}\lambda_V,\ i=1 \\ [SOC_p-(1-S_{z,i})]\dfrac{\lambda_H-\lambda_L}{S_{z,i}-S_{z,i-1}}+\lambda_L,\ i=2 \\ \lambda_L[SOC_p-(1-S_{z,i})]/(S_{z,i}-S_{z,i-1}),\ i=3\end{cases} \tag{3-31}$$

SOC_p小于 50%时，Φ_i对应的波动尺度限值为

$$\lambda_{mi,N}=\begin{cases}-\lambda_V,\ i=1\\(SOC_p-S_{z,i})\dfrac{\lambda_H-\lambda_L}{S_{z,i}-S_{z,i-1}}-\lambda_L,\ i=2\\\lambda_L(SOC_p-S_{z,i})/(S_{z,i}-S_{z,i-1}),\ i=3\end{cases}\tag{3-32}$$

根据上述分析，设计 BESS 的状态分区及其对应的波动尺度限值如图 3 - 12 所示。

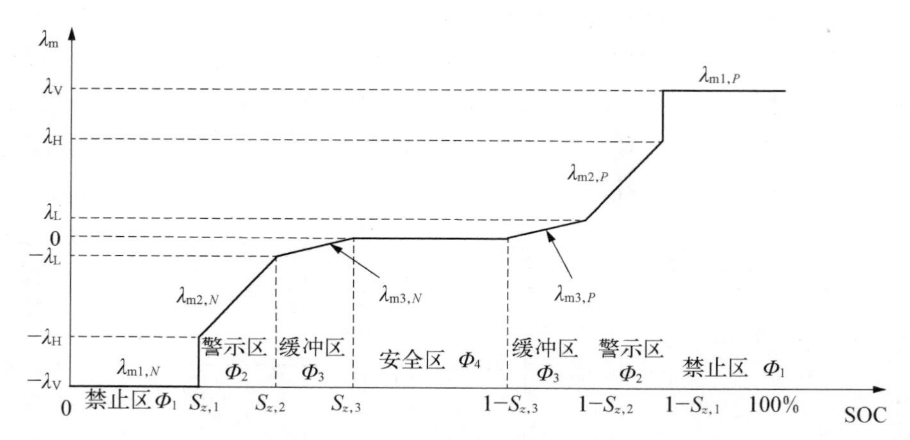

图 3 - 12　*SOC* 分区及其波动尺度限值

依据上述状态区间的划分以及波动限值，对 BESS 有功调控分量 ΔP 限幅：

$$P_{ref}\lambda_{mi,N}\leqslant\Delta P\leqslant P_{ref}\lambda_{mi,P}\tag{3-33}$$

针对限幅后由于调控力度不够而导致 BESS 控制容量不充足的问题，一方面可以增大预测周期，令 $t_p>t_c$，为容量裕度的调控预留出更多的调节时间（但预测周期的增长会导致其精度下降，进而影响控制效果），应选取合适的预测周期；另一方面，可以适度增大储能容量配比，从源头消除控制裕度不足的问题。

将 $P_{b0}(t)$ 与 ΔP 作和得到 BESS 有功出力指令 $P_b(t)$，应满足以下荷电状态约束和充放电电流约束：

$$\begin{cases}P_b(t)\geqslant[SOC(t)-SOC_{max}]C_NU_b/(t_c\eta_c),\ P_{ref}(t)\leqslant P_{ren}(t)\\P_b(t)\leqslant[SOC(t)-SOC_{min}]C_NU_b/t_c,\ P_{ref}(t)>P_{ren}(t)\\I_{bat\_MIN}\cdot U_b\leqslant P_b(t)\leqslant I_{bat\_MAX}\cdot U_b\end{cases}\tag{3-34}$$

式中，η_c 为 BESS 的充电效率。

考虑到实际应用中多台 BESS 并联使用的情况，设第 j 台 BESS 的 SOC 为 $SOC_j(t)$ $(j=1,2,\cdots,y)$，额定容量为 C_{Nj}，对储能总充放电功率根据 SOC 进行分配，则第 j 台 BESS 的有功出力指令为：

$$P_{bj}(t)=\begin{cases}[SOC_j(t)-SOC_{min}]C_{Nj}P_b(t)/\sum[SOC_j(t)-SOC_{min}]C_{Nj}, & P_b(t)>0\\ [SOC_{max}-SOC_j(t)]C_{Nj}P_b(t)/\sum[SOC_{max}-SOC_j(t)]C_{Nj}, & P_b(t)\leqslant 0\end{cases} \tag{3-35}$$

综上，基于状态量预测的 BESS 有功出力控制如图 3-13 所示，该方法在原有波动平抑模式和有功调度模式的基础上增加了预测控制，根据超短期功率预测结果判断 BESS 极限状态和控制裕度，将 SOC 划分为不同程度的状态区间，设计相应的波动尺度限值和 BESS 调控分量，在考虑预测误差、容量裕度、并网性能、和运行约束的基础上对 BESS 有功出力进行实时调控，从而提高可再生能源发电的并网电能质量，降低并网尖峰波动。

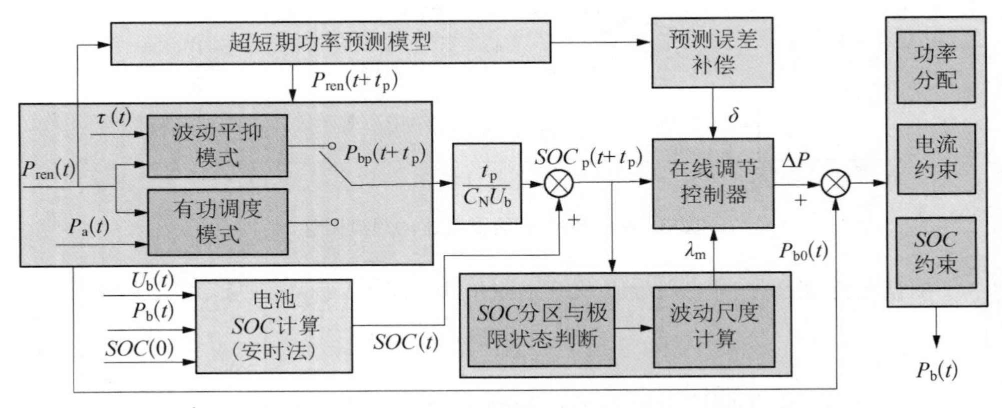

图 3-13　基于状态量预测的 BESS 有功出力控制

3.2.2.2　仿真算例

案例系统配置见附表 B-1，13 台单机容量为 1.5 MW 的风电机组经 0.69/10 kV 升压变压器并网，配置 2 MW·h 磷酸铁锂 BESS，其最大充放电功率为 2 MW，充放电效率为 90%，SOC 允许范围为 10%～90%，初始 SOC 为 45%，为配合风电场进行无功电压控制，设计其 PCS 额定容量为 3.5 MV·A。BESS 由 0.4/10 kV 升压变压器接入 10 kV 母线，两者经 10/35 kV 升压变压器接入配电层，35 kV 线路的等效阻抗标幺值为 0.091 5+j0.183 8，等效负荷标幺值为 0.16+j0.052 6，基准容量为 100 MV·A，基准电压为线路平均额定电压。

表 3-3 为状态量预测控制策略中涉及的基本参数，包括调度参数(β)、随机误差参数(σ^2)、SOC 分区参数($S_{z,2}$，$S_{z,3}$)、调节力度参数(κ_1，κ_2，κ_3)、波动尺度限定参数(λ_V，λ_H，λ_L)。

表 3-3　状态量预测控制策略的基本参数

参　数	β	σ^2	$S_{z,2}$	$S_{z,3}$	κ_1	κ_2	κ_3	λ_V	λ_H	λ_L
数　值	0.895	0.005	20%	30%	0.65	0.3	0.1	15%	10%	2%

图 3-14 为有功调度模式下调度周期 t_d 为 1 h 的系统运行曲线。图 3-14(a)为风电功率和并网功率曲线，如图所示，配备了 BESS 后的并网功率能够较好地跟踪调度计划曲线，功率波动得到了明显的抑制，但由于 BESS 充放电功率和容量的限制，仍有部分时间段无法完全响应调度指令。图 3-14(b)和图 3-14(c)分别为对应的 BESS 输出功率曲线和荷电状态曲线，可以看出，BESS 充放电功率和 *SOC* 均

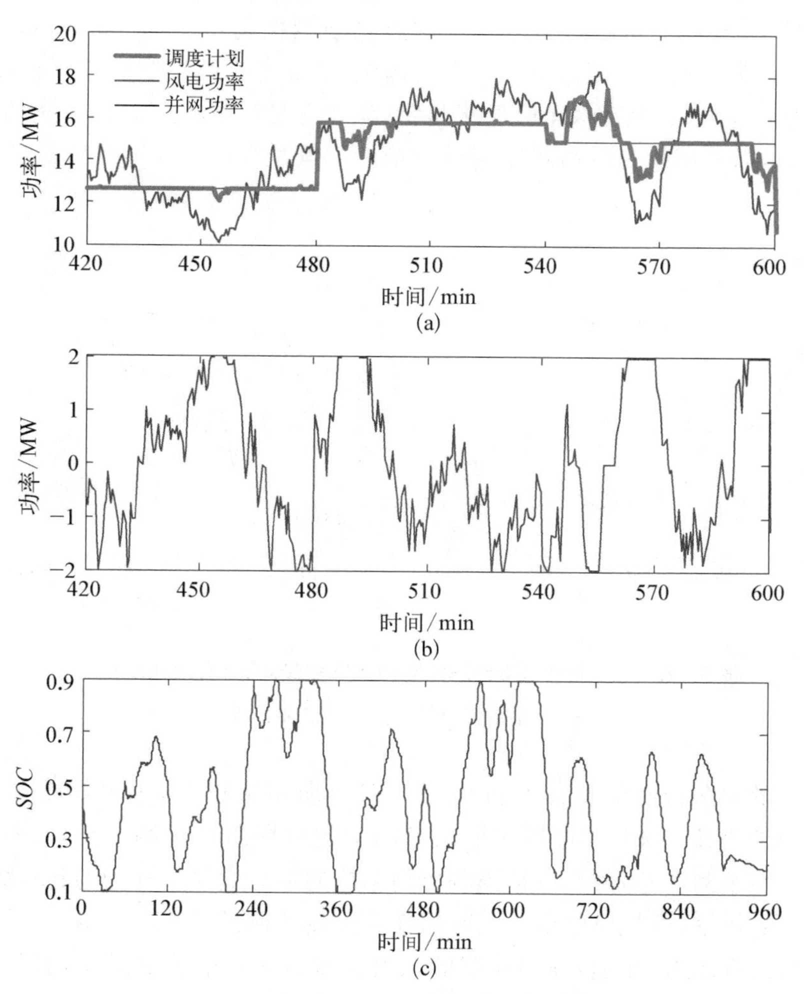

图 3-14　有功调度模式下的系统运行曲线

(a) 风电功率与并网功率曲线；(b) BESS 输出功率曲线；(c) BESS 荷电状态曲线

在允许范围内，且 SOC 较少有长时间维持在上下限的情况，说明所提控制方法能对极限状态做出较好的预判，并通过在线调节控制器的调节作用使得 BESS 始终保证一定的控制裕度。仿真结果显示，采用所提控制策略经 BESS 配合并网后系统功率与调度指令间的波动偏差显著下降，并网功率能够按调度指令运行，实现了分布式可再生能源按计划调度。

图 3-15 为有功调度模式下有状态量预测和无状态量预测控制时的运行曲线对比。如图 3-15(b)所示，无状态量预测控制时，550～560 min 时段内并网功率出现了较大的尖峰波动，与风电出力的重合说明 BESS 输出功率为零，这是因为 BESS 的 SOC 处于禁止区而无法将多余风能存储起来，进而失去了控制效果。由图 3-15(a)可以看出，增加了状态量预测控制后，545～550 min 时段内 BESS 针对 SOC 状态预测进行了一定的调控，增加了后续控制的容量裕度，使得 BESS 一直都能够充电和放电。结果显示，无状态量预测时最大并网波动偏差高达 21.3%，而采用状态量预测控制后该指标下降至 16.6%，有效降低了尖峰功率波动。

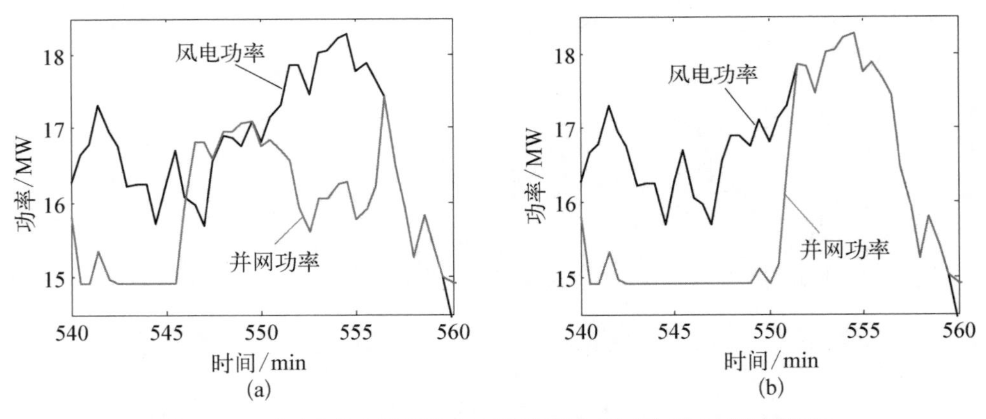

图 3-15　有/无状态量预测控制的运行曲线对比(有功调度模式)

(a) 有状态量预测；(b) 无状态量预测

状态量预测控制策略需要首先进行超短期功率预测，本书第 2 章中提出了基于混沌理论与 BP 神经网络的风电功率超短期组合预测模型，可针对不同预测模型和预测误差，分析所提预测控制策略的运行效果。作为对比，考虑预测误差为零的场景，即把风电出力实际值作为预测控制的输入。表 3-4 为不同预测控制的仿真结果，显然，预测模型的预测误差显著影响控制效果，预测误差越大，并网质量越差，而无预测控制的波动偏差最大，进一步验证了控制策略的有效性。

表 3-4　不同预测方法控制的仿真效果比较

控制方法	预测误差	平均波动偏差	最大波动偏差
混沌预测控制	4.5%	10.4%	21.3%
神经网络组合预测控制	1.9%	9.2%	16.6%
实际值预测控制	0	8.1%	15.9%
无预测控制	—	11.9%	30.1%

分别对有状态量预测和无状态量预测控制时 BESS 在各个 *SOC* 分区的运行时间进行统计，结果如图 3-16 所示，达限区为 BESS 处于满充或者满放状态，此时储能控制能力较差，配合并网效果有限。由图可知，通过预测控制，有效降低了 BESS 在达限区和警示区的运行时间，提高了 BESS 在安全区的概率分布，预测控制的效果明显。

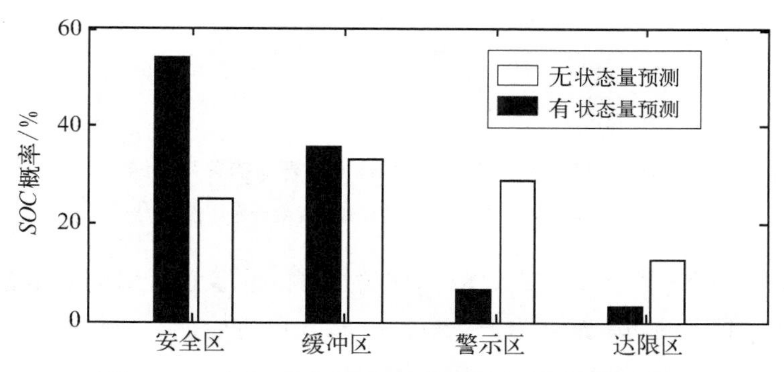

图 3-16　有/无状态量预测控制的 *SOC* 概率分布对比

3.2.3　提高寿命和效率的 BESS 模糊变步长优化控制方法

3.2.3.1　控制算法

首先探讨传统定步长模式下 BESS 控制步长 t_c 对其使用寿命的影响，以上一节所述计划调度模式下的 BESS 有功控制策略为例，在不同的控制步长 t_c 和不同的调度周期 t_d 下持续充放电一个月，图 3-17 显示了各情景下 BESS 的寿命老化情况。调度周期和控制步长都会影响储能寿命，其本质是充放电量和倍率对电池老化的影响。在储能容量充足的情况下，调度周期较小时，$P_{ref}(t)$ 与 $P_{ren}(t)$ 之差也较小，BESS 的有功出力和总体充放电量相对较少，寿命状况较好，如图 3-17 中曲线(t_d为 1 h)所示。图 3-17 中曲线 t_d 为 6 h 的场景下，调度周期较大，储能容量需求较大，*SOC* 达限的概率很高，在禁止区储能有功出力为零，故寿命损耗较低，但相应地并网性能也较差。在控制步长方面，虽然单次充放电时控制步长 t_c^k 越小容量衰退率越低，但定步长模式下以不同的固定步长 t_c 持续充放电相同的时间，如图 3-17 所示，t_c 越小，控制越精细，储能充放电越频繁，寿命损耗越大，因此控制步长的选取非常重要。

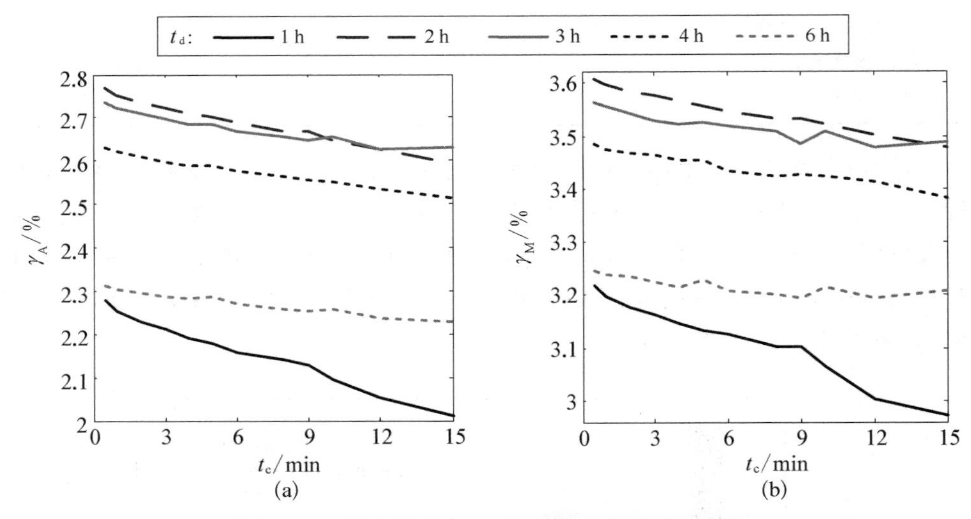

图 3-17 控制步长与 BESS 使用寿命的关系曲线

(a) 累积电量寿命模型；(b) 多因素聚合寿命模型

其次探讨 BESS 控制步长对其运行效率的影响。前文已经对电池储能系统进行了损耗分析，BESS 的功率损耗为 $P_{loss}(t)$，分布式可再生能源发电功率为 $P_{ren}(t)$，则 t_1 至 t_2 时段 BESS 的运行损耗指标 r_{lb} 为

$$r_{lb}=\int_{t1}^{t2}\frac{P_{loss}(t)}{P_{ren}(t)}dt\times 100\% \tag{3-36}$$

按照相同的算例，在不同的控制步长 t_c 和不同的调度周期 t_d 下计算 BESS 运行损耗，如图 3-18 所示。由图可知，在计划调度定步长模式下，控制步长 t_c 越小，BESS 的功率损耗越大。因此，控制步长 t_c 的选取不仅影响电池老化，还会影响 BESS 的运行效率。

此外，由于可再生能源发电的输出功率实时变化，而 BESS 在控制时段 t_c^k 内有功出力不变，故需要探讨 t_c 对 BESS 控制性能的影响，即在不同控制步长 t_c 下，计算并网波动偏差性能指标 λ（仍选用上述算例），如图 3-19 所示。由图可知，调度周期越长，储能控制裕度越显不足，并网性能就越差；而控制步长 t_c 越小，控制越精细，配合可再生能源发电控制时的并网性能越好。因此，对控制步长的选取应充分考虑 BESS 配合可再生能源发电的并网控制效果，保证并网性能。

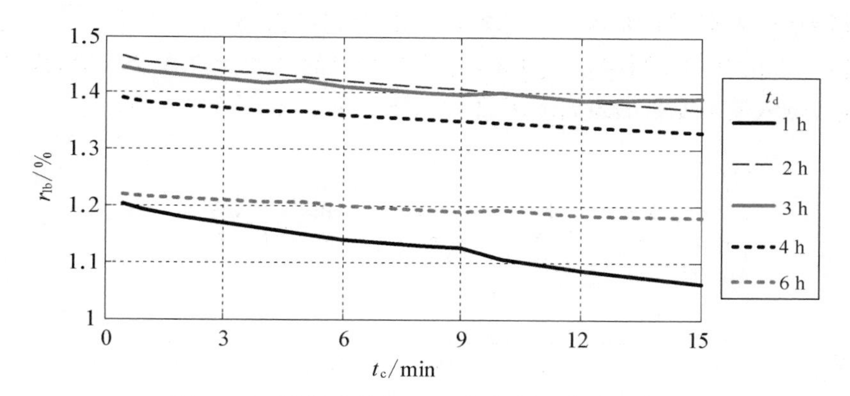

图 3 - 18　控制步长与 BESS 运行损耗的关系曲线

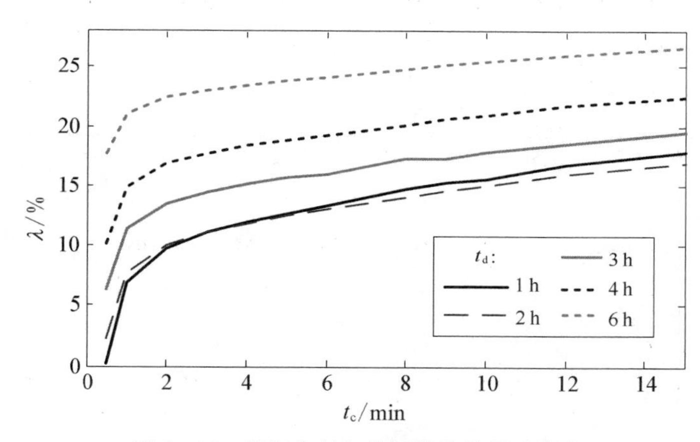

图 3 - 19　控制步长与并网性能的关系曲线

综上，BESS 的控制步长 t_{c}^{k} 会影响其寿命、效率和并网性能，而传统定步长模式难以令上述三个方面都符合要求，大控制步长下储能容量衰退少、能量损耗低（见图 3 - 17 和图 3 - 18），但并网波动偏差大（见图 3 - 19），而小控制步长下储能老化严重、效率低，但并网效果好。因此，提出 BESS 控制步长自适应调节的控制思想，依据当前并网状态和储能运行情况对步长 t_{c} 进行实时控制，达到可再生能源并网电能质量符合要求，同时提高 BESS 寿命和效率的三重目标。

采用模糊控制算法，控制器输出为需要优化的变量，即控制步长 t_{c}^{k}，设最小控制时间为 T，则输出变量 t_{c}^{k} 的论域为$\{T,\ 6T,\ 12T,\ 18T,\ \cdots,\ 24T,\ 30T\}$。BESS 的充放电倍率为 $C_{\mathrm{rate}}^{k}=P_{\mathrm{b}}^{k}/(I_{1\mathrm{C}}\cdot u_{\mathrm{b}}^{k})$，根据 BESS 寿命模型和损耗分析可知，充放电倍率影响电池老化和运行损耗，故将其选为控制器的一个输入，论域为$[-6,\ 6]$。由寿命和损耗计算公式可知，C_{rate}^{k} 较大时，选取小控制步长可以延缓老化并降低损耗。并网波动偏差性能指标 λ^{k} 表征当前并网控制效果，论域为$[0,\ +\infty)$。在

控制性能指标 λ^k 较差的情况下应选取较小的控制步长，充分发挥 BESS 快速充放电的特性，补偿有功控制偏差。设 λ_M 为并网波动的最大允许控制偏差，设计模糊控制器各输入输出变量的隶属度函数（e_T、e_C、e_λ），如图 3-20 所示。

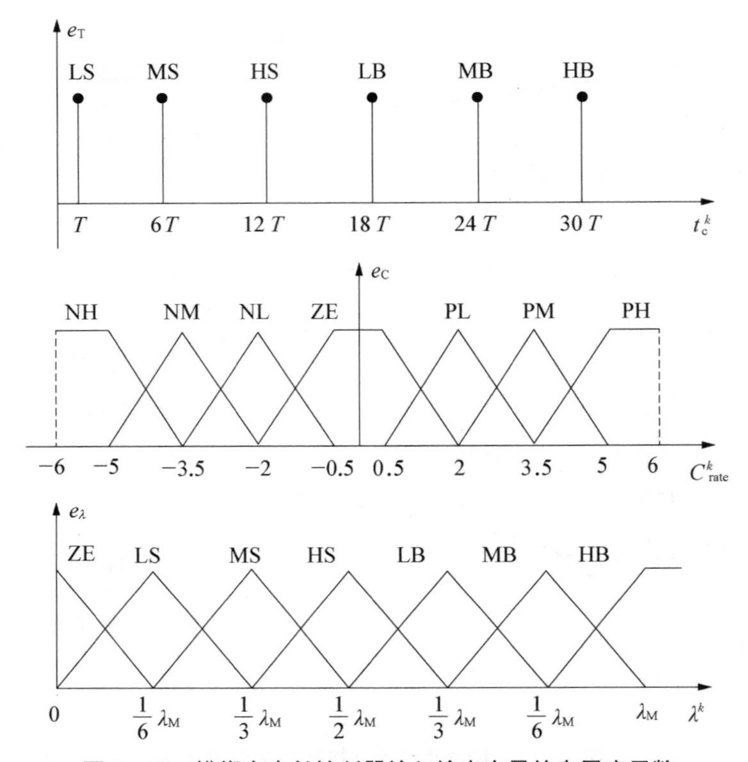

图 3-20　模糊变步长控制器输入输出变量的隶属度函数

根据上述分析，制定模糊控制规则表，如下所述。

规则 1：当 λ^k 很大时，表示并网功率波动很大，此时应减小 t_c^k，提高并网控制效果。

规则 2：当 λ^k 较小时，表示并网质量满足要求，此时优先考虑 BESS 寿命和效率。

规则 3：当 C_{rate}^k 很大时，BESS 老化加剧、能量损耗较大，此时应减小 t_c^k，以提高 BESS 寿命和效率。

规则 4：当 C_{rate}^k 较小时，可选择较大的 t_c^k，从而延缓 BESS 老化并降低损耗。

综上，模糊控制规则如表 3-5 所示。并网性能较好时，主要依据 C_{rate}^k 选择控制步长，C_{rate}^k 较大时选取小步长，C_{rate}^k 较小时选取大步长。在 λ^k 较大的情况下，并网性能不乐观，此时选取小步长，优先考虑控制效果。

表3-5　变步长优化的模糊控制规则表

λ^k	C_{rate}^k						
	NH	NM	NL	ZE	PL	PM	PH
ZE	LS	LB	MB	HB	MB	LB	LS
LS	LS	HS	MB	HB	MB	HS	LS
MS	LS	HS	LB	MB	LB	HS	LS
HS	LS	HS	HS	LB	HS	HS	LS
LB	LS	MS	HS	LB	HS	MS	LS
MB	LS	MS	MS	HS	MS	MS	LS
HB	LS	LS	LS	LS	LS	LS	LS

对控制器输出进行去模糊并取整，设取整函数为 round(　)，求得控制步长为

$$t_c^k = \frac{1}{2}\text{round}\left(2 \times \frac{\sum_{x=1}^{7}\sum_{y=1}^{7} e_{P,x}(C_{rate}^k)e_{\lambda,y}(\lambda^k)t_{c,x,y}^k}{\sum_{x=1}^{7}\sum_{y=1}^{7} e_{P,x}(C_{rate}^k)e_{\lambda,y}(\lambda^k)}\right) \tag{3-37}$$

3.2.3.2　仿真算例

磷酸铁锂 BESS 的寿命模型参数见附表 B-2，大量 2.2 A·h/3.3 V 磷酸铁锂电池单体串并联形成 3.02 kA·h/660 V 大容量电池系统，根据出厂数据，该单体电池在 25℃、100% *DOD*、1 倍率循环充放电模式、容量衰退率达 25%至寿命终点的条件下，循环寿命为 3 500 次，而大容量电池系统受串并联不均衡等因素的影响，储能电池整体的循环寿命小于 3 000 次，低于单体电池。BESS 采用集装箱形式，内设通风温控设备，故可假设环境温度恒定为 25℃。图 3-21 为有功调度模式下调度周期 t_d取 2 h 时的系统运行曲线。由图 3-21(c)BESS 的充放电倍率曲线可以看出，BESS 每次充电或者放电的时间不等，即变步长模式下 t_c能够实时自适应调节。将 $A1$～$A3$ 时段进行放大，如图 3-21(b)所示，可以看出，$A3$ 时段 BESS 的充放电倍率 C_{rate}^k较小，并网波动偏差 λ^k 也不大，由模糊控制规则表可知其输出 t_c^k 可以选择大步长，经计算得到此时控制步长为 15 min；$A2$ 时段 BESS 的充放电倍率较大，但并网波动偏差较小，因此控制步长相比 $A3$ 时段仅略微减小；$A1$ 时段 BESS 的充放电倍率较大，并网波动偏差也较大，故控制步长最小为 8 min。图 3-21(d)显示了 BESS 的 *SOC* 一直在允许范围内，满足控制要求。图 3-21(a)表明通过 BESS 变步长优化控制，并网功率能够较好地响应调度指令，改善了风电并网性能，实现了分布式可再生能源发电的可调性。

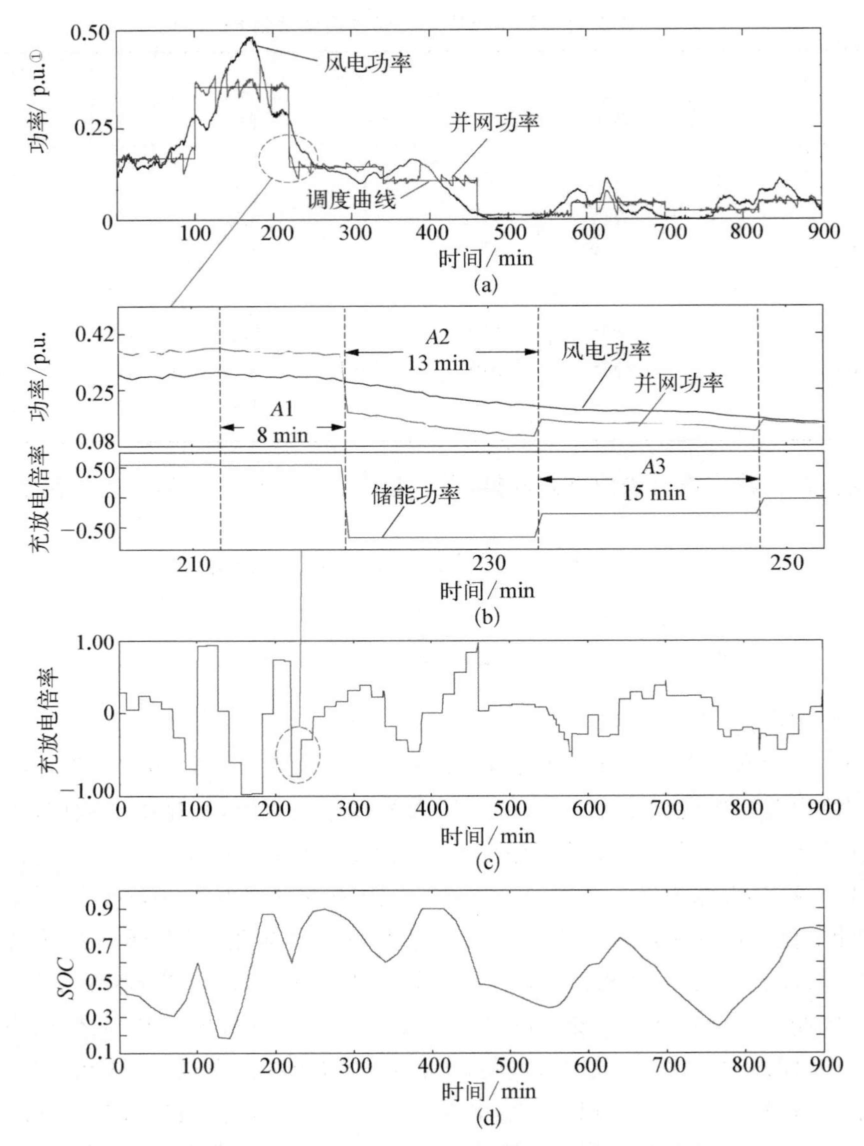

图 3-21　模糊变步长优化后的系统运行曲线(有功调度模式)

(a) 并网功率曲线;(b) 并网功率曲线的局部放大图;(c) BESS 充放电倍率;(d) BESS 荷电状态曲线

图 3-22 为采用模糊变步长优化控制策略持续运行一个月后,统计所得控制步长的概率分布柱状图。控制步长的隶属度函数中,最小控制时间 T 取 0.5 min。可以看出,步长为最小控制时间 T 的概率最高,大步长如 14.5 min、15 min 的概率次

① p.u.: per unit 的缩写,表示标幺值。

之，其他如 6 min、12 min 等也有一定的分布，而剩余情况则很少。上述表现主要是由控制策略中隶属度函数的设计以及模糊控制规则表决定的，控制步长隶属度函数为 6 个语言变量的单点离散模糊集，故其分布差异性较大。规则表中选取小步长的场景最多，故最小控制时间 T 的概率最高。实际运行中并网波动偏差性能指标 λ^k 小于 5%以及 BESS 充放电倍率 C^k_{rate} 低于 0.5 的概率较大，故大步长的概率也相对较高。

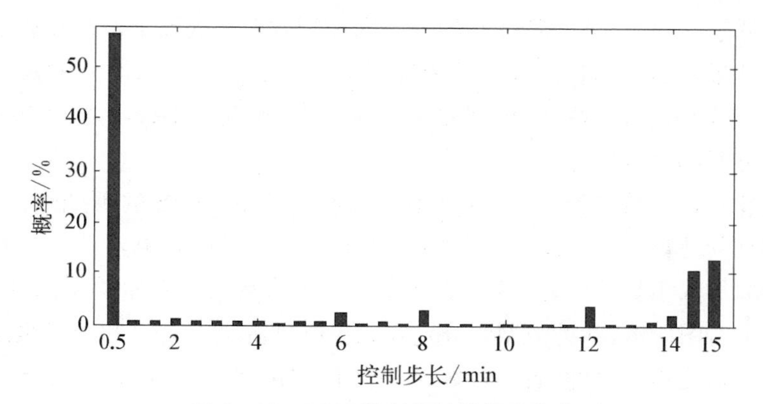

图 3-22　BESS 控制步长的概率分布

以一个月运行数据为例，比较变步长控制策略下不同调度周期时 BESS 的寿命状况、能量损耗和并网控制效果，如表 3-6 所示，并将其与如图 3-17、图 3-18 和图 3-19 所示定步长控制下的相应运行结果进行比较。首先比较两种寿命模型计算所得 BESS 老化情况，可以看出，在任何调度周期下，变步长控制的 λ_A 和 λ_M 都相当于定步长控制时固定步长取 12～15 min 时的寿命状况，即变步长的寿命控制效果与定步长模式下大步长相当，优于小步长。在运行效率方面，变步长控制的能量损耗 r_{lb} 也与定步长 12～15 min 相当，效率高于定步长模式下取小步长的情况。在可再生能源并网控制性能方面，变步长控制的并网波动偏差 λ 相当于定步长控制时固定步长取 2～4 min，并网控制效果优于定步长模式下取大步长的情况。

表 3-6　模糊变步长控制下 BESS 的寿命状况、能量损耗及并网控制效果

t_d/h	λ_A/%	λ_M/%	λ/%	r_{lb}/%
1	2.04	3.01	11.88	1.08
2	2.61	3.48	11.69	1.38
3	2.62	3.47	14.21	1.39
4	2.52	3.38	17.76	1.34
6	2.23	3.17	23.41	1.18

以调度周期 1 h 为例，变步长控制的 BESS 寿命指标 λ_A 为 2.04%，能量损耗指标 r_{lb} 为 1.08%，与定步长控制时固定步长 13 min 的寿命和效率状态相当，但定步长 13 min 时可再生能源并网波动偏差指标 λ 为 17.10%，而变步长控制下 λ 仅为 11.88%，即 BESS 在同等的寿命、效率表现下提高了并网控制效果。同理，定步长模式下固定步长 4 min 时的可再生能源并网质量与变步长控制相当，但采用变步长控制策略后 BESS 老化程度以两种寿命模型计算后分别降低了 6.85%和 4.44%，运行损耗降低了 6.90%，即 BESS 在同等并网控制效果下提高了寿命和效率。

仿真结果表明，模糊变步长优化控制方法既有大固定步长时寿命长、效率高的优点，也有小固定步长时并网控制效果好的优点，实现了 BESS 寿命、效率和并网性能等多方面的综合优化。

以上述月运行数据为样本，计算不同调度周期下 BESS 的预期寿命。累积电量寿命模型的计算结果如图 3-23 中左图所示，定步长时控制步长越大寿命越长，变步长吸取了大步长的优点，寿命表现良好。多因素聚合寿命模型的计算结果如图 3-23 中右图所示，两种模型中分别在累积电量占比 $\lambda_A=1$ 和容量衰退率 $\lambda_M=25\%$ 时达寿命终点，虽然两者的计算结果略有差异，但基本趋势一致，仿真结果表明变步长控制提高了 BESS 的使用年限。

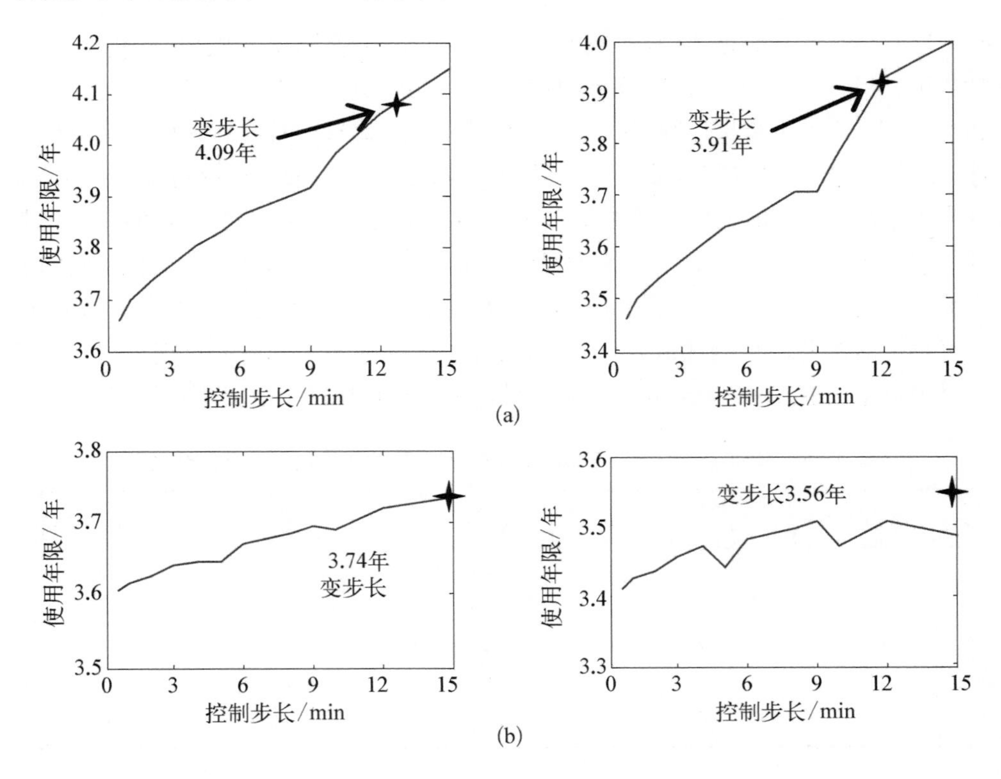

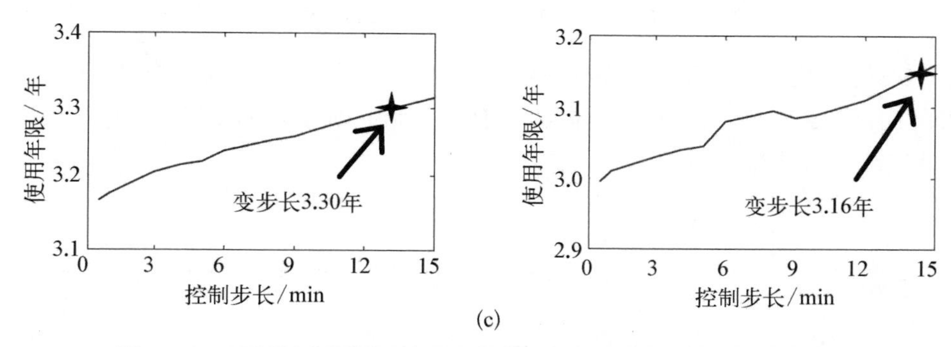

图 3-23　不同调度周期下的累积电量寿命模型和多因素聚合寿命模型

(a) $t_d=1$ h；(b) $t_d=6$ h；(c) $t_d=4$ h

3.2.4　多运行模式下的BESS无功电压控制策略

3.2.4.1　控制策略

在无功控制方面实现分布式电源并网点(point of common coupling, PCC)的恒定无功出力、恒功率因数运行以及恒定电压控制等多种运行模式，从而提升分布式电源的可控性和并网电能质量。图 3-24(a)为 BESS 配合分布式电源(distributed generation, DG)并网的电路结构图，BESS 和 DG 并联接入 10 kV 母线，汇流后通过 10 kV/35 kV 变压器在 PCC 点并入配电层 35 kV 母线，图中，R_c+jX_c为线路等效阻抗，U_g为外部电网等效电源，通常将其等效为无穷大，即认为 U_g恒定不变。当并网功率 P_c+jQ_c变化时，线路压降随之变化，故风电或光伏发电的出力波动可能引起并网点电压波动，PCC 点电压变化的电路相量图如图 3-24(b)所示。

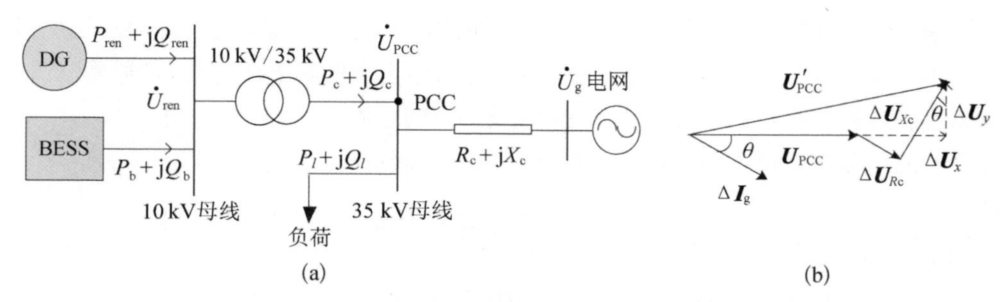

图 3-24　BESS 配合分布式电源并网的电路结构图与电路相量图

(a) 电路结构图；(b) 电路相量图

图 3-24(b)中，$\Delta \boldsymbol{I}_g$为由分布式电源在 PCC 处并网功率变化而引起的电流变化量，$\boldsymbol{U}_{PCC}$和$\boldsymbol{U}'_{PCC}$分别为并网功率变化前后的 PCC 节点电压，则并网电压变化量为

$$\Delta \boldsymbol{U} = \boldsymbol{U}'_{\mathrm{PCC}} - \boldsymbol{U}_{\mathrm{PCC}} = \Delta \boldsymbol{U}_{R\mathrm{c}} + \Delta \boldsymbol{U}_{X\mathrm{c}} = \Delta \boldsymbol{I}_{\mathrm{g}} \cdot (R_{\mathrm{c}} + \mathrm{j}X_{\mathrm{c}}) \tag{3-38}$$

式中，$\Delta \boldsymbol{U}_{R\mathrm{c}}$为电流变化量 $\Delta \boldsymbol{I}_{\mathrm{g}}$在等效电阻$R_{\mathrm{c}}$上的压降，$\Delta \boldsymbol{U}_{X\mathrm{c}}$为其在等效电抗 X_{c}上的压降。将 $\Delta \boldsymbol{U}$ 分解为以 $\boldsymbol{U}_{\mathrm{PCC}}$定向的 x 轴分量和纵轴分量，即 $\Delta \boldsymbol{U} = \Delta \boldsymbol{U}_x + \mathrm{j}\Delta \boldsymbol{U}_y$，由图 3-24(b)计算可得

$$\begin{aligned} \Delta U_x &= \Delta U_{R\mathrm{c}} \cos\theta + \Delta U_{X\mathrm{c}} \sin\theta \\ &= \Delta I_{\mathrm{g}} R_{\mathrm{c}} \cdot \cos\theta + \Delta I_{\mathrm{g}} X_{\mathrm{c}} \cdot \sin\theta \\ &= \frac{\Delta P \cdot R_{\mathrm{c}} + \Delta Q \cdot X_{\mathrm{c}}}{U_{\mathrm{g}}} \end{aligned} \tag{3-39}$$

式中，ΔP 和 ΔQ 分别为分布式电源在 PCC 处并网有功功率和无功功率的变化量。同理可得，$\Delta \boldsymbol{U}$ 纵轴分量为

$$\begin{aligned} \Delta U_y &= \Delta U_{X\mathrm{c}} \cos\theta - \Delta U_{R\mathrm{c}} \sin\theta \\ &= \Delta I_{\mathrm{g}} X_{\mathrm{c}} \cdot \cos\theta - \Delta I_{\mathrm{g}} R_{\mathrm{c}} \cdot \sin\theta \\ &= \frac{\Delta P \cdot X_{\mathrm{c}} - \Delta Q \cdot R_{\mathrm{c}}}{U_{\mathrm{g}}} \end{aligned} \tag{3-40}$$

由此可见，分布式电源的接入及其输出有功功率和无功功率的变化都会引起并网点电压的变化，并影响电压变化的幅值和相位。通常情况下 $\Delta U_x \gg \Delta U_y$，故认为 $\Delta U \approx \Delta U_x$。根据式(3-40)，电压变化 ΔU 与阻抗比 $R_{\mathrm{c}}/X_{\mathrm{c}}$ 有关，阻抗比越大则 ΔU 受有功变化量 ΔP 的影响越大；另外，电压变化 ΔU 还与系统短路阻抗有关，短路容量越大则电压稳定性越好，即 ΔU 受功率变化的影响越小。通常，配电层的短路容量相对较小，阻抗比较大，故分布式可再生能源发电的有功波动 ΔP 对其并网点电压 U_{PCC}的影响较大。无功变化量 ΔQ 也会影响电压变化，且通常 X_{c}比 R_{c}大很多，故通过控制无功变化量 ΔQ 能够有效地调节 PCC 节点电压 U_{PCC}，因此 BESS 配合分布式可再生能源发电的无功电压控制策略，如图 3-25 所示。

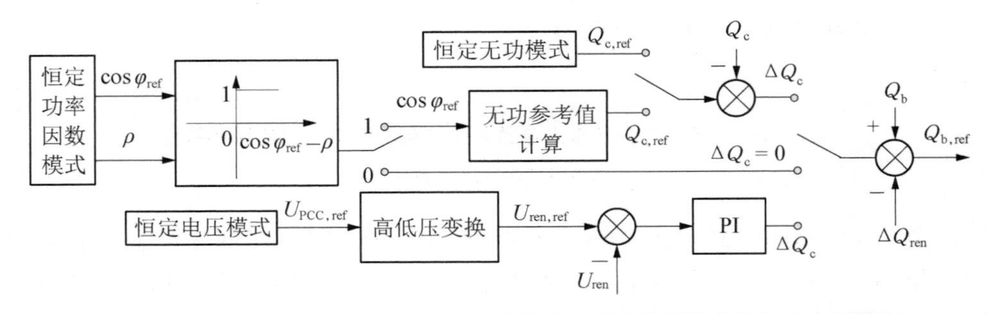

图 3-25　多运行模式下的 BESS 配合分布式可再生能源发电的无功电压控制

在恒定无功模式下，要求分布式可再生能源发电在PCC处输出的无功功率恒定，给定无功为$Q_{c,\ ref}$。将无功给定$Q_{c,\ ref}$与当前的并网无功功率Q_c比较，差值即该模式下需要补偿的无功ΔQ_c。通常DG自身具有一定的无功补偿能力，但其无功容量有限，当DG的无功出力达到极限仍无法满足要求时，则需要降低其有功输出，故BESS可以通过无功控制减少DG降功率运行的概率，从而提高可再生能源利用率。设DG在不降功率运行的条件下能提供的最大无功容量为ΔQ_{ren}，当$\Delta Q_{ren}>\Delta Q_c$时，优先由DG自身满足无功需求$\Delta Q_c$，BESS不进行无功控制；而当$\Delta Q_{ren}\leqslant\Delta Q_c$时，即DG自身无法满足无功需求时，由BESS提供剩余的无功需求，即令$\Delta Q_b=\Delta Q_c-\Delta Q_{ren}$，最终得到BESS的无功出力参考值$Q_{b,\ ref}$。

在恒定功率因数模式下，要求分布式可再生能源发电在PCC处的并网功率因数恒定，给定功率因数为$\cos\varphi_{ref}$，现场测量并计算得到的实际功率因数为ρ。为了降低成本，通常测量点都在变压器低压侧，即10 kV母线处，通过测量低压侧的线电压和相电流计算得到有功和无功值，并将其转换至高压侧，则$P_c=P_{ren}+P_b$，同时考虑变压器无功损耗Q_T，则$Q_c=Q_{ren}+Q_b+Q_T$，在此基础上计算并网功率因数ρ。当$\rho\geqslant\cos\varphi_{ref}$时，表明并网功率因数满足需求，此时无需补偿无功，则$\Delta Q_c=0$；当$\rho<\cos\varphi_{ref}$时，计算无功参考值：

$$Q_{c,\ ref}=\sqrt{\left(\frac{P_c}{\cos\varphi_{ref}}\right)^2-P_c^2} \tag{3-41}$$

然后，由DG和BESS协调配合补偿无功差值ΔQ_c。

在恒定电压模式下，要求分布式可再生能源发电在PCC处的并网节点电压保持恒定，给定电压为$U_{PCC,\ ref}$。由于电压测量点在变压器低压侧，因此首先将$U_{PCC,\ ref}$进行高低压变换，转换为10 kV母线并网点的电压给定值$U_{ren,\ ref}$，并与测量所得的电压值U_{ren}进行比较，差值作为PI调节器的输入，通过比例积分控制调节节点电压，使其保持恒定，由式(3-39)可得，当$\Delta Q_c=-\Delta P_c R_c/X_c$时电压变化量$\Delta U$为0，故PI调节器的输出为需要补偿的无功差值$\Delta Q_c$，通过控制无功调节量保持电压恒定。

3.2.4.2　仿真算例

为最大限度地捕获风能，风电场通常采用最大功率跟踪的有功控制模式，同时并网风电场还需要具有一定的无功控制能力，本节假设风电场采用恒功率因数的无功控制模式，功率因数设为0.99，图3-26(a)为某风电场4月1日有功功率和无功功率曲线，其中由并网PCC节点向变压器低压侧的方向设为风电无功功率正方向。图3-26(b)为风电并网前后的PCC节点电压，由于负荷基本不变，故风电并网前节点电压基本保持恒定，而风电并网后节点电压有所抬升，且随着DG注入

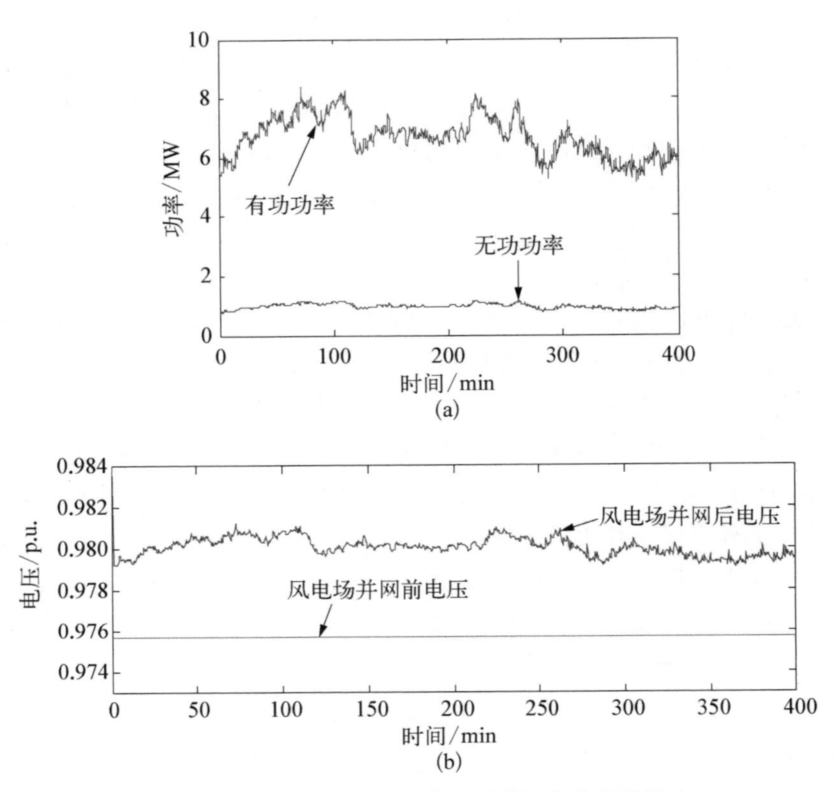

图 3-26　某风电场中 DG 接入对并网点电压的影响

(a) 风电场输出功率；(b) PCC 并网点电压

PCC 处的功率发生变化，节点电压也随之出现波动。

BESS 通过充放电控制配合 DG 并网可以平抑其有功功率波动，当 BESS 仅运行在有功充放电控制模式而不考虑无功功率控制时，图 3-27 为采用 BESS 有功控制策略时对应的 PCC 节点电压、并网功率因数及储能出力曲线。如图 3-27(a)所示，配备了 BESS 后由于风电有功波动得到了平抑，故 PCC 并网点的电压波动也在一定程度上有所平滑。图 3-27(b)为对应的并网功率因数，风电场采用恒功率因数控制，故无 BESS 时功率因数保持恒定。图 3-27(c)为对应的 BESS 充放电功率，有功调度模式下 DG 并网功率按照该时段的调度计划运行，故其并网点电压和功率因数在小幅波动的基础上变化不大，但所需 BESS 充放电功率相对较大；而波动平抑模式下 DG 并网功率在原始风电功率的基础上进行平滑滤波，故其对应的并网点电压和功率因数具有一定的变化趋势，但该模式下所需 BESS 的充放电功率相对较小。

采用储能系统无功电压控制策略，图 3-28 和图 3-29 分别为 BESS 工作在恒

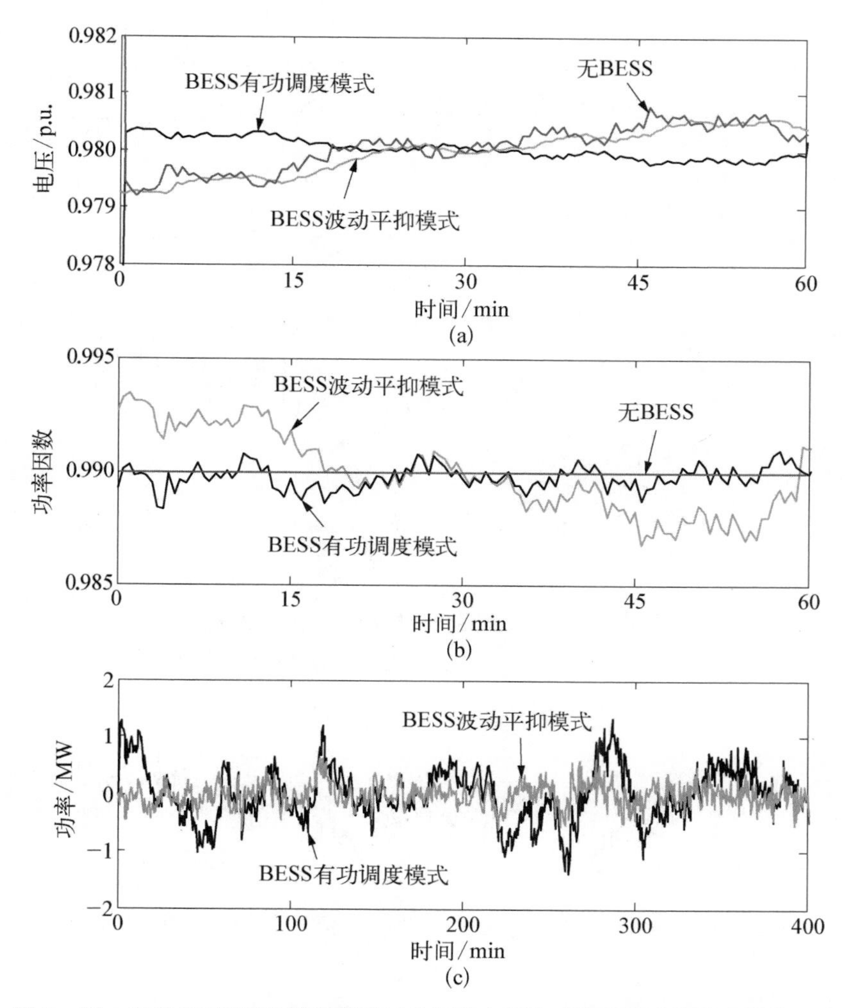

图 3-27　采用 BESS 有功控制策略对并网点电压和功率因数及储能出力的影响

(a) PCC 并网点电压；(b) 并网功率因数；(c) BESS 有功输出功率

定电压控制模式($U_{PCC,\ ref}=0.980$)和恒功率因数控制模式时($\cos\varphi_{ref}=1.00$)的运行效果曲线。由图 3-28(a)可以看出，无 BESS 时 PCC 并网点电压随着风电出力变化而随机波动，而 BESS 进行无功电压控制后 PCC 并网点电压能够维持在所设定的参考值并保持恒定。图 3-28(b)为 BESS 对应的无功出力曲线，其中由变压器低压侧向高压侧的方向设为 BESS 无功功率的正方向。

无 BESS 时，并网功率因数即为风电场功率因数，恒为 0.990。当 BESS 工作在恒定电压控制模式($U_{PCC,\ ref}=0.980$)时，为保持 PCC 节点电压恒定，BESS 进行无功电压控制，并网功率因数随之变化，如图 3-29(a)中曲线；当 BESS 工作在恒

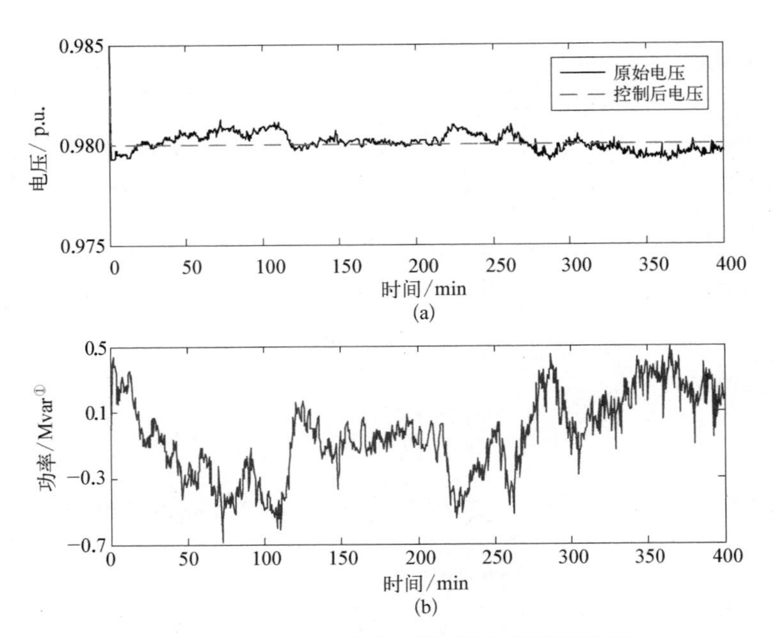

图 3－28　BESS 恒定电压控制的运行效果曲线

(a) PCC 并网点电压；(b) BESS 无功输出功率

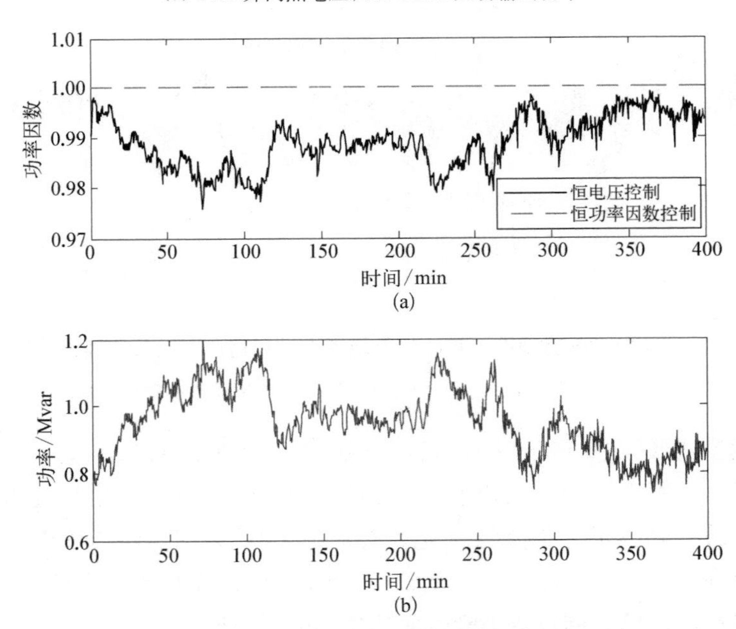

图 3－29　BESS 恒功率因数控制的运行效果曲线

(a) 并网功率因数；(b) BESS 无功输出功率

① Mvar，无功功率，1 Mvar$=10^6$ var，1 var$=1$ W。

功率因数控制模式($\cos\varphi_{ref}=1.00$)时,并网功率因数如图 3-29(a)中虚线所示,能够维持在所设定的参考值并保持恒定。图 3-29(b)为 BESS 对应的无功出力曲线。

关于变步长功率综合优化控制的仿真。仍以该风电场 4 月的出力数据为例,采用 BESS 有功控制策略,图 3-30 为 BESS 在不同有功控制模式下的剩余无功容量比较。图 3-30(a)为滤波时间常数分别取 2 min 和 15 min 时的储能剩余无功容量,由于滤波时间常数越大,所需的 BESS 有功功率通常就越大,故 $\tau=15$ min 时的剩余无功容量低于 $\tau=2$ min。图 3-30(b)为有功调度模式下的储能剩余无功容量,调度模式要求并网功率跟踪调度计划,对 BESS 充放电功率的需求更大,故其剩余无功容量相对较小。

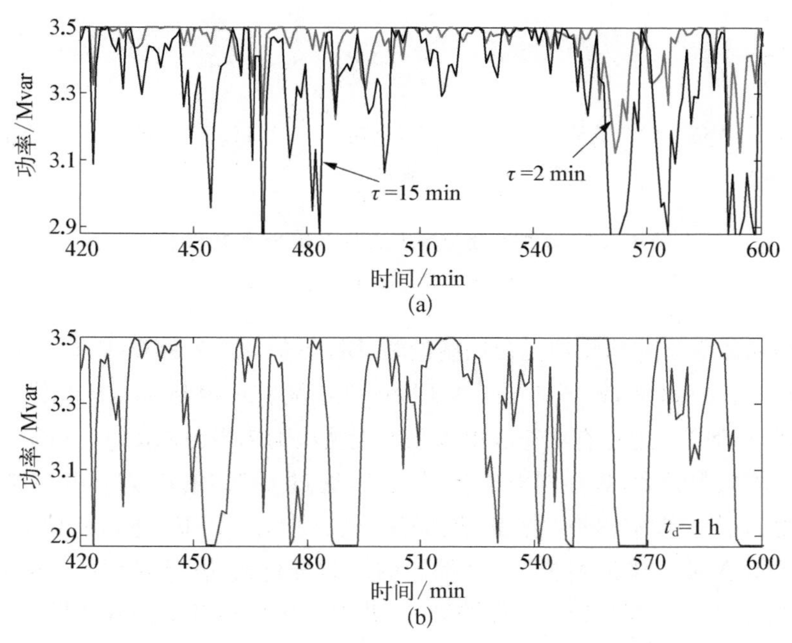

图 3-30　不同有功控制模式下 BESS 的剩余无功容量比较

(a) 波动平抑模式;(b) 有功调度模式

根据 BESS 配合 DG 友好并网的控制策略,若要求 PCC 并网点电压恒定,且 $U_{PCC,ref}=0.980$,则图 3-31 为 BESS 在不同有功控制模式下的无功功率需求曲线。由于不同控制模式下的系统并网功率不同,故对应的 PCC 节点电压也不相同,因此不同有功控制模式下的无功需求也存在差异,如图 3-31 所示,该时段风电出力较大,对无功的需求也较高,部分时段甚至超过了 PCS 的最大容量。对比图 3-30,当无功需求超出 BESS 的剩余无功容量时将无法满足控制需求。

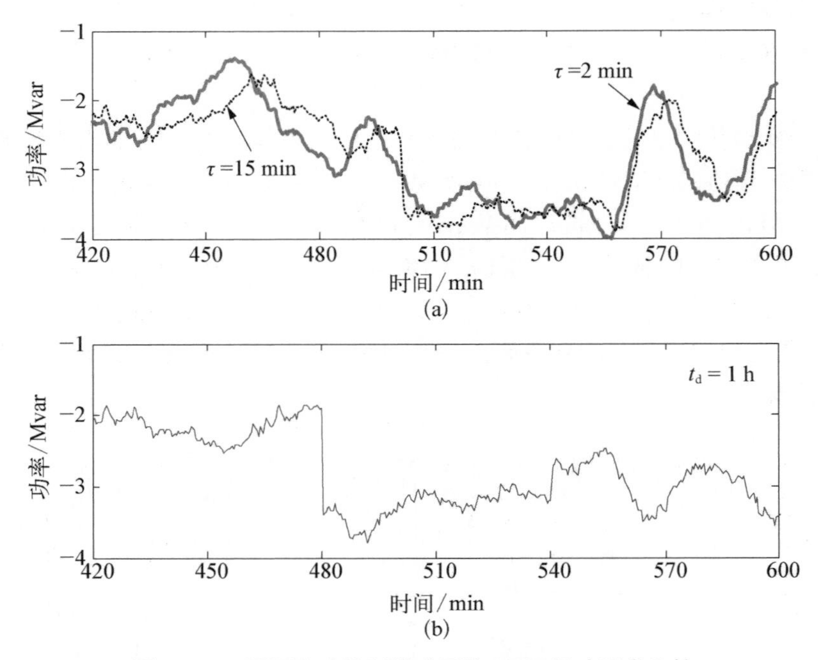

图 3-31　不同有功控制模式下的 BESS 无功需求比较

(a) 波动平抑模式；(b) 有功调度模式

采用储能系统有功无功混合控制策略，BESS 的无功控制模式选择恒定电压控制，且 $U_{PCC,\ ref}=0.980$，则图 3-32 为 BESS 在不同有功控制模式下的 PCC 并网点电压曲线，BESS 仅进行有功充放电控制而无功出力为零时的 PCC 并网电压曲线，由于该时段风力较大，故并网电压抬升较高，通过 BESS 有功充放电控制，并网电压曲线得到了一定程度的平滑，但仍然存在电压波动。BESS 进行有功无功混合控制时，BESS 在对并网功率进行有功控制的同时进行无功电压控制，此时除部分时段 PCS 容量不足时存在轻微电压波动外，并网电压曲线基本能够按照给定电压参考值 $U_{PCC,\ ref}$运行并保持恒定。

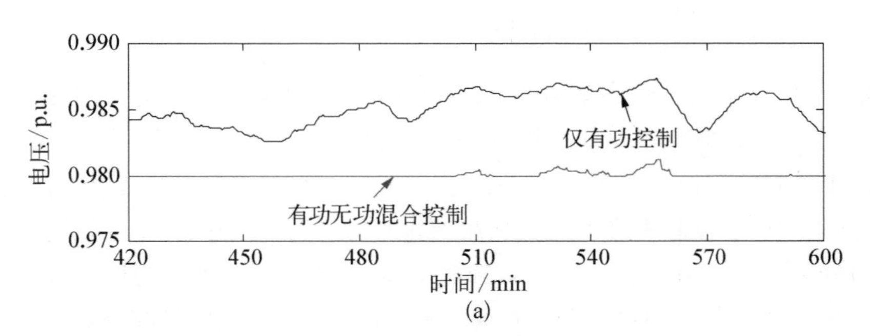

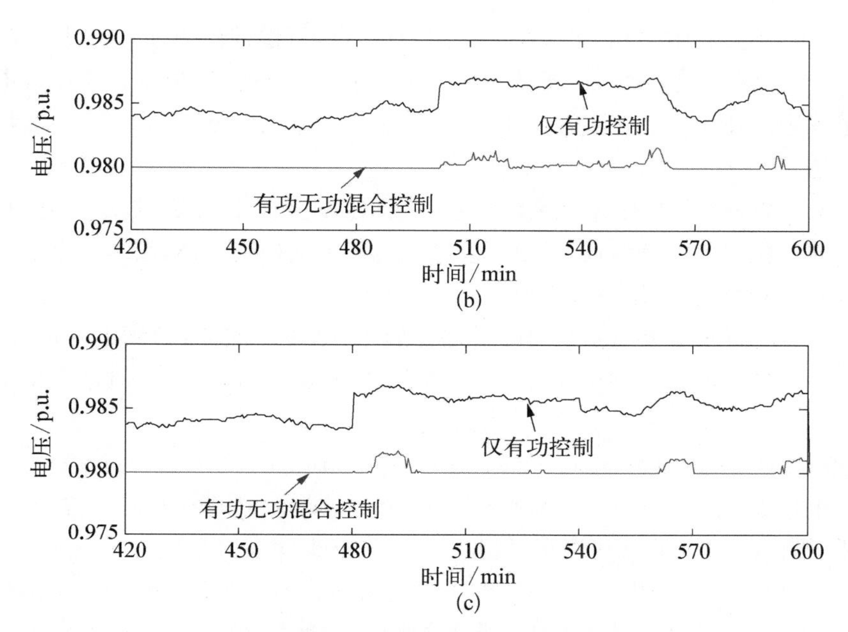

图3-32　不同有功控制模式下的PCC并网点电压比较

(a) 波动平抑(τ=2 min)-恒电压控制模式;(b) 波动平抑(τ=15 min)-恒电压控制模式;(c) 有功调度(t_d=1 h)-恒电压控制模式

3.3　风-储一体化风电机组及其控制

电力系统中,随着风力发电渗透率的不断提高,电网对风电机组稳态性能以及暂态稳定性的要求亦不断提升。并网导则要求并网型风电机组不仅在正常工作模式下具有平稳的功率输出,而且在电网故障情况下必须具备低电压穿越(low voltage ride through, LVRT)功能[2]。所谓LVRT,即在电网发生低电压故障的一定时间内,不仅不允许风电机组脱网,而且需要风电机组向电网提供一定容量的无功功率帮助电网电压恢复。双馈式异步风电机组发电机定子由于与电网直接相连,在电压跌落过程中发电机侧会存在严重的转矩波动[4]。与双馈机组不同的是,全功率型风电机组的发电机与电网之间通过背靠背变流器隔离,在故障过程中发电机端不易受到电网电压跌落的影响,因此全功率变流器机组应对电网故障相对容易。两种机型加装储能均可起到提高故障耐受和穿越能力、平抑机组的出力波动的作用。

3.3.1　全功率变换风储一体化机组

采用全功率变流器的风电机组主要包括永磁同步发电机组与鼠笼型感应发电机

组。在 LVRT 过程中，为了抑制直流母线电压过高，可供选择的方案有以下三种[5]。

(1) 在背靠背变流器直流环节加装卸荷电阻。这种方法可将直流母线电压的波动范围限制在 10%的额定值之内，但是存在效率低，系统发热严重，散热设计困难等问题。

(2) 机侧变流器工作在直流母线电压控制模式。这种方法可以将不能释放的能量存储在机组传动链中，但是由于发电机转速不受控制，会对系统安全运行带来一定风险，因此这种方法一般需要配合其他方法使用。

(3) 采用储能系统将多余的能量储存起来，如飞轮储能、超级电容储能、电池储能、超导储能等[6-8]。利用储能设备可以很好地实现功率平滑，但是会增加系统成本。

超级电容储能系统(supercapacitor energy storage system, SCESS)具有快速的充放电速度，单位时间可以释放更多的能量、受环境温度影响较小、方便维护、易于测量，被广泛应用于电动汽车、能量回收、分布式发电等系统中[9-11]。在风力发电系统中，由于风的随机性与波动性，由变流器捕获的风功率也会呈现出随机波动特性，应用 SCESS 可以对波动功率实时控制，在长期正常工作环境下向电网提供平滑的有功输出[5]，不但可以改善电能质量，还能提高变流器的使用寿命。另外，针对短期故障运行环境，SCESS 快速的动态响应能力可以降低暂态功率的波动范围，保证风电系统的暂态稳定性。因此，SCESS 特别适合于风电系统的应用环境。目前，SCESS 在变速恒频风电机组中的研究热点在于如何通过 SCESS 保证系统的故障运行能力。文献[6]将 SCESS 引入到双馈发电机组的应用中，描述了 SCESS 在正常模式以及故障模式下的工作特性，给出了 SCESS 的参数设计方法，但是通过该方法设计的超级电容容值较大，增加系统成本，降低了超级电容的利用率。文献[11]分析了 SCESS 在永磁同步风电机组中的应用，给出了基于 SCESS 的 LVRT 控制算法，但是未给出系统参数的设计方案。鉴于此，本章将 SCESS 引入鼠笼型全功率风电变流器机组的应用中，根据系统的具体特点，首先给出 SCESS 参数设计的具体方法，并对低电压故障期间各个变流器之间的协调控制策略进行详细阐述。

3.3.1.1 SCESS 应用环境及基本拓扑

各国针对风电机组 LVRT 的具体要求存在一定的差异，典型的 LVRT 曲线如图 3-33 所示[5]。低电压故障持续时间为 t_2，$0 \sim t_1$时刻系统电压跌落到最低允许值(通常为 0.2 p.u.)，t_1时刻以后，电网电压逐渐恢复，至 t_2时刻系统电压恢复到额定工作范围。如图 3-33 所示，电网要求风电机组在图示曲线上方时不脱网运行，并应根据电网电压的情况输出一定的无功功率，无功电流与电网电压的关系如图 3-34 所示。由图 3-34 可见，在 LVRT 过程中，网侧变流器应该优先满足向电

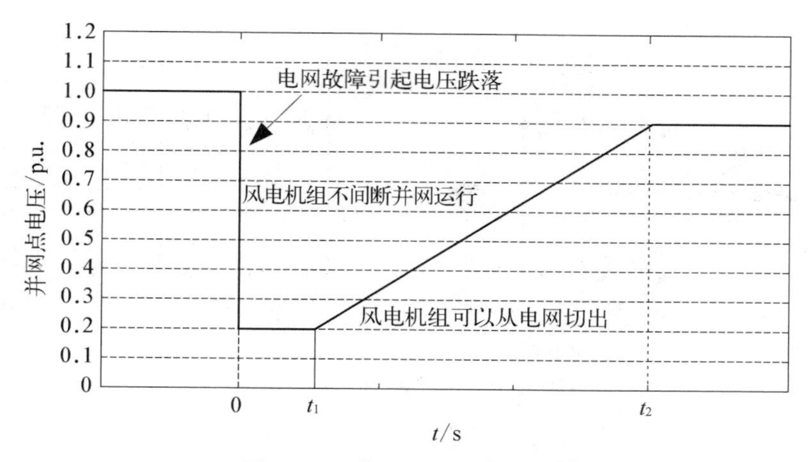

图 3-33 典型低电压穿越曲线

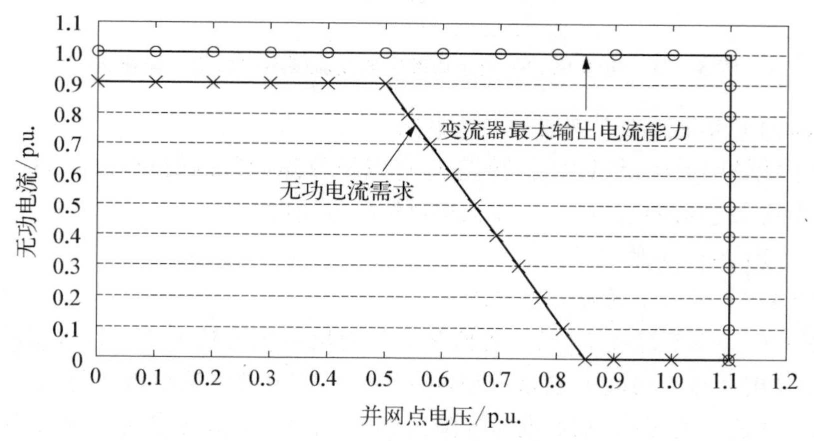

图 3-34 无功电流与电网电压的关系曲线

网提供尽可能多的无功电流以支撑公共连接点(point of common coupling, PCC)的电压恢复,由于网侧变流器最大允许工作电流的限制,此时有功功率输出能力将大幅度降低。如果不能将由机侧变流器注入直流母线的多余有功功率释放或者吸收,母线电压将大幅提升。

在感应电机风电机组全功率变流器的直流母线环节增加 SCESS 可以改善机组正常运行以及故障运行时的工作特性。通过 SCESS 吸收动态过程中直流母线上波动以及不平衡的有功功率,从而保持母线电压恒定,降低电力系统以及全功率变流器的安全运行风险。基于 SCESS 的全功率变流器风电机组的拓扑结构如图 3-35 所示。其中,全功率变流器由网侧变流器、机侧变流器、SCESS 以及 SCIG 组成。SCESS 由超级电容器组和双向 Buck/Boost 变换器构成。为方便起见,采用电容 C_{sc}与其等效串联电阻 R_{ESR}的串联模型来模拟超级电容器组的瞬时动态特性[12]。

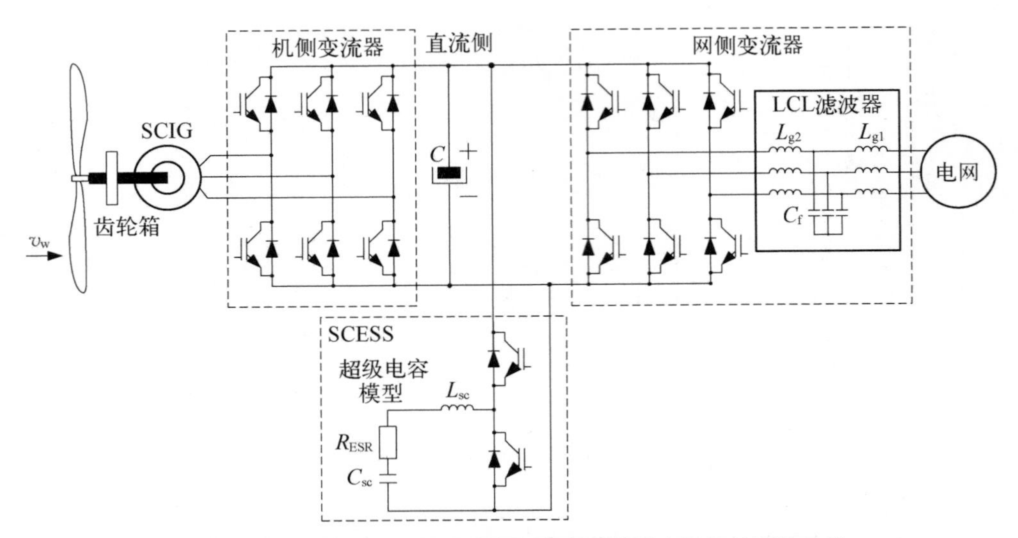

图 3-35 包含 SCESS 的全功率风电变流器风电机组的拓扑结构

L_{sc}为双向 Buck/Boost 变换器的滤波电感。

为了能够同时满足风电机组稳态运行以及故障运行的要求，SCESS 的选型方案应当考虑最恶劣的运行环境，即三相对称故障情况。

3.3.1.2 SCESS 参数设计

1) LVRT 过程中的瞬时功率流动

假设在 LVRT 过程中，风力机捕获功率为机组额定功率 P_e，且维持不变。同时，由于低电压故障时间 t_2 通常较短（ms 级），不需要考虑桨距角 β 与风速 v_w 变化对输入功率造成的影响，则低电压故障过程中，输入系统的总能量可表示为

$$E_{in}=P_e t_2 \tag{3-42}$$

式中，P_e为机侧变流器额定输入功率；t_2为低电压故障持续时间。

(1) 机侧变流器注入直流母线的功率 P_M。

在 LVRT 过程中，如果能够利用风电机组传动链转动惯量大的特点，将风力机捕获功率中的一部分转变为传动链的动能存储起来，就可以减少超级电容器的容量，降低系统体积和成本。但是，机组传动链可存储能量的大小受发电机最高转速 ω_{max}的限制。通常情况下，发电机具有一定转速过载能力（约 15%），可通过下式计算能够存储在风机传动链中的最大能量，

$$E_M=J_m(\omega_{max}^2-\omega_e^2)/2 \tag{3-43}$$

式中，J_m为发电机端等效的传动链转动惯量；ω_{max}为发电机最高转速限制值；ω_e为发电机额定转速。

通过式(3－43)可以得到由机侧变流器注入直流母线的能量最少为

$$E_{M\_in}=E_{in}-E_{M} \tag{3-44}$$

设定 LVRT 过程中，机侧变流器以恒定功率 P_M 注入直流母线环节，则 P_M 的表达式为

$$P_{M}=E_{M\_in}/t_{2} \tag{3-45}$$

(2) 网侧变流器注入电网的有功功率能力 P_G。

LVRT 过程中网侧变流器需要按照图 3－34 所示曲线输出无功电流，鉴于变流器存在最大允许工作电流 I_{max} 的限制，其输出有功功率的能力非常有限，可通过下式计算整个 LVRT 过程中由网侧变流器注入电网的有功功率 P_G：

$$P_{G}=-3[e_{d}(t)i_{gd}(t)+e_{q}(t)i_{gq}(t)]/2 \tag{3-46}$$

式中，e_d、e_q 为采用网侧电压矢量定向控制时电网电压矢量的 dq 轴分量；i_{gd}、i_{gq} 为网侧电流矢量的 dq 轴分量，电流正方向从电网流向变流器。本节均采用模不变型变换。

假设电压跌落过程如图 3－33 所示，根据图 3－34 曲线，可得对应各个电压等级时，由网侧变流器输出的有功功率大小如下。

电网电压 0.2 p.u.：

$$P_{G}=0.2\sqrt{3}U_{e}\sqrt{I_{max}^{2}-(0.9I_{max})^{2}} \tag{3-47}$$

电网电压 0.2 p.u.～0.5 p.u.：

$$P_{G}=\sqrt{3}U_{e}\sqrt{I_{max}^{2}-(0.9I_{max})^{2}}\cdot\left(\frac{0.7t}{t_{2}-t_{1}}+\frac{0.2t_{2}-0.9t_{1}}{t_{2}-t_{1}}\right) \tag{3-48}$$

电网电压 0.5 p.u.～0.85 p.u.：

$$\begin{aligned}P_{G}=&\sqrt{3}U_{e}\left(\frac{0.7t}{t_{2}-t_{1}}+\frac{0.2t_{2}-0.9t_{1}}{t_{2}-t_{1}}\right)\\&\cdot\sqrt{I_{max}^{2}-\left[-\frac{0.9}{0.35}\left(\frac{0.7t}{t_{2}-t_{1}}+\frac{0.2t_{2}-0.9t_{1}}{t_{2}-t_{1}}\right)+\frac{0.765}{0.35}\right]^{2}}\end{aligned} \tag{3-49}$$

电网电压 0.85 p.u.～0.9 p.u.：

$$P_{G}=\sqrt{3}U_{e}I_{max}\left(\frac{0.7t}{t_{2}-t_{1}}+\frac{0.2t_{2}-0.9t_{1}}{t_{2}-t_{1}}\right) \tag{3-50}$$

式中，U_e 为电网线电压有效值；t 为低电压故障持续时间。

通过上述分析，为了使系统实现瞬态功率平衡，可以得到 SCESS 需要满足的瞬时有功功率表达式为

$$P_{sc}=P_{M\_LVRT}-P_{G} \tag{3-51}$$

式中，P_{sc}为超级电容器瞬时吸收的有功功率。

2）参数设计

（1）超级电容容量 C_{sc}设计。

由上分析，LVRT 过程中 P_{M_LVRT}与 P_{G}的功率曲线关系如图 3－36 所示。

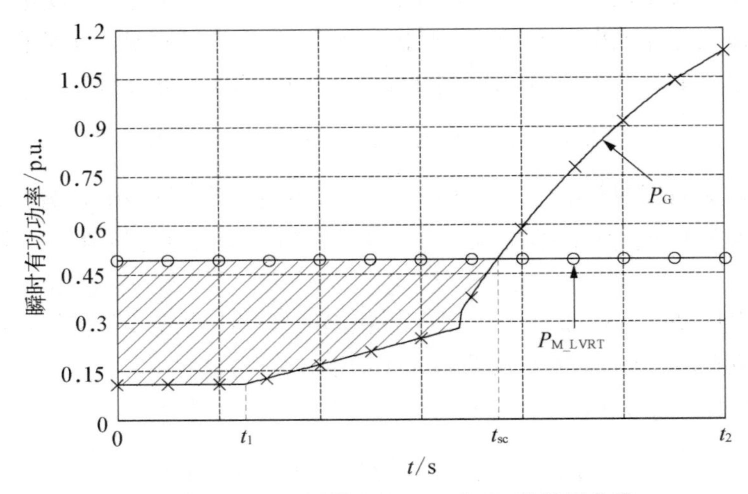

图 3－36　LVRT 过程中 P_{M_LVRT}与 P_{G}的关系曲线

从上图可以看到，电网低电压故障过程中，随着网侧电压的逐步升高，网侧变流器输出有功功率的能力逐步上升。此时变流器工作在输出电流极限 I_{max}，因此在低电压故障后期，网侧变流器输出的有功功率甚至高于额定输出值。图中，t_{sc}时刻，机侧注入有功功率 P_{M_LVRT}与网侧释放有功功率 P_{G}达到平衡。因此，0～t_{sc}时段 P_{M_LVRT}与 P_{G}差值的积累效应，即为故障过程中超级电容储能环节需要存储的能量，如图 3－36 中阴影面积所示。根据式(3－51)，可得需要超级电容存储能量的表达式如下：

$$E_{sc}=\int_{0}^{t_{sc}}(P_{M\_LVRT}-P_{G})\mathrm{d}t=P_{M\_LVRT}t_{sc}-\int_{0}^{t_{sc}}P_{G}\mathrm{d}t \tag{3-52}$$

式中，E_{sc}为超级电容储能环节应当吸收的能量；t_{sc}为 $P_{M_LVRT}=P_{G}$的时刻，其大小由发电机最高转速 ω_{max}以及网侧变流器最大允许电流 I_{max}确定。

通过式(3－52)，可以计算 SCESS 中超级电容容量 C_{sc}的大小。设定超级电容器的端电压在故障过程中由初始值 V_{sc_init}上升到额定值 V_{sc_e}，则超级电容容量 C_{sc}

可由下式求得：

$$C_{sc}=\frac{2E_{sc}}{V_{sc\_e}^2-V_{sc\_init}^2} \tag{3-53}$$

由于实际应用中超级电容内部电阻 R_{ESR} 会对系统性能产生一定的影响，故超级电容容量的选型应该留有一定的裕量。

(2) 储能环节滤波电感 L_{sc} 的设计[13]。

储能单元滤波电感值 L_{sc} 的设计需要同时满足 Buck 电路和 Boost 电路的工作要求。低电压故障初期，双向 Buck/Boost 变换器工作在 Buck 电路模式，通过直流母线电容对超级电容充电，该过程要求超级电容回路具有短时通过大电流冲击的能力。t_{sc} 以后，可采用恒定功率或恒定电流方式完成储存能量的释放，此时，双向 Buck/Boost 变换器工作在 Boost 电路模式。因此，为了限制回路中最大纹波电流的绝对值，可根据 Buck 电路的工作环境选择电感 L_{sc}，具体方法如下：

$$L_{sc}=\frac{D\cdot(u_{dc}-V_{sc\_init})}{\Delta I_{scp}\cdot f_s} \tag{3-54}$$

式中，u_{dc} 为额定直流母线电压；ΔI_{scp} 为电路允许最大纹波电流，通常选择额定电流峰值的 15%作为设定值；D 为工作在 Buck 模式下的占空比大小；f_s 为双向 Buck/Boost 变换器开关频率。

3.3.1.3　基于 SCESS 的 LVRT 协调控制策略

应用 SCESS 对全功率变流器风电机组进行优化控制，不仅可以减少正常工况下变流器注入电网功率的低频波动成分，稳定直流母线电压，而且在电网故障时，可以协助全功率变流器实现更好的 LVRT 运行特性，增强系统的暂态稳定性。

正常工作时，机侧变流器采用转速外环、电流内环的双闭环控制方法，实现最大风能跟踪。网侧变流器采用电压外环、电流内环的双闭环控制方法，保持直流母线电压稳定并实现单位功率因数运行[14]。

LVRT 过程中，根据机侧变流器注入直流母线的有功功率 P_{M_LVRT} 与网侧注入电网的有功功率 P_G 的关系曲线(见图 3-36)以及超级电容的端电压状态，可将系统控制过程分为以下三个阶段。

第一阶段：低电压故障开始至 $P_{M\_LVRT}=P_G$ 时刻(t_{sc})。这个阶段，$P_{M\_LVRT}>P_G$，直流母线给超级电容充电，并在 t_{sc} 时刻超级电容端电压达到最大值。

第二阶段：t_{sc} 时刻后 $P_{M\_LVRT}<P_G$，直至超级电容端电压下降到设定切除值。这个阶段，网侧输出有功功率的能力大于机侧注入的功率，超级电容按设定功率或者恒定电流进行放电，将 LVRT 过程中存储的能量注入电网，保证超级电容在每次 LVRT 后的一定时间内恢复到初始状态。

第三阶段：SCESS 停止工作。随着 SCESS 完成能量输出，各个变流器环节恢复正常工作。

LVRT 过程中各变流器环节的协调控制如图 3－37 所示。其中，各变流器电流正方向如图所示。下文将阐述各变流器在不同阶段的控制策略。

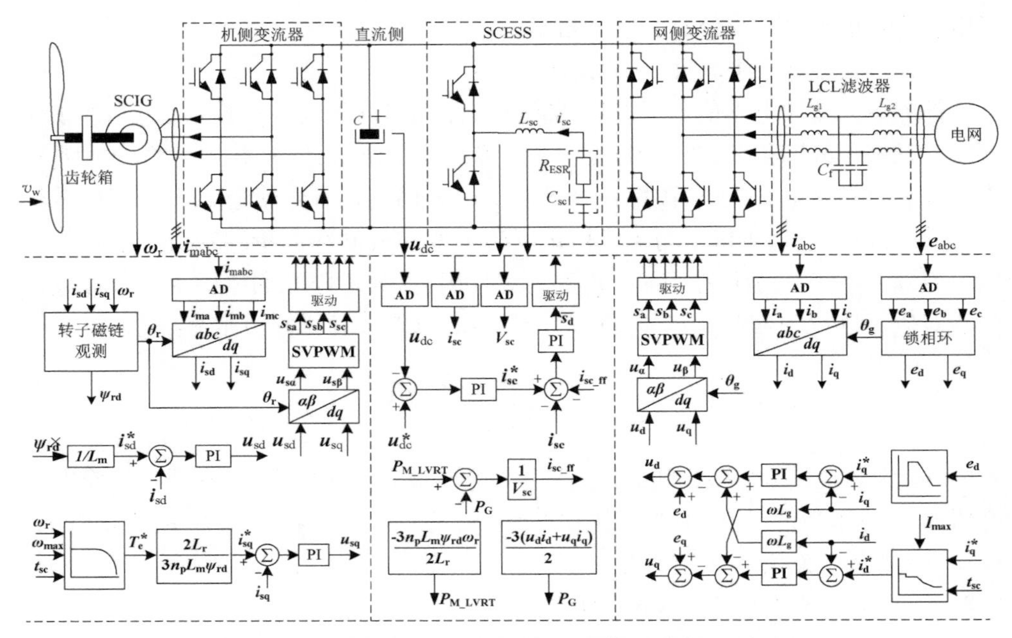

图 3－37　应用 SCESS 的全功率鼠笼型风电变流器 LVRT 控制

1）机侧变流器控制策略

机侧变流器控制策略基于转子磁链定向的矢量控制技术。在 LVRT 期间，机侧变流器工作在转矩控制模式，控制注入直流母线功率的大小，按设计要求将捕获风能中的特定部分存储在传动链中，同时限制发电机转速不超过其限幅值 $\omega_{\max}$，如图 3－37 所示。通过设定电磁转矩给定值 T_e^* 来控制由机侧变流器注入直流母线的功率 $P_{\mathrm{M\_LVRT}}$。

不同阶段的转矩给定值 T_e^* 如下。

第一阶段：为方便计算 t_{sc}，可将第一阶段设计为恒定功率输入阶段。则转矩给定值可按下式计算：

$$T_e^* = -\frac{E_{\mathrm{M\_in}}}{\omega_r \times t_2} \tag{3-55}$$

式中，ω_r 为发电机转速。

第二阶段：由于网侧变流器输出能力不断增加，可以通过适当增加 T_e^* 给定值的方法来减少需要存储在传动链中的能量，以确保发电机转速不会超过限幅值。t_{sc}以后，可将机侧变流器在最大风能跟踪下对应转速的转矩给定值作为参考量。此时，电磁转矩给定值可由下式给出，

$$T_e^* = \frac{T_{e\_MPPT}^*}{T_\sigma s + 1} + \frac{T_{e\_t_{sc}}^* T_\sigma s}{T_\sigma s + 1} \tag{3-56}$$

式中，$T_{e_MPPT}^*$为机侧最大风能跟踪下的转矩给定值；$T_{e_t_{sc}}^*$为t_{sc}时刻电磁转矩给定值；T_σ为惯性时间常数，按需求设定。

式(3-56)的输出结果需要根据网侧输出有功功率的能力与SCESS放电功率进行限幅，即

$$|T_{e\_max}^*| = \left|\frac{P_G + P_{sc}}{\omega_r}\right| = \left|\frac{P_G - V_{sc} i_{sc}^*}{\omega_r}\right| \tag{3-57}$$

式中，i_{sc}^*为SCESS回路电流，V_{sc}为超级电容端电压。

第三阶段：随着发电机电磁转矩的逐渐提升，发电机转速增量将逐渐下降。当由式(3-56)得到的给定转矩值T_e^*与转速外环输出转矩给定值$T_{e_PI}^*$相同时，切换到转速外环工作。

整个过程中，机侧注入直流母线的功率大小为

$$P_{M\_LVRT} = -T_e \omega_r \tag{3-58}$$

式中，T_e为发电机电磁转矩，其表达式为

$$T_e = \frac{3 n_p L_m i_{sq} \psi_{rd}}{2 L_r} \tag{3-59}$$

式中，L_m为发电机互感，L_r为转子漏感，i_{sq}为发电机定子转矩电流分量，ψ_{rd}为转子磁链。

2）网侧变流器控制策略

网侧变流器控制策略可采用传统的电网电压矢量定向的控制方法，通过检测电网电压e_a、e_b、e_c与变流器侧电流i_a、i_b、i_c，实现有功、无功电流的解耦控制。LVRT过程中，网侧变流器工作在逆变器工作模式，按要求向电网注入无功功率，同时尽可能多的向电网发出有功功率，其输出有功的能力受到变流器最大允许电流I_{max}的制约。控制过程只有电流环工作，不对直流母线电压进行控制，如图3-37所示。由于采用模不变的变换形式，无功电流给定指令i_q^*为图3-34中数值的$\sqrt{2}$倍，而有功电流的给定值i_d^*跟系统所处阶段有关。

第一阶段：受变流器输出最大电流能力I_{max}的限制，有功电流的给定值i_d^*为

$$i_d^* = -\sqrt{2I_{max}^2 - i_q^{*2}} \tag{3-60}$$

第二阶段：考虑 SCESS 的放电过程，网侧变流器有功电流的给定值 i_d^* 可通过下式得到：

$$\begin{aligned} i_d^* &= -\frac{2(P_{M\_LVRT} + V_{sc}i_{sc}^*) + 3u_q i_q^*}{3u_d} \\ &= \frac{n_p L_m i_{sq}\psi_{rd}\omega_r}{L_r u_d} - \frac{2V_{sc}i_{sc}^*}{3u_d} - \frac{u_q i_q^*}{u_d} \end{aligned} \tag{3-61}$$

式中，u_d、u_q分别为逆变器输出 d、q 轴电压矢量。

通常，可供选择的 SCESS 放电方式有两种：恒定功率放电模式($V_{sc}i_{sc}^*$ 为常值)与恒定电流放电模式(i_{sc}^* 为常值)。通过式(3-61)得到的有功电流给定值受到式(3-60)计算结果的约束。

第三阶段：超级电容恢复到初始状态后，网侧变流器由逆变器控制模式恢复到电压外环、电流内环的正常工作模式，此时有功电流的给定值 i_d^* 由电压外环确定。为了防止控制策略切换对直流母线电压造成影响，可将电压外环的积分初值设置为切换时刻的有功电流给定值。

3) SCESS 控制策略

当检测到电网发生低电压故障时，SCESS 投入工作，其控制策略如图 3-37 所示。采用带功率前馈的双闭环控制器[15]：电压外环控制直流母线电压稳定在额定值，电流内环实现电流指令的快速跟踪，通过机侧、网侧变流器的功率差值进行功率前馈控制，可以提高系统的响应速度。其中，SCESS 吸收功率大小为

$$P_{sc} = P_{M\_LVRT} - P_G = \frac{-3n_p L_m i_{sq}\psi_{rd}\omega_r}{2L_r} + \frac{3}{2}(u_d i_d + u_q i_q) \tag{3-62}$$

由式(3-62)，前馈电流指令 i_{sc_ff}可表示为

$$i_{sc\_ff} = P_{sc}/V_{sc} \tag{3-63}$$

在系统工作的三个阶段中 SCESS 控制策略不变，当超级电容端电压低于设定值时，SCESS 停止工作。

3.3.1.4 实例分析

1) Simulink 仿真验证

为了验证 SCESS 参数设计的合理性及协调控制策略的正确性，本节将以一台 3 MW 全功率鼠笼型风电变流器系统为例，进行 Simulink 仿真验证。系统主要参数如表 3-7 所示。

表 3-7　仿真环境参数

物　理　量	数　值
系统额定功率 P_e/kW	3 000
系统额定线电压 U_e/V	690
电网额定频率 f_g/Hz	50
网侧变流器额定电流 I_{ge}/A	2 789
网侧变流器输出最大电流 I_{max}/A	3 500
发电机额定转速 ω_e/(rad·s^{-1})	125
发电机最高转速 ω_{max}/(rad·s^{-1})	144.5
DC_link 电容容量 C_{dc}/mF	59.4
额定直流母线电压 u_{dc}/V	1 100
直流母线电压最大值 u_{max}/V	1 200
超级电容器初始电压 V_{sc_init}/V	300
超级电容最高电压 V_{sc_e}/V	600
风机传动链转动惯量 J/(kg·m^2)	2 300
变流器开关频率 f_s/kHz	3

首先对 SCESS 系统参数进行选型。根据我国电网关于 LVRT 的相关标准，$t_1=0.625$ s，$t_2=3$ s。设定在低电压故障过程中由风轮捕获的功率保持额定功率 P_e，发电机初始速度为额定转速 ω_e，则 LVRT 过程中捕获风能的总能量为 9 MJ。通过式(3-56)，可得 LVRT 过程中能够存储在传动链中的总能量为 5.86 MJ，则由机侧变流器输入直流侧的能量为 3.14 MJ。根据系统参数计算，可以得到由机侧变流器注入直流侧的功率 P_{M_LVRT}与网侧变流器可释放功率 P_G的平衡时刻 t_{sc}约为 1.68 s。此时，$P_{M\_LVRT}=P_G$(约 1.05 MW)，机侧变流器注入直流母线能量 1.764 MJ，网侧变流器向电网输出能量 0.926 MJ。因此，超级电容储能环节需要吸收的能量至少为 0.838 MJ。通过式(3-53)可得超级电容的容量为 6.21 F。通过式(3-54)可选择输出电感大小为 444.5 uH。

设定 3 s 时刻电网发生三相对称跌落的低电压故障，过程满足 LVRT 标准曲线，持续时间 3 s。根据上节所述的控制策略搭建控制系统，可得低电压穿越过程中系统的工作状态。

图 3-38 为 LVRT 过程中网侧变流器 dq 轴电流给定指令。其中无功电流给定指令 i_q^* 根据图 3-34 求得，在低电压跌落开始阶段其峰值可达 4 455 A。有功电流的给定指令 i_d^* 包含三个阶段：3～4.68 s 由式(3-60)确定；4.68～7.88 s 由式(3-61)确定；7.88 s 以后，超级电容端电压下降到设定值，SCESS 切除工作，此后 i_d^* 由网侧变流器电压外环 PI 调节器给定，其大小由机侧变流器注入的有功功率唯

一确定。

图 3 - 39 为 LVRT 过程中由网侧变流器输出的有功功率 P 与无功功率 Q 曲线。如图所示，3 s 前系统工作在额定功率状况，功率因数为 1。低电压故障后，系统按电流指令输出功率，直到 6 s 时刻低电压故障恢复，系统回到单位功率因数运行。

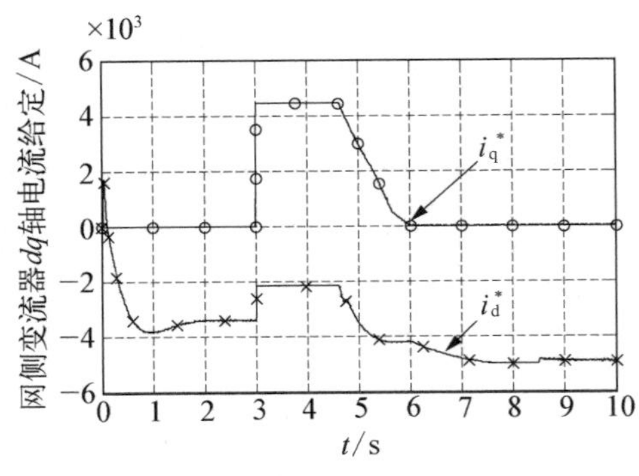

图 3 - 38　LVRT 过程中网侧变流器电流给定指令

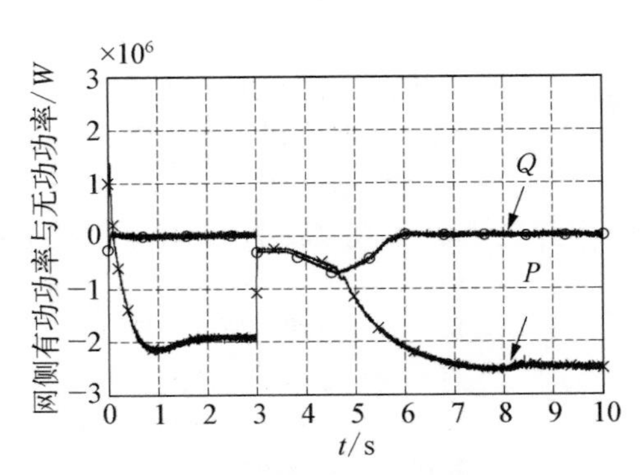

图 3 - 39　LVRT 过程中网侧输出的有功与无功功率曲线

图 3 - 40 为系统直流母线电压情况。可以看出，LVRT 过程中，直流母线电压基本保持恒定不变，稳定时直流电压的波动在±5 V 以内。而在变流器投入工作以及超级电容储能环节切入切出的暂态过程中，直流电压会存在一定波动(50 V 以内)，但不会影响系统稳定运行。从输出效果来看，SCESS 可以较好地实现稳定直流母线电压的目的。

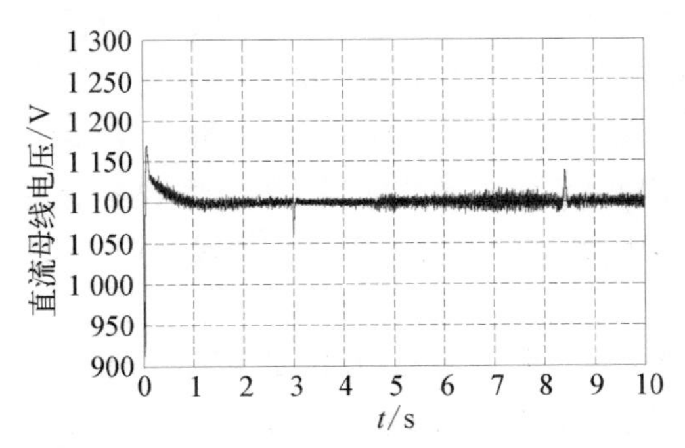

图 3 - 40　LVRT 过程中直流母线电压

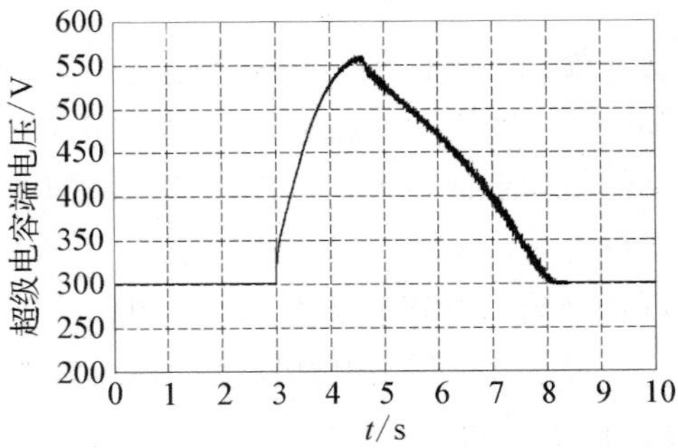

图 3 - 41　LVRT 过程中超级电容端电压

图 3 - 41 和图 3 - 42 为 SCESS 的动态性能。可以看到，3 s 时刻，超级电容端电压从初值 300 V 升高到 555 V(4. 68 s 时刻)，此时双向 Buck/Boost 变换器工作在 Buck 模式，由直流母线给超级电容器充电；4. 68～8 s，超级电容端电压从 555 V 降低到 300 V，此时双向 Buck/Boost 变换器工作在 Boost 模式，由超级电容向直流母线放电。充放电电流由图 3 - 42 给出。

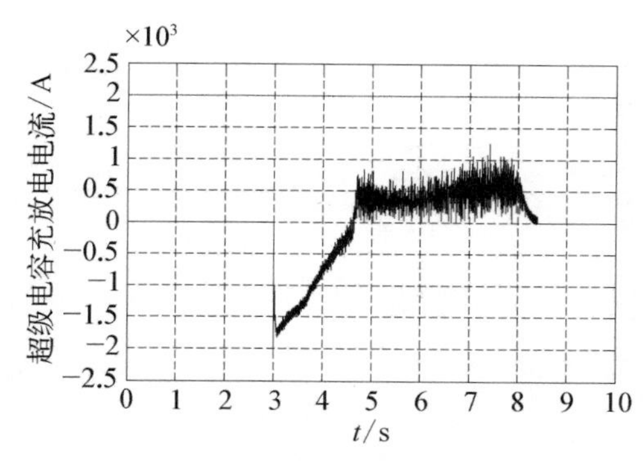

图 3-42 LVRT 过程中 SCESS 充放电电流

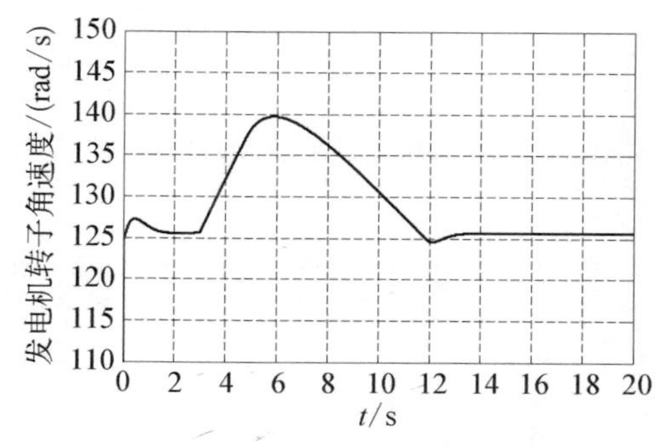

图 3-43 LVRT 过程中发电机转子角速度

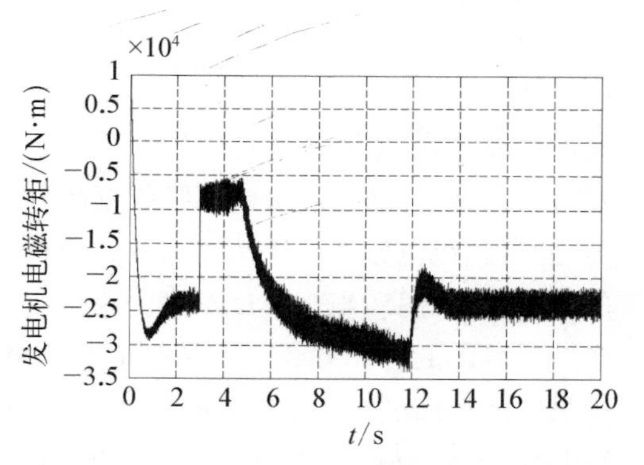

图 3-44 LVRT 过程中发电机输出电磁转矩

图 3-43 和图 3-44 给出了 LVRT 过程中以及系统重新回到稳定状态后的发电机转速曲线与输出转矩曲线。从图中可以看到，LVRT 过程中，由于将部分能量存储在传动链中，发电机转速最高达到 140 rad/s，未超过最高转速限制值 144.5 rad/s。3 s 时刻，通过限制发电机电磁转矩以减少注入直流母线的有功功率，并保持恒定功率运行，直至机侧变流器注入有功功率与网侧变流器能释放的有功功率达到平衡(4.68 s)，发电机电磁转矩按式(3-56)要求逐渐变大，以增加注入直流母线的有功功率。14 s 时，系统重新回到额定状态运行，低电压穿越过程结束。

2) 基于 RT-LAB 的硬件在环实验

RT-LAB 半实物仿真平台具有实时性强、研发成本低、高系统拟真性等优势，并可以针对大功率运行环境进行实时模拟。因此，采用硬件在环仿真(hardware-in-the-loop, HIL)的实验方案，通过 RT-LAB 可模拟 3 MW 风电变流器系统以及 SCESS 的主电路硬件配置与系统环境。控制算法通过分布式控制器(TMS320F6747 DSP)实现，通过 RT-LAB 与分布式控制器对接模拟实际系统的控制过程，从而验证所提控制策略的正确性。

采用与上节相同的运行参数，并配置拓扑相应的硬件进行 HIL 实验，系统的模拟量信号通过 RT-LAB 的 DA 板卡进行采集，实验波形如图 3-45 所示。图 3-45(a)为电网 a 相电压 e_a、a 相电流 i_{ga} 以及直流母线电压波形(u_{dc})。图 3-45(b)为 SCESS 中超级电容电压 V_{sc}、回路电流 i_{sc} 以及发电机转速 w_r 的动态波形。从实验

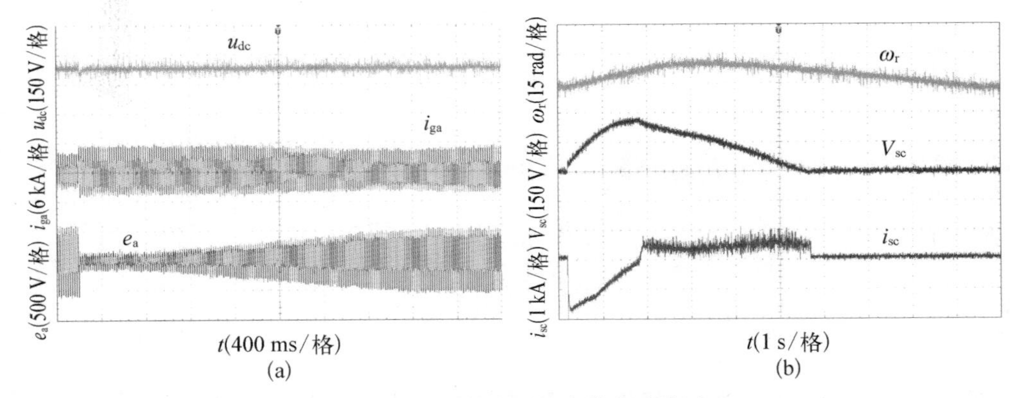

图 3-45　硬件在环仿真的实验波形

(a) 网侧 a 相电压 e_a、电流 i_{ga}、直流母线电压 u_{dc}；(b) SCESS 中超级电容电压 V_{sc}、SCESS 电流 i_{sc}、发电机转速 ω_r

波形可以看到，电网发生低电压故障初期，发电机转速上升，将部分能量以动能的形式进行存储。同时，超级电容吸收直流母线上的多余能量，从而保持直流母线电压恒定，此时超级电容端电压持续上升。随着电网电压的恢复，网侧变流器释放有功功率的能力逐渐提高，当其超过机侧变流器注入直流母线的有功功率时，SCESS 工作在恒定电流放电的工作方式。当超级电容端电压下降到设定值时，SCESS 退出工作。伴随低电压故障的结束，发电机转速逐渐下降到稳态值，变流器系统恢复正常工作。HIL 实验波形与仿真结果类似，证明了基于 SCESS 的 LVRT 协调控制策略的有效性。

3.3.2　风储一体化双馈风电机组

双馈风电机组一般采用转子撬棒和直流卸荷电阻来实现故障穿越控制，但是由于这种控制策略的本质均为通过电阻释放能量来维持系统稳定，对电阻的功率有较高要求，且效率较低，所以研究者逐渐将目光转向了储能设备。文献[16]提出了一种采用超级电容的控制策略，通过在机组并网端安装静止同步补偿器(STATCOM)来实现故障穿越，并通过超级电容器吸收机组故障期间的有功功率，实现不脱网运行，但是该结构成本较高，可行性较差。文献[17]利用超级电容器构成一个动态电压调节器(DVR)，并在故障期间调节机端电压，实现机组的故障穿越，但是该系统结构复杂，成本较高。文献[18]提出了一种采用模糊控制的故障控制策略，但是分析不够全面。文献[19]提出了一种在直流母线侧加装超级电容设备的低电压穿越控制策略，但没有考虑具体的容值选取等内容。本节将探讨加装超级电容器的双馈风电机组故障穿越控制策略。该控制策略可以在电网电压小值跌落时增强直流母线稳定性，延长机组耐受时间；在电网低电压故障时可以实现低电压穿越，并且在超级电容的帮助下，可增强机组的整体无功输出能力。

3.3.2.1　拓扑结构

超级电容器应用于双馈风电机组的拓扑结构主要是通过 DC/DC 变换器将超级电容器与直流母线并联。在故障发生的情况下，通过 DC/DC 变换器对直流母线进行辅助控制，帮助稳定直流母线电压，吸收转子侧的额外功率，实现机组的故障穿越[20,21]。这种控制策略的优点是超级电容的容量较小，仅需要配合变流器的容量即可，增加的成本较低。采用这种方案可以提高双馈风电机组的故障耐受能力，扩大机组不间断运行的电压范围。

双馈风电机组系统的基本结构如图 3-46 所示。双馈感应发电机的定子侧直接连接电网，转子侧变流器连接发电机的转子对其进行励磁，网侧变流器连接电网，中间的直流母线实现两个变流器之间的解耦控制。双馈风电机组通常在转子侧加装转子撬棒(Crowbar)电路，在直流母线侧加装直流卸荷电阻电路用以故障保护。

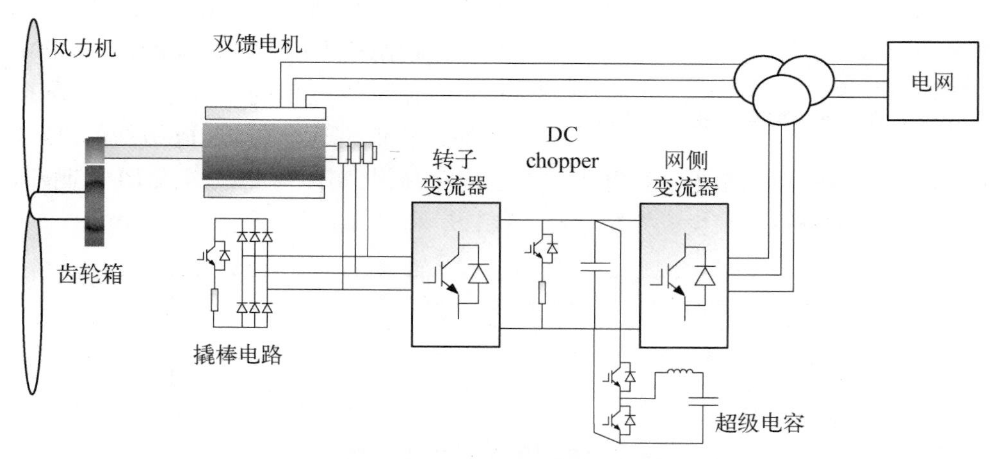

图 3-46　双馈风电机组系统结构(加装超级电容)

采用超级电容进行电网低电压穿越所使用的基本拓扑与采用撬棒电路的结构的不同点在于其直流母线侧不安装直流卸荷电阻，而是采用 DC/DC 电路将超级电容器连接到直流母线的两端。

超级电容的容量计算是以能够将故障过程中多余的能量全部储存起来为准则，并且不超过机组设定的超级电容上限电压。由于在双馈风电机组的具体设计过程中，转子变流器就存在一定的余量，所以可进行一定的假设，即在电网小值跌落的情况下，可以通过变流器的控制使转子转速保持不变，并考虑最坏情况，机组工作在额定输出功率的情况下，可以得到一个超级电容容量与故障持续时间的关系式：

$$C_{sc}=2\frac{S_N P_N \cdot t}{V_{scmax}^2-V_{scnorm}^2} \tag{3-64}$$

式中，C_{sc}为超级电容容值，S_N为额定转差，P_N为机组额定功率，t 为故障持续时间，V_{scmax}、V_{scnorm}分别为超级电容允许的最大工作电压和正常工作电压。

电网电压跌落较大的情况下，由于其持续的时间较短(最短仅有 625 ms)，其容量余度小于小值跌落的情况，可采用上面的公式计算容值。

3.3.2.2 控制策略

图 3－47 为变换器加装超级电容器的结构示意图。其中 C_{dc}和U_{dc}为变流器直流母线的电容和电压；R_{sc}和 C_{sc}为超级电容器的等效内阻和等效容值；L 为平滑波动电流的滤波电感。S_1 和 S_2 为升压电路的可控元件。

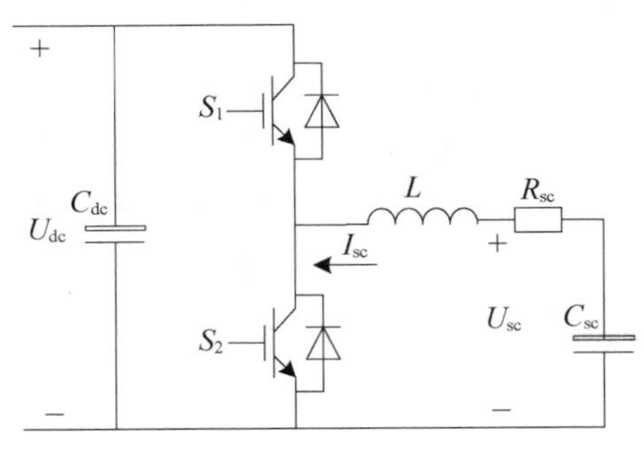

图 3－47 DC/DC 变换器及超级电容

通过变换器的可控元件可以实现对整个系统的控制，其控制结构如图 3－48 所示。控制环采用闭环反馈的形式，其中通过直流母线电压的参考电压与实际电压的比较值进行比较，形成偏差信号，通过 PI 控制模块，形成超级电容电流的参考值，随后与实际值相减送入 PI 控制器，最后与三角波进行比较生成控制信号，控制 S_1 和 S_2 通断。

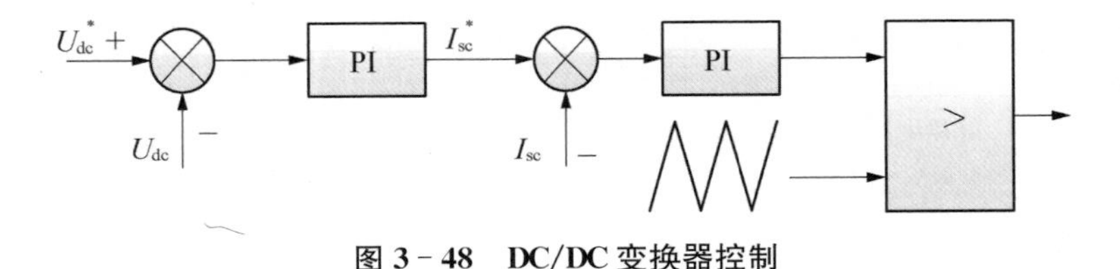

图 3－48 DC/DC 变换器控制

网侧变流器的控制主要分为故障时和正常工作时[19]。

正常工况下，网侧变流器有功环控制超级电容的电压维持在正常工作电压，而无功环控制发出无功功率。当风功率波动导致直流母线电压上升时，首先超级电容的控制器动作，通过超级电容吸收能量，维持直流母线电压稳定；其次由于超级电容吸收能量后电压上升，使网侧变流器动作，向电网送出功率，使直流母线电压降低；最后超级电容的控制器再次动作，控制超级电容送出能量，使直流母线电压恢复。反之亦然。

在电网发生故障的情况下，网侧变流器放弃控制有功，将全部容量投入无功控制。在风电场并网导则中，风电场需要在故障期间按照电网故障程度向电网发出一定的无功电流，所以此时网侧变流器的控制任务是输送无功电流，无功电流的参考值根据电网电压故障程度进行取值，并将有功电流的参考值给定为 0。

网侧变流器控制结构如图 3-49 所示。在正常工作状态下，控制器接通 1 号框，其中 d 轴分量是超级电容器电压给定值与实际值的差值通过 PI 计算并加上一个优化控制的前馈电流补偿，q 轴分量设置为 0。在发生电网故障的情况下，d 轴分量设置为 0，q 轴分量决定了网侧变流器发出的无功电流，其中电流给定值根据电网电压故障的程度而定。

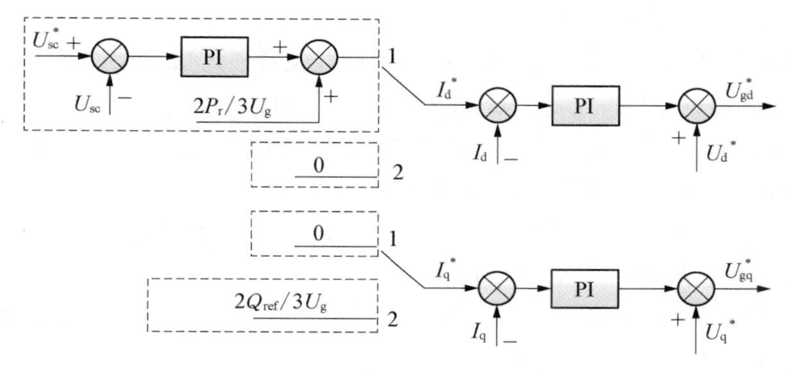

图 3-49　网侧变流器控制结构

电网电压发生小值跌落（10%～20%）的情况下，由于双馈风电机组转子变流器在设计时保有一定的裕度，所以机组可以保持并网持续运行。由于通常转子侧变流器功率大于网侧变流器功率，在风机输出接近额定功率情况下，会导致能量无法从网侧变流器输出，因此转子侧功率会累积在直流母线上，使其电压上升，可能造成变流器和直流电容损坏。传统控制策略采用直流卸荷电阻来维持母线电压稳定，此方法有两方面的缺点：一是其抗干扰能力较差，由于直流卸荷的控制仅为过压启动，恢复后切除的开关控制会导致直流母线波形的不稳定，从而影响转子变流器的控制能力，降低故障过程中系统的稳定性；二是能量的利用率较低，直流卸荷电路采用的是将能量在卸荷电阻上以热的方式释放，需要采用大功率的放电电阻，同时由于热的累积效应，导致其工作时间不长，缺乏频繁工作的能力。

采用超级电容进行低电压穿越的机组，当检测到直流母线的电压超过故障启动值，即启动超级电容的故障控制，随即超级电容的控制环开始控制直流母线保持稳定，而网侧变流器切换控制，使其只对无功进行控制，对电网输入无功电流，对系统无功起到支撑作用。当系统检测到故障消失以后，超级电容恢复到正常控制状态，通过网侧变流器将超级电容上吸收的功率再送回电网[22-25]。

采用超级电容控制以后，可以从两方面提高整个系统的故障耐受能力。第一，提高了直流母线的抗干扰能力（稳定性），超级电容通过 DC/DC 电路接到直流母线两端，提高了直流母线的可控性，通过 DC/DC 的控制可以防止直流母线电压的过压，并且可以帮助抑制直流母线电压在故障情况下的振荡，整体提高系统在故障情况下的稳定性。第二，提高了能量的利用率，超级电容可以储存电网故障过程中的机组能量，并且在故障消失后将能量送到电网，同时可以通过加大超级电容的容量，提高双馈风电机组对于小值电网电压跌落的耐受时间，延长风机不脱网的状态；并且在电网故障过程中，可以将网侧变流器的容量完全用于发出无功功率，提高机组对于系统的无功支撑能力。

当发生电网低电压故障时，机组穿越策略首先是通过快速去磁的方法衰减转子电流，然后通过控制直流变换器，维持故障期间直流母线电压的稳定，并利用超级电容器吸收无法输送到电网的功率，控制网侧变流器向电网输送无功电流，帮助电网建立正常电压[26]。其具体的控制流程描述如下：

(1) 对转子进行电流检测，当检测到转子电流大于系统设定的耐受电流时，封锁转子变流器控制脉冲，快速衰减转子的过电流。

(2) 当转子电流衰减至安全值以后，重新启动转子侧变流器，功率参考给定值按照转子侧变流器的最大能力设定。

(3) 网侧变流器进入故障工作模式，直流变换器通过控制超级电容来稳定直流母线电压。

(4) 当故障消失后，网侧变换器切回正常工作模式，此时直流变换器控制超级电容将故障期间吸收的功率送回电网。

双馈风电机组的无功容量主要包括两个部分，分别由定子侧以及转子侧发出，但是由于转子侧通过变流器实现了解耦控制，所以整个系统发出的无功功率为定子侧的无功功率和网侧变流器发出的无功功率。

在电网电压定向的 dq 坐标系下，可以根据双馈电机的数学模型导出转子电流与定子功率之间的关系：

$$\begin{cases} i_{dr} = \dfrac{2}{3} \dfrac{L_s}{u_{ds} L_m} P_s \\ i_{qr} = -\dfrac{u_{ds}}{\omega L_s} - Q_s \dfrac{2}{3} \dfrac{L_s}{u_{ds} L_m} \end{cases} \tag{3-65}$$

双馈电机定子侧功率运行范围受到定转子绕组以及转子变流器绕组的电流限制，以转子变流器的电流限制为主[24]：

$$I_{rmax}^2 \geqslant i_{dr}^2 + i_{qr}^2 \tag{3-66}$$

式中，I_{rmax}^2 为转子变流器的电流最大值，一般为转子额定电流的 150%。

整理可以得到：

$$P_{\mathrm{s}}^{2}+\left(Q_{\mathrm{s}}+\frac{3}{2}\frac{u_{\mathrm{ds}}^{2}}{\omega L_{\mathrm{s}}}\right)^{2}\leqslant\frac{9}{4}\frac{u_{\mathrm{ds}}^{2}L_{\mathrm{m}}^{2}}{L_{\mathrm{s}}^{2}}I_{\mathrm{rmax}}^{2} \tag{3-67}$$

根据式(3-67),可以得到相应的无功功率范围。

传统的网侧变流器的无功输出范围主要依靠两个方面,一是网侧变流器的容量,二是当前转差功率值(即转子侧有功功率)。假设网侧变流器的容量最大值为P_{cmax},则有:

$$-\sqrt{P_{\mathrm{cmax}}^{2}-s^{2}P_{\mathrm{s}}^{2}}\leqslant Q_{\mathrm{c}}\leqslant\sqrt{P_{\mathrm{cmax}}^{2}-s^{2}P_{\mathrm{s}}^{2}} \tag{3-68}$$

式中,s 为转差率。可以看出在最坏情况下,网侧变流器输出可以变得非常有限。

但是超级电容控制策略可以通过超级电容吸收转差功率暂时储存,使网侧变流器的无功范围可以达到:

$$-P_{\mathrm{cmax}}\leqslant Q_{\mathrm{c}}\leqslant P_{\mathrm{cmax}} \tag{3-69}$$

扩大了系统的无功容量范围,提高了机组在故障情况下的无功支撑能力,增强了系统的稳定性[27,28]。

3.3.2.3　仿真验证

具体仿真中所用的双馈风电机组参数与第3.3.1.4中一致(见表3.7),超级电容取值为5 F。

1) 机组在电网小值跌落下的仿真分析

仿真一:双馈风电机组运行在80%额定功率状态,在5 s时发生电网电压三相对称跌落,跌落深度为17%,持续时间为2 s。如图3-50所示,对比两种分别采用超级电容和DC chopper的双馈型风电机组,其中较细的曲线是加装超级电容的机组,较粗的曲线是加装DC chopper的机组。

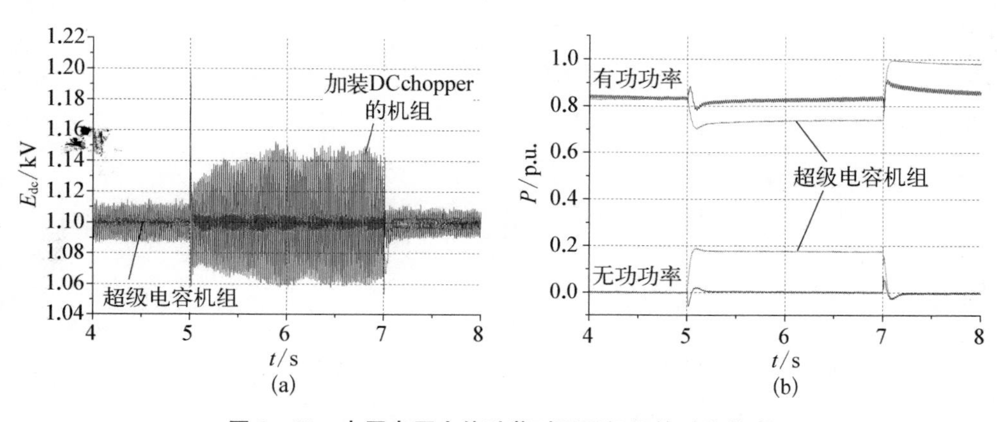

图3-50　电网电压小值跌落时不同机组的对比仿真

(a) 直流母线电压波形;(b) 有功/无功功率波形

双馈风电机组正常运行过程中，如果遇到小值跌落(低于25%)，由于机组设计时变流器留有余量，可以承受该故障情况下的转子电流。但是由于网侧变流器的容量有限，并且电网电压降低导致输出功率下降，在暂态过程中对于直流母线的电压出现冲击，出现直流母线过压的情况，同时由于电压跌落而产生的直流磁链会导致直流母线的不稳定。

观察图3-50可以发现，在发生故障的瞬间，直流母线都有一个暂态的过冲，采用直流撬棒和超级电容的控制策略都可以将该过冲控制在规范之内(≤1.2倍标幺值)，但是由于超级电容控制策略采用了超级电容控制器的双闭环控制，相比于直流撬棒的控制具有更好的效果，在故障过程中控制直流母线的电压更加稳定。同时观察故障时刻的功率波形发现，采用超级电容控制可在故障期间输出更多的无功功率，起到对系统的支撑作用，与此同时，超级电容将故障过程中额外的功率吸收了起来，在故障结束以后对重新送回电网，提高了能量的利用率。

仿真二：双馈风电机组发生三相对称跌落，跌落深度17%，持续时间5 s。

图3-51描述的是超级电容控制系统可以有效地延长机组在小值跌落下的故

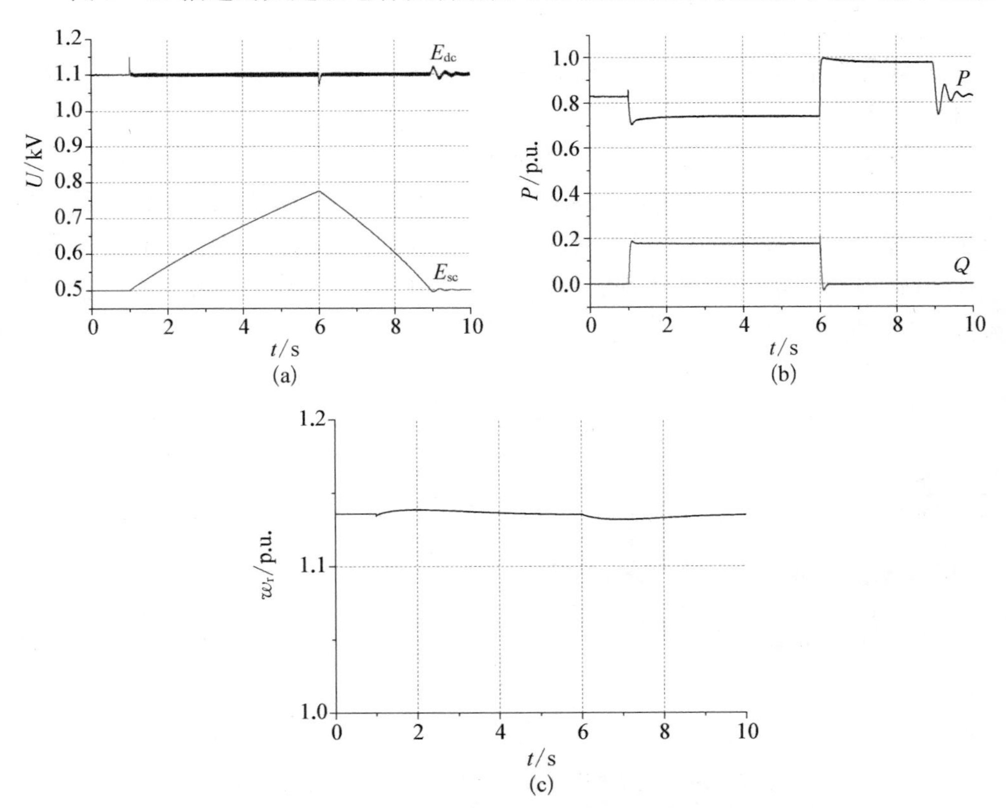

图3-51　超级电容控制系统的电网电压长时间小值跌落仿真

(a) 超级电容及直流母线电压波形；(b) 有功功率 P 和无功功率 Q 波形；(c) 转子转速波形

障耐受时间，观察波形可以发现，在超级电容容量可控的情况下，该控制策略可以保持机组转速稳定，长时间维持直流母线电压的稳定，并且在故障期间有效地向电网提供无功功率，起到支撑电网的作用。

2）机组在低电压故障时的仿真分析

仿真三：双馈风电机组运行在80%的额定状态，在5 s时发生电网电压三相对称跌落，跌落深度为80%，持续时间为0.625 s。

同时通过图3-52的仿真波形可以发现，采用超级电容控制策略的机组同样具有低电压穿越的能力，在电网电压跌落较深的情况下，超级电容同样可以控制直流母线的稳定，向电网输出无功功率，起到一定的支撑作用。

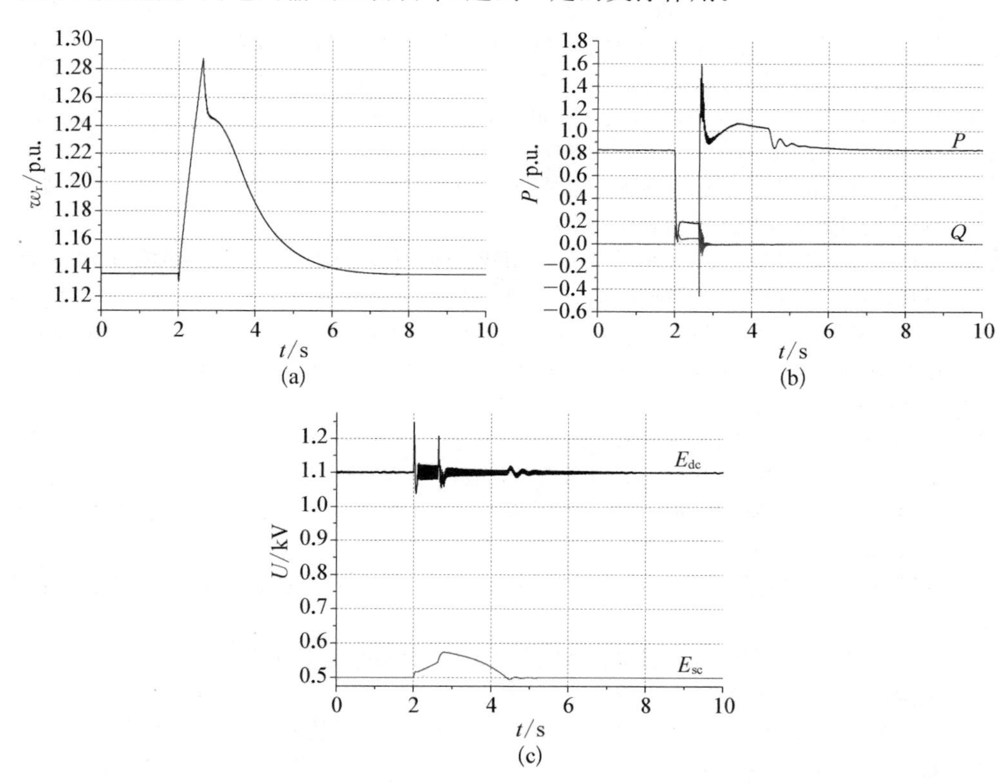

图3-52 超级电容控制系统的电网电压跌落80%仿真

(a) 转子转速波形；(b) 有功功率 P 和无功功率 Q 波形；(c) 超级电容及直流母线电压波形

参考文献

［1］柴炜，李征，蔡旭，等.基于使用寿命模型的大容量电池储能系统变步长优化控制方法[J].电工技术学报，2016，31(14)：58-66.

[2] Chai W, Li Z, Cai X. Variable charge/discharge time-interval control strategy of BESS for wind power dispatch[J]. Turkish Journal of Electrical Engineering & Computer Sciences, 2015, 23(6): 1645 - 1659.

[3] 柴炜,曹云峰,李征,等.基于状态量预测的风储联合并网储能优化控制方法[J].电力系统自动化,2015,39(2): 13 - 20.

[4] 王鹏,王晗,张建文,等.超级电容储能系统在风电系统低电压穿越中的设计及应用[J].中国电机工程学报,2014,34(10): 1528 - 1537.

[5] 时珊珊,蔡旭,欧阳曾恺,等.风储联合运行的储能容量优化选配算法及分析[J].电器与能效管理技术,2015(12): 39 - 44.

[6] 顾静鸣,张琛,高强,等.超级电容增强双馈风电机组电网低电压耐受能力的研究[J].电器与能效管理技术,2014(17): 38 - 43.

[7] 吴竞之,张建文,蔡旭,等.基于鼠笼异步发电机风力发电控制系统的研究[J],电力电子技术,2011,45(6): 18 - 19.

[8] Wang J, Liu P, Hicks-Gamner J, et al. Cycle-life model for graphite-LiFePO$_4$ cells[J]. Journal of Power Sources, 2011, 196(8): 3942 - 3948.

[9] 中华人民共和国国家质量监督检验检疫总局.GBT 19963 - 2011,风电场接入电力系统技术规定[S].北京: 中国标准出版社,1996.

[10] 雷珽,欧阳曾恺,李征,等.平抑风能波动的储能电池 *SOC* 与滤波协调控制策略[J].电力自动化设备,2015,35(7): 126 - 131.

[11] Rahimi M, Parniani M. Coordinated control approaches for low-voltage ride through enhancement in wind turbines with doubly fed induction generators[J]. IEEE Transactions on Energy Conversion,2010,25(3): 873 - 883.

[12] Abbey C, Joos G. Supercapacitor energy storage for wind energy applications[J]. IEEE Transactions on Industry Applications,2007,43(3): 769 - 776.

[13] 孙春顺,王耀南,李欣然.飞轮辅助的风力发电系统功率和频率综合控制[J].中国电机工程学报,2008,28(29): 111 - 116.

[14] 张慧妍.超级电容器直流储能系统分析与控制技术的研究[D].北京: 中国科学院电工研究所,2006.

[15] 张步涵,曾杰,毛承雄,等.电池储能系统在改善并网风电场电能质量和稳定性中的应用[J].电网技术,2006,30(15): 54 - 58.

[16] 陈星莺,刘孟觉,单渊达.超导储能单元在并网型风力发电系统的应用[J].中国电机工程学报,2001,21(12): 63 - 66.

[17] Camara M B,Gualous H,Gustin F. DC/DC converter design for supercapacitor and battery power management in hybrid vehicle applications — polynomial control strategy[J]. IEEE Transactions on Industrial Electronics,2010,57(2): 587 - 597.

[18] Iannuzzi D. Improvement of the energy recovery of traction electrical drives using supercapacitors, Power Electronics and Motion Control Conference[C]. Poznan, Poland: 2008.

[19] 张坤,黎春湦,毛承雄,等.基于超级电容器-蓄电池复合储能的直驱风力发电系统的功率控制策略[J].中国电机工程学报,2012,32(25): 99 - 108.

[20] Kisacikoglu M C, Uzunoglu M, Alam M S. Load sharing using fuzzy logic control in a fuel cell/ultracapacitor hybrid vehicle[J]. International Journal of Hydrogen Energy, 2009, 34(3): 1497 - 1507.

[21] 许海平.大功率双向 DC - DC 变换器拓扑结构及其分析理论研究[D].北京：中国科学院电工研究所，2005.

[22] 张国驹，唐西胜，周龙，等.基于互补 PWM 控制的 Buck/Boost 双向变换器在超级电容器储能中的应用[J].中国电机工程学报，2011，31(6)：15 - 21.

[23] Rahim A H M A, Nowicki E P. Supercapacitor energy storage system for fault ride-through of a DFIG wind generation system[J]. Energy Conversion and Management, 2012, 59(3): 96 - 102.

[24] 许建兵，江全元，石庆均.基于储能型 DVR 的双馈风电机组电压穿越协调控制[J].电力系统自动化，2013，37(4)：14 - 20.

[25] Abbey C, Joos G. Supercapacitor energy storage for wind energy applications[J]. IEEE Transactions on Industry Applications, 2007, 43(3): 769 - 776.

[26] 邹和平，于芃，周玮，等.基于超级电容器储能的双馈风力发电机低电压穿越研究[J].电力系统保护与控制，2012，40(10)：48 - 52.

[27] Mendis N, Muttaqi K M, Sayeef S, et al. Application of a hybrid energy storage in a remote area power supply system, Energy Conference and Exhibition (EnergyCon), 2010 IEEE International[C]. Mahama, Bahrain: 2010.

[28] Nguyen T H, Lee D C. Improved LVRT capability and power smoothening of DFIG wind turbine systems[J]. Journal of Power Electronics, 2011, 11(4): 568 - 575.

第4章　电池储能主导的微电网技术

以光伏、风电、地热、生物质能、潮汐能为代表的新能源具有清洁环保、储量大、可再生的特点。如果能够解决新能源利用的技术瓶颈，可实现更大程度地取代化石能源，减少对环境的污染。与传统集中式供电不同，新能源的区域分散性决定了其分布式发电的特性。分布式发电具有投资少、建设周期短、经济环保等特点[1]。从电力系统的角度考虑，分布式发电等效于消耗负功率的负荷，由于其不具有传统电网负荷特性，过多的分布式电源接入必将影响大电网的稳定运行。电力系统一旦发生故障往往会采用切机的方式让分布式电源退出运行[2]。为了充分发挥分布式发电区域供电的优势，同时避免对电力系统的负面影响，将分布式电源和相应区域内的负荷看作一个独立的供电系统是一种有效的途径。因而，微电网和微能源网的概念由此而生。

国际上对微电网的普遍共识是：微电网是一种由负荷和微型电源共同组成的系统，微电网内部的电源主要由电力电子器件负责能量的转换，并提供必需的控制；微电网相对于外部大电网表现为单一的受控单元，并可同时满足用户对电能质量和供电安全等的要求[3-4]。微网可以与大电网并网运行，也可以离网独立运行，通常配有储能装置。为了有效地提高含随机新能源的微电网对大电网的支撑作用，近年来，微电网的虚拟同步控制成为研究的热点。

储能在微电网中扮演着重要的角色，由于电池储能系统（battery energy storage system，BESS）[5]具有功率密度高、响应速度快、控制灵活性高的特点，使其优于超导储能、飞轮储能、超级电容储能[6]等，成为微网中应用最广泛、研究最成熟的储能技术[7]。其在微网中的主要功能如下。

（1）电压频率支撑：孤岛时电池储能系统可作为微网中组网发电的主电源，支撑微网母线的电压和频率[5,8]。

（2）平抑新能源输出功率波动：风电场、光伏电站可配备电池储能系统，以平滑功率输出、降低新能源的出力波动，另外还有越来越多的小功率光伏系统配备电池储能系统以实现能量的合理利用[5]。

(3) 改善电能质量：将电池储能系统作为不间断电源(uninterrupted power supply，UPS)为重要负荷持续供电，或者作为有源电力滤波器(active power filter，APF)的功率源，剔除微网谐波，提高电能质量。

(4) 维持暂态功率平衡：电池储能系统是维持微网电源与负荷间功率平衡的重要环节，同时还可避免微网并网/孤岛运行模式切换前后功率不平衡引起的振荡[9]。

利用储能与新能源的配合可以实现微网作为电源或负荷进行离网与并网运行，并可实现微网的可调度运行。储能的控制方式对微电网的运行性能起着重要的作用。本章将围绕以电池储能为主电源的微电网实现虚拟同步并、离网运行的控制技术，阐述储能系统的虚拟同步控制技术、参数设计、虚拟同步运行微网的能量管理，以及实时数字仿真(RTDS)研究工具等。

4.1　微电网中的电池储能系统

4.1.1　电池储能系统关键技术

图4-1为典型的电池储能系统结构，其中包括电池系统(battery system，BS)，功率转换系统(power conversion system，PCS)和能量管理系统(energy management system，EMS)。功率转换系统实现电池与微网间能量的双向流动，并根据微网与电池的运行要求完成DC/AC转换、电压升降等功能。电池系统一般配备电池管理系统(battery management system，BMS)，对电池系统的电压、电流、温度以及荷电状态(*SOC*)进行测量和检测并实现电池间的均衡运行，能量管理系统按照一定的运行策略决定功率流动方式[11]。

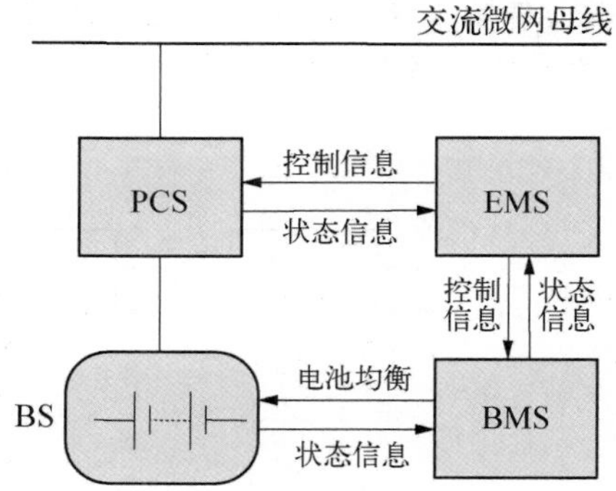

图4-1　电池储能系统的结构

目前，电池储能系统的关键技术研究主要集中在电池系统和功率转换系统两方面。

1) 电池系统

电池系统的关键技术之一是大容量电池系统。电池单体端电压低、比能量和比功率有限、充放电倍率不高，为提高电池系统的功率等级和使用效率，一般将多个电池单体串并联成电池模块，然后将电池模块串并联以满足大容量电池系统的电压和功率要求[10]。

电池系统的另一个关键技术是电池荷电状态的估计。为延长系统大容量电池系统的使用寿命，实现电池单体间的均衡运行，BMS需要对电池的*SOC*进行过准确预估。文献[8]介绍了几种传统和新型的 *SOC* 估计方法。

2）功率转换系统

随着微网对电池储能系统的功率等级要求越来越高，为实现电池储能系统的大功率运行，学者们对 PCS 的变流器拓扑进行了许多改进。例如多变流器模块并联型拓扑可满足低压大功率的运行要求，多电平拓扑可满足高压大功率、高电能质量的运行要求，多变流器模块级联型拓扑可利用分散的低压电池系统来实现整体大功率电池储能系统的构建[6,8]。

另外，PCS 的控制策略也是电池储能系统的研究重点。根据不同的使用场景，电池储能系统的运行要求也有所差异，例如并网时提供指定功率输出、孤岛时支撑微网的电压和频率。PCS 变流器的控制策略是实现多样化运行要求的根本，除了一般的运行要求，通过改善 PCS 变流器的控制算法，还能令电池储能系统实现电池 *SOC* 均衡、低电压穿越、孤岛检测、虚拟同步等高级功能[8-11]。

4.1.2 微网中电池储能变流器的传统控制方法

4.1.2.1 恒功率控制

恒功率控制又称 P/Q 控制，其控制目标是让变流器按照功率参考输出有功和无功功率。其正常工作前提是变流器交流侧的电压幅值和频率相对恒定。由于变流器输出电压恒定、功率按指定值输出，恒功率控制下的变流器可等效为可控电流源，因此该控制方式特别适合并网工作模式。图 4-2 为典型的三相并网变流器恒功率控制框图的功率外环[12]。

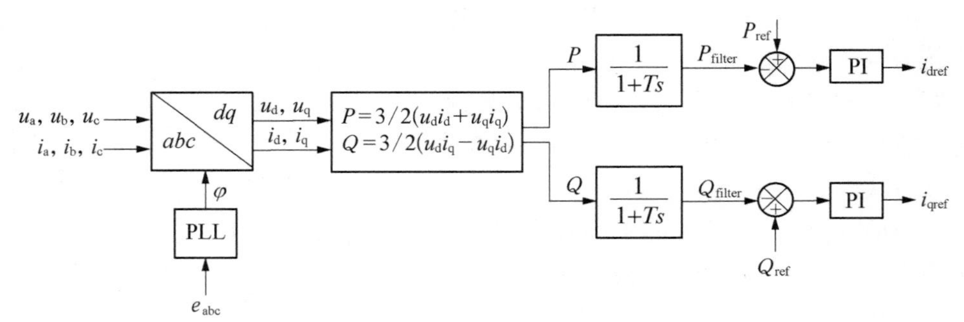

图 4-2 三相并网变流器恒功率控制的功率外环

图 4-2 中，$abc-dq$ 坐标系转换角度 φ 跟随电网相位，由电网三相电压 e_{abc} 锁相而得，变流器输出电压 $\boldsymbol{u}_{abc}$ 和电流 $\boldsymbol{i}_{abc}$ 在 dq 坐标系下对应的直流量为 $\boldsymbol{u}_{dq}$ 和 $\boldsymbol{i}_{dq}$，进而可计算变流器输出功率 P 和 Q，经过时间常数为 T 的一阶滤波，再将所得功率 P_{filter} 和 Q_{filter} 与功率指令 P_{ref} 和 Q_{ref} 比较并对误差进行 PI 控制，最后得到电流内环的参考值 i_{dref} 和 i_{qref}。通过以上过程完成功率的无静差控制。

4.1.2.2 恒压恒频控制

恒压恒频控制又称 V/f 控制,其控制目标是变流器输出交流电压的幅值和频率等于参考值,输出功率由负载决定。此时的变流器可等效为可控电压源,因此恒压恒频控制下的微源符合孤岛情况下为微网交流母线提供电压和频率支撑的运行要求。图 4-3 为典型三相离网变流器的恒压恒频控制的电压外环[11]。

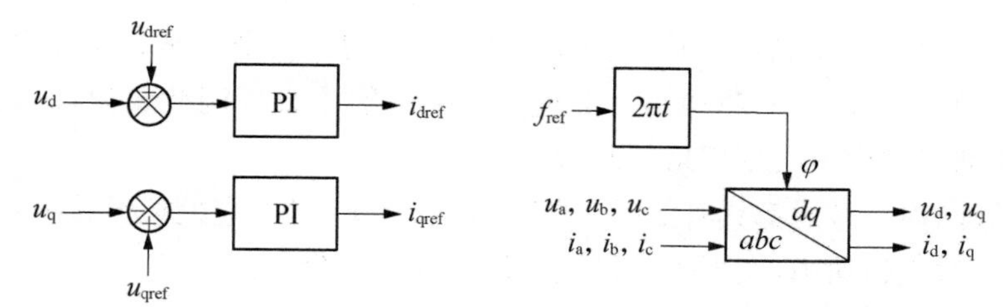

图 4-3 三相离网变流器的恒压恒频控制的电压外环

图 4-3 中的电流内环与恒功率控制一致,外环被控量为 dq 两轴的电压幅值。区别于恒功率控制,其 $abc-dq$ 坐标转换的参考角度由给定频率 f_{ref} 计算而得。一般来说,q 轴电压参考值 u_{qref} 为零,d 轴电压参考值 u_{dref} 等于电压幅值参考量,将两者与实际输出电压 $\boldsymbol{u}_{dq}$ 作差进行 PI 控制,得到电流内环参考值 i_{dref} 和 i_{qref}。通过以上过程实现电压幅值和频率的控制。

4.1.2.3 下垂控制

下垂控制最初用于解决不间断电源(UPS)无通信线并联时的功率分配问题。微网多微源并列运行与 UPS 的无互联线并联具有一定的等效性,因此下垂控制被广泛引入微源的控制器设计中。下垂控制本质是通过模拟同步发电机组有功调频、无功调压外特性来实现功率在微源间的分配。

图 4-4 等效了微网中并联的两台电池储能系统共同向本地负载供电的场景。其中 $U_i\angle\delta_i$ 为第 i 台电池储能变流器等效输出电压的幅值和相位($i=1, 2$),$Z_i\angle\theta_i$ 为变流器输出阻抗与线路阻抗之和,$U_g\angle 0$ 为微网交流母线电压的幅值和相位,$Z_L\angle\theta$ 为负载阻抗,那么变流器 i 为负载提供的功率为[12,13]

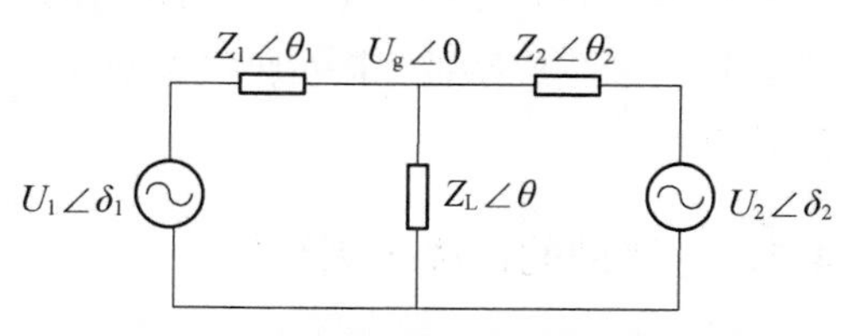

图 4-4 微网中变流器并联运行等效模型

$$
\begin{aligned}
P_i &= \frac{U_i U_g}{Z_i}\cos(\theta_i-\delta_i)-\frac{U_g^2}{Z_i}\cos\theta_i \\
Q_i &= \frac{U_i U_g}{Z_i}\sin(\theta_i-\delta_i)-\frac{U_g^2}{Z_i}\sin\theta_i
\end{aligned}
\tag{4-1}
$$

一般变流器输出电压与交流母线相角差 δ_i 很小，可近似认为 $\sin\delta_i \approx \delta_i$，$\cos\delta_i \approx 1$，如果线路阻抗近似呈感性，有 $R=0$，$\theta_i=90°$，$\sin\theta_i \approx 1$，$\cos\theta_i \approx 0$，此时式(4-1)可简化为

$$P_i \approx \frac{U_i U_g}{Z_i}\delta_i,\ Q_i \approx \frac{(U_i - U_g)}{Z_i}U_g \tag{4-2}$$

由式(4-2)可知，变流器可通过调节输出电压的相角来控制有功功率，通过调节输出电压幅值来控制无功功率。下垂控制中一般不直接调节相角，而是通过改变频率，在动态过程中实现相角的调节。

如果微网内多微源都具有如图 4-5 所示的下垂特性，它们便能按照各自的下垂曲线输出对应的功率，实现无通信线条件下的功率分配。

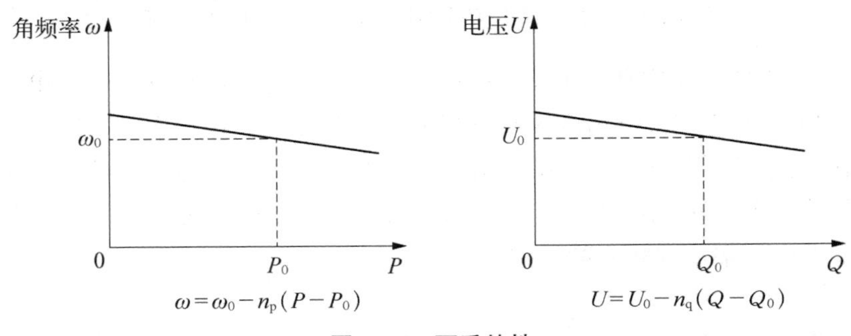

图 4-5　下垂特性

上述分析都是基于线路阻抗呈感性这一假设条件。针对微网的应用场合，无论是微网本身还是接入的低压配网，线路阻抗的阻性成分都比较大。微源与交流微网之间的阻感性线路阻抗导致有功和无功功率耦合，下垂控制无法取得完美的控制效果。为充分借鉴电力系统原有的下垂特性，可通过虚拟阻抗法[14]将变流器等效阻抗塑造成感性，也可通过改进的下垂控制实现功率解耦[15]，都能取得不错的效果。

4.1.3　微网的传统控制结构

微网按电流的类型可以分为交流微网、直流微网和交直流混合微网。以交流微网为例，如图 4-6 所示，其由光伏、风电、储能、柴油发电机、本地负荷等单元组成，具有并网、孤岛以及两者之间的切换三种运行状态。当微网运行在并网模式时，微网中的微源向本地负载供电，多余的电能注入主网或者主网向微网补偿功率缺额。偏远地区的微网不具备连接主网的条件，或者在电网故障、上级调度等需要主动切除微网的情况下，微网运行在孤岛状态，此时微源单独向本地负载供电[8]。

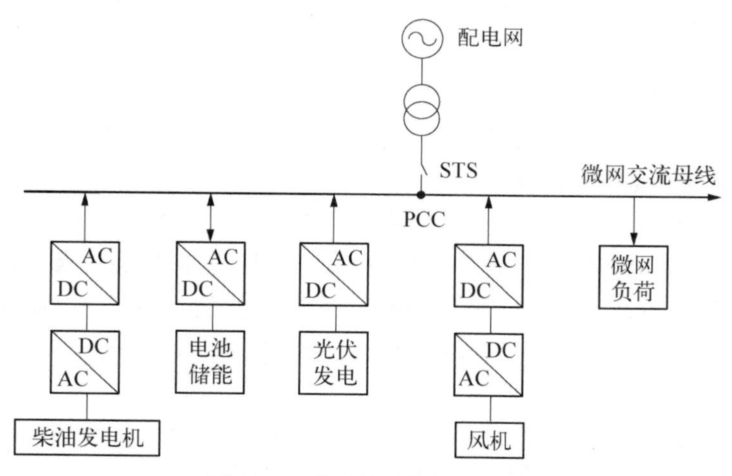

图 4－6　典型的交流微网结构

并网/孤岛两种运行状态切换过程的基本要求是切换前后母线电压无过大幅度的升高或跌落、暂态过程短暂、不触发微网内电力电子装置的孤岛保护。微网从并网状态切换至孤岛状态的基本任务是考虑切换瞬间微网内部的能量供需平衡，以维持母线电压和系统频率稳定。而微网从孤岛状态切换至并网状态，则需对微网进行预同步以避免因为幅值差或者相位差引起的过电流[9]。

实际工程应用中常见的微网控制结构为主从控制和对等控制。

1）主从控制

主从控制结构中，由某一容量较大的微源作为主机，维持母线的电压和频率稳定，其他微源作为受控电流源向微网注入指定的有功和无功功率(即恒功率控制)，主机和从机之间通过快速通信实现功率平衡。在并网运行模式下，大电网因为其容量足够大并且能够提供稳定的电压支撑，天然成为微网的主机，其他微源作为从机跟踪调度指令输出相应的功率。在孤岛运行模式下，一般选取微燃机、柴油机、储能系统等功率源作为主机并工作在受控电压源模式(即恒压恒频控制)下，为其他微源提供电压和频率基准。

主从控制的优点是控制技术成熟，微源的恒功率控制和恒压恒频控制均能在相应场景下获得良好的控制效果。其缺点如下：首先，微网的功率分配建立在主控制器与各微源的高速通信的基础上，因而对主控制器的全局调度能力要求较高；其次，主机需要拥有较大的容量以承受微网内因短时间大功率负载投切所引起的功率不平衡，微网系统过度依赖主机，系统的扩展性较差；最后，由于并网和孤岛控制模式下，主机发生改变，公共耦合点(point of common coupling，PCC)的并网开关转换瞬间，相应的微源必须在恒功率控制和恒压恒频两种控制模式间切换，运行模式和控制模式的切换在时间上的不同步极易造成微网母线电压失稳[9]。

2）对等控制

微网的对等控制中，各微源等效于具有下垂特性的受控电压源接入微网，彼此地位对等，共同支撑母线电压频率稳定。通过测量反馈交流母线电压的幅值和频率等信息，根据彼此的下垂特性完成功率的分配。

该控制结构的优点是不依赖高速通信、即插即用、冗余性好，容易实现系统扩展；在微网并网和孤岛模式下微源均表现受控电压源特性，暂态切换过程中母线电压稳定性较好。但是考虑到对等控制中微源的阻抗特性对功率的解耦控制影响较大，并且应用于微源变流器的低惯量、阻尼特性使得微网频率的稳定性较差，无法应对负载的大范围波动[13-16]。

微电网技术作为分布式电源接入电网的有效手段，通过合理的控制策略，能够有效降低对配网的不良影响，同时提高分布式电源的效率。然而，分布式电源如果采用常规控制方法通过逆变器并网接入，微源将缺乏常规发电机组所具有的阻尼和惯量，对配网的安全稳定运行易造成负面影响[11]。随着新能源渗透率的提高，这一影响会愈发严重。考虑到传统电力系统由同步发电机主导，有学者提出可以改进逆变器的控制方法来模拟同步电机的特性，通过增加阻尼、惯量和调频调压特性，提高运行稳定性，这一控制称为虚拟同步发电机技术(virtual synchronous generator，VSG)。

4.1.4 储能系统的虚拟同步发电机控制

4.1.4.1 电力系统中同步发电机的调频调压原理

传统集中式供电模式中，电力系统的电压频率稳定主要通过控制同步发电机来实现，下面简要介绍其调频调压原理。

1）频率调节[17]

频率调节的根本目的是实现同步发电机与负载间的有功功率平衡，并将频率控制在正常范围内，其工作过程：① 当原动机的机械功率与电网实际消耗的电磁功率不平衡时，转子机械转矩和电磁转矩产生偏差，由于机械惯量和阻尼的作用，同步发电机转速发生缓慢的改变，电网频率也随之改变；② 调速器通过检测频率变化动态调节原动机功率，系统在另一个频率下的稳态工作点达到功率平衡，即一次调频过程；③ 当新的稳态工作点的频率偏离过大时，通过手动或自动操作调频器，将频率调整至合理范围，即二次调频过程。经过一次调频和二次调频过程，频率可实现有差控制或者无差控制。

2）电压调节[17]

电压调节的根本目的是在系统无功功率变化时保证电压在合理范围之内。其工作过程：① 系统无功负荷变化导致线路压降改变，进而引起同步发电机机端电压变化;② 同步发电机的励磁调节器通过检测电压变化动态调节励磁电流以抑制该变化。受发电机无功容量、系统中无功经济运行等条件的限制,一般需要配合电力系统中的变压器和无功补偿装置共同实现全系统的调压过程。

4.1.4.2 逆变器的虚拟同步发电机控制技术

1) 基于恒功率控制的电流源型虚拟同步发电机

2005 年,荷兰代尔夫特科技大学的 J. Morren 在研究风机的最大功率跟踪控制时,为增加分布式发电对电网频率变化的惯性响应,在风机参考转矩的基础上加入因电网频率变化产生的附加转矩,即虚拟的惯量和阻尼,使得以风机为代表的分布式电源能够参与电网频率调节,提高电网稳定性[18]。2007 年,以荷兰代尔夫特科技大学为主导机构之一的欧盟 VSYNC 计划首先提出了 VSG 的概念[19],该计划旨在通过增加分布式发电对电网频率的惯性响应来提高电网的稳定性,并将之前应用于风机的成果推广至基于储能装置的分布式电源结构中。

VSYNC 提出的 VSG 结构中的储能装置不仅可平抑新能源的出力波动,还能够为抑制电网频率波动提供额外的功率补充。一般来说,储能变流器工作在如图 4-2 所示的恒功率控制之下,VSG 控制在原有有功功率参考的基础上,根据频率变化动态调节有功功率指令:

$$P_{\mathrm{ref}} = P_0 - K_{\mathrm{d}} \frac{\mathrm{d}\omega}{\mathrm{d}t} - K_{\mathrm{damp}} \Delta\omega \tag{4-3}$$

式中,P_0代表有功参考值;$\Delta\omega$ 为电网角频率与额定角频率之间的差值;K_{d}和 K_{damp}分别体现了频率变化时的虚拟惯量和阻尼;P_{ref}为考虑频率变化之后的电力电子变流器的有功功率指令。

该控制方式借鉴了同步发电机二阶模型中转子的转动惯量以及阻尼线圈的阻尼效应。然而基于恒功率控制的 VSG 与具有电压源特性的同步发电机仍然具有较大差别,前者本质上还是跟踪电网相位的受控电流源,没有摆脱锁相环的限制,不能工作于弱电网或微网孤岛等不具备稳定电压参考的工况下。

2) 具有电压源特性的虚拟同步发电机控制

电压源型 VSG 控制组成结构如图 4-7 所示,该结构模拟了同步发电机现实中的工作方式,摆脱了锁相环的限制。图中的转子机械方程为

$$J \frac{\mathrm{d}\omega}{\mathrm{d}t} = T_{\mathrm{m}} - T_{\mathrm{e}} - D(\omega - \omega_{\mathrm{g}}) = \frac{P_{\mathrm{m}}}{\omega} - \frac{P_{\mathrm{e}}}{\omega} - D(\omega - \omega_{\mathrm{g}}) \tag{4-4}$$

式中,J 为转子的转动惯量;ω 为极对数为 1 的情况下的电气角频率;ω_{g}为同步角频率;T_{m}和 T_{e}分别为同步发电机的机械转矩和电磁转矩;P_{m}和 P_{e}为对应的原动

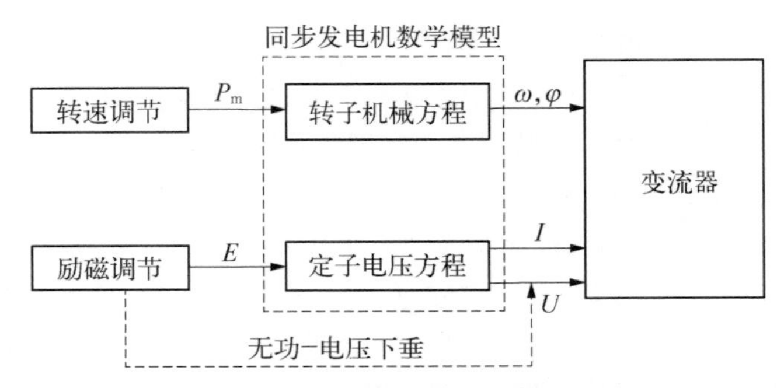

图 4-7 电压源型虚拟同步机控制组成结构

力机械功率和电磁功率；D 为阻尼系数；φ 为 $abc-dq$ 坐标系转换角度。

同步发电机定子等值电路如图 4-8 所示，其电压方程为

$$\dot{E}=\dot{U}+r\dot{I}+\mathrm{j}x\dot{I} \tag{4-5}$$

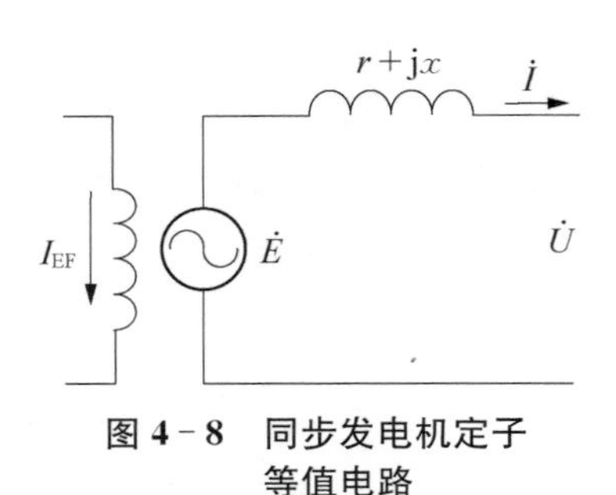

图 4-8 同步发电机定子等值电路

式中，$\dot{E}$ 励磁电流在 I_{EF}定子线圈上产生的空载感应电动势；$\dot{U}$ 和 $\dot{I}$ 分别为机端电压和定子电流；x 和 r 为同步电抗和定子绕组电阻，通常情况下 x 远大于 r。

近年来出现的电压源特性的 VSG 普遍借鉴了转子机械方程，对励磁系统的模拟程度不同，派生出不同的电压源型 VSG 结构，下面对其简要介绍。

如果将励磁系统和定子电压方程统一考虑，可用无功功率-机端电压这一下垂曲线来体现自动调节励磁装置在机端电压上的整体调节作用。此时的有功功率可表示为

$$P_e=\frac{UU_g}{x_\Sigma}\sin\delta \tag{4-6}$$

式中，U_g 为电网母线电压；δ 代表机端电压与电网母线电压之间的相角差；x_Σ表示机端与电网之间的线路电抗与变压器电抗之和。这种控制方式的特点是结构简单，无需模拟励磁系统，直接为变流器提供电压参考值，然而这种简化并没有体现定子电压方程和励磁过程。

图 4-9 中标注的均为标幺化的控制量，其中 H 为惯性时间常数，K_D为阻尼常数，P_{ref}，P_m和 P 分别为参考有功功率、虚拟的原动机机械功率和实际消耗的有功功率。ω_{ref}和 ω_{pcc}分别为额定角频率和 PCC 点的实际角频率。Q 为实际消耗的无功功率，无功功率指令为 0，D_q为无功-电压下垂系数。虚拟惯量频率控制在下垂控制的基础上集成了转子机械特性，简化了无功-电压控制环节。

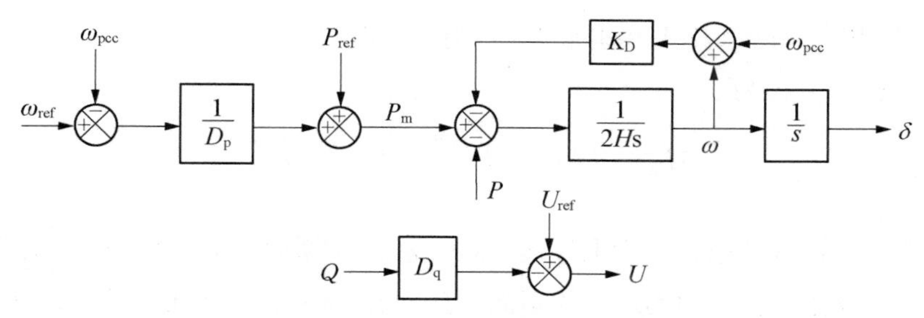

图 4-9　虚拟惯量频率控制

如果将无功功率-机端电压下垂这一特性进行细化，在控制器中分别设计励磁系统和定子电压方程，那么便能体现同步电抗的作用。此时的有功功率表示为

$$P_e = \frac{EU_g}{x'_{\Sigma}} \sin \delta' \tag{4-7}$$

式中，x'_{Σ}代表感应电动势与电网之间的总电抗，包括 x_{Σ} 和虚拟同步电抗 x。该控制方式通过设计虚拟的同步电抗发挥其在自同步和功率解耦方面的优势，缺点是感应电动势 E 的励磁系统设计较为复杂，并且变流器的电压一般为开环控制。如图 4-10 所示，德国克劳斯塔尔科技大学提出的 VISMA(virtual synchronous machine)属于该结构。

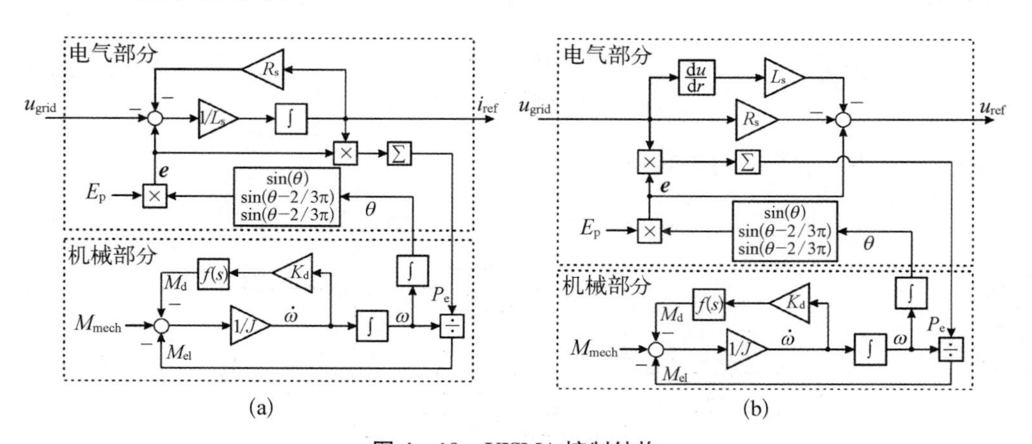

图 4-10　VISMA 控制结构

(a) 电流型 VISMA；(b) 电压型 VISMA

图 4-10 中对应的定子电压方程为

$$e_{abc} = u_{grid,\,abc} + R_s i_{abc} + L_s \frac{di_{abc}}{dt} \tag{4-8}$$

式中，e_{abc}为三相电枢感应电动势；$u_{grid,\,abc}$为电网三相电压，可等效为机端电压；i_{abc}

为定子三相电流；R_s为定子绕组电阻；L_s为同步电抗。

转子机械方程为

$$M_{\mathrm{mech}} - M_{\mathrm{el}} = J\frac{\mathrm{d}\omega}{\mathrm{d}t} + K_{\mathrm{d}} f(s)\frac{\mathrm{d}\omega}{\mathrm{d}t} \tag{4-9}$$

式中，M_{mech}为机械转矩；M_{el}为电磁转矩；K_{d}为 阻尼系数；f(s)为相位补偿量。

根据定子电压方程的实现方式不同，可分为图 4-10(a)中的电流型 VISMA[19] 和图 4-10(b)中的电压型 VISMA[20]，两者区别在于为底层变流器提供的是电压参考还是电流参考，其控制效果相似。虽然对于底层变流器，电流型 VISMA 的控制目标为输出电流，但综合图 4-8 对应的定子电压方程来看，其等效模型本质上为电流控电压源。

英国学者钟庆昌提出的 Synchronverter 结构[21,22]在 VISMA 的基础上详细阐述了感应电动势的励磁过程，Synchronverter 结构具有同步发电机的电磁暂态特性。图 4-11 中对应的感应电动势 e 的励磁方程为

$$e = M_{\mathrm{f}} i_{\mathrm{f}} \dot{\theta} \sin\theta \tag{4-10}$$

式中，M_{f}为定子绕组间的互感；i_{f}为励磁电流，认为其恒定；θ 为 Synchronverter 输出电压相位。Synchroverter 的有功和无功功率的表达式为

$$\begin{cases} P = \dot{\theta} M_{\mathrm{f}} i_{\mathrm{f}} \langle i,\ \sin\theta \rangle \\ Q = -\dot{\theta} M_{\mathrm{f}} i_{\mathrm{f}} \langle i,\ \cos\theta \rangle \end{cases} \tag{4-11}$$

式中，〈　〉表示内积。电磁转矩为

$$T_{\mathrm{e}} = P/\dot{\theta} = M_{\mathrm{f}} i_{\mathrm{f}} \langle i,\ \sin\theta \rangle \tag{4-12}$$

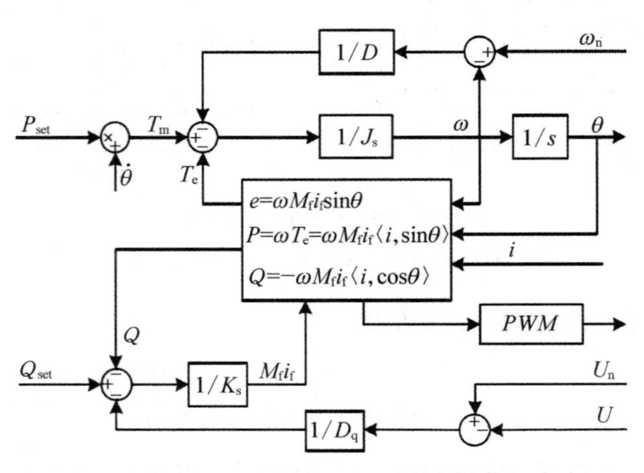

图 4-11　Synchronverter 控制结构

其余物理量与前文总结的几种 VSG 结构类似，这里不再赘述。

然而该虚拟同步发电机结构直接对感应电动势进行开环控制，电力电子变流器的电压电流稳定性较弱。

3）注重电压电流暂态特性的电压源型 VSG

针对电压源型 VSG 控制时变流器的控制问题，如果前级 VSG 算法提供的参考量为电压幅值与频率，变流器本身均采用开环控制。为保留变流器本身对于电压电流暂态控制方面的优势，挪威科技大学[23]和合肥工业大学[24,25]借鉴了传统变流器电压外环-电流内环的控制结构，以提高 VSG 的电压和电流的稳定性，本章设计的基于虚拟同步发电机控制的微网电池储能系统变流器的底层控制即为该结构，将在后文详细阐述。

4.2　电池储能系统的虚拟同步发电机控制

4.2.1　电池储能系统 VSG 控制的整体架构

图 4 - 12 为一种典型的微网电池储能变流器三相三线制电路拓扑及 VSG 控制结构。图中 C_{dc} 为直流母线稳压电容，电池电压 U_{dc} 在一定的波动范围内近似认为恒定，用直流恒压源表示。功率转换部分为典型的三相半桥结构，每个桥臂由上下两个绝缘栅双极型晶体管（insulated gate bipolar transistor, IGBT）组成。L_f 和 C_f 分别为滤波电感和滤波电容，两者共同组成 LC 滤波电路以剔除系统产生的高次谐波。L_g 为系统网测电感，其主要作用为：① 增加线路阻抗中的感性部分，以便有功功率和无功功率的解耦控制；② 抑制电流过流，由于本设计并没有直接将

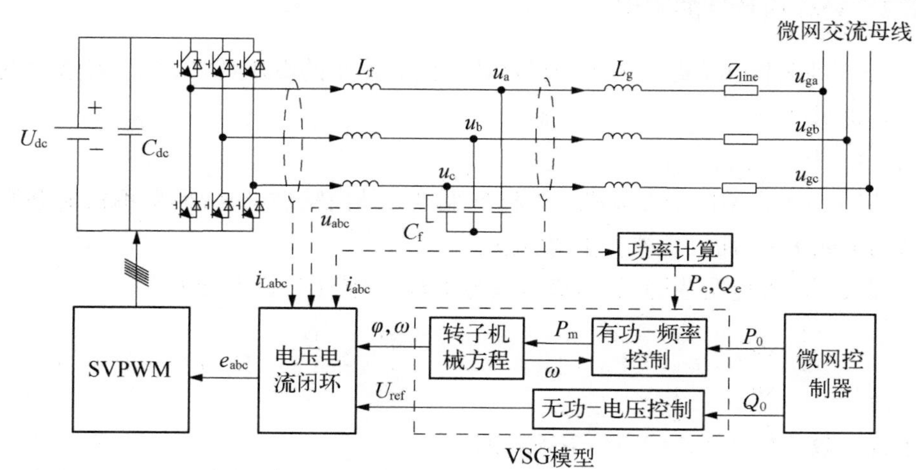

图 4 - 12　微网电池储能变流器的电路拓扑和虚拟同步发电机控制结构

定子电压方程直接体现在 VSG 控制算法中，网侧电感可部分模拟同步电抗在自同步过程中对过电流的抑制作用。L_g的感值较小，仅为L_f的五分之一左右。

变流器出口端连接交流母线给微网负载供电。

无锁相环的电压源型 VSG 控制结构主要由微网控制器、VSG 算法和变流器底层电压电流闭环控制组成。其中，微网控制器接受上级调度指令或根据微网运行需求修正 VSG 下垂特性中的功率参考值P_0和Q_0。采集滤波电容电压u_{abc}和输出电流i_{abc}，并计算输出功率P_e和Q_e，VSG 模型经过计算后为后级电压电流闭环提供电压幅值参考U_{ref}和相位参考φ。电压电流闭环结构对滤波电容电压u_{abc}和滤波电感L_{abc}进行 PI 控制并采集输出电流$\boldsymbol{i}_{abc}$以构造虚拟阻抗。控制器输出的三相调制波信号e_{abc}，借助空间矢量脉宽调制技术(space vector pulse width modulation，SVPWM)得到三相半桥各 IGBT 的驱动信号。u_{gabc}为微网交流母线电压，Z_{line}为线路阻抗。

VSG 模型与变流器之间的关系如图 4-13 所示，可等效于同步发电机的输出特性与变流器传统V/f控制的结合。例如，对于a相电压参考$u_{aref}=\sqrt{2}U_{ref}\cos\varphi$，相位$\varphi$(角频率$\omega$)的调节过程体现了 VSG 的有功-频率控制中频率变化的惯量特性，幅值U_{ref}的调节过程则体现了励磁系统对端电压控制效果。后级的变流器V/f控制则根据前级提供的幅值和相位信息，维持电压和电流的稳态和暂态稳定。

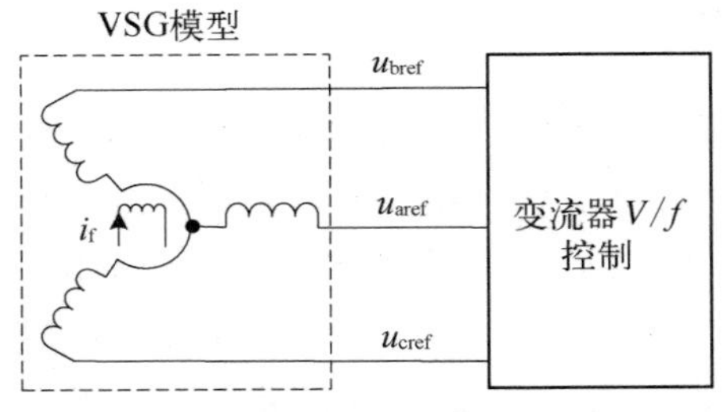

图 4-13　虚拟同步发电机控制等效模型

4.2.2　VSG 内特性的实现

VSG 的内特性主要指转子的机械特性以及定子的电压特性，下面就这两点特性展开说明。

4.2.2.1　转子机械方程

VSG 技术常用同步发电机二阶模型来等效其内特性，二阶模型不仅能够避免复杂的电磁关系，而且反映其主要特点。

假设同步发电机为隐极式，极对数为 1 时，其转子机械方程为[11]

$$J\frac{d\omega}{dt}=T_m-T_e-D(\omega-\omega_g)=\frac{P_m}{\omega}-\frac{P_e}{\omega}-D(\omega-\omega_g) \tag{4-13}$$

式中各参数的意义同式(4-4)中各参数。

式(4-13)中的原动力功率P_m由 VSG 算法频率调节部分给出，向电网注入的

有功功率 P_e 可按变流器输出的有功功率近似计算：

$$P_e = u_a i_a + u_b i_b + u_c i_c \tag{4-14}$$

为简化控制模型，在阻尼项中用额定角频率 ω_0 替代同步角频率 ω_g 可避免对微网交流母线锁相而产生的精度问题。由于 VSG 控制的频率波动范围很小，转矩项分母可用额定角频率代替，因此式(4-13)可近似为

$$J\frac{\mathrm{d}(\omega-\omega_0)}{\mathrm{d}t}=\frac{P_m}{\omega_0}-\frac{P_e}{\omega_0}-D(\omega-\omega_0) \tag{4-15}$$

根据式(4-15)可以画出 VSG 转子机械方程等效控制框图(见图 4-14)。假设原动机的机械功率 P_m 恒定，根据 P_m 与变流器出口端的电磁功率 P_e 之间的偏差动态调节自身频率输出，进而调节功角，为后级变流器的闭环控制提供角度参考 φ。惯性阻尼环节有利于抑制频率变化。需要注意的是，惯性阻尼环节可等效为一阶滤波器，若稳态工作频率与额定频率间存在偏差，那么一阶滤波器的输出不为零，对应的输入量也不为零，意味着有功功率控制存在偏差，该问题将在后面章节详细讨论。

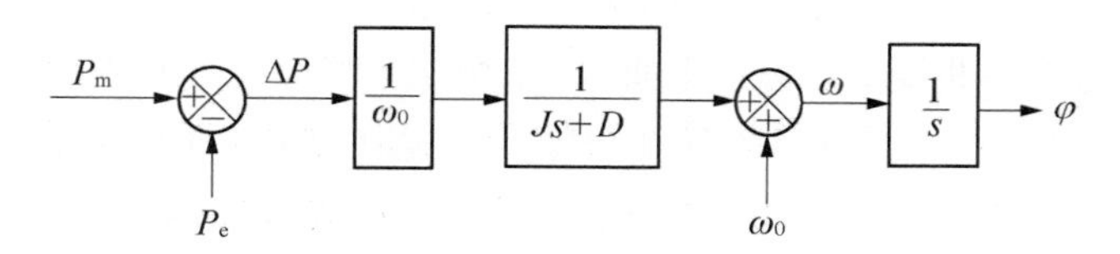

图 4-14　VSG 转子机械方程等效控制模型

4.2.2.2　定子电压方程

同步发电机的励磁绕组在定子线圈上产生感应电动势，定子电流在定子线圈上产生压降，由此可得出机端电压与感应电动势的关系[见式(4-5)]。其同步电抗较大，对电流的突变有很好的抑制作用，同时对功率控制的解耦有一定贡献。在本章虚拟同步控制中，并未单独模拟励磁过程和定子电压方程，而是用励磁调节器替代无功功率-机端电压这一下垂特性。该方法的好处是可以避免模拟复杂的励磁过程，缺点是没有体现定子电压方程中同步电抗的优势，需要外接电感或者在变流器底层电压电流闭环控制结构中构造虚拟阻抗以实现类似的效果。

4.2.3　VSG 外特性的实现

同步发电机的外特性：① 调频器和调速器通过检测同步发电机的转速动态调节原动力输出的机械功率-频率特性；② 励磁调节器通过检测同步发电机机端电压动态调节励磁电流的无功功率-机端电压特性。

4.2.3.1 有功-频率控制特性

参考电力系统中同步发电机的频率调节机制[17],可得到 VSG 频率调节的有功-频率下垂曲线(见图 4-15)。

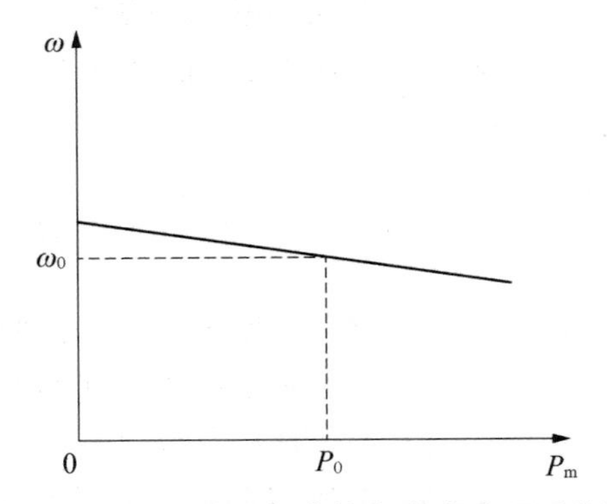

图 4-15 VSG 频率调节的有功-频率下垂曲线

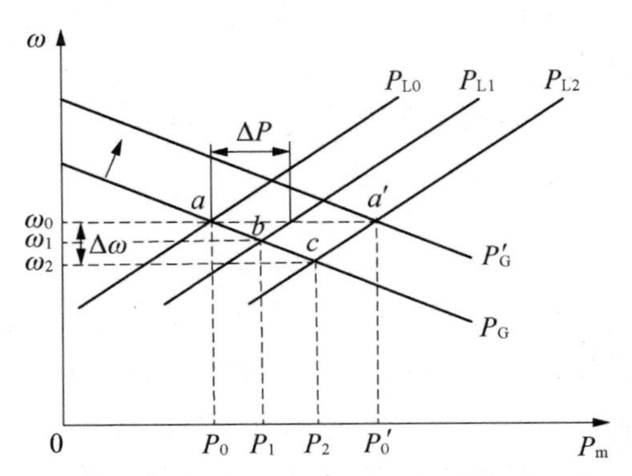

图 4-16 VSG 的一次调频和二次调频

图 4-16 反映了 VSG 在模拟同步发电机调速器和调频器的一次调频和二次调频过程。假设 VSG 初始工作在额定角频率 ω_0 下,此时有功-频率下垂曲线 P_G 与负荷特性曲线 P_{L0} 相交于 a 点,对应的参考机械功率为 P_0。当负荷在当前角频率下增大 ΔP 时,新的负荷曲线 P_{L1} 与下垂曲线 P_G 相交于稳态工作点 b,对应机械功率输出为 P_1,角频率为 ω_1,若该角频率在可接受的范围之内,那么系统稳定工作在此状态,稳态工作点从 a 点沿下垂曲线 P_G 下降至 b 点的过程称为一次调频过程。

如果负荷继续增大,负荷特性曲线变为 P_{L2} 时,只采取一次调频的情况下,新的稳态工作点为 c 点,角频率下降至 ω_2,与额定角频率的偏差 $\Delta\omega$ 超过了允许的误差范围[我国的规定为±(0.2~0.5)Hz],必须通过调整下垂曲线使得稳态工作点时的频率偏移保持在允许的范围内,该过程称为二次调频过程。图 4-16 中,将下垂曲线 P_G 向上移动至新的曲线 P'_G,此时的稳态工作点 a' 对应的角频率为额定角频率。根据一次调频和二次调频共同作用下的母线频率是否为额定频率,频率调节可分为有差调节和无差调节,显然以上过程为无差调节。

频率调节过程的控制框图如图 4-17 所示。通过反馈母线角频率,计算与额定角频率之间的偏差来调节转子机械方程的机械功率指令,此过程为一次调频;如果改变参考有功功率 P_0,相当于平移下垂曲线,等效于二次调频过程。

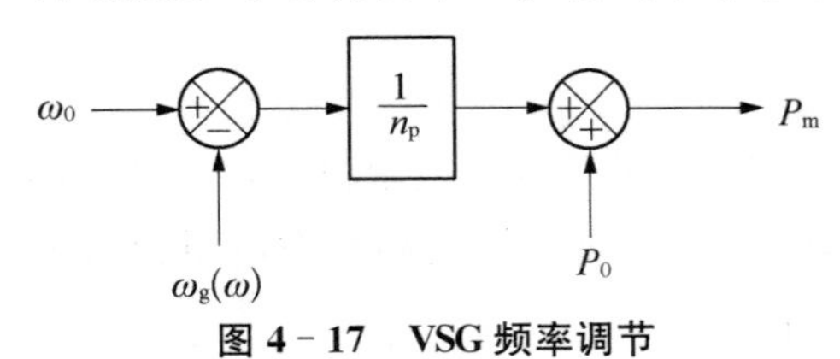

图 4-17 VSG 频率调节

值得注意的是,为简化控制算法,避免锁相环算法引起的精度问题,可用图 4-17 中转子机械方程自身的角频率 ω 替代母线同步角频率 ω_g 作为反馈量,由于稳态时两者相等,因此不会引起稳态误差。此时

VSG原动机输出的机械功率由下式给定：

$$P_{\mathrm{m}}=P_0-\frac{1}{n_{\mathrm{p}}}(\omega-\omega_0) \tag{4-16}$$

式中，n_{p}为有功-频率下垂系数，单位为 rad/(W·s)；额定角频率 ω_0 为 100π rad/s；参考有功功率 P_0 可根据二次调频的需求修改。

4.2.3.2 无功-电压控制特性

励磁调节器是同步发电机的重要组成部分，它通过调节励磁电流改变感应电动势大小，进而维持机端电压在合理范围内，维持系统无功功率平衡。

一般认为同步发电机的功率角很小，则感应电动势与机端电压间的近似关系为

$$E=U+I_{\mathrm{Q}}x \tag{4-17}$$

根据式(4-17)，当励磁电流保持不变，即感应电动势恒定时，机端电压随无功电流的增大而减小。如图4-18所示，在励磁电流 I_{EF1} 对应的 U-I_{Q} 曲线上，同步发电机的初始工作点为 a 点，对应额定机端电压 U_0 和无功电流 I_{Q1}；如果励磁电流不变，无功电流增大，同步发电机稳定工作在 b 点，此时对应的机端电压 U_1 已偏离正常电压范围。为达到额定运行要求，需要将励磁电流增大至 I_{EF2}，此时的稳态工作点 a' 对应的机端为额定值 U_0[26]。

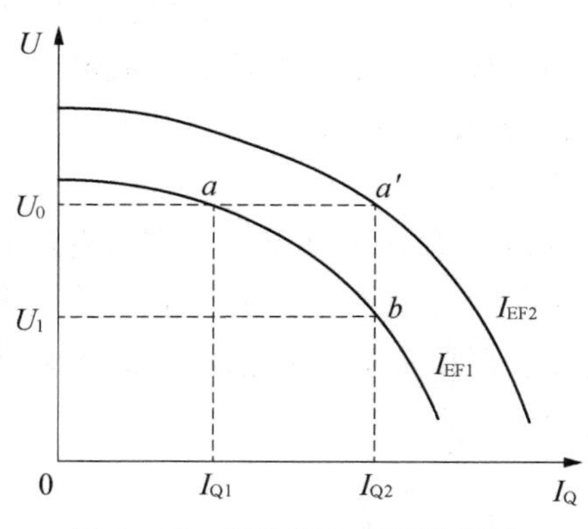

图4-18 同步发电机机端电压-无功电流特性

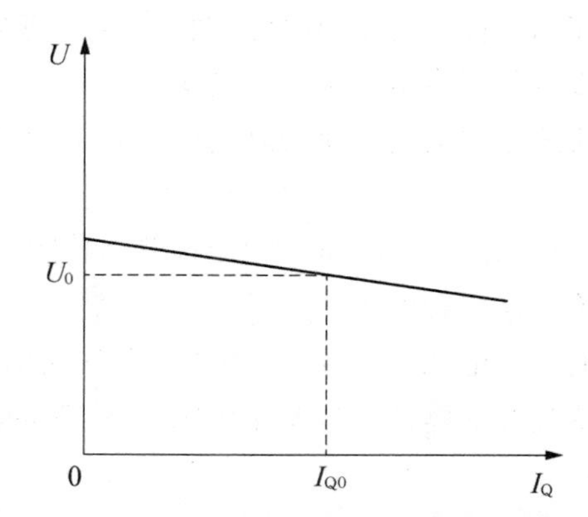

图4-19 配备励磁调节器的同步发电机机端电压-无功电流特性

励磁调节器的基本工作原理：通过反馈机端电压与额定值进行比较，得到的电压偏差通过比较放大环节，动态调节励磁电流大小，以维持机端电压在正常范围内，同时保持并联机组间无功电流的合理分配。图4-19是利用作图法得出的同步发电机无功调节特性曲线 $U=f(I_{\mathrm{Q}})$，该曲线说明随无功电流 I_{Q} 的增大，机端电压 U 有少许下倾，总体变化不大[26]。

VSG模拟机端电压-无功电流外特性时，假设线路阻抗上的压降不大，那么微网母线电压变化范围很小，可近似认为变流器的参考电压与注入微网母线的无功功率之间也存在相应的下垂特性，无功-电压调下垂曲线由下式给定：

$$U_{ref}=U_0-n_q(Q_e-Q_0) \tag{4-18}$$

式中，n_q为无功-电压调差系数，单位为V/var，体现了变流器底层电压电流闭环中的电压指令U_{ref}随无功功率变化的能力；Q_0为额定电压U_0对应的参考无功功率；Q_e为变流器向微网交流母线注入的无功功率，其近似的表达式为

$$Q_e=\frac{1}{\sqrt{3}}(u_{bc}i_a+u_{ca}i_b+u_{ab}i_c) \tag{4-19}$$

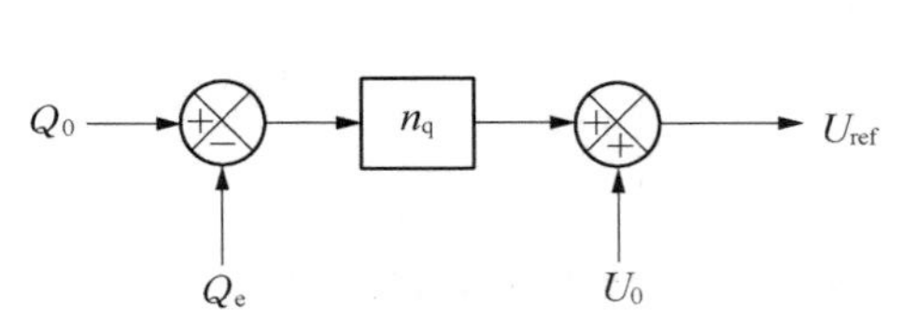

图4-20　虚拟同步发电机无功功率-电压参考控制

等效控制如图4-20所示。从控制理论的角度考虑，该下垂特性等效于一个比例环节，对无功功率做有差控制。

4.2.4　电池储能变流器底层电压电流闭环设计

VSG算法旨在改善功率和频率的稳定性，在电力电子变流器控制层面，其主要控制目标是电压与电流的稳定性。前级的VSG算法为后级控制提供了电压幅值参考和同步坐标系的角度参考，后级电压电流闭环控制将被控量滤波电容电压和滤波电感电流转化为旋转坐标系下的直流量进行无静差控制。

4.2.4.1　三相电池储能变流器的建模与闭环控制

在如图4-21所示的变流器拓扑中，e_a，e_b，e_c为相对直流母线中点电位的三相桥臂输出相电压，i_{La}，i_{Lb}，i_{Lc}为滤波电感上的三相电流，u_a，u_b，u_c为滤波电容上的三相电压，i_a，i_b，i_c为变流器的输出电流。根据基尔霍夫电压定律，忽略滤波电感和开关器件上的寄生电阻，变流器的数学模型为[27,28]

$$L_f\frac{d}{dt}\begin{pmatrix}i_{La}\\i_{Lb}\\i_{Lc}\end{pmatrix}=\begin{pmatrix}e_a\\e_b\\e_c\end{pmatrix}-\begin{pmatrix}u_a\\u_b\\u_c\end{pmatrix}-\begin{pmatrix}u_n\\u_n\\u_n\end{pmatrix} \tag{4-20}$$

$$C_f\frac{d}{dt}\begin{pmatrix}u_a\\u_b\\u_c\end{pmatrix}=\begin{pmatrix}i_{La}\\i_{Lb}\\i_{Lc}\end{pmatrix}-\begin{pmatrix}i_a\\i_b\\i_c\end{pmatrix} \tag{4-21}$$

式中，u_n为三相滤波电容中点与直流母线电容中点的电位差：

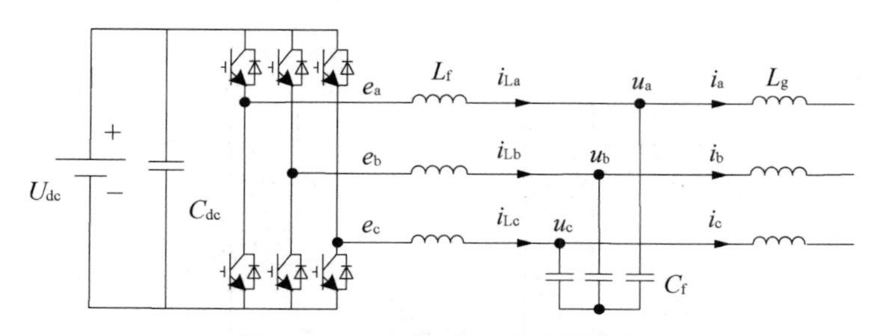

图 4-21　T 型三电平变流器拓扑

$$u_n = \frac{e_a + e_b + e_c}{3} \tag{4-22}$$

将状态方程从 abc 坐标系等幅变换至 $dq0$ 坐标系，取变换矩阵：

$$\boldsymbol{T}_{abc \to dq0} = \frac{2}{3}\begin{pmatrix} \sin\omega t & \sin(\omega t - 120^\circ) & \sin(\omega t + 120^\circ) \\ \cos\omega t & \cos(\omega t - 120^\circ) & \cos(\omega t + 120^\circ) \\ \dfrac{1}{\sqrt{2}} & \dfrac{1}{\sqrt{2}} & \dfrac{1}{\sqrt{2}} \end{pmatrix} \tag{4-23}$$

式(4-20)经过式(4-23)变换后可得 $dq0$ 坐标系下变流器的数学模型：

$$L_f \frac{d}{dt}\begin{pmatrix} I_{Ld} \\ I_{Lq} \\ I_{L0} \end{pmatrix} = \begin{pmatrix} U_d \\ U_q \\ U_0 \end{pmatrix} - \begin{pmatrix} U_d \\ U_q \\ U_0 + \dfrac{3}{\sqrt{2}}U_n \end{pmatrix} - \begin{pmatrix} 0 & -\omega L_f & 0 \\ \omega L_f & 0 & 0 \\ 0 & 0 & 0 \end{pmatrix}\begin{pmatrix} U_{Ld} \\ U_{Lq} \\ U_{L0} \end{pmatrix} \tag{4-24}$$

由于 $dq0$ 坐标系下公式中的物理量均为直流量，因此用大写字母表示。在主电路拓扑为三相三线制情况下，不存在零序通道，零轴电流始终为 0，因此可将零轴方程去除，可得式(4-20)在 dq 坐标系下的数学模型：

$$L_f \frac{d}{dt}\begin{pmatrix} I_{Ld} \\ I_{Lq} \end{pmatrix} = \begin{pmatrix} E_d \\ E_q \end{pmatrix} - \begin{pmatrix} U_d \\ U_q \end{pmatrix} - \begin{pmatrix} 0 & -\omega L_f \\ \omega L_f & 0 \end{pmatrix}\begin{pmatrix} I_{Ld} \\ I_{Lq} \end{pmatrix} \tag{4-25}$$

同理可得式(4-21)在 dq 坐标系下的数学模型：

$$C_f \frac{d}{dt}\begin{pmatrix} U_d \\ U_q \end{pmatrix} = \begin{pmatrix} I_{Ld} \\ I_{Lq} \end{pmatrix} - \begin{pmatrix} I_d \\ I_q \end{pmatrix} - \begin{pmatrix} 0 & -\omega C_f \\ \omega C_f & 0 \end{pmatrix}\begin{pmatrix} U_d \\ U_q \end{pmatrix} \tag{4-26}$$

综合式(4-25)和(4-26)可画出图 4-22(a)中变流器的标量矩阵数学模型。将 dq 两轴上的物理量用复矢量表示[见式(4-27)][28]，可以得到变流器的复矢量数学模型如图 4-22(b)所示。

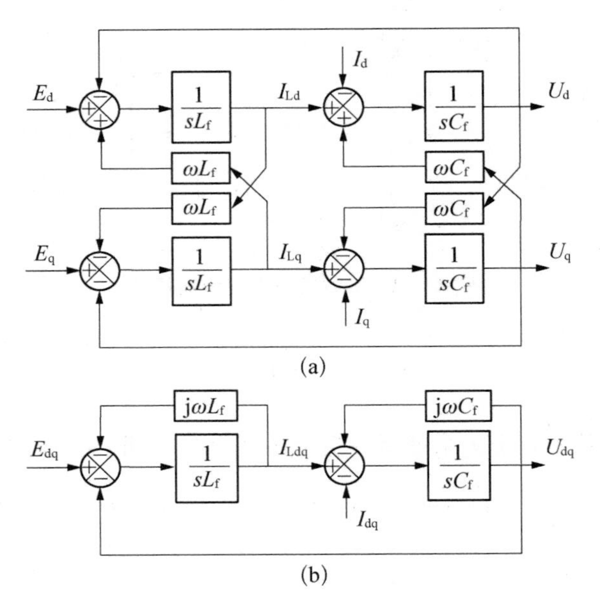

图 4－22　变流器在 dq 旋转坐标系下的数学模型

(a) 变流器的标量矩阵数学模型；(b) 变流器的复矢量数学模型

$$\boldsymbol{S}_{dq}=S_d+jS_q \quad (S=E,\ U,\ I_L,\ I) \tag{4-27}$$

控制器模型如式(4－28)所示。其中外环为滤波电容电压环，内环为滤波电感环。电压外环主要功能是实现电压指令的无静差跟踪，电压控制器的表达式为 $G_u(s)=k_{pv}+k_{iv}/s$，其中 k_{pv} 和 k_{iv} 分别为比例系数和积分系数。电流内环的主要控制目标是提高电感电流的动态响应，电流控制器 $G_i(s)$ 为比例控制器，比例系数为 k_{pc}。如果等效桥路增益 K_{PWM} 取 1，那么电流控制器输出处需加入电容电压前馈项和滤波电感电压交叉解耦项以解除变流器模型中外环输出对内环的干扰以及交叉耦合项的影响。

$$\begin{cases}\boldsymbol{I}_{dq,\ ref}=(\boldsymbol{U}_{dq,\ ref}-\boldsymbol{U}_{dq})G_u(s)\\ \boldsymbol{E}_{dq}=[(\boldsymbol{I}_{dq,\ ref}-\boldsymbol{I}_{dq})G_i(s)+\boldsymbol{U}_{dq}+j\omega L_f\boldsymbol{I}_{Ldq}]K_{PWM}\end{cases} \tag{4-28}$$

控制器和变流器数学模型共同组成了如图 4－23 所示的电压电流闭环结构。电压电流闭环结构与前级 VSG 算法的联系在于无功-电压下垂特性为 d 轴提供参考电压 $\sqrt{2}U_{ref}$，转子机械方程为 $abc-dq$ 坐标变换及其反变换提供相位参考 φ。

4.2.4.2　控制模型阻抗分析

考虑图 4－23 中的闭环控制模型，可推导其传递函数：

$$\boldsymbol{U}_{dq}(s)=\boldsymbol{G}(s)\boldsymbol{U}_{dq,\ ref}(s)-\boldsymbol{Z}_o(s)\boldsymbol{I}_{dq}(s) \tag{4-29}$$

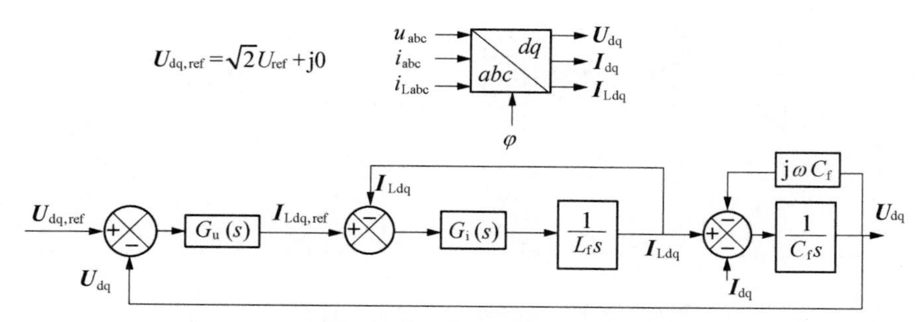

图 4-23　变流器电压电流闭环控制

式中 $\boldsymbol{G}(s)$ 和 $\boldsymbol{Z}_o(s)$ 分别为电压增益和控制算法等效输出阻抗[28-30]：

$$\begin{cases}\boldsymbol{G}(s)=\dfrac{G_i(s)G_u(s)\alpha}{\alpha^2+\beta^2}-j\dfrac{G_i(s)G_u(s)\beta}{\alpha^2+\beta^2}\\ \boldsymbol{Z}_o(s)=\dfrac{(L_f s+G_i(s))\alpha}{\alpha^2+\beta^2}-j\dfrac{(L_f s+G_i(s))\beta}{\alpha^2+\beta^2}=Z_{od}(s)+jZ_{oq}(s)\end{cases}$$

$$\alpha=L_f Cs^2+G_i(s)C_f s+G_i(s)G_u(s),\ \beta=\omega C_f(L_f s+G_i(s)) \tag{4-30}$$

结合表 4-1 的滤波器和控制器参数，将 $s=j0$ 代入式(4-30)可得：

$$\begin{cases}\boldsymbol{G}(j0)=1\\ \boldsymbol{Z}_o(j0)=0\end{cases} \tag{4-31}$$

由式(4-31)可知，dq 坐标系下对被控直流电压的增益为 1，阻抗为 0，可见 dq 坐标系下实现了电压的无静差控制。

等效输出阻抗复矢量 $\boldsymbol{Z}_o(s)$ 实部和虚部的波特图如图 4-24 所示，当频率趋近于 0 时，两个阻抗均趋近负无穷，在高频段又呈现其他的阻抗特性。

表 4-1　变流器滤波器参数和控制器参数

L_f/mH	C_f/μF	k_{pv}	k_{iv}	k_{pc}
1.79	47	0.021	13	11

4.2.4.3　虚拟阻抗的设计

电池储能变流器电势参考点 U_{ref} 与微网交流母线之间的总阻抗 Z（静止坐标系下的阻抗）包括：电压电流闭环控制等效输出阻抗 Z_o，网测电感 L_g 对应的感抗 Z_g 以及线路阻抗 Z_{line}，其等值电路如图 4-25 所示。

通过设计虚拟阻抗来改善等效输出阻抗 Z_o 的意义在于：

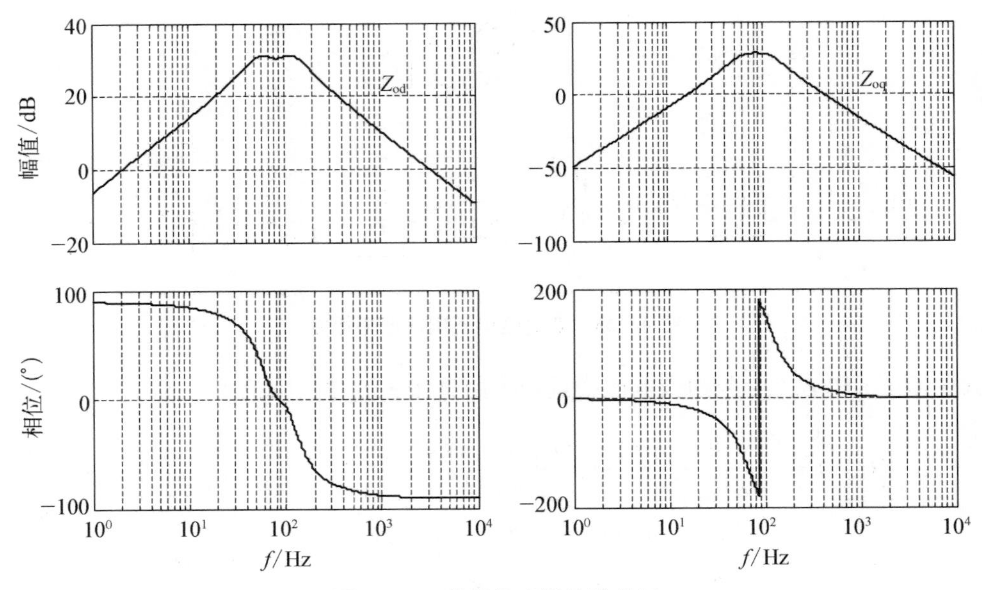

图 4－24　等效输出阻抗波特图

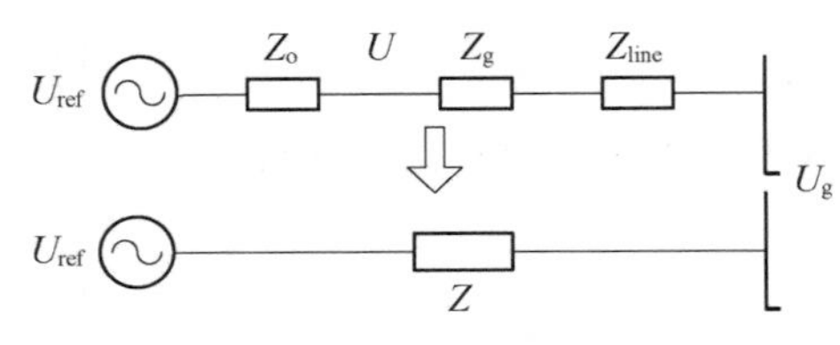

图 4－25　总等效阻抗等值电路

(1) 电压电流闭环控制等效输出阻抗 Z_o在 dq 同步坐标系下对直流量体现零阻抗，即在静止坐标系下对工频量体现零阻抗，且与控制参数的选取无关，引入虚拟阻抗可增加阻抗可调性。

(2) 微网及其连接的配电网线路阻抗中的阻性成分较大，影响有功和无功的解耦控制，构造虚拟阻抗可补偿线路阻抗中的阻性成分，使总阻抗呈感性。

(3) 微网中多 VSG 控制的微源并联时的无功分配对其线路阻抗有一定的要求，线路阻抗应该与其无功-电压下垂系数成正比，构造虚拟阻抗有利于各微源的无功分配。

引入虚拟阻抗的目的是将总阻抗 Z 塑造成感性，并且与 VSG 控制下的微源无功-电压下垂系数成正比。考虑两台微源并联的情况：

$$\frac{Z_1}{Z_2}=\frac{n_{q1}}{n_{q2}}=\frac{S_{n2}}{S_{n1}} \tag{4-32}$$

式(4－32)中，微源 1 和 2 的总阻抗 Z 与其无功电压下垂系数 n_q成正比，一般情况下无功-电压下垂系数与微源系统的额定功率 S_n成反比。现将总阻抗 Z 标幺化，令两台微源取各自的额定功率 S_n为基准功率，微网额定相电压 U_0为基准电压，

标幺制下的总阻抗之比为

$$\frac{Z_1^*}{Z_2^*}=\frac{Z_1}{Z_{\mathrm{B1}}}\frac{Z_{\mathrm{B2}}}{Z_2}=\frac{Z_1 S_{\mathrm{n1}}}{3U_0^2}\frac{3U_0^2}{Z_2 S_{\mathrm{n2}}}=1 \tag{4-33}$$

式中，Z_{B}为基准阻抗。该结论的意义在于，微源按照各自的额定功率与微网电压建立标幺制，若各微源标幺化的总阻抗相等，那么便可按照其额定容量分配无功功率。

考虑以下算例：额定相电压为 220 V 的交流微网接入标准规定，接入的微源总阻抗为 0.2 p.u.且呈感性。现有额定功率为 25 kVA、采用 VSG 控制的电池储能系统经过 200 m 的线路接入微网，线路感抗和电阻参数为 0.101 Ω/km、0.642 Ω/km，电池储能变流器采用上述的滤波与控制参数。

由算例条件可计算所需的总阻抗：

$$Z=\mathrm{j}X=\mathrm{j}0.2Z_{\mathrm{B}}=\mathrm{j}0.2\frac{3U_0^2}{S_{\mathrm{n}}}=\mathrm{j}1.16\ \Omega \tag{4-34}$$

式中，X 为感抗大小。总阻抗的组成部分中网侧感抗 Z_{g}和线路阻抗 Z_{line}的大小为：

$$\begin{aligned} Z_{\mathrm{g}}&=\mathrm{j}\omega_0 L_{\mathrm{g}}=\mathrm{j}0.126\ \Omega \\ Z_{\mathrm{line}}&=(0.642+\mathrm{j}0.101)\times 0.2=0.128+\mathrm{j}0.020\ \Omega \end{aligned} \tag{4-35}$$

为实现 j1.16 Ω 的总阻抗，唯一可以改变的阻抗分量为控制环路的等效输出阻抗，可通过在电压电流闭环中加入虚拟阻抗来实现。改善后的等效输出阻抗 Z'_{o}为

$$Z'_{\mathrm{o}}=Z-Z_{\mathrm{g}}-Z_{\mathrm{line}}=-0.128+\mathrm{j}1.014\ \Omega=R+\mathrm{j}\omega L \tag{4-36}$$

式中 $R=-0.128\ \Omega$，$L=3.23\ \mathrm{mH}$。该阻抗在 dq 坐标系下对应的阻抗复矢量为

$$\boldsymbol{Z}'_{\mathrm{o}}(s)=R+Ls+\mathrm{j}\omega L \tag{4-37}$$

如果仅考虑 dq 坐标系下对直流量体现的阻抗，则：

$$\boldsymbol{Z}'_{\mathrm{o}}(\mathrm{j}0)=R+\mathrm{j}\omega L \tag{4-38}$$

虚拟阻抗的构造方法如图 4-26 所示：采集变流器输出电流并转换为 dq 坐

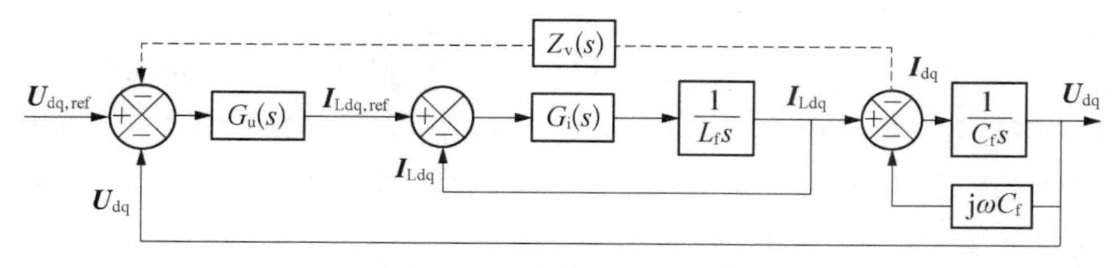

图 4-26　虚拟阻抗的构造

标系上的直流分量$\boldsymbol{I}_{dq}$，在变流器的电压指令$\boldsymbol{U}_{dq, ref}$的基础上减去$\boldsymbol{I}_{dq}$在虚拟阻抗$\boldsymbol{Z}_{v}$上的压降，然后再进行闭环控制。虚拟阻抗本质上与定子电压方程同步电抗的构造方法一致[31]。

在控制环路中加入虚拟阻抗之后，系统从电压参考值$\boldsymbol{U}_{dq, ref}$处考虑的等效输出阻抗为

$$\boldsymbol{Z}'_{o}(s)=\boldsymbol{Z}_{o}(s)+\boldsymbol{G}(s)\boldsymbol{Z}_{v}(s) \tag{4-39}$$

对比式(4-38)与(4-39)，由于$\boldsymbol{Z}_{o}(\mathrm{j}0)=0$，$\boldsymbol{G}(\mathrm{j}0)=1$，所以只需要令$\boldsymbol{Z}_{v}(s)=R+\mathrm{j}\omega L$，便可实现式(4-38)中的阻抗要求。由此可见，加入虚拟阻抗补偿线路上的电阻，增大了感抗大小，实现了 j0.2 p.u.微网接入标准，解决了功率耦合以及无功功率在微源间的分配问题。

4.2.5 基于 VSG 控制的电池储能系统单机运行分析

以电池储能单机系统为例，分析 VSG 控制的整体运行特点。

4.2.5.1 运行边界

参考同步发电机的运行限额，可分析单台电池储能变流器 VSG 控制下的运行边界条件。图 4-27(a)为 VSG 控制下电池放电且系统发出无功功率状态下，电压电流相量都乘以$3U_g/X$之后的等效功率图。不难发现，图中OB的长度即为变流器的视在功率S_N，$|OC|=|OB|\cos\varphi_G$，$|Ob|=|OB|\sin\varphi_G$分别对应变流器输出的有功功率和无功功率。在微网的一、二次调压下，微网母线电压幅值U_g相对恒定，即图 4-27 中O'点的位置是固定的。因此B点位置决定了视在功率OB在P轴和Q轴上的投影，即有功功率和无功功率的大小；而B点所在的象限决定了有功和无功功率的流向，即电池的充放电情况和无功流动方向。图 4-27(b)以B点处于第三象限为例画出了等效功率图，其中顺时针转动的功角δ代表负值，此时电池处于充电状态且系统吸收无功功率。

由于B点的位置决定了 VSG 的运行状态，可根据电池储能系统的物理限制确定B点变化范围的边界条件。

(1) 电池系统具有一定的充放电倍率限制，若最大充电电流为$I_{dc, max}$，最大放电电流为$I_{dc, min}$(符号为负)，电池输出的有功功率范围为$[P_{min}, P_{max}]$，其中$P_{min}=U_{dc}I_{dc, min}$，$P_{max}=U_{dc}I_{dc, max}$。忽略器件损耗，由于能量守恒，交流侧输出的有功功率范围应该与直流侧一致，对应图 4-27(a)(b)中C点的变化范围。C点为B点在P轴上的投影，因此B点变化范围为与Q轴平行的两条直线之间的区域，它们与P轴的交点分别为P_{max}和P_{min}。

(2) 调制过程会限制变流器输出电压，以 SVPWM 为例，变流器输出相电压U

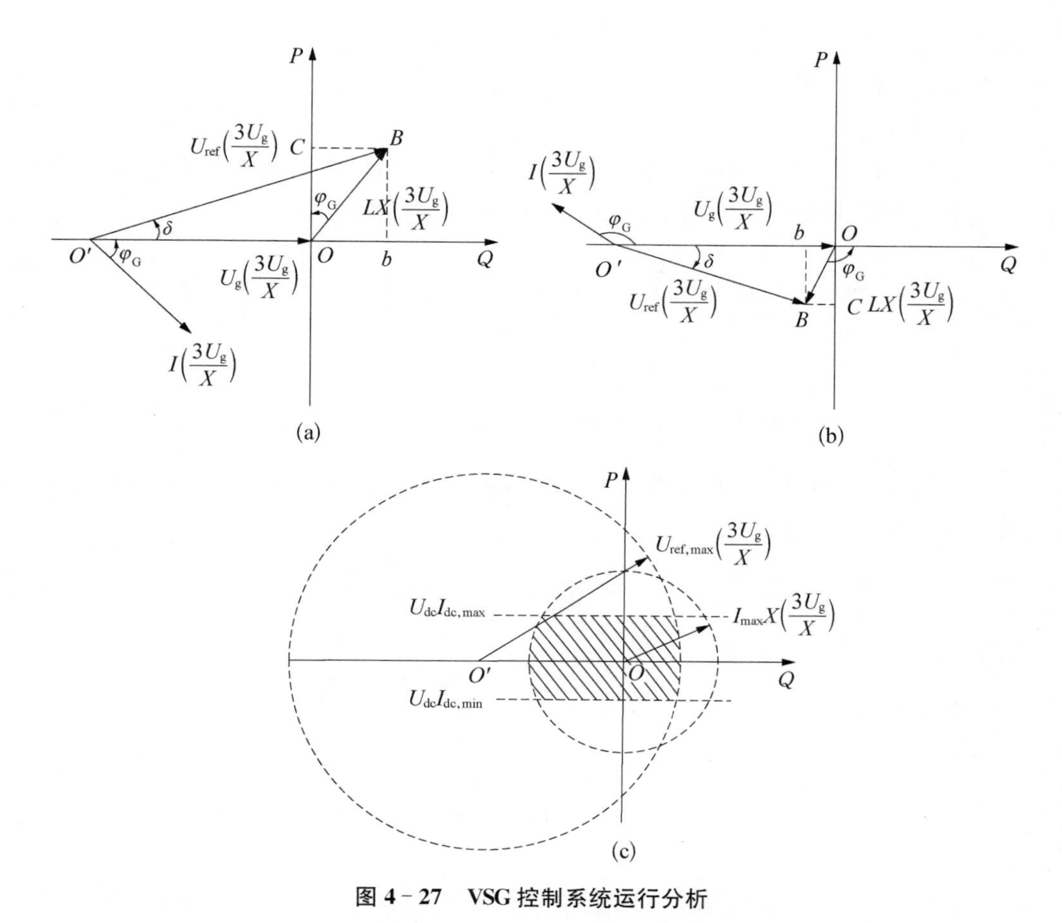

图 4－27　VSG 控制系统运行分析

(a) 电池充电，系统释放无功；(b) 电池放电，系统吸收无功；(c) 运行边界

的上限 $U_{max}=U_{dc}/\sqrt{6}$。考虑等效输出阻抗上分压(需要根据等效输出阻抗的特性具体分析)，可以得到电压参考值 U_{ref} 的上限 $U_{ref,\ max}$。以 O' 点为圆心，$3U_{ref,\ max}U_g/X$ 为半径画圆，对应 B 点第二个边界条件。

(3) 变流器的电力电子器件有一定的电流上限 I_{max}，因此变流器输出的视在功率、即图 4－27(a)(b)中 OB 段的长度有上限。在图 4－27(c)中，以 O 点为圆心，$3U_gI_{max}$为半径画圆，可得 B 点的第三个边界条件。

综合以上三个边界条件，可确定图 4－27(c)中的阴影区域为稳态时 B 点的运行范围，由于 O'和 O 点已确定，根据 B 点的位置可以确定稳态工作点 VSG 所有状态矢量的大小。

考虑到边界条件(1)(2)受电池电压 U_{dc}的影响，在电池的 SOC 曲线中，电池电压会随着电量变化而改变[8]，因此边界条件(1)(2)还应根据电池的 SOC 及时调整。

4.2.5.2 离网运行分析

1）有功-频率控制

由转子机械方程和频率调节框图（见图 4－14），可以得到基于 VSG 控制的电池储能变流器在离网工况下的频率闭环控制框图（见图 4－28）。

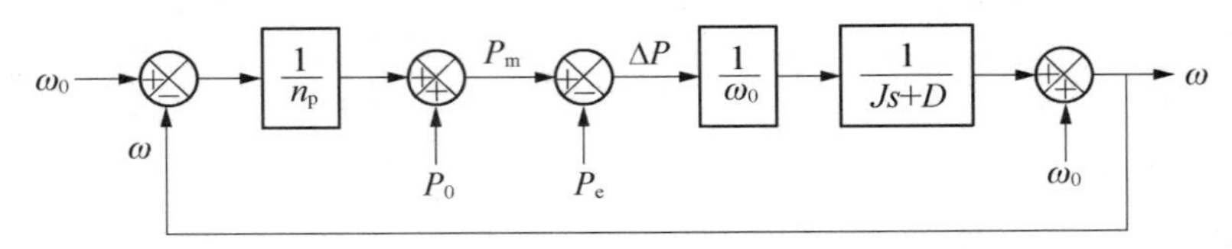

图 4－28 离网条件下 VSG 控制的频率-有功闭环控制

由图 4－28 可推算 VSG 控制中频率偏移 $\Delta\omega(s)$与有功功率偏移 $\Delta P_e(s)$之间的传递函数：

$$\frac{\Delta\omega(s)}{\Delta P_e(s)}=-\frac{\omega(s)-\omega_0(s)}{P_e(s)-P_0(s)}=\frac{1}{Js\omega_0+D\omega_0+\dfrac{1}{n_P}} \tag{4-40}$$

进而可得：

$$\omega(s)=\omega_0(s)-\frac{1}{Js\omega_0+D\omega_0+\dfrac{1}{n_P}}[P_e(s)-P_0(s)] \tag{4-41}$$

离网条件下，电池储能变流器的有功负载 P_e可能发生突变，虚拟转子通过释放动能来补偿瞬时功率差额，因此变流器角频率 ω 在体现一定惯性的基础上变化，这与同步发电机因为能量供需不平衡，导致转矩不平衡而产生的转速变化规律一致。虚拟同步机算法在检测到频率变化时通过一次调频调整变流器的功率指令 P_m，最终实现功率平衡。

另外，在设计转子机械方程控制框图时，阻尼项中采用额定角频率代替微网角频率，虽然避免了因锁相而引起的控制精度问题，却给机械功率和电磁功率之间引入了偏差，导致阻尼系数 D 具有一定的一次调频能力。按式（4－40）定义等效有功-频率下垂系数 n_p'，简化后的控制框图如图 4－29 所示。

$$n'_P=\frac{1}{D\omega_0+1/n_P} \tag{4-42}$$

该控制模型将阻尼系数折算至有功-频率下垂系数处，更好地体现了离网条件下的一次调频过程。

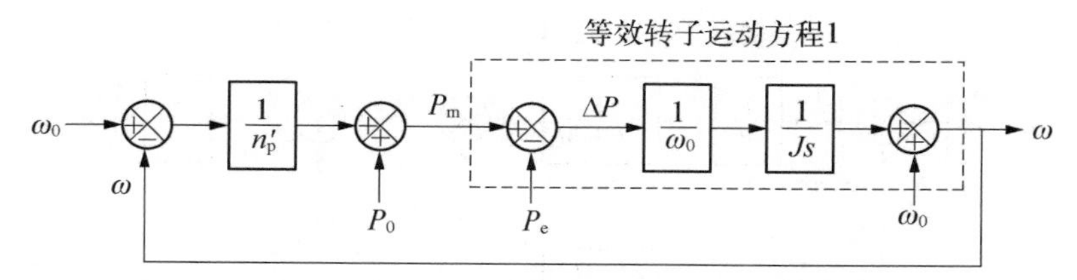

图4-29　简化的离网条件下VSG控制的频率-有功闭环控制

2）无功-电压控制

离网无功闭环模型如图4-20所示，无功的控制属于有静差控制，它的意义在于离网状态下多VSG并联的无功功率分配。无功功率按VSG容量分配的前提是每台VSG控制下的微源总等效阻抗正比于其下垂系数n_q[16]。以下只讨论单机的VSG控制。

4.2.5.3　并网运行分析

1）有功-频率控制

并网运行模式下，基于VSG控制的微网电池储能变流器的有功功率-频率闭环控制如图4-30所示，与离网闭环控制框图4-28的区别在于并网时的微网母线稳态电压U_g和角频率ω_g都被电网钳位，并且有功功率可由式(4-43)决定：

$$P_e(s)=\frac{3U_{ref}U_g}{X}\delta(s)=\frac{3U_{ref}U_g}{X}\frac{\omega(s)-\omega_g(s)}{s} \tag{4-43}$$

式中，δ为变流器参考相位与微网母线相位的偏差，通过调节δ可改变有功功率。

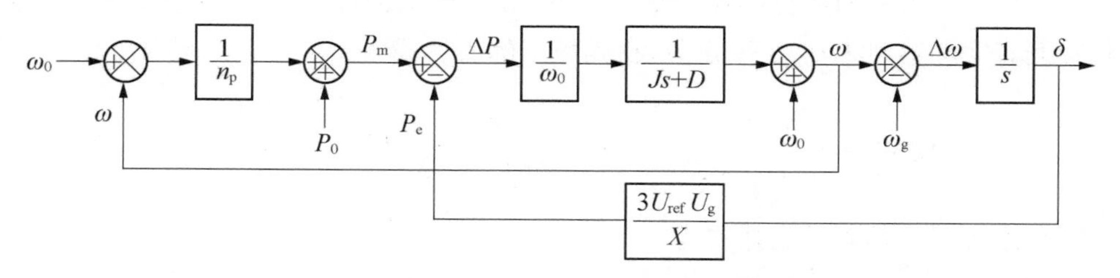

图4-30　并网条件下VSG控制的有功-频率闭环控制

由于并网运行时频率波动很小，一次调频效果并不明显，可将有功-频率下垂系数全部归算到阻尼处，等效阻尼可表示为

$$D'=\frac{1}{\omega_0 n'_P}=D+\frac{1}{\omega_0 n_P} \tag{4-44}$$

简化的并网控制如图4-31所示，该框图用等效转子运动方程中的等效阻尼D'替代了一次调频环节与原有的阻尼系数。后文所有关于并网状态的分析均采

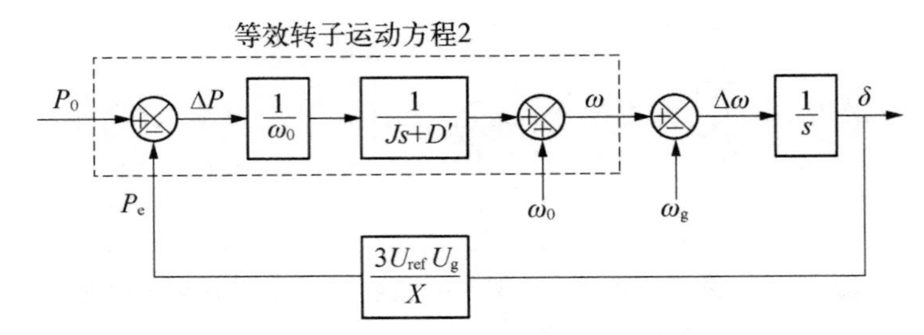

图 4-31　简化的并网条件下 VSG 控制的有功-频率闭环控制

用此模型。

根据图 4-31 可以写出变流器输出功率在频域下的表达式：

$$P_e(s)=\frac{1}{1+\frac{Xs}{3U_{ref}U_g}(Js+D')\omega_0}P_0(s)+\frac{(Js+D')\omega_0}{1+\frac{Xs}{3U_{ref}U_g}(Js+D')\omega_0}[\omega_0(s)-\omega_g(s)] \tag{4-45}$$

一般额定角频率 ω_0 等于电网角频率 ω_g，在频率稳定的条件下变流器输出功率 P_e 按一定的惯量跟踪功率指令 P_0，避免了对电网的冲击。式(4-45)中右边的第二项类似于离网运行的逆调节过程，当电网频率波动时，VSG 根据频率变化量，按照一定的惯量补偿功率缺额，提高了对电网频率的支撑能力。

2) 无功-电压分析

图 4-32 为并网运行模式下基于 VSG 控制的电池储能变流器的无功功率闭环控制。实际输出无功功率 $Q_e(s)$ 在频域下的表达式为

$$Q_e(s)=\frac{3n_qU_g}{3n_qU_g+X}Q_0(s)+\frac{3U_g}{3n_qU_g+X}[U_0(s)-U_g(s)] \tag{4-46}$$

稳态下对应的时域表达式为

$$Q_e=\frac{3n_qU_g}{3n_qU_g+X}Q_0+\frac{3U_g}{3n_qU_g+X}(U_0-U_g) \tag{4-47}$$

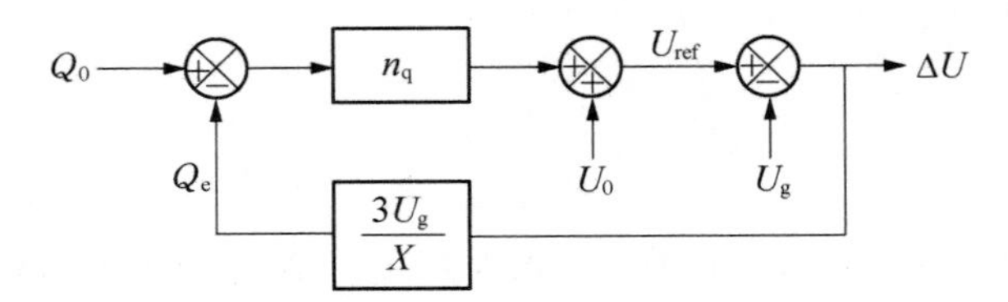

图 4-32　并网条件下 VSG 控制的无功闭环控制

一般电网电压U_g与额定电压U_0相等，然而实际无功功率不等于参考无功功率，其大小取决于等效阻抗，因此有学者在无功控制中加入积分环节以实现并网条件下变流器输出无功功率的无静差控制[32]，如图4-33所示，此时的无功功率表达式为

$$Q_e(s)=\frac{n_q s+k_q}{\left(n_q+\dfrac{X}{3U_g}\right)s+k_q}Q_0(s)+\frac{s}{\left(n_q+\dfrac{X}{3U_g}\right)s+k_q}[U_0(s)-U_g(s)] \tag{4-48}$$

式中，k_q为无功PI控制的积分系数。根据该式，时域下无功功率Q_e与参考无功功率Q_0相等，可见积分环节实现了功率的无静差控制，该控制本质上也是补偿等效阻抗上的压降，考虑到并网与离网间无功控制环的差异，一般在积分环节输出电压指令U_{ref}处增加限幅以防止并网模式切换至离网模式过程中因为无功功率不匹配而造成的过电压。

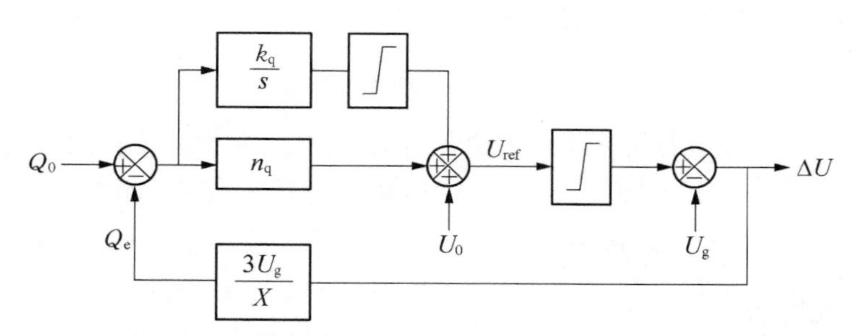

图4-33　并网条件下增加积分环节的VSG无功闭环控制

4.2.6　基于VSG控制的电池储能系统作为主电源时微网的运行分析

如图4-34所示，由电池储能系统、风力发电系统、光伏发电系统和负荷组成的微网中，PCC点通过静态开关(static transfer switch，STS)和升压变压器连接至配电网。正常情况下，STS闭合，微网与主网之间进行能量交换，此时往往对电池储能系统充电。当因电网发生故障被动孤岛，或者微网电能质量不佳、电网检修等情况下的主动孤岛时，STS断开，电池储能系统作为孤岛模式下的主电源维持微网母线电压幅值和频率的稳定。当主网恢复正常时，经过预同步环节，微网恢复并网。微网主电源——电池储能系统工作在虚拟同步发电机控制模式下，风机和光伏以传统电流源模式并入微网，工作于最大功率点跟踪(maximum power point tracking，MPPT)模式。

图4-34所示的微网结构中，电池储能系统、光伏、风电共同给负载供电。若

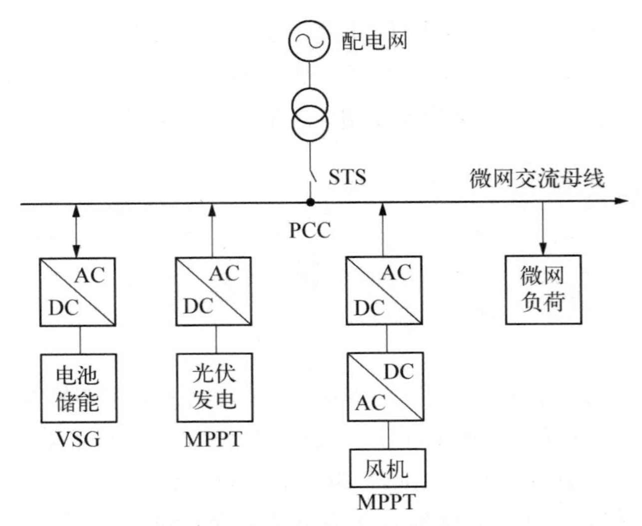

图 4-34　微网组成及各微源运行模式

忽略网络损耗，根据能量守恒定律，有

$$P_{e}+P_{wind}+P_{PV}=P_{load} \tag{4-49}$$

式中，P_{wind}和P_{PV}分别为风电和光伏的有功出力，P_{load}为负载消耗的有功功率。由于风机和光伏工作在 MPPT 控制模式下，可等效为消耗负功率的负荷，其负荷特性受光照、风速等气象条件影响。出于减小风电、光伏出力变化对微网主电源能量冲击的考虑，前者的容量应该小于后者，以便电池储能系统能够补偿新能源出力波动。

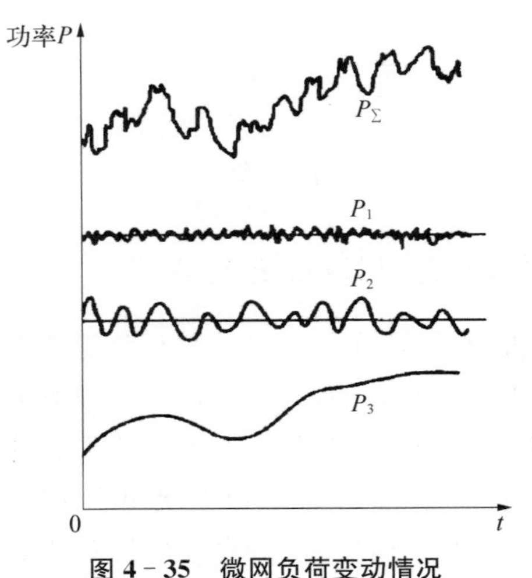

图 4-35　微网负荷变动情况

综合风电、光伏和用电负荷得到一天内的负荷曲线如图 4-35 所示，总功率 P_{Σ}可看成三种负荷的叠加。其中 P_1对应短周期的小幅度的随机分量；P_2对应了带有冲击性的负荷的投切，为脉动分量；P_3代表风速、光照等气象条件或生产、生活规律等原因造成的负荷波动。因此，微网的控制可以分层进行。

4.2.6.1　微网的分层控制

分层控制是微网内微源协调运行的有效手段，目前较通用的为如图 4-36 所示的三层结构：最底层为微源控制器和负荷控制器，基于各分布式微源和负荷的本地控制，通过频率和电压的一次调节来控制功率的暂态平衡，各微源间响应速度

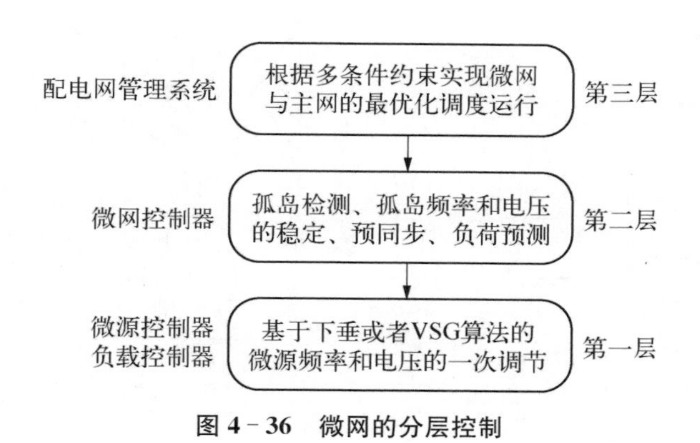

图4-36　微网的分层控制

快，不需要互相通信；第二层为微网控制器，实现整个微网的协调运行，微网孤岛检测、孤岛时频率和电压的稳定、预同步、负荷切除等功能均在本层实现，微网控制器与底层控制器之间需要慢速通信；第三层为配电网管理系统，根据能量利用率、微网运行模式、市场环境等多约束的目标函数来管理单个或者多个微网的运行，以实现微网与主网的能量最优化调度[33,34]。

将分层控制与传统的主从控制和对等控制相比较，发现分层控制兼顾两者之优点：底层控制保留了对等控制即插即用、不需要高速通信的优点；微网控制器和配电网管理系统则借鉴了主从控制系统级的调度，保证了微网的稳定性。下面用分层控制来分析图4-34中微网的运行机制。

4.2.6.2　孤岛运行特性分析

在孤岛条件下，微网PCC点处的STS处于断开状态，与配电网间没有能量交互，因此控制仅限于一、二两层，其控制结构如图4-37所示。

1）底层电池储能系统的VSG控制

在微网的暂态控制中，风速、光照强度可认为相对稳定，负荷在当前给定功率P_0和Q_0附近小范围内随机波动，对应图4-35中负荷曲线P_1。这时仅靠一次调频和调压过程就能在允许的频率和电压偏差范围内实现有功功率和无功功率的平衡。对比下垂控制时频率的快速波动，VSG控制下的电池储能系统输出频率变化缓慢，更有利于孤岛条件下微网频率的稳定。

2）微网控制器对电压、频率的二次调节[35-38]

微网电压、频率的二次调节的基本原理：微网控制器与底层VSG控制下的电池储能系统通过慢速通信，修改后者的有功和无功功率参考值以控制电压的幅值和频率处于额定值附近。

图4-35中P_3曲线对应基于气象、生产生活规律等可预测因素的负荷变化，电力公司根据预测的有功功率日负荷曲线，下发发电指令至调频发电厂，这就是电

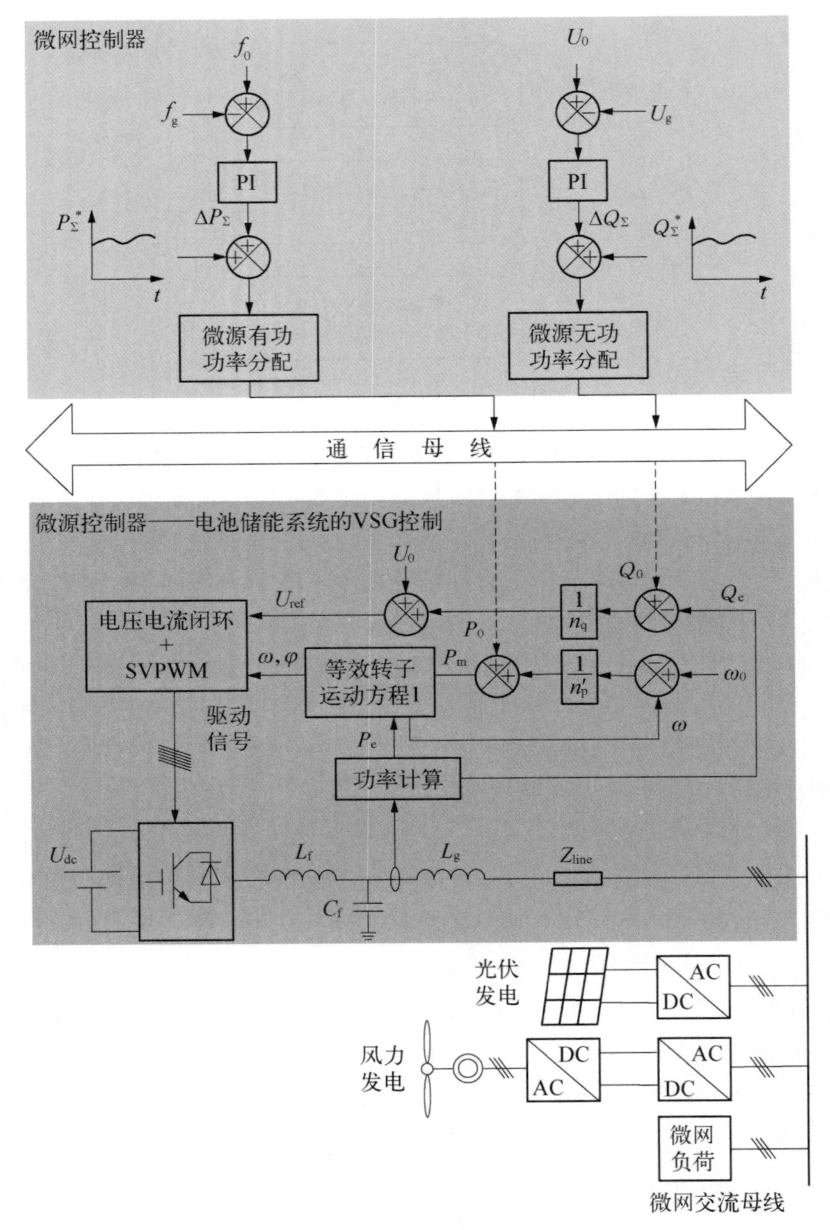

图 4-37　微网孤岛运行控制模式

力系统的三次调频过程[17]。微网控制器借鉴电力系统的三次调频的经验，对微网内随时间变化的负荷制定预测负荷曲线（电力系统一般不制定无功负荷曲线，微网中可按有功功率预测负荷曲线，考虑一定的功率因数制定无功功率预测负荷曲线），然后按照所管理的具有调压调频能力的微源的容量占比，分配各自的有

功功率参考 P_{Σ}^{*} 和无功功率参考 Q_{Σ}^{*}，每个微源在当前功率参考下进行一次调频和调压。

基于负荷预测曲线修改功率参考的调节方式属于粗调节，如果实际消耗的功率与负荷预测曲线偏差太大，或者发生图 4-35 中 P_2 曲线对应的冲击性负载的投切，都有可能让电池储能系统输出的频率和电压偏离正常范围，因此需要微网控制器对频率与电压进行精确调整以实现功率平衡下的频率、电压控制。

图 4-37 中微网控制器的频率 PI 调节器是一种典型的频率、电压的精准二次调节机制。反馈微网母线的实际频率 f_g 和电压 U_g，并与额定频率 f_0 和额定电压 U_0 作比较，其偏差通过 PI 调节器得到负荷预测曲线的补偿量 ΔP_{Σ} 和 ΔQ_{Σ}，基于此对电池储能变流器 VSG 环节的下垂曲线中的额定功率进行修正，完成二次调频调压过程。

4.2.6.3　并网运行特性分析

当 PCC 点处的静态开关闭合，微网工作于并网模式。假设微网容量很小，对主网的影响十分有限，此时主网可认为容量无限大。并网与孤岛运行模式的区别在于，孤岛运行模式的控制目标是在控制频率、电压稳定的基础上给负荷平稳供电，其功率由负荷决定；而并网运行模式下微网对频率和电压的调整能力非常有限，其控制目标主要是在满足微网负荷要求的基础上，按照上级调度指令与主网进行能量交换，仅在电网频率波动时提供相应的功率补偿。

由于微网需要与配电网进行能量交互，在并网模式时，微网的控制方式采用如图 4-38 所示的三层控制结构。为实现电网的最优化运行，配电网需要从与其连接的微网中获取 P_{MG} 和 Q_{MG} 的功率出力，此时配电网管理系统根据各微网的容量大小进行功率分配，如图 4-38 中的微网需要向配电网注入的功率为 P_{MG1} 和 Q_{MG1}。配电网向微网控制器传达功率指令，微网控制器在预测功率曲线上叠加配电网功率指令，最后电池储能系统按照调整后的功率指令输出[39-44]。

由于认为电网容量远大于微网，微网对电网的频率和电压几乎不产生影响，所以可省略微网控制器的二次调频和电压 PI 控制环节，由大电网补偿预测负荷曲线和实际负荷之间的功率偏差，微网中基于 VSG 控制的电池储能系统响应电网频率波动，参与电网的一次调频。

4.2.7　微网的并网/孤岛运行模式切换

针对并网/孤岛两种运行模式的切换，有学者提出基于传统 P/Q 控制和 V/f 控制切换的运行模式切换方法，并且进行了相应改进。但是基于改变控制模式的运行模式切换法对两者同步性要求较高，在并网向孤岛切换过程中，电压、电流往往会因为切换前后的功率不匹配而产生较大的过冲或跌落[45-47]。

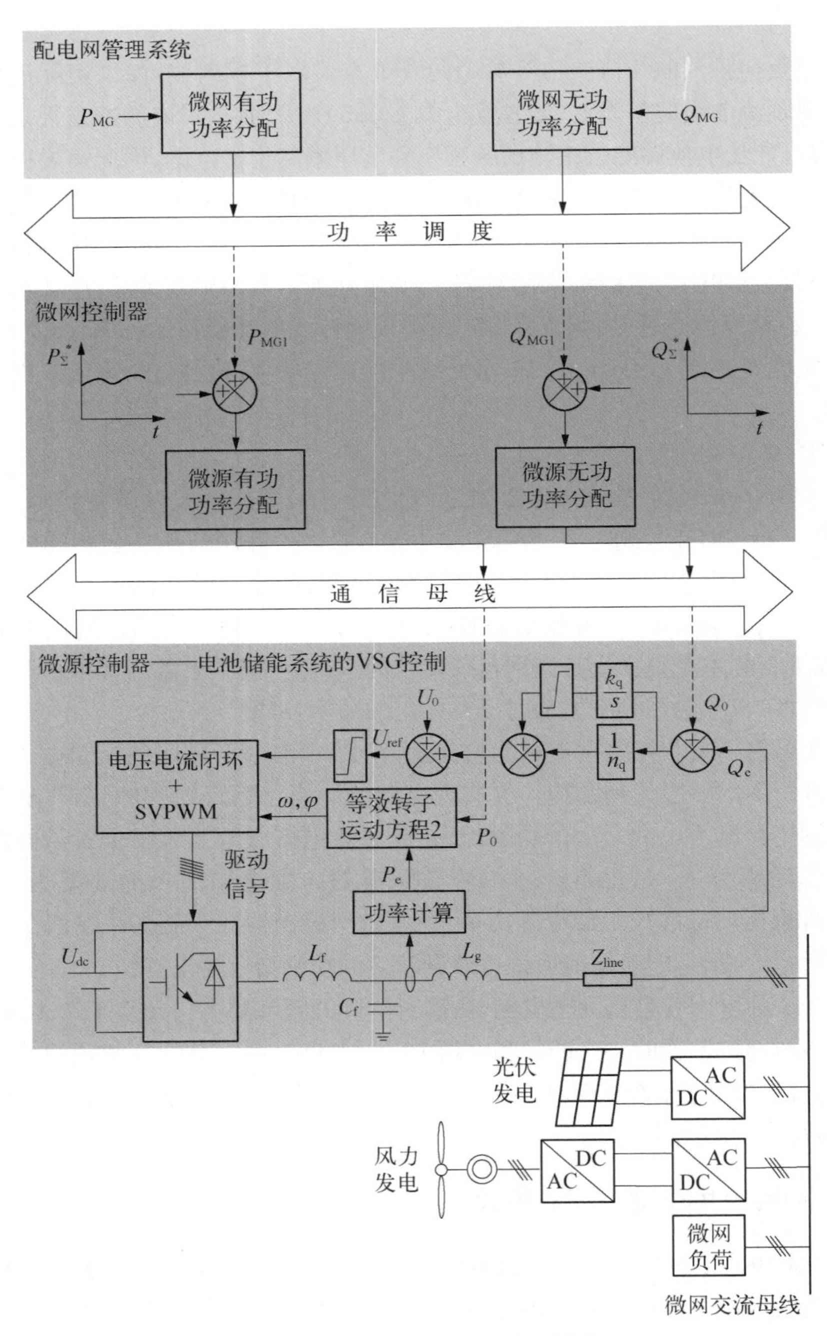

图 4-38　微网并网运行控制模式

基于下垂控制的切换方法在切换前后不需要改变控制算法，变流器通过调整自身的电压和频率输出来达到功率平衡。虚拟同步发电机算法本身包含了下垂特性，对频率的变化体现了一定的惯性，在并网/孤岛运行模式切换过程中更有利于频率的稳定。

4.2.7.1　孤岛模式切换至并网模式

微网从孤岛模式切换至并网模式时，为避免因微网与电网间的相位不同步或电压差而引起电流过冲，必须在并网前对微网进行预同步(见图4-39)。

预同步过程在微网的第二层控制——微网控制器中实现，同步过程如下[36]。

(1) 接受预同步指令，将当前二次调频和二次调压的参考值调整为对电网锁相的频率 f_{grid} 和电网电压 U_{grid} 以防止电网运行在非额定状态产生的误差。

(2) 待微网频率、电压与电网相等后，切入相位调节器，该调节器检测电网相位 φ_{grid} 和微网相位 φ_g 之间的差值，通过PI调节器动态调节参考有功功率的补偿值 $\Delta P_{\Sigma 2}$，最后使微网相位与电网相位同步。

(3) 闭合PCC点处的静态开关，微网并入电网。

(4) 锁存微网控制器下发至微源的功率指令，切除频率、相位和电压PI控制器。

(5) 重视电网对无功的调度要求，微网中各微源控制器在无功功率控制环路中加入积分环节，调整参考功率指令。

由于VSG算法具有自同步功能，若在并网时，微网相位与电网相位还存在小范围偏差，VSG算法可通过调整自身频率来实现自同步。

4.2.7.2　并网模式切换至孤岛模式

若微网由VSG算法下的电池储能系统作为主电源，在并网与孤岛运行模式下都可等效为受控电压源，因此从并网运行模式切换至离网运行模式的过程中不需要对主电源控制算法进行修改，从而能够实现无缝平滑切换，但是需要考虑以下几点。

(1) 由于并网条件下微网控制器切除了频率和电压的二次调节环节，仅保留了底层VSG算法的一次调频和调压功能(如果无功控制环节加入积分项，则失去一次调压能力)。

(2) 切换瞬间，微网主电源与负荷消耗的有功功率不平衡，通过一次调频来达到新的有功平衡。但是如果微网向电网输出的有功功率过大，超过其一次调频范围，需要微网控制器及时检测孤岛状态并切入二次调频环节。

(3) 切换瞬间，微网主电源与负荷消耗的无功功率不平衡，由于并网时对无功功率采用PI控制，如果不及时对该环节进行处理，PI控制器输出很快就会达到饱和值，因此必须对PI输出进行限幅，保证其输出的电压参考值在正常范围内。另外微网控制器应能够及时恢复自身的二次调压功能，并及时下达指令让主电源的控制器切除VSG无功控制中的积分环节。

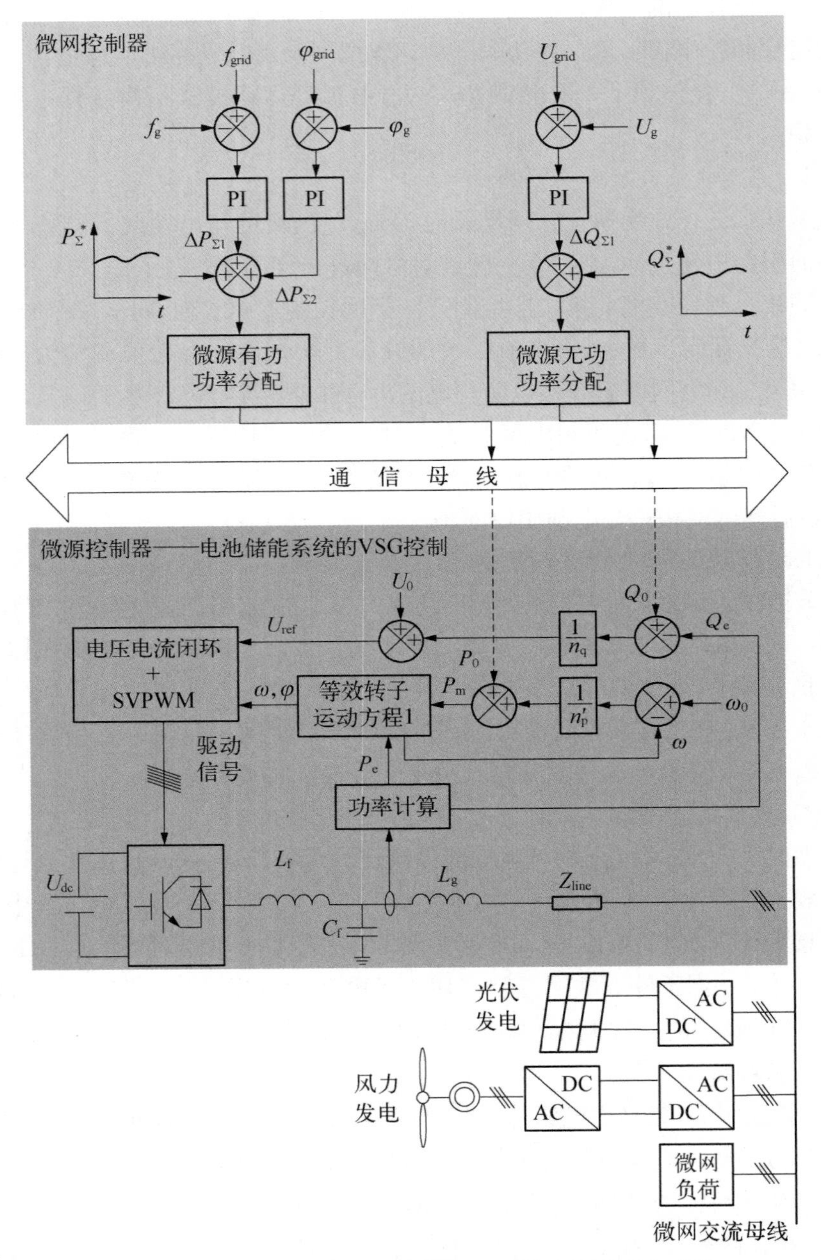

图 4-39 微网从孤岛模式切换到并网模式的预同步过程

综上所述,微网尽量在一次调频允许的范围内向电网注入/吸收功率,以防止切换暂态过程的频率超出正常范围;微网控制器在检测到孤岛信号后应及时对主电源的无功控制做出调整,并恢复频率和电压的 PI 控制环节。

4.3　VSG 控制稳定性分析与参数设计

4.3.1　VSG 控制的小信号稳定分析

VSG 控制下的电池储能系统在微网孤岛模式下通过一、二次调频维持微网频率稳定，在并网模式下向电网平滑注入功率。虚拟惯量和等效阻尼对这些暂态过程有重要的影响，下面以微网并网情况下电池储能系统的运行特性为例分析虚拟惯量和等效阻尼对系统小信号稳定的影响。

有功-频率下垂系数折算至阻尼处的 VSG 的并网等效闭环控制如图 4-40 所示。其中 $P_e = 3U_{ref}U_g\delta/X$ 是有功功率的近似计算方法，其前提为功角 δ 很小，并且总阻抗呈感性。

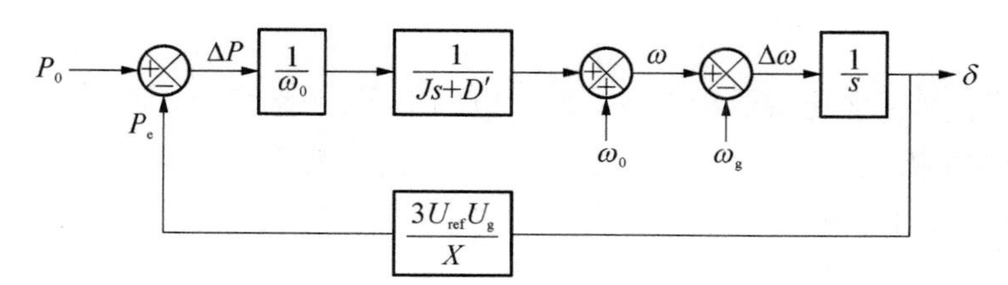

图 4-40　VSG 的并网等效闭环控制

图 4-40 对应的时域数学模型为

$$\begin{cases} J\dfrac{\mathrm{d}(\omega-\omega_0)}{\mathrm{d}t}=\dfrac{P_0-P_e}{\omega_0}-D'(\omega-\omega_0) \\ P_e=\dfrac{3U_{ref}U_g}{X}\sin\delta \\ \dfrac{\mathrm{d}\delta}{\mathrm{d}t}=\omega-\omega_g \end{cases} \tag{4-50}$$

引入惯性时间常数 H 和标幺化阻尼 D_p：

$$H=\frac{J\omega_0^2}{S_n},\ D_p=\frac{D'}{D_B}=\frac{D'\omega_0^2}{S_n} \tag{4-51}$$

式中，S_n额定功率；惯性时间常数 H 表征了同步发电机额定转矩下空载由静止加速至额定角频率的时间；基准阻尼 D_B对应一次调频中，当有功功率偏移为 S_n，角频率偏移为 ω_0的等效有功-频率下垂系数 n'_{pB}：

$$n'_{pB}=\frac{1}{D_B\omega_0}=\frac{\omega_0}{S_n} \tag{4-52}$$

标幺化阻尼 D_p 在一次调频中的意义等效于电力系统中原动机标幺化的单位调节功率 K_G^*，电力系统中 K_G^* 的范围为16.6～50[26]。

取基准功率 S_n，电网额定相电压 U_0 为基准电压，额定角频率 ω_0 为基准角频率，可将式(4-50)标幺化：

$$\begin{cases} H\dfrac{d(\omega^*-1)}{dt}=P_0^*-P_e^*-D_p(\omega^*-1) \\ P_e^*=\dfrac{U_{ref}^*U_g^*}{X^*}\sin\delta \\ \dfrac{d\delta}{dt}=\omega_0(\omega^*-\omega_g^*) \end{cases} \tag{4-53}$$

式中，"＊"表示标幺化后的物理量。假设电网电压、频率稳定，即 $U_g^*=1$，$\omega_g^*=1$。考虑系统在稳态工作点 $(U_{ref}^*, \delta)=(U_s^*, \delta_s)$ 受到小扰动，此时由式(4-53)可推导各扰动量之间的关系：

$$\begin{cases} H\dfrac{d\hat{\omega}^*}{dt}=\hat{P}_0^*-\hat{P}_e^*-D_p\hat{\omega}^* \\ \hat{P}_e^*=S_E\hat{\delta} \\ \dfrac{d\hat{\delta}}{dt}=\omega_0\hat{\omega}^* \end{cases} \tag{4-54}$$

式中，有功功率指令扰动 $\hat{P}_0^*$ 为0，S_E 表示VSG小信号模型中输出功率扰动 $\hat{P}_e^*$ 与功角扰动 $\hat{\delta}$ 之间的关系，对应电力系统中的整步功率系数，其表达式为

$$S_E=\left.\frac{\partial P_e^*}{\partial\delta}\right|_{\delta=\delta_s,\ U_{ref}^*=U_s^*}=\frac{U_s^*}{X^*}\cos\delta_s \tag{4-55}$$

联立式(4-54)和式(4-55)，可得并网模式下VSG控制在稳态工作点 (U_s^*, δ_s) 的小信号模型：

$$\begin{pmatrix}\dot{\hat{\delta}} \\ \dot{\hat{\omega}}^*\end{pmatrix}=\begin{bmatrix} 0 & \omega_0 \\ -\dfrac{S_E}{H} & -\dfrac{D_p}{H}\end{bmatrix}\begin{pmatrix}\hat{\delta} \\ \hat{\omega}^*\end{pmatrix}=\mathbf{A}\begin{pmatrix}\hat{\delta} \\ \hat{\omega}^*\end{pmatrix} \tag{4-56}$$

式中，$(\hat{\delta}, \hat{\omega}^*)^T$ 为状态偏移量组成的相量，矩阵 $\mathbf{A}$ 为状态方程组的系数矩阵，其

特征值为

$$p_{1,2} = -\frac{D_p}{2H} \pm \frac{1}{2H}\sqrt{D_p^2 - 4\omega_0 H S_E} \tag{4-57}$$

系统稳定的条件是两个特征值均处于复平面的左半部分，对应的参数条件：

$$D_p > 0,\ S_E > 0 \tag{4-58}$$

该条件对应的功角范围如图4-41所示，钟形曲线对应输出功率 P_e^* 与功角 δ 间的关系，其实线部分为稳态运行区域，功率指令 P_0^* 与输出功率曲线的交点 O 为稳态工作点；另一条曲线代表 S_E 大于0的范围。

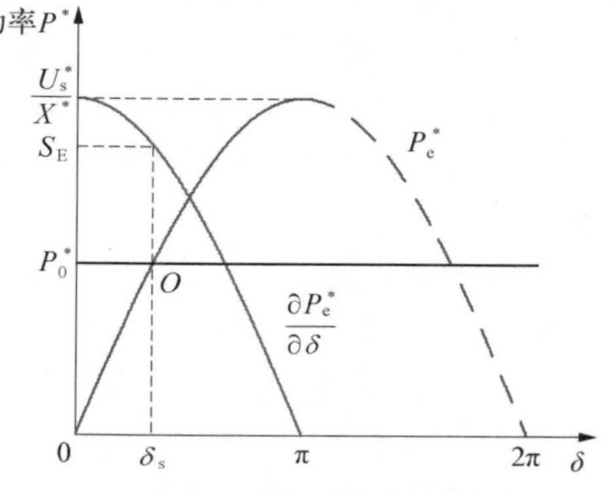

图4-41　VSG控制的稳定运行区域

4.3.2　VSG关键参数的设计

4.3.2.1　小信号模型暂态特性分析

根据式(4-54)表示的系统扰动量之间的关系，可画出系统在稳态工作点的小信号模型控制框图(见图4-42)。

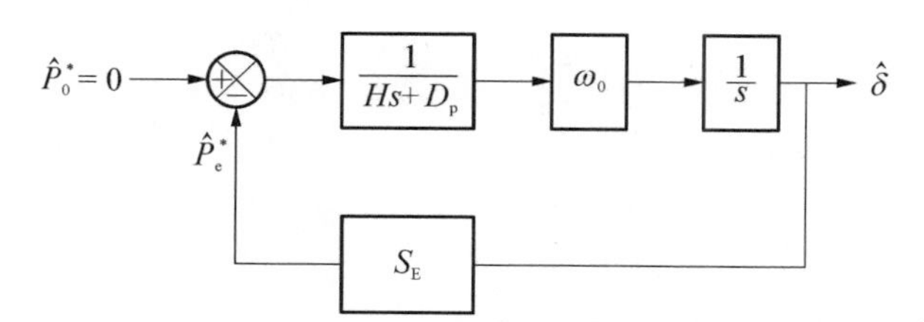

图4-42　VSG控制并网模式下的小信号模型控制

图4-42中，输出功率扰动量 $\hat{P}_e^*$ 对功率指令扰动量 $\hat{P}_0^*$ 的响应为

$$G(s) = \frac{\hat{P}_e^*(s)}{\hat{P}_0^*(s)} = \frac{\omega_0 S_E/H}{s^2 + (D_p/H)s + \omega_0 S_E/H} \tag{4-59}$$

该系统为典型的二阶系统，其自然频率 ω_n 和阻尼比 ζ 分别为

$$\begin{cases} \omega_n = \sqrt{\omega_0 S_E/H} \\ \zeta = 0.5 D_p \sqrt{1/(\omega_0 S_E H)} \end{cases} \tag{4-60}$$

可见惯性时间常数影响欠阻尼条件下的振荡频率，标幺化阻尼主要影响振荡

幅度。用自然频率和阻尼比表征系统极点，则

$$p_{1,2}=-\zeta\omega_{n}\pm\omega_{n}\sqrt{\zeta^{2}-1} \tag{4-61}$$

可发现式(4－61)与式(4－57)一致。

下面分析阻尼比 ζ 对 VSG 控制的功角暂态特性的影响。假设系统初始稳态工作点为 a，若此时变流器输出功率受到小扰动转移至 b 点，此时由于给定功率大于实际输出功率，即虚拟的机械转矩大于电磁转矩，变流器角频率增加，相应地功角 δ 增加[37]：

(1) 当阻尼比 $\zeta<0$，即标幺化阻尼 D_p 为负时，系统受到小扰动后振荡发散，不在 4.3.1 节分析的稳定范围之内；

(2) 当阻尼比 $\zeta=0$，即无阻尼时，系统受到小扰动后功角自 δ_b 点做等幅振荡，即图 4－43(a)中 δ_b 和 δ_c 与初始功角 δ_a 的偏差相等；

(3) 当阻尼比 $0<\zeta<1$，系统处于欠阻尼状态，由于阻尼的作用功角振荡幅度逐渐减小，最后趋于初始稳态功角，功角随时间的变化规律如图 4－43(b)所示。实际电力系统中的阻尼一般不是很大，同步发电机的低频振荡对应欠阻尼过程；

(4) 当阻尼比 $\zeta>1$，系统处于过阻尼状态，变流器角频率自 b 点开始增加，但是由于阻尼过大，系统在回到 a 点之前角频率开始减小，到达 a 点时变流器角频率等于电网角频率，系统重新恢复稳定。

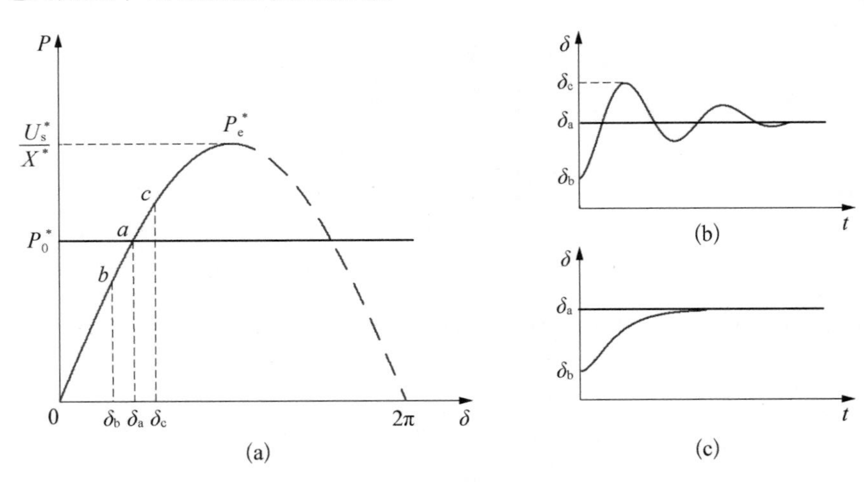

图 4－43　阻尼对振荡的影响

(a) 功角特性曲线；(b) 欠阻尼衰减振荡；(c) 过阻尼无振荡

4.3.2.2　虚拟同步控制的关键参数设计

同步发电机的阻尼系数较小，电力系统在稳态工作点受到扰动容易引发低频振荡。在设计电池储能系统并网情况下的 VSG 控制时，应尽量避免该不利影响。

为获取较快的响应速度和较小的超调量，可按“最优二阶系统”设计阻尼比：

$$\zeta = 0.5D_{\mathrm{p}}\sqrt{1/(\omega_0 S_{\mathrm{E}} H)} \approx 0.707 \tag{4-62}$$

式(4-62)中各控制参数在实际电力系统中均有对应的物理意义，在设计阻尼比时还需考虑VSG与同步发电机之间的参数匹配。

首先确定惯性时间常数H。选取虚拟同步发电机的惯性时间常数时应该考虑VSG的原动力限制，一般风机的惯性时间常数为秒级，光伏电池的惯性时间常数为毫秒级。直流侧的原动力为锂电池时，其惯性时间常数同样为毫秒级，对设计H几乎无限制。另外需考虑H与电力系统中同步发电机的惯性时间常数相匹配，一般同步发电机的惯性时间常数为2～9 s[11,37-42]，这里取VSG的惯性时间常数H为6 s。

为使设计的参数更具有参考意义，考虑稳态工作点输出额定有功功率，无功功率为0，即$I^* = U_{\mathrm{g}}^* = 1$。此时电压参考$\dot{U}_{\mathrm{s}}^*$与电网电压$\dot{U}_{\mathrm{g}}^*$间的矢量关系如图4-44所示，$U_{\mathrm{s}}^*$的表达式为

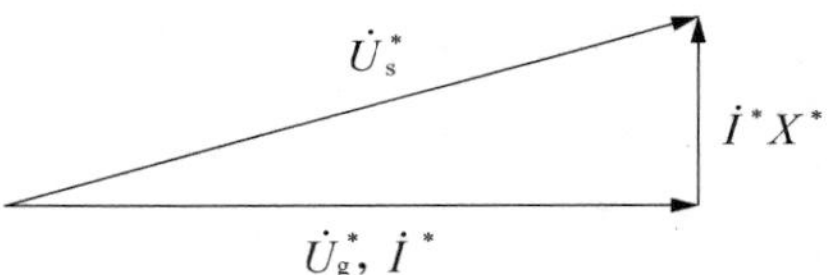

图4-44　额定有功功率下电压的矢量关系

$$U_{\mathrm{s}}^* = \sqrt{1 + X^{*2}} \tag{4-63}$$

此时对应的δ_{s}和S_{E}大小为

$$\delta_{\mathrm{s}} = \arcsin\frac{X^*}{\sqrt{1 + X^{*2}}},\ S_{\mathrm{E}} = \frac{1}{X^*} \tag{4-64}$$

由式(4-64)可以看出，总感抗X^*可影响额定有功输出时的功角δ_{s}和整步功率系数S_{E}。相关文献提出，在总阻抗近似呈感性的情况下，功角小于30°时可实现有功和无功的解耦控制，所以总阻抗X^*不可过大。从另外的角度考虑，减小X^*可使变流器电压源输出特性更硬，同时增加整步功率系数S_{E}，提高VSG的储备系数，从而获取更大的功角稳定裕度。

由式(4-62)可知，提高整步功率系数S_{E}意味着增大标幺化阻尼系数D_{p}。D_{p}对应同步发电机标幺化的单位调节功率K_{G}^*，过大的D_{p}会使VSG在单位百分比频率偏移下的功率偏移比例大于同步发电机，极端条件会使VSG先于同步发电机到达功率上限。电力系统中K_{G}^*的变化范围为16.6～50，考虑到实际条件下电网频率的波动范围不大，D_{p}的选取范围可适当提高。

综合以上因素，在额定有功输出条件下，为提高并网VSG的静态稳定性，匹配电力系统中同步发电机的运行规律，选取的标幺化控制参数为

$$H=6\ \text{s},\ D_{\text{p}}=140\ \text{p.u.},\ X^{*}=0.2\ \text{p.u.} \tag{4-65}$$

式中，总感抗 X^{*} 可通过前述的虚拟阻抗设计方法实现。

选取式(4－65)中的参数，在系统的额定工作状态下，将有功指令提高 0.05 p.u. 以模拟功率扰动。如图 4－45 所示为有功功率响应过程，可见其响应速度快，超调量小，符合最优二阶系统的要求。

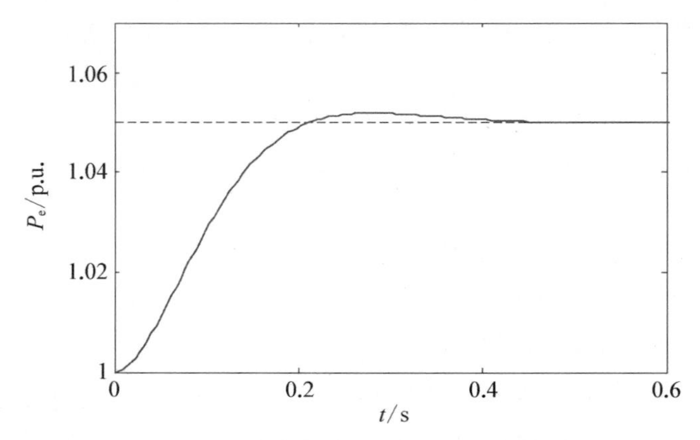

图 4－45　设计参数下系统对扰动的暂态响应

4.3.2.3　其他系统参数计算

1）直流侧电压及电池容量

以简单系统设计为例阐述微电网中的参数选择。光储微电网是简单且最具普遍实现意义的微电网，可广泛用于企业、住宅等。若系统的光伏逆变器和储能逆变器额定容量均为 50 kW，微电网交流母线电压等级为线电压有效值 380 V，配电网电压等级为线电压有效值 10 kV。由于光伏和储能逆变器均采用 SPWM 调制方法，根据 SPWM 调制的直流母线电压利用率公式设计光伏和储能系统的直流母线电压。

$$V_{\text{LL}}=\frac{\sqrt{3}}{2}\cdot\frac{1}{\sqrt{2}}m_{\text{a}}U_{\text{DC}}\rightarrow U_{\text{DC}}=\frac{V_{\text{LL}}}{0.612\,m_{\text{a}}}=\frac{380}{0.612}\approx 621(\text{V}) \tag{4-66}$$

式中，V_{LL} 为输出线电压有效值，这里可以直接用微网母线电压代替；m_{a} 为调制波幅度比，在其取 1 的情况下可得到直流母线电压约 621 V，但实际中 m_{a} 往往达不到 1，所以可适当上调直流母线电压为 635 V。另一方面，考虑到光伏发电系统的直流母线电压需根据 MPPT 算法跟踪最大功率点的电压，经过系统调试，最终设定光伏电池板在额定状态时(辐照度 1 000 W/m^2，温度 25℃)的最大功率点对应电压为 645 V 左右。

储能电池的容量设计为按照逆变器以 50 kW 的最大功率能够连续工作 5 h，考虑逆变器的效率为 95%，储能电池的最大放电深度为 80%，则电池容量为

$$C_{\mathrm{batt}}=\frac{50\ \mathrm{kW}\cdot 5\ \mathrm{h}}{0.95\cdot 0.8}\approx 329(\mathrm{kW}\cdot\mathrm{h}) \tag{4-67}$$

考虑到逆变器效率和电池放电深度，容量需留一些余量，因此取 350 kW · h。

2）光伏及储能逆变器输出滤波环节参数设计

光伏和储能逆变器的输出滤波环节是影响微源输出效果的关键因素。由模型可知，光伏逆变器采用 LC 滤波器，考虑用定 K 型低通滤波器归一化参数设计方法，二阶模型的基准参数为 $L_{(\mathrm{base})}=1$ H，$C_{(\mathrm{base})}=1$ F。系统额定频率 50 Hz，逆变器开关频率 5 kHz，取截止频率 500 Hz，则有：

$$\begin{aligned}
M&=\frac{\text{待设计滤波器截止频率}}{\text{基准滤波器截止频率}}=\frac{500}{1/2\pi}\approx 3\,141.593\\
L_{(\mathrm{new})}&=\frac{L_{(\mathrm{base})}}{M}=0.318\,3(\mathrm{mH})\\
C_{(\mathrm{new})}&=\frac{C_{(\mathrm{base})}}{M}=0.318\,3(\mathrm{mF})
\end{aligned} \tag{4-68}$$

设定滤波器特征阻抗为 10 Ω，则

$$\begin{aligned}
K&=\frac{\text{待设计滤波器特征阻抗}}{\text{基准滤波器特征阻抗}}=\frac{10}{1}=10\\
L_{\mathrm{k}}&=L_{(\mathrm{new})}\cdot K=3.183(\mathrm{mH})\\
C_{\mathrm{k}}&=\frac{C_{(\mathrm{new})}}{K}=31.83(\mu\mathrm{F})
\end{aligned} \tag{4-69}$$

在实际仿真验证过程中对电感电容值进行微调，最终确定滤波电感 $L_{\mathrm{inv\_pv}}=3.2$ mH，滤波电容 $C_{\mathrm{pv}}=33\ \mu$F。

储能逆变器使用 LCL 型滤波器，其中逆变器侧电感的设计是采用根据电感纹波电流系数进行计算的简明设计方法，已知逆变器的开关频率为 5 kHz，则开关周期 T_{s} 为 2×10^{-4} s，故网侧电感额定电流的有效值为

$$I_{\mathrm{Lgri}}=P/3/V_{\mathrm{pha}}=50\times10^{3}/3/220\approx 75.76(\mathrm{A}) \tag{4-70}$$

按网侧电感电流的 $\sqrt{2}$ 倍近似设定逆变器侧电感电流，并取电流纹波系数为 12%，则逆变器侧电感纹波电流为

$$\Delta I_{\mathrm{Linv}} = 12\% \cdot \sqrt{2} \cdot I_{\mathrm{Lgri}} \approx 12.857(\mathrm{A}) \tag{4-71}$$

则逆变器侧电感参考值：

$$L_{\mathrm{inv}} = \frac{U_{\mathrm{DC}} \cdot T_{\mathrm{s}}}{4 \cdot \Delta I_{\mathrm{Linv}}} \approx 2.47(\mathrm{mH}) \tag{4-72}$$

通常情况下逆变器侧电感和网侧电感的比值取 4～6 比较合适[38]，这里设定比值为 5，在推导出的参考值基础上对电感值进行微调，最终取逆变器侧电感为 $L_{\mathrm{inv\_bs}} = 2.5\ \mathrm{mH}$，网侧电感 $L_{\mathrm{gr\_bs}} = 0.5\ \mathrm{mH}$。

滤波电容 C_{bs} 根据谐振频率来进行设计，其中谐振频率的表达式为

$$f_{\mathrm{res}} = \frac{1}{2\pi}\sqrt{\frac{L_{\mathrm{inv\_bs}} + L_{\mathrm{gr\_bs}}}{L_{\mathrm{inv\_bs}} L_{\mathrm{gr\_bs}} C_{\mathrm{bs}}}} \tag{4-73}$$

为了避免 LCL 型滤波器易发生的谐振问题，通常设定谐振频率范围在 10 倍额定频率到 1/2 开关频率之间，即 $f_{\mathrm{res}} \in \left(10 f_n,\ \frac{1}{2} f_{sw}\right) = (500\ \mathrm{Hz},\ 2\,500\ \mathrm{Hz})$，且尽量避免靠近边界值，所以取谐振频率为 1 500 Hz。根据式(4-73)得到最终的滤波电容取值为

$$C_{\mathrm{bs}} = \frac{L_{\mathrm{inv\_bs}} + L_{\mathrm{gr\_bs}}}{L_{\mathrm{inv\_bs}} L_{\mathrm{gr\_bs}} (2\pi f_{\mathrm{res}})^2} \approx 27.02(\mu\mathrm{F}) \tag{4-74}$$

3) 输电线路选型及电网系统内阻抗设计

为了在 RTDS 实时仿真平台上建立系统模型，依据标准《10 kV 及以下架空配电线路设计技术规程》(DL/T 5220—2005)、《低压配电设计规范》(GB 50054—1995)等，选择输电线的参数，以便仿真模拟时更贴近实际系统情况。输电线选择架空线 JKLYJ-10 kV/120 mm^2，其电缆外径为 21.4 mm、导体直流电阻为 0.253 Ω/km，输电线长度设计为 6 km。根据架空线的常用电抗计算公式[17]，可得

$$x = 2\pi f\left(4.6\lg\frac{D_{\mathrm{m}}}{r} + 0.5\mu_{\mathrm{r}}\right) \times 10^{-4} \tag{4-75}$$

式中，r 为导线半径，μ_{r} 为导线材料的相对磁导率，D_{m} 为三相导线的几何均距。对于铝和铜导线 μ_{r} 取 1，D_{m} 由下式计算求得(三相导线相互间的距离在模型中设定为 45.72 cm)：

$$D_{\mathrm{m}} = \sqrt[3]{D_{\mathrm{ab}} D_{\mathrm{bc}} D_{\mathrm{ca}}} = 45.72\ \mathrm{cm} \tag{4-76}$$

将式(4-76)代入到(4-75)中求得架空线的单位长度电抗为 0.251 34 Ω/km。

配电网系统内阻抗的计算可根据断路器的开断容量来推算。根据资料，10 kV 断路器的额定短路开断电流取 20 kA，则断路器开断容量为

$$S_c = \sqrt{3}U_k I_k = \sqrt{3} \times 1.05 \times 10\ \text{kV} \times 20\ \text{kA} \approx 363.7(\text{MV}\cdot\text{A}) \quad (4-77)$$

式中，U_k为短路点的平均电压，一般取比电网的额定电压高 5%左右，则得到系统内阻抗的参考设计值为

$$X_u = \frac{U_k^2}{S_c} \approx 0.303(\Omega) \quad (4-78)$$

由于电网是 10 kV 的配电网，其阻抗中的阻性成分不能忽略，用 R_u、L_u表征其内阻抗，按照一般的设计要求 $R_u : \omega L_u = 1 : 1$，最终得到系统内阻抗的估算值：$R_u = 0.214\ \Omega$，$L_u = 0.682\ \text{mH}$。

4.4　系统仿真与实验验证

4.4.1　系统仿真

本节基于 Matlab/Simulik 仿真平台，构造了 VSG 控制下的电池储能系统及其所在微网的模型。针对微网并网、孤岛及模式切换等工况下主电源对频率和电压的控制性能进行仿真分析，并与前两节的理论分析进行对比。

4.4.1.1　仿真模型的构造

图 4－46 对应 4.2.6 节分析的微网系统，主要由电池储能系统、风机、光伏和微网负载四部分构成，并通过 PCC 点处的静态开关与配电网相连。该微网的相关运行参数如表 4－2 所示。该微网中新能源发电的渗透率为 16.7%。

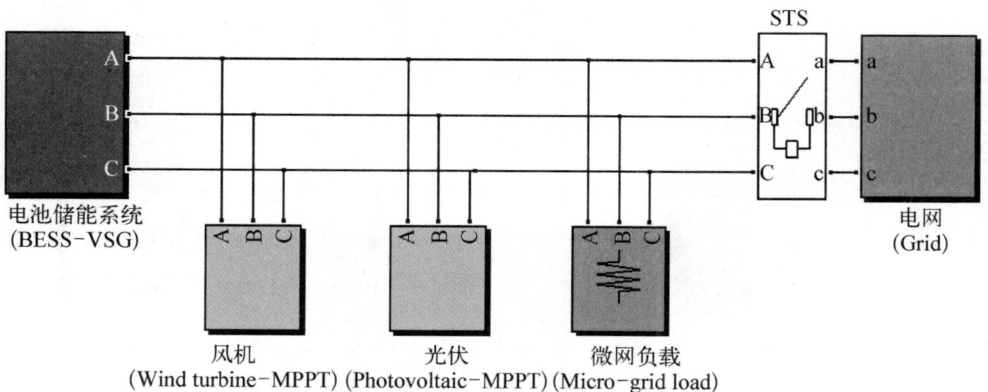

图 4－46　微网仿真模型

表 4-2　微网仿真运行参数

微网(电网)额定相电压/V	220
微网额定频率/Hz	50
电池储能系统额定功率/(kV·A)	25
风机额定功率/kW	3
光伏额定功率/kW	2
额定负载功率/kW	30

电池储能系统工作在 VSG 控制下，作为微网的主电源，负责支撑微网母线的电压和频率，基本运行参数如表 4-3 所示，详细的仿真模型如图 4-47 所示。主

表 4-3　电池储能系统的仿真运行参数

直流母线电压 U_{dc}/V	700
直流母线上下电容 C_{dc}/μF	1 980
交流母线额定相电压 U_0/V	220
额定频率 f_0/Hz	50
额定功率 S_n/(kV·A)	25
滤波电感 L_f/mH	1.79
滤波电容 C_f/μF	47
网测电感 L_g/mH	0.4
总等效阻抗 X/(Ω/p.u.)	1.16/0.2

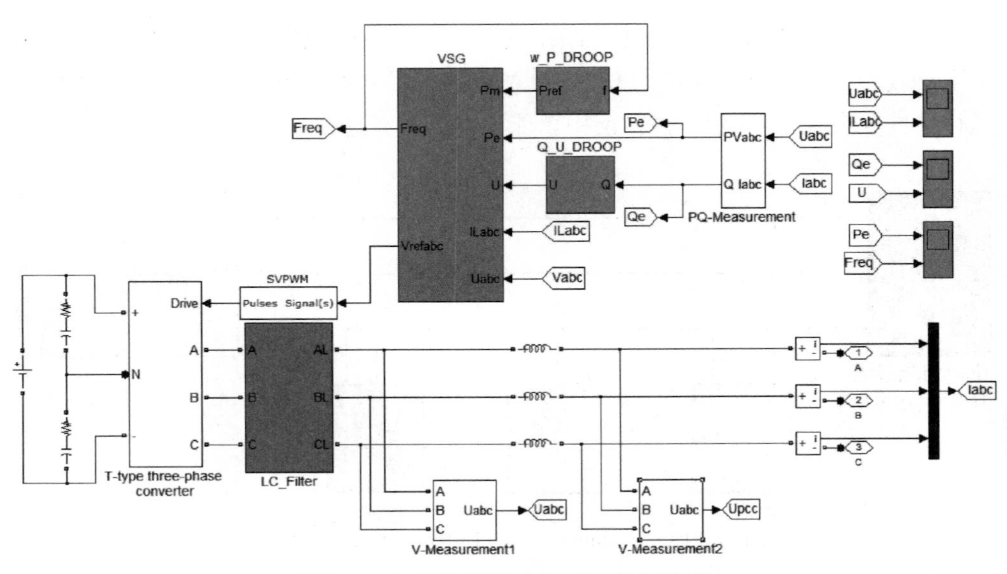

图 4-47　电池储能系统 VSG 控制仿真

电路由电池、直流稳压电容、T 型三电平三相半桥、滤波电路和网测电感构成。电池储能变流器的模型中忽略线路阻抗，并在电压电流闭环中设计虚拟阻抗，以实现 j0.2 p.u.的总阻抗。除主电路之外其余为采样、监测和控制驱动部分。

微网内的风机、光伏等其他微源工作在 MPPT 模式下，为简化分析，可将其等效为跟踪微网相位、功率因数为 1 的受控电流源。仿真模型的实现方式如图 4 - 48 所示，为符合气象变化规律，其电流参考为离散化的慢速波动分量与高频随机分量的叠加。

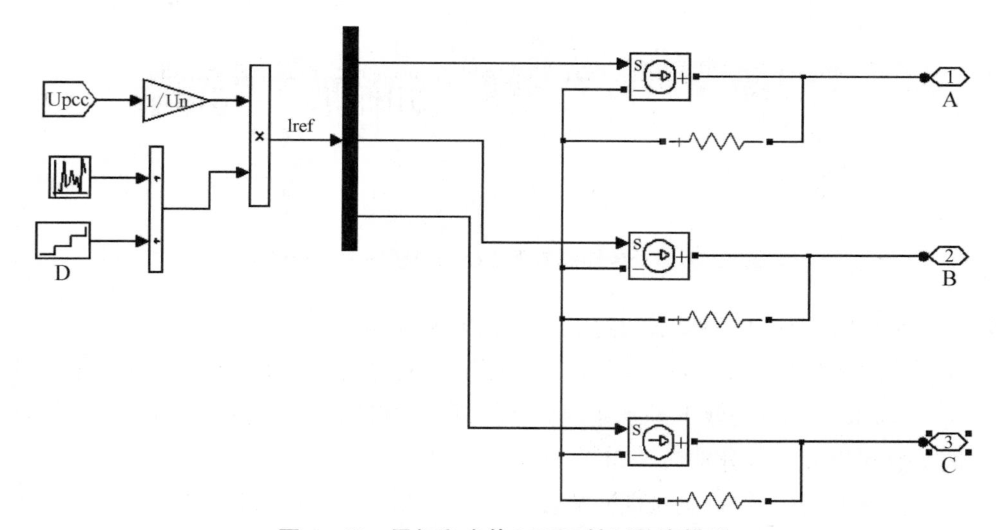

图 4 - 48　风机和光伏 MPPT 控制仿真模型

4.4.1.2　孤岛仿真分析

孤岛仿真一：虚拟同步发电机控制与下垂控制的对比。

仿真条件：电池储能系统按额定有功功率输出，风机和光伏在额定功率附近波动波动，阻性负载额定功率为 30 kW。虚拟同步发电机控制与下垂控制的有功-频率等效下垂系数均为 $n_p'=3.14\times10^{-4}$ rad/(s · W)(0.05 Hz/kW)，VSG 控制的虚拟惯量 $J=1.5$ kg · m^2。

仿真分析：电池储能系统出力在 24～26 kW 范围内实现功率平衡。图 4 - 49 中的频率图像中，浅色曲线对应了下垂控制的频率变化，其变化幅度为±0.05 Hz。由于 VSG 控制对频率变化体现了惯性，相比于下垂算法，VSG 控制对应的深色曲线频率变化速度慢且范围小，可见 VSG 控制更有利于维持微网频率的稳定。

孤岛仿真二：基于 VSG 控制下的微网对频率的一次和二次调节。

仿真条件：微网内各微源按照额定状态输出有功功率，电池储能系统的参考功率等于其额定功率。$t=0.8$ s 突增 5 kW 有功功率负荷。作为微网的主电源，电

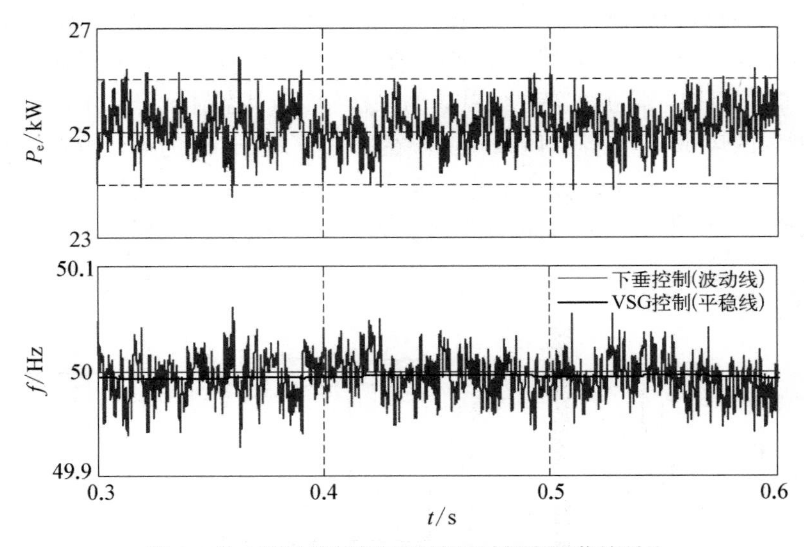

图 4-49　VSG 控制与下垂控制对频率调节的对比

池储能系统的 VSG 控制算法通过调节一次调频实现有功功率平衡。$t=2$ s 时微网控制器检测到频率变化，频率进行二次调节。电池储能系统 VSG 控制的虚拟惯量 $J=1.5\ \text{kg}\cdot\text{m}^2$，等效下垂系数同孤岛仿真一。微网控制器的频率 PI 调节器的比例系数和积分系数分别为 0 和 50 000。

仿真分析：图 4-50 为频率调节过程中电池储能系统输出的有功功率和频率变化的曲线。当微网有功负荷突增时，电池储能系统输出功率与负荷保持动态平衡，

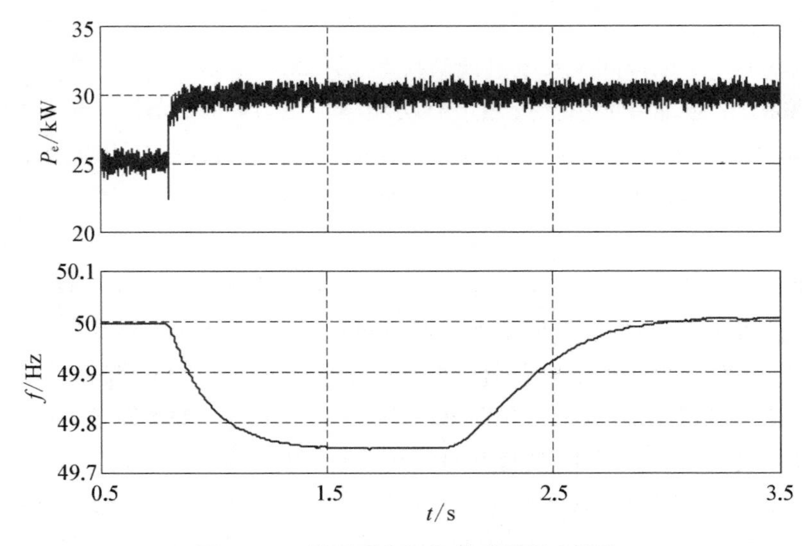

图 4-50　微网孤岛运行模式的频率调节

此时输出的频率按照一定的时间常数(J/D'，$J\omega_0 n_p'$)下降，下降幅度为 0.25 Hz(由等效下垂系数n_p'决定)。$t=2$ s 微网控制器对频率进行二次调节后，通过微网频率偏差补偿电池储能系统的有功参考值，使之与有功负荷匹配，最终让频率恢复正常水平。该仿真验证了 4.2.6.2 小节的一次、二次调频机制。

孤岛仿真三：基于 VSG 控制下的微网对电压的一次和二次调节。

仿真条件：初始条件下，电池储能系统的输出功率为 25 kW/0 var，参考功率同样为 25 kW/0 var。$t=0.5$ s 时突然增加额定功率为 5 kvar 的感性负荷，电池储能系统通过一次调压实现无功功率平衡；$t=1.5$ s 时微网控制器检测到微网母线电压偏移，动态调节电池储能系统 VSG 控制无功-电压下垂特性的参考无功功率，对电压进行二次调节。电池储能系统的无功-电压下垂系数 $n_q=0.000\ 2$ V/var，微网控制器的电压 PI 控制器的比例系数和积分系数分别为 10 和 100。

仿真分析：图 4-51 对应微网电压一次调节和二次调节过程中储能变流器输出无功功率和微网母线相电压的变化曲线。0.5 s 之前由于有功电流在总阻抗上产生压降，微网母线相电压U_g低于 220 V。$t=0.5$ s 突加无功负荷后，比例调节器作用下的无功功率经过振荡后稳定。考虑下垂特性和总阻抗上压降，实际母线相电压为 210 V 左右。$t=1.5$ s 微网控制器通过改变电池储能系统的参考无功功率，对微网电压进行二次调节，使之趋于正常值。由于电压升高，无功负荷达到额定值。该仿真验证了 4.2.6.2 小节的一次、二次调压机制。

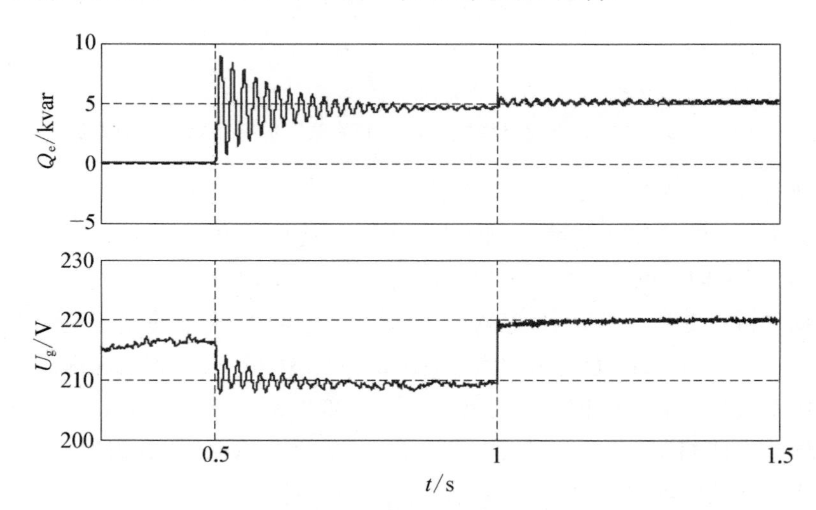

图 4-51　微网孤岛运行时的电压调节

4.4.1.3　并网仿真分析

并网仿真一：不同虚拟惯量、阻尼调节下对有功指令的响应。

仿真条件：微网内其他微源和负载已并网工作，由电网负责微网电能供应。

VSG 控制下的电池储能系统在 $t=0$ s 时并网启动，其有功参考值为 0。$t=1.5$ s 时由配网管理系统向微网下达调度指令，希望微网自身增加 25 kW 的有功输出，此时微网控制器将电池储能系统的有功功率参考值提高到 25 kW。

仿真分析：图 4－52 为三组参数下有功指令的暂态响应过程。对应了 4.3.2.2 小节中设计的最优参数 $J=1.5\ \mathrm{kg \cdot m^2}$，$D'=35(H=6,\ D_p=140\ \mathrm{p.u.})$，其功率响应速度较快，超调量较小，接近最优二阶系统。将等效阻尼 D'提高到原来两倍时，对应的曲线响应速度明显变慢，为过阻尼系统；当 D'为最优值的一半时，对应的曲线响应速度变快，超调增大，对应欠阻尼系统。

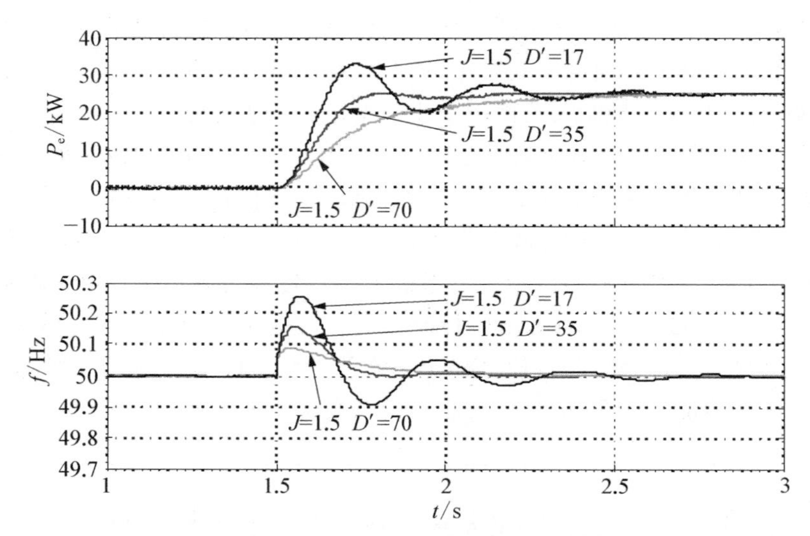

图 4－52　微网并网运行模式下电池储能系统的有功功率响应曲线

并网仿真二：虚拟同步发电机控制算法对电网频率的响应

仿真条件：电池储能系统并网工作，指令有功功率和实际输出有功功率均为 25 kW。$t=2$ s 时电网频率发生波动，虚拟惯量 $J=1.5\ \mathrm{kg \cdot m^2}$，等效阻尼 $D'=140$。

仿真分析：图 4－53(a)中，电网频率从 $t=2$ s 经过 2 s 左右由额定值 50 Hz 缓慢下降至 49.99 Hz。因为功角的增大，图 4－53(c)中电池储能系统提高功率输出以补偿功率缺额引起的电网频率变化。与此同时，图 4－53(b)中电池储能系统减小自身频率以抑制功角增大。稳态时，由于偏离额定频率，等效阻尼 D'的一次调频作用使有功功率稳定在 27.5 kW 附近。

并网仿真三：有无积分环节对并网无功控制的影响。

仿真条件：微网内其他微源和负载已并网工作，由电网负责微网电能供应。VSG 控制下的电池储能系统在 $t=0$ s 时并网启动，其无功参考值为 0。$t=1$ s 时配网管理系统向微网下达调度指令，希望微网自身增加 5 kvar 的无功输出，微网控

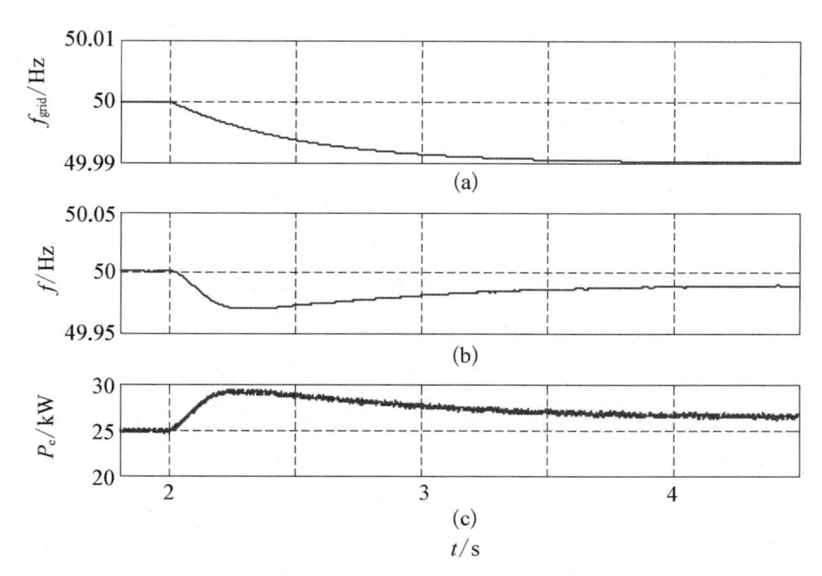

图4-53　电网频率变化时电池储能系统的功率、频率响应

(a) 电网频率随时间变化；(b) 电池储能系统频率随时间变化；(c) 电池储能系统功率随时间变化

制器将电池储能系统的无功功率参考值提高至5 kvar。分别在有/无积分环节的条件下观察无功功率响应过程。其中无功下垂系数 n_q=0.006 7 V/var，积分项系数 k_q=0.05。

仿真分析：图4-54的无功响应图像中，有积分环节的无功闭环控制曲线能够

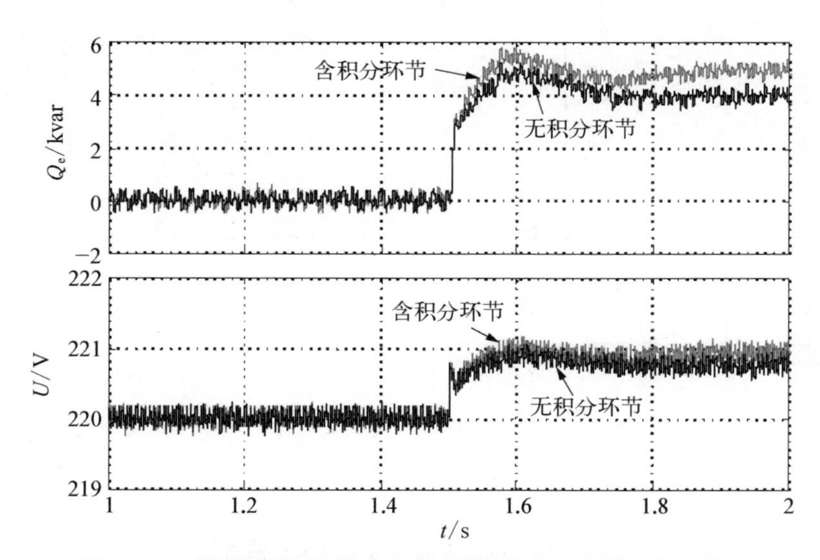

图4-54　微网并网运行模式下电池储能系统无功控制方法对比

实现指令无功的无静差控制，无积分环存在 1 kvar 的稳态误差。PI 控制下的无功功率在网测电感上产生了更大的压降，因此对应的变流器输出电压（滤波电容电压）U 比单下垂环节的无功控制对应的输出电压高 0.2 V。

4.4.1.4　运行模式切换仿真分析

切换仿真一：离网运行模式切换至并网运行模式。

仿真条件：孤岛条件下电池储能系统与负荷间供需平衡，微网在频率和电压的一、二次调节下均处于额定水平，电池储能系统的功率参考值为 25 kW/0 var 且输出额定有功功率。初始状态下电网相位超前微网 60°，$t=0.5$ s 微网控制器切入相位同步算法，相位控制器为比例调节器，比例系数为 100 000，输出上限为 ±30 000；$t=2.5$ s 接入电网，微网控制器锁存下发至电池储能变流器的参考功率、切除频率、相位和电压 PI 控制器。$J=1.5\ \mathrm{kg\cdot m^2}$，$n_p'=4.55\times10^{-5}$ rad/W。

仿真分析：$t=0.5$ s 开始，微网控制器检测微网母线与电网的电压相位差并调节主电源的参考有功功率，在比例调节器的作用下，图 4-55(c)中的参考有功功率 P_0 很快达到上限 55 kW，由于负荷消耗的有功功率 P_e 保持不变，图 4-55(d)中电

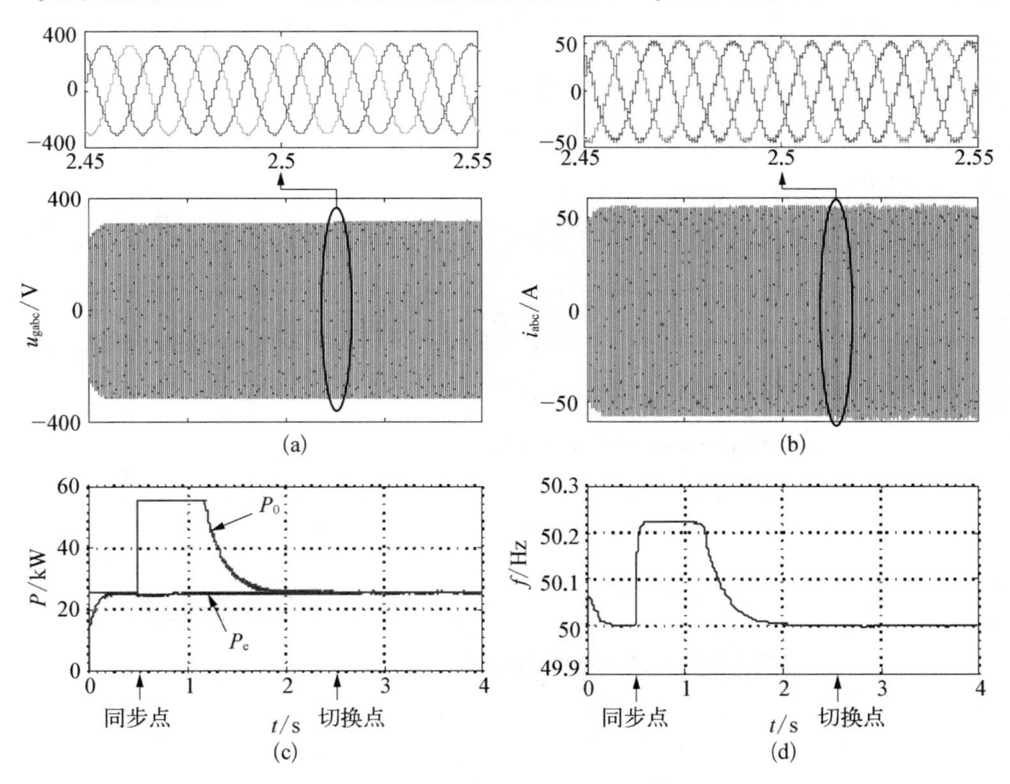

图 4-55　微网孤岛运行切换至并网运行

(a) 微网母线电压；(b) 电池储能系统输出电流；(c) 有功功率；(d) 电池储能系统频率

池储能系统的频率开始上升。此时电池储能系统的频率高于电网频率，微网与电网的电压相位差逐渐减小，图4-56体现两者a相电压瞬时值之差减小。$t=2.5$ s，微网与电网间的电压幅值相位差符合并网标准，微网接入电网。图4-55(a)和(b)中微网母线电压和电池储能系统的输出电流在切换点无明显过冲或跌落，切换过程十分平稳。

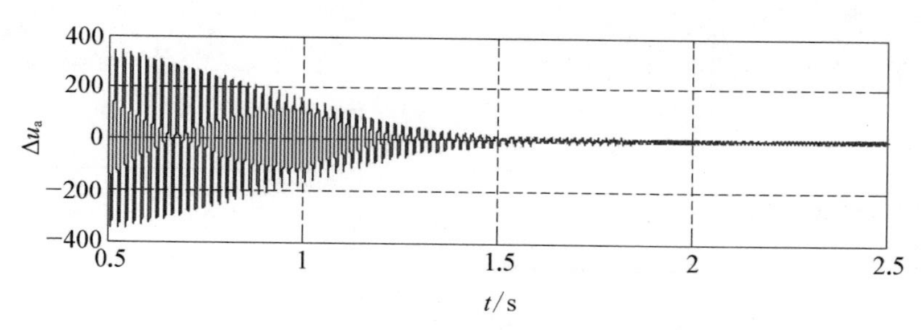

图4-56　预同步过程中微网与电网的 *a* 相电压差

切换仿真二：并网运行模式切换至离网运行模式。

仿真条件：初始条件下微网处于并网状态运行，假设电网电压幅值和频率恒定。电池储能系统的参考功率为25 kW/3 kvar(对应实际输出功率)，所带负载为22 kW/0 var，功率差注入电网。$t=3$ s时PCC点处的静态开关断开，微网孤岛。虚拟惯量$J=1.5\ \mathrm{kg\cdot m^2}$，并网时的等效阻尼$D'=70$[孤岛条件下对应的等效下垂系数$n'_{\mathrm{p}}=4.55\times10^{-5}$ rad/(s・W)，即7.24×10^{-6} Hz/W]，无功功率环积分器的输出上限为±5 V，无功功率环路输出上下限幅分别为226 V和213 V。

仿真分析：图4-57(b)中，$t=3$ s切换瞬间，由于电池储能变流器在并网时向电网注入的功率与孤岛时给负荷供给的功率不平衡导致图4-57(b)中的输出电流减小。由于孤岛时负荷不消耗无功，无功功率指令与图4-57(d)中实际消耗无功之间的偏差使无功控制器的输出饱和，参考电压有效值达到上限，即226 V，导致图4-57(a)中的微网母线相电压峰值高出正常水平9 V左右，图4-57(f)中的微网母线相电压有效值高出正常水平6 V左右。与此同时，4-57(c)中的微网负荷在孤岛条件下消耗的有功功率超出额定值，为23.3 kW，与参考功率的偏差(1.7 kW)导致图4-57(e)对应的频率升高0.012 Hz，电池储能系统的VSG控制通过一次调频实现有功功率平衡。综上，电压源型的VSG控制能够实现微网从并网运行状态向离网运行状态的无缝切换，该过程中电压电流无畸变，暂态过程稳定。需要注意的是，VSG控制在并网向孤岛切换时的有功功率输出差额应该在一次调频允许的范围内，并且无功功率控制环路的输出限幅应保证微网电压在孤岛瞬间仍处于正常范围。

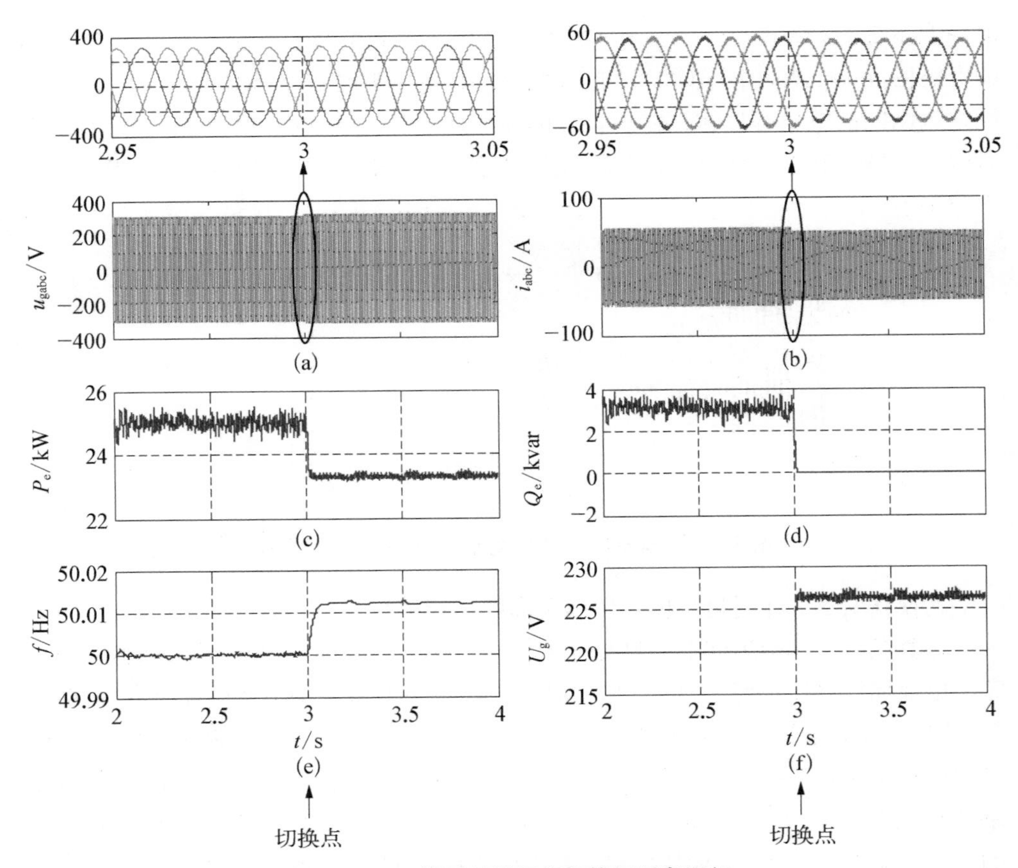

图 4-57 微网并网运行切换至孤岛运行

(a) 微网母线电压；(b) 微网母线电流；(c) 微网有功功率负荷；(d) 微网无功功率负荷；(e) 微网频率；(f) 微网母线相电压有效值

4.4.2 实验研究

为验证电池储能系统的虚拟同步特性，我们搭建了如图 4-58 所示的低压小功率实验平台结构，下面简要介绍该实验平台的软硬件设计。

4.4.2.1 实验平台硬件设计

实验平台的硬件部分主要由主电路、控制电路以及监测三大部分组成。

1) 控制电路部分

基于数字信号处理(digital signal processing，DSP)的控制电路能够快速实现数字信号处理以及各种数字控制算法的计算。本实验平台采用 TI 公司 C2000 系列 TMS320F28335 芯片作为控制器，其主要特点有：① 采用高性能 CMOS 技术，主频高达 150 MHz，完全满足电力电子器件高开关频率下的计算需求；② 自带 12

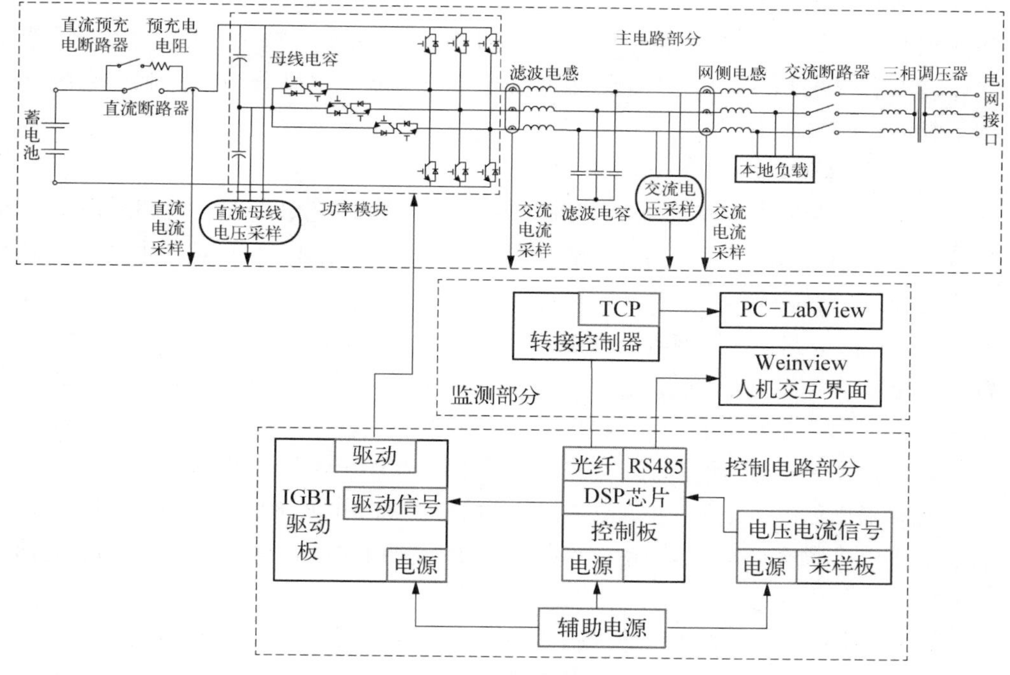

图 4-58 实验平台结构

位 A/D 模数转换器，由两个 8 通道转换器组成，可根据用户要求独立使用或级联成 16 通道转换器；③ 具有 12 路的增强型脉宽调制器(ePWM)模块，能产生 6 组独立的脉冲。本实验需要在电力电子器件的一个开关周期内对采样的模拟量进行模数转换，经过 SVPWM 调制策略的大量浮点运算，最终为三相 T 型三电平电路提供 6 路独立的 PWM 脉冲。

TMS320F28335 的 A/D 转换模块的适用电压为 0～3 V，电压和电流传感器采集的电压电流信号需要经过采样板上调理电路分压和隔离，转化为 0～3 V 范围内 A/D 转换模块的正常工作电压。

DSP 芯片输出的 PWM 脉冲信号经过 IGBT 驱动板上驱动模块的隔离和放大，最终控制 IGBT 的开通和闭合。

2）监测部分

实验过程中除了需要对电压、电流、功率等数据进行实时监测，还需要设置相关参数以及下达指令，因此开发了基于 Weinview 的 TK8070iH 屏幕的人机交互界面，该交互界面通过控制板上的 RS485 接口与 DSP 芯片完成每 0.5 s 一次的慢速通信以实现数据交互。

本实验还建立了基于 LabView 的状态参数观测界面，以观察 VSG 控制中频率和功率的暂态变化过程。将 DSP 与上海交通大学风力发电研究中心研发的分布式控制器系统通过光纤连接进行高速通信，然后利用后者的以太网口与 PC 建立连接以实现在 LabView 界面观察暂态变量的功能。这里分布式控制器系统起到了数据转接的作用。

3）主电路部分

本实验平台的主电路部分主要由电池、直流电容预充电电路、直流稳压电容、IGBT 功率模块、LC 滤波电路、网侧电感和三相调压器组成，下面对其中的关键部分进行介绍。

(1) 直流电路：直流侧电池采用 48 V/40 AH 的磷酸铁锂电池模块组合而成。锂离子电池具有寿命长、充放电效率高对环境无污染等优点[12]，是未来大容量电池储能系统的重要发展方向。实验平台直流侧电压范围为 96～240 V，可根据实验要求选择 2～5 节电池串联。本实验最终采用两节电池串联，电压为 96 V。

实验采用三电平电路，直流母线上下电容为 1.98 mF，配合额定功率 100 W、大小为 100 Ω 预充电电阻，可在直流断路器闭合前以时间常数为 $\tau=0.198$ s 的速度对电容进行预充电。

(2) 功率电路：区别于理论和仿真分析时采用的两电平三相半桥结构，实验中采用 T 型三电平三相半桥拓扑。功率电路选取英飞凌公司的 T 型单相桥臂模块，型号为 F3L75R12W1H3_B27（见图 4－59），其中 T1 和 T4 为 1 200 V/75 A 的普通 IBGT，T2 和 T3 为 600 V/75 A 普通 IGBT，其功率等级完全满足实验需求。单个模块含有热敏电阻，可用来检测模块内部的温度。IGBT 的开关频率为 10 kHz。

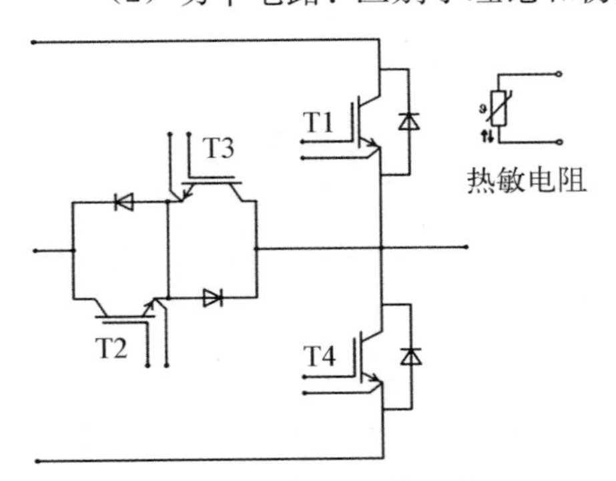

图 4－59　英飞凌 F3L75R12W1H3_B27 模块结构

(3) LC 滤波电路与网测电感：实验中的滤波参数为 $L_f=1.65$ mH，$C_f=56$ μH。根据实际参数可计算 LC 滤波器的转折频率 f_n：

$$f_n=\frac{1}{2\pi\sqrt{L_fC_f}}=523\ \text{Hz} \tag{4-79}$$

小于开关频率(10 kHz)的 1/10，在滤波性能上该组参数达到要求。

考虑功率器件开关引起的脉动电流：

$$\Delta I_{\text{Lmax}}=\frac{U_{\text{dc}}}{8L_f f_s}=\frac{100}{8\times1.65\times10^{-3}\times10^4}=0.757\ \text{A} \tag{4-80}$$

式中，f_s为开关频率。假设额定电流大小为 5 A，则纹波电流占额定电流的 15.5%，符合 25%最高上限的要求。

网侧电感用来增加线路阻抗中的感性成分，大小为 $L_g = 0.4$ mH。网侧电感的引入相当于与 LC 滤波电路共同形成了 LCL 电路。考虑谐振频率 f_{res}：

$$f_{res} = \frac{1}{2\pi}\sqrt{\frac{L_g + L_f}{L_f L_g C_f}} \approx 1.16\ \text{kHz} \tag{4-81}$$

谐振频率的要求为

$$10 f_0 \leqslant f_{res} \leqslant f_s / 2 \tag{4-82}$$

式中，f_0为电网额定频率。实验器件对应的谐振频率满足限制要求。

(4) 三相调压器：由于本实验为低压小功率实验，需要将电网电压调整至较低水平。三相调压器采用三个单相调压器星型连接而成，调压器型号为奇皮尔 TDGC2-5，额定输出电流为 20 A。

经过以上的硬件设计，实验平台的主电路与控制电路实物图如图 4-60 所示。

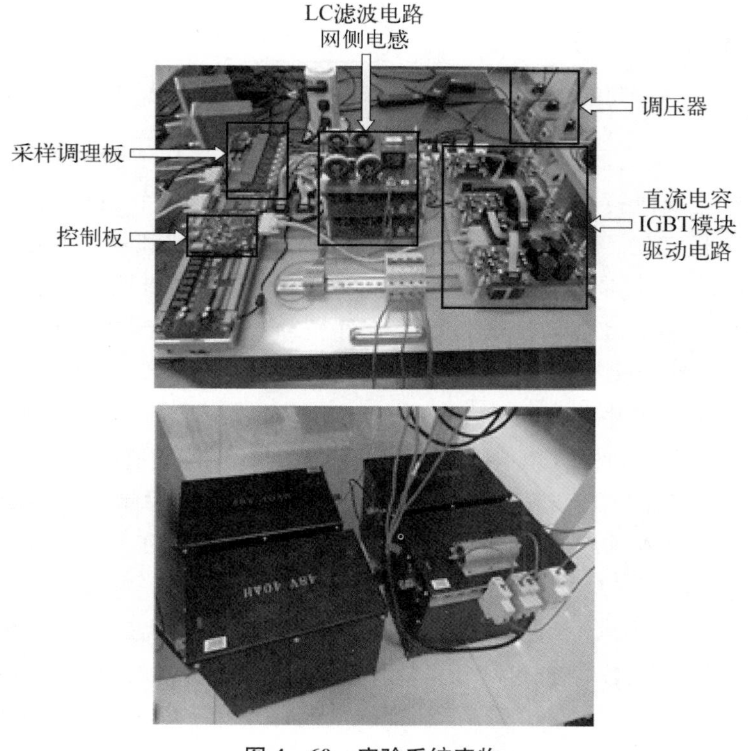

图 4-60　实验系统实物

4.4.2.2 实验平台软件设计

图 4-61 为主控制程序的流程图。其中 DSP 初始化过程包括中断、GPIO、SCI、ECAN、I2C 等硬件和外设的初始化。控制板自检主要是检查 DSP 的 A/D 采样以及与 DSP 相连的外设芯片 FPGA 和 F28027 是否正常工作。核心外设的初始化包括 ADC、EPWM、XINT 的初始化，然后再配置相关外设模块并设置 PIE 寄存器。

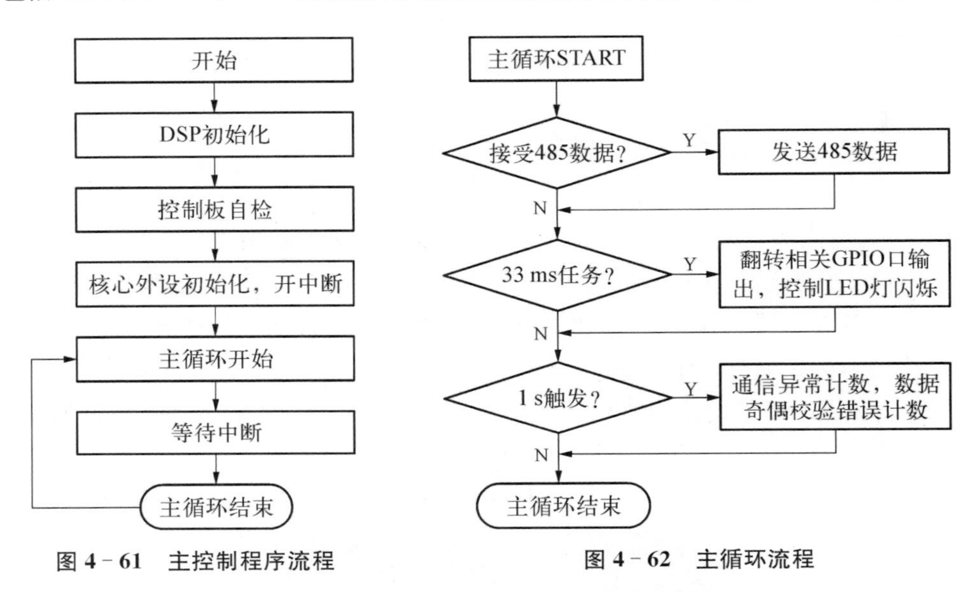

图 4-61　主控制程序流程　　**图 4-62　主循环流程**

控制器自启动之后一直重复执行主循环。控制算法在中断实现，主循环等待中断请求并优先执行中断任务。除此之外，主循环在每个循环周期内执行与 Weinview 人机交互界面的 485 通信程序，还设有每 33 ms 和每 1 s 执行一次的周期性任务。33 ms 周期性任务为控制板上由 GPIO 相关端口控制的 LED 灯闪烁，1 s周期性任务包括通信异常级数、数据奇偶校验错误计数等通信错误监测任务。主循环流程如图 4-62 所示。

主中断为 ADC 中断，由 EPWM 中断触发，触发过程如图 4-63 所示。EPWM 的中断由事件 TBCTR=TBPRD 触发，通过设计 TBPRD 的值可以改变 EPWM 的中断周期。本实验的 T 型开关管的开关频率为 10 kHz，因此中断周期可设置成 100 μs。每次 EPWM 触发都伴随片内 AD 通道的 ADC 转换，过程耗费 5 μs 左右。转换完成后开始 ADC 主中断，主中断中执行的主要任务有：① 读取 AD 的电压、电流采样值并转化为实际值；② 通过判断实际的电压、电流是否超过保护阈值决定是否执行保护算法；③ 通过判断系统在表 4-4 状态机中的位置执行相应动作；④ 执行核心算法，包括电网电压锁相，电压电流有效值计算，Clark 正反变换，Park 正反变换，数字 PI 控制器的计算，SVPWM 调制算法计算等。

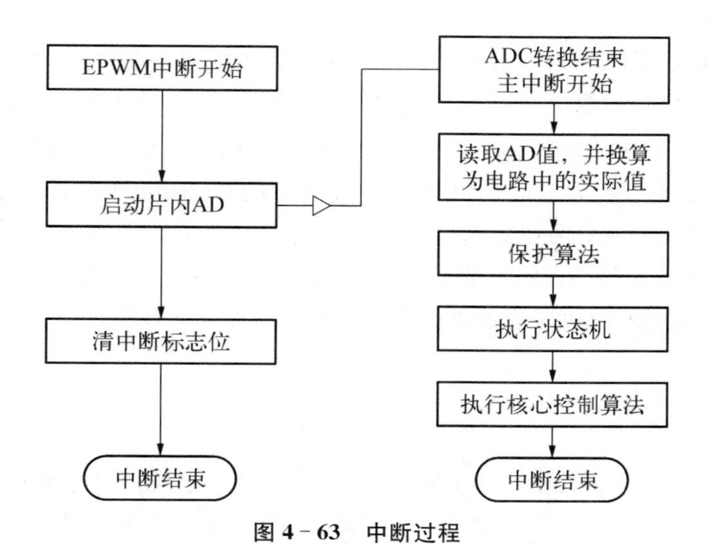

图 4－63　中断过程

表 4－4　系统状态机

状态机名称	状 态 描 述
关机(ShutDown)	关机指令,不开放脉冲,持续执行相关变量的初始化
预运行(PreOperation)	启动之后至运行前的过渡状态,负责执行状态切换动作(开放脉冲等)
运行(Operation)	电池正常充放电
故障(FailSafe)	电压电流超过阈值触发保护算法进入此状态,必须重启控制器才能跳出

4.4.2.3　实验结果分析

根据理论和仿真分析,及表 4－5 的实验参数,在本节设计的实验平台上进行实验验证,并通过示波器和 LabView 等工具记录实验波形。

表 4－5　实验参数

直流母线电压 U_{dc}/V	96
交流母线相电压 U_g/V	33
额定功率 S_n/(V・A)	500
直流母线上下电容 C_{dc}/μF	1 980
滤波电感 L_f/mH	1.65
滤波电容 C_f/μF	56
网侧电感 L_g/mH	0.4

1）孤岛实验

用电池储能系统给3个大小为5 Ω，星型连接的电阻负载供电，进行孤岛模拟。

（1）恒压恒频控制。忽略虚拟同步发电机控制的调节作用，给定33 V的相电压参考以及50 Hz的频率参考进行恒压恒频控制以测试底层电压电流闭环的控制性能。图4-64为电池对负载电阻放电时的稳态电压电流波形，其中通道1和2分别测量了b、c两相交流母线出线与滤波电容中点之间的相电压，电压峰值约46 V；通道3和4分别测量了b、c两相的相电流，电流峰值约为9 A。综上，对于恒压恒频控制，该试验系统能够很好地跟踪电压和频率指令，输出的电压电流交流波形稳定。

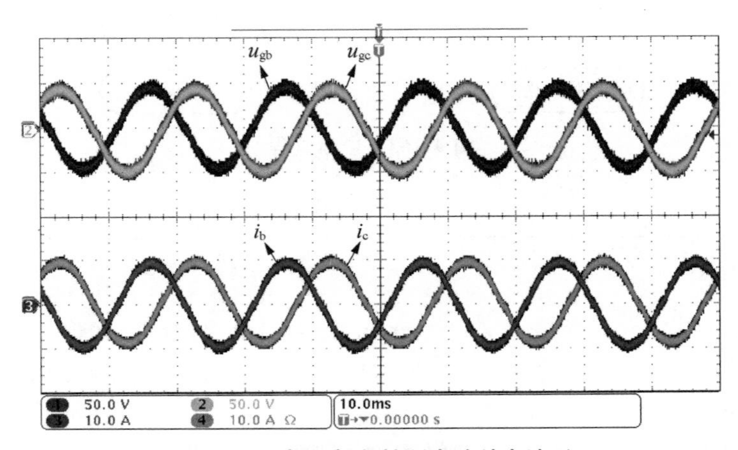

图4-64　恒压恒频控制电池放电波形

（2）下垂控制与虚拟同步发电机控制的对比。对比下垂控制和虚拟同步发电机控制一次调频特性。将两种控制方式有功功率参考设为0，下垂系数取$n_p'=1.592\times10^{-3}$ rad/(s·W)，虚拟同步发电机控制的虚拟惯量$J=2$ kg·m^2，反复投切阻性负载。图4-65为两种控制方法在功率稳态波动情况下的LabView频率波形，其中下垂控制对功率变化敏感、频率快速响应，在50 Hz和49.837 Hz之间反复切换；对比之下，VSG控制下的频率变化缓慢，在一定的时间周期内频率变化幅度相对较小。可见VSG控制在孤岛情况下的微网频率稳定方面优势明显。

（3）孤岛模式下的一、二次调频。本组实验模拟了微网中的一、二次调频。该实验与4.4.1.2小节中孤岛仿真二中的VSG控制参数相同。如图4-66所示，$t=3$ s接入负载，电池储能系统通过一次调频实现功率平衡，在体现一定惯量的基础上频率减小，稳态频率为49.837 Hz。$t=11.5$ s时微网控制器检测到频率偏离额定值，将电池储能系统的参考有功功率提升至与负载匹配的水平，经过二次调频

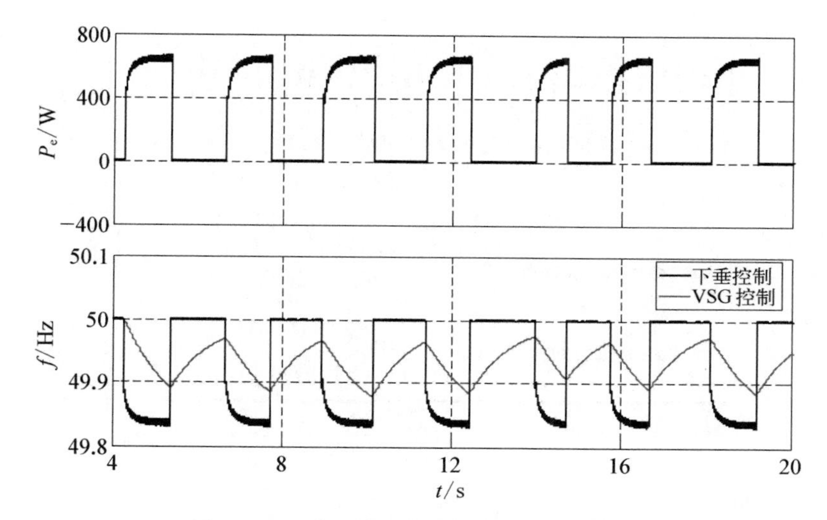

图 4-65　VSG 控制与下垂控制的频率对比

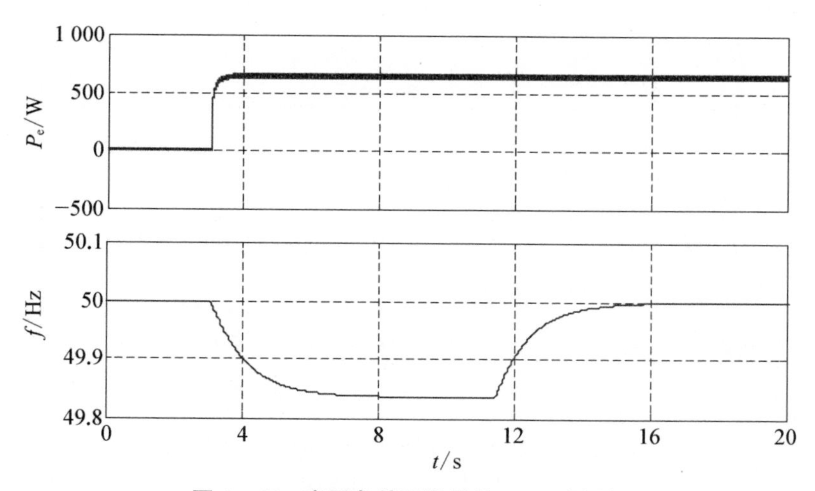

图 4-66　离网条件下微网的一、二次调频

后，电池储能系统的频率恢复正常。

2）并网实验

(1) 并网模式不同参数下的有功控制。

与 4.4.1.3 小节的并网仿真一类似，并网试验中，首先通过虚拟阻抗实现 j0.2 p.u.(j1.3 Ω)的总阻抗，将基于 VSG 控制的电池储能系统的有功功率参考从零增加至额定功率 $P_0=500$ W，图 4-67 至图 4-69 对应不同虚拟惯量 J 和等效阻尼 D' 时，有功功率响应过程中示波器 b、c 两相的电压电流波形以及 LabView 记录的功

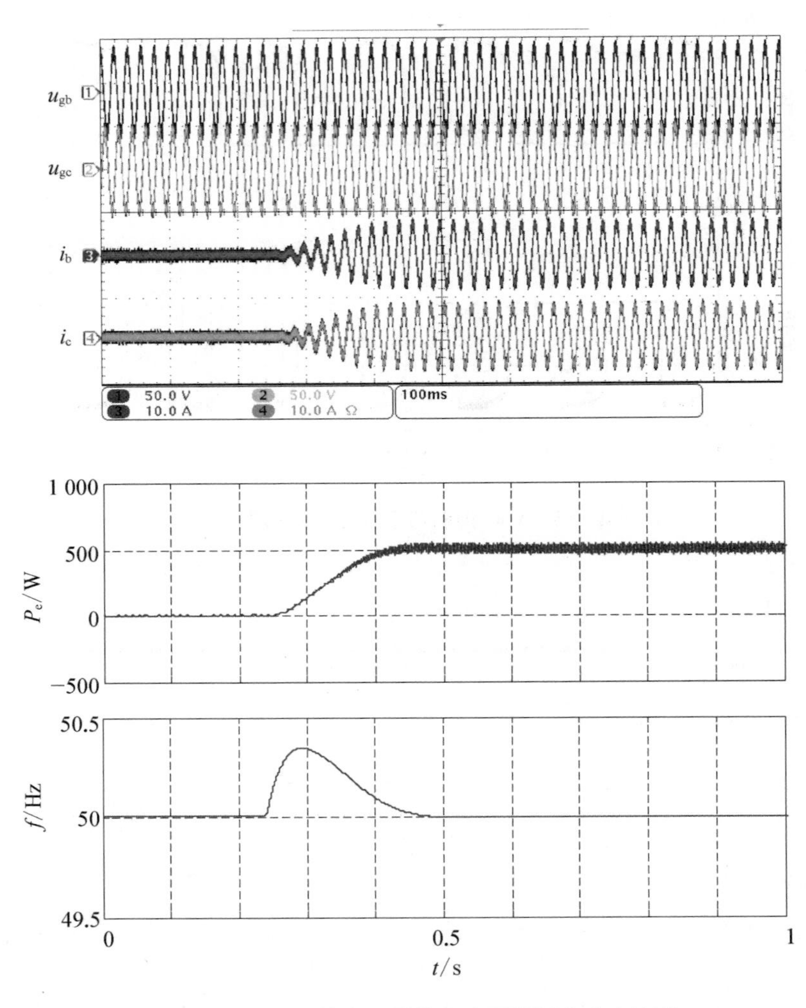

图 4-67　并网模式下最优二阶系统暂态响应波形

率和频率波形。

图 4-67 中的 VSG 控制参数 $J=0.03\ \text{kg}\cdot\text{m}^2$，$D'=0.71$ 对应了 4.3.2.2 小节中设计的最优二阶系统参数 $H=6$，$D_p=140$。$t=0.25$ s 改变参考有功功率后，电流和有功功率大小在较短时间内上升至指令值，几乎无超调，接近最优二阶系统。

图 4-68 对应的并网实验控制参数为 $J=0.03\ \text{kg}\cdot\text{m}^2$，$D'=2.84$，相比于最优二阶系统，等效阻尼上升至原来的 4 倍。$t=0.12$ s 改变参考有功功率后，电流和功率缓慢上升，经过约 0.8 s 后达到指令值，对应过阻尼系统。

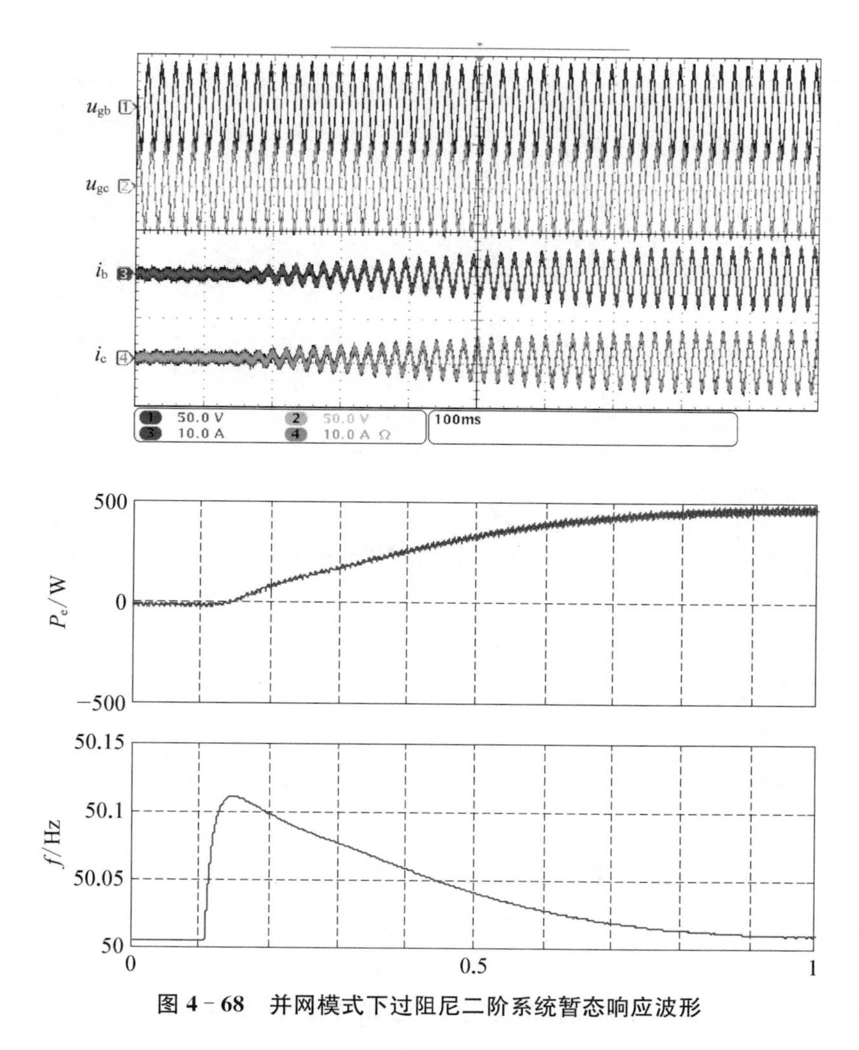

图 4-68　并网模式下过阻尼二阶系统暂态响应波形

图 4-69 对应的并网实验控制参数为 $J=0.12\ \text{kg}\cdot\text{m}^2$，$D'=0.71$，相对于最优二阶系统，虚拟惯量为原来的 4 倍。$t=0.5$ s 改变参考有功功率后，电流幅值和功率大小经过若干周期的振荡衰减后趋于稳定，对应欠阻尼系统。

综合改组实验，VSG 控制下的电池储能系统的虚拟惯量和等效阻尼的选取会影响系统对有功功率指令的暂态响应过程，通过相关参数的设计可优化系统的有功功率响应，使之成为最优二阶系统。

(2) 并网模式下无功的无静差控制。

图 4-70 对应并网条件下无功功率的无静差控制，其中无功-电压下垂系数为 0.002，积分环节系数为 0.005。$t=1.3$ s 将参考无功功率从 0 提升至 200 var，电池储能系统稳态时输出的无功功率与参考值相匹配。可见带有积分环节的无功控

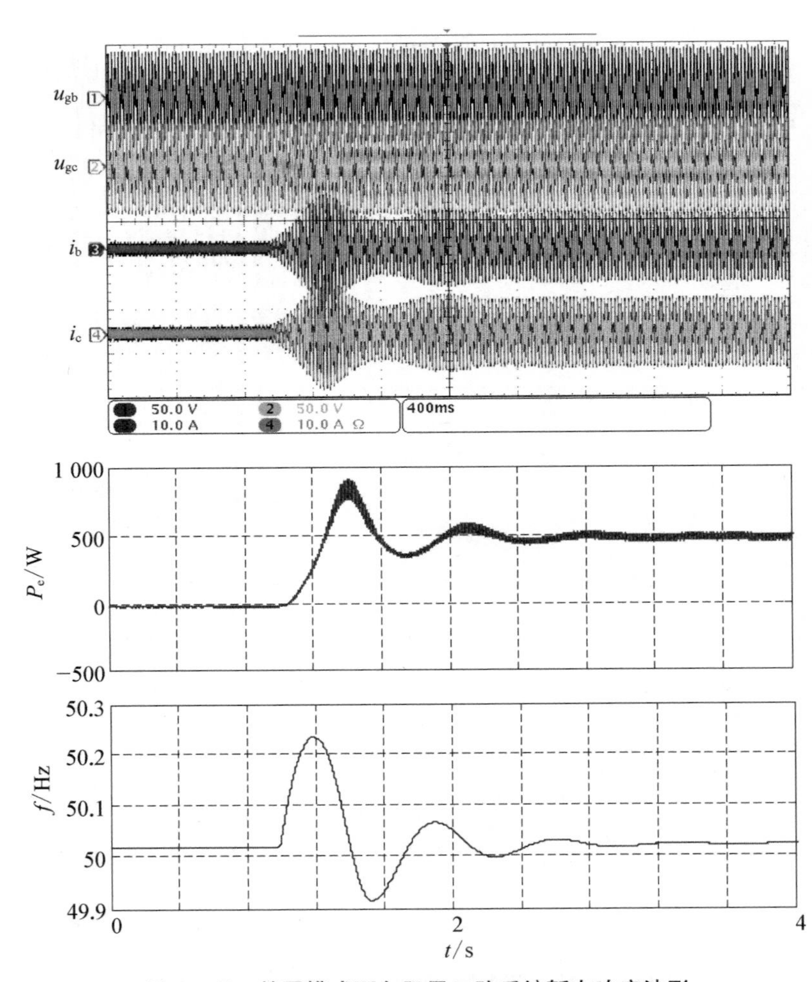

图 4－69　并网模式下欠阻尼二阶系统暂态响应波形

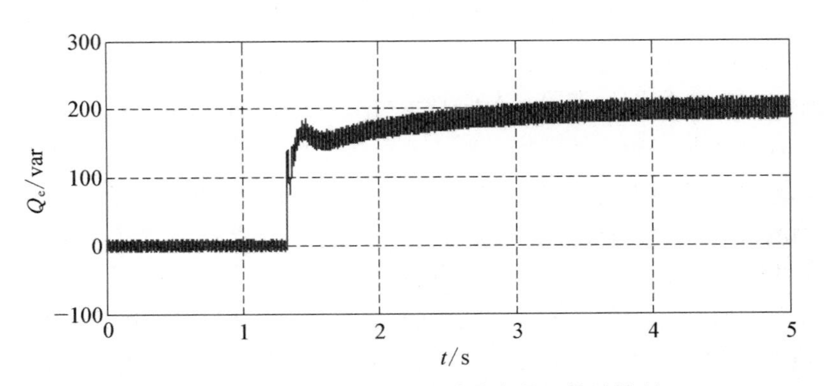

图 4－70　并网模式下的无功功率的无静差控制

制器能够实现无功功率的无静差控制。

3）运行模式切换实验

（1）并网运行切换至孤岛运行。

图4-71为并网运行切换至孤岛运行时的交流母线a相电压和电池储能系统输出的a相电流波形。其中有功控制的相关参数同并网实验最优二阶系统，无功控制参数同并网无功的无静差控制实验，无功PI控制器的输出上下限分别为$0.9U_0$和$1.1U_0$。切换前，电池储能系统的功率参考值为300 W/30 var，交流母线上同时连接星型连接的三相阻性负载，额定电压下的功率为653 W。图4-71中的切换瞬间，电池储能系统通过一次调频实现有功功率平衡，a相电流增大；由于无功参考值与负载无功间的不平衡导致无功PI控制器输出达到上限，此时的电压参考值为$1.1U_0$，考虑到总阻抗上存在压降，交流母线电压幅值有略微上升。切换点电压电流相位连续，符合切换要求。

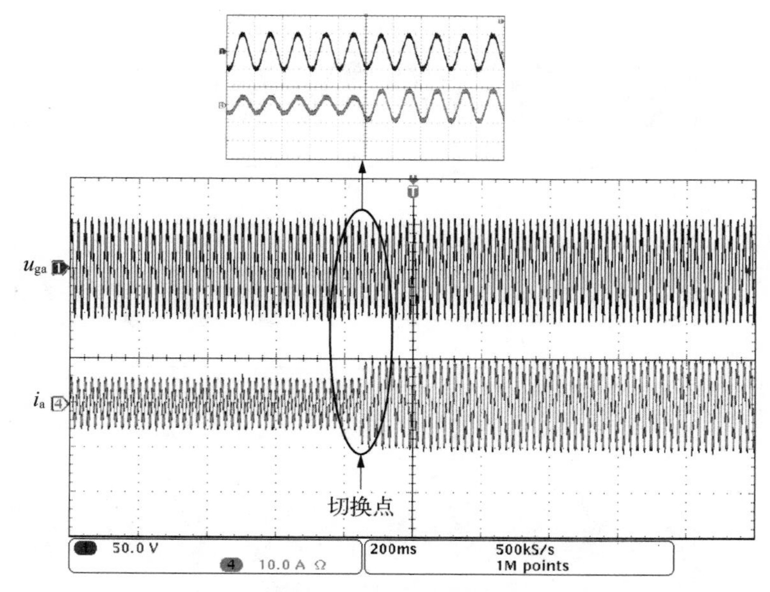

图4-71　并网运行切换至孤岛运行时交流母线a相电压与电流

（2）孤岛运行切换至并网运行。

图4-72为孤岛运行切换至并网运行时a相电压电流波形。有功控制参数对应并网时的最优二阶系统，无功控制下垂系数为0.002。相位控制器为比例调节器，比例系数为2 000，输出上限为±500。由于实验平台电压采样路数有限，这里采用电池储能系统滤波电容电压代替交流母线电压来与电网电压进行预同步。

并网前，电池储能系统空载，功率参考值为0 W/0 var，图4-72(b)中滤波电

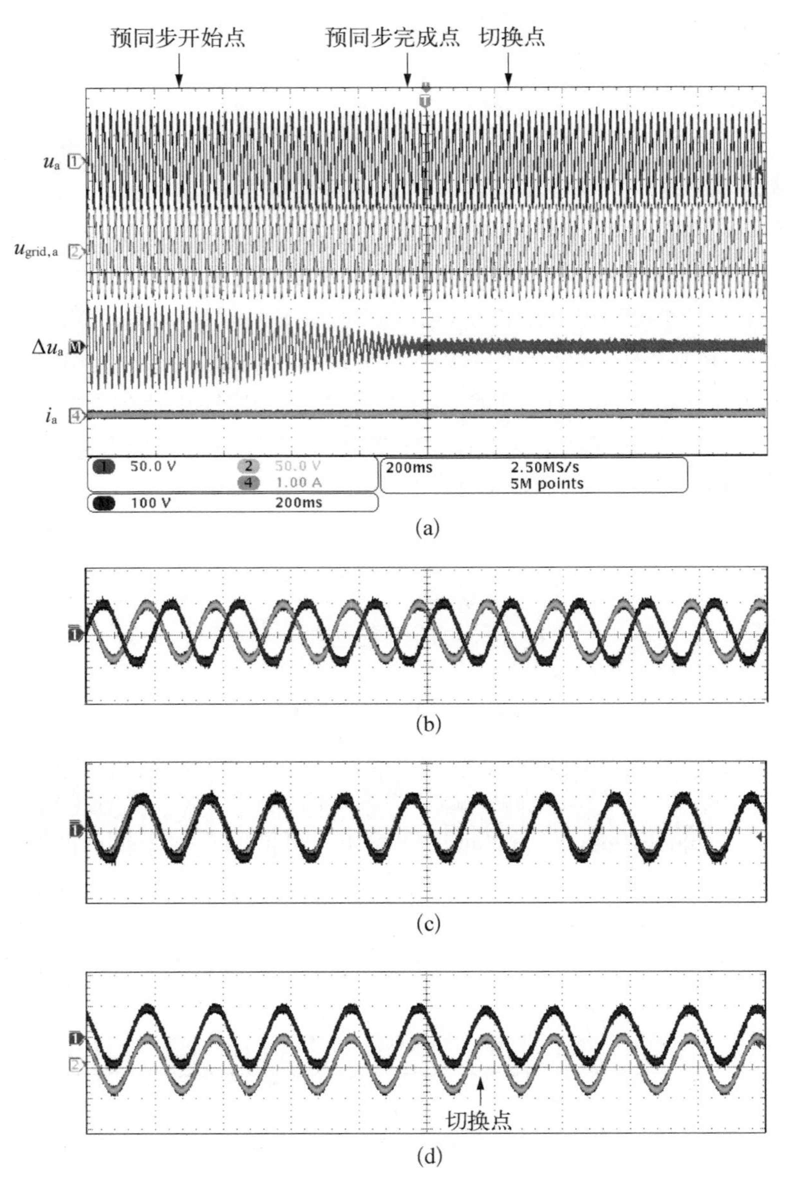

(a)

(b)

(c)

(d)

图 4-72　孤岛运行切换至并网运行时的情况

(a) 离网切换至并网整体运行情况；(b) 预同步前 a 相电压；
(c) 预同步完成点 a 相电压；(d) 切换点 a 相电压

容 a 相电压 u_a 与电网 a 相电压 $u_{grid,a}$ 的初始相位差为(2/3)π。开始预同步后，图 4-72(a)中 u_a 与 $u_{grid,a}$ 之间的差值 Δu_a 逐渐减小并接近 0。预同步完成后两者相位如图 4-72(c)所示，基本不存在相位差。之后将电池储能系统并上电网，图 4-72

(d)中并网点 u_a 相位连续,电压幅值无大幅变化。整个过程中,图 4-72(a)中电池储能系统输出的 a 相电流 i_a 都十分平稳,由于并网时电压相位一致,几乎未产生并网电流,很好地实现了孤岛至并网的切换过程。

4.4.3　基于 RTDS 的光-储微电网稳态运行实时仿真分析

4.4.3.1　实时数字仿真平台及微网模型介绍

实时数字仿真平台(real time digital simulator, RTDS)可以小步长、实时计算、精确地模拟电气设备的动态过程,其硬件在环仿真可对接实际控制器,验证其控制效果。作为电力系统实时仿真工具,RTDS 受到学术界和工业界越来越多的认可,是微网研究的一项有力工具。

1) 实时数字仿真平台(RTDS)简介

RTDS 仿真机柜如图 4-73 所示。每个机柜包含上下两个 RACK,每个 RACK 最多可以配置 5 张 GPC 卡用于实时仿真计算。

图 4-73　RTDS 仿真机柜

RTDS 主要的优势有以下几个方面:

(1) 仿真具有实时性,即仿真运行时间和实际电力系统运行时间匹配,这种实时性使得 RTDS 上进行的仿真能够更加真实地反映系统运行时遇到的各种问题,在研究电力系统电磁暂态现象方面起到重要作用。

(2) 由于 RTDS 提供了丰富的外部接口,实时性使其能直接和实际的控制器和保护装置相连,进行数字和物理混合仿真,在不便于开展纯物理实验时,可提供较好的验证手段。

(3) RTDS 配套的仿真软件 RSCAD 提供了丰富的电力系统元件库,搭建相关模型十分便捷。

2) 微网实时仿真模型

以光储微电网为例,微网实时仿真模型如图 4-74 所示,包含“电网等效电压源及内阻抗”、“输电线模型”、“主变压器及并网静态开关”、“光伏发电系统”、“储能系统”、“微网负荷”、“光伏及储能控制系统”、“上层控制及相关实验模块”、“故障发生模块”9 大版块。其中上层控制及相关实验模块使用前述的微网分层控制策略，上层控制即设置微网控制器给下层微源控制器发指令以及负责微网的协调调度；相关实验模块即设定具体仿真时需要的功能块，如光照波动模块、负荷突变模块等；故障发生模块负责模拟三相对地短路、单相短路等常规故障的发生。微网实时仿真模型中的重要参量如表 4-6 所示。

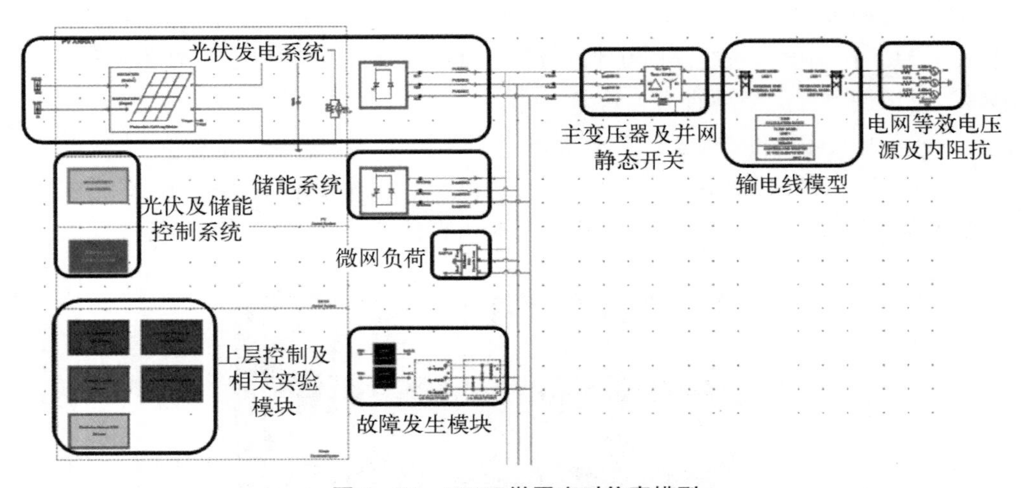

图 4-74　RTDS 微网实时仿真模型

表 4-6　微网实时仿真模型相关参数

光伏发电系统相关参数		储能系统相关参数	
直流母线电压 U_{DC}/V	645	直流母线电压 U_{DC1}/V	635
直流母线电容 C_{DC_pv}/μF	800	直流母线电容 C_{DC_bs}/μF	800
额定容量 S_n/(kV·A)	50	额定容量 S_n/(kV·A)	50
滤波电感 L_{inv_pv}/mH	3.2	逆变器侧滤波电感 L_{inv_bs}/mH	2.5
滤波电容 C_{pv}/μF	33	滤波电容 C_{bs}/μF	27.02
微网母线及主网系统参数			
微网交流母线电压 V_{LL}/V	380		
架空传输线长度/km	6		
架空线直流电阻/(Ω·km^{-1})	0.253		
架空线电抗/(Ω·km^{-1})	0.251 34		

（续表）

微网母线及主网系统参数	
配电网线电压 u_{gr}/kV	10
电网内阻抗-电阻 R_u/Ω	0.214
电网内阻抗-电抗 L_u/mH	0.682

RTDS 仿真中，设定电流方向由逆变器流向电网为负，所以功率负号表示微源输出功率，反之为微源吸收功率。

4.4.3.2　有功环参数响应

前文在推导并网状态下 VSG 控制的小信号模型的基础上给出了有功环虚拟惯量 J 和虚拟阻尼 D 的解析设计方法，并根据最优二阶系统的阻尼比(0.707)设计出模型中所用参数，若 $J=0.025\,33$，$D=0.012\,13$。正如前文分析，稳态并网运行情况下改变有功功率参考指令，VSG 的输出有功功率会以一定的惯量和阻尼响应参考指令，其仿真结果如下。

1）虚拟惯量 J 变化的动态响应

参数与条件：储能系统处于并网恒功率工作模式，t_1 时刻有功功率参考指令发生阶跃跳变，观察不同虚拟惯量 J 下的系统输出动态响应（此时虚拟阻尼 D 恒等于 0.012 13）。

实时仿真结果如图 4－75 所示。

结果分析：图 4－75 给出了 4 个不同的 J 取值下 VSG 输出功率对指令变化的动态响应。图 4－75(a)对应最优二阶系统 $\xi=0.707$；图(b)、(d)分别对应欠阻尼系统 $\xi=0.456$、$\xi=0.353$，可以看出欠阻尼系统中有功输出动态响应均出现了超调现象，且阻尼比越小，超调现象越严重。图 4－75(c)对应过阻尼系统 $\xi=1.581$，对比图(a)、(c)，可以看出过阻尼系统达到稳态所需要的时间更长，但不会出现超调现象。综合图 4－75，印证了 4.3 节对虚拟惯量 J 的参数设计是正确的，满足最优二阶系统的要求。

2）虚拟阻尼 D 变化的动态响应

参数与条件：储能系统仍处于并网恒功率工作模式，t_1 时刻有功功率参考指令发生阶跃跳变，观察不同虚拟阻尼 D 下的系统输出动态响应（此时虚拟惯量 J 恒等于 0.025 33）。

实时仿真结果如图 4－76 所示。

结果分析：图 4－76 给出了 4 个不同的 D 取值下 VSG 输出功率对指令变化的动态响应。图 4－76(a)仍对应最优二阶系统 $\xi=0.707$；图(b)、(d)分别对应欠

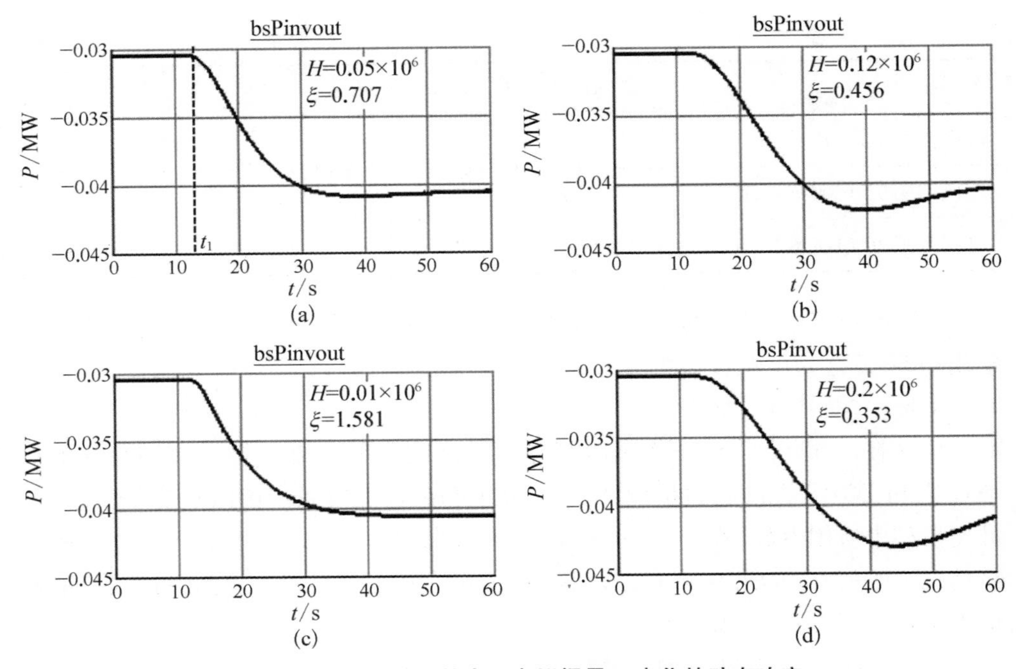

图 4－75　VSG 并网状态下虚拟惯量 J 变化的动态响应

(a) $J=0.025\ 33$;(b) $J=0.060\ 79$;(c) $J=0.005\ 066$;(d) $J=0.101\ 32$

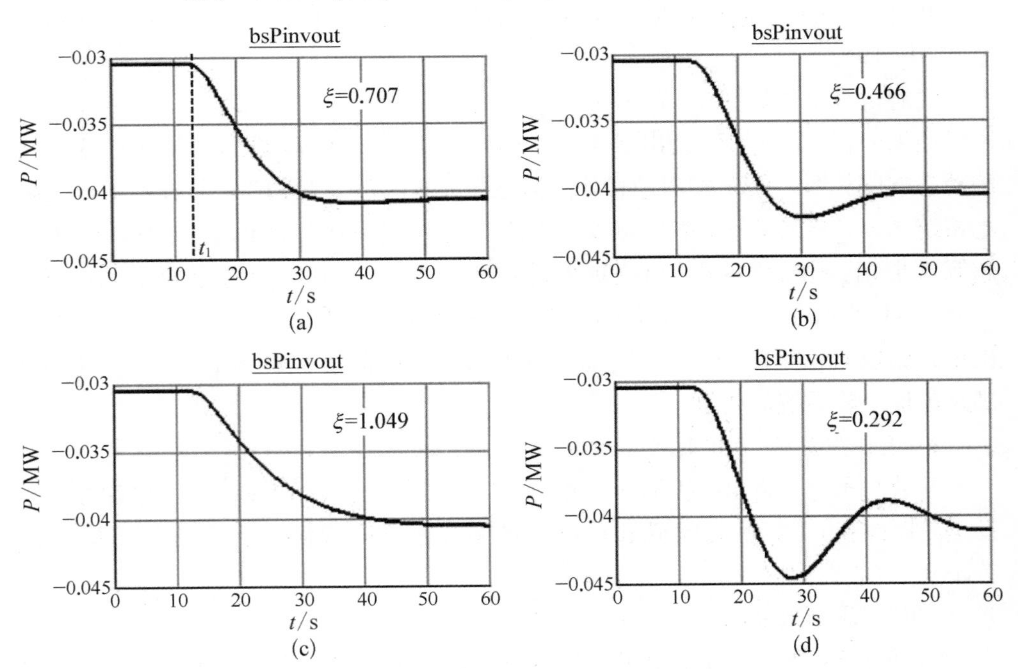

图 4－76　VSG 并网状态下虚拟阻尼 D 变化的动态响应

(a) $D=0.012\ 13$;(b) $D=0.008$;(c) $D=0.018$;(d) $D=0.005$

阻尼系统 $\xi=0.466$、$\xi=0.292$，仍旧出现了超调现象，结论和 J 变化时一致。图 4-76(c)对应过阻尼系统 $\xi=1.049$，系统达到稳态所需时间更长，不会出现超调现象。综合图 4-76，印证了 4.3 节对虚拟阻尼 D 的参数设计是正确的，满足最优二阶系统的要求。同时纵向对比参数 J 和参数 D 的变化可以发现，阻尼比并不是衡量系统动态响应性能基准参量，譬如对比图 4-75(c)和图 4-76(c)，可以发现 4-76(c)中的阻尼比计算值更小，按理论其过阻尼现象不及图 4-75(c)，但实际结果却是前者的响应更慢，所以 VSG 控制策略对虚拟阻尼 D 的参数敏感性更高，参数 D 发生变化时对系统动态响应性能的影响比 J 更明显。

4.4.3.3　光伏发电日变化

本小节模拟光伏发电系统日发电量的变化曲线，考察并网和孤岛两种运行状态下 VSG 微源主导的光储微电网每日运行特性，并且和 PQ、V/f 等控制策略进行对比分析。

1) 并网运行状态

参数与条件：储能系统采用恒功率运行模式，设定有功功率参考指令为 25 kW、无功功率参考指令为 20 kW；微网系统有功负荷 40 kW、无功负荷 30 kW、功率因数 0.8，在运行过程中保持不变。光伏发电系统出力日变化由辐照度变化模拟，由于资源有限，仿真总时长设定为 180 s。实时仿真结果如图 4-77 所示。

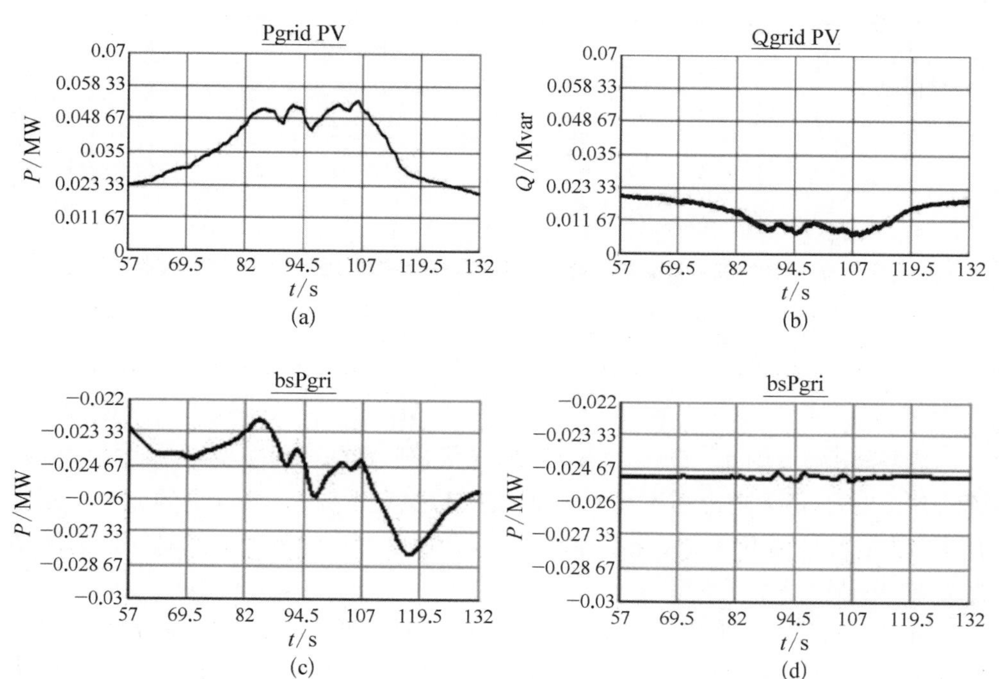

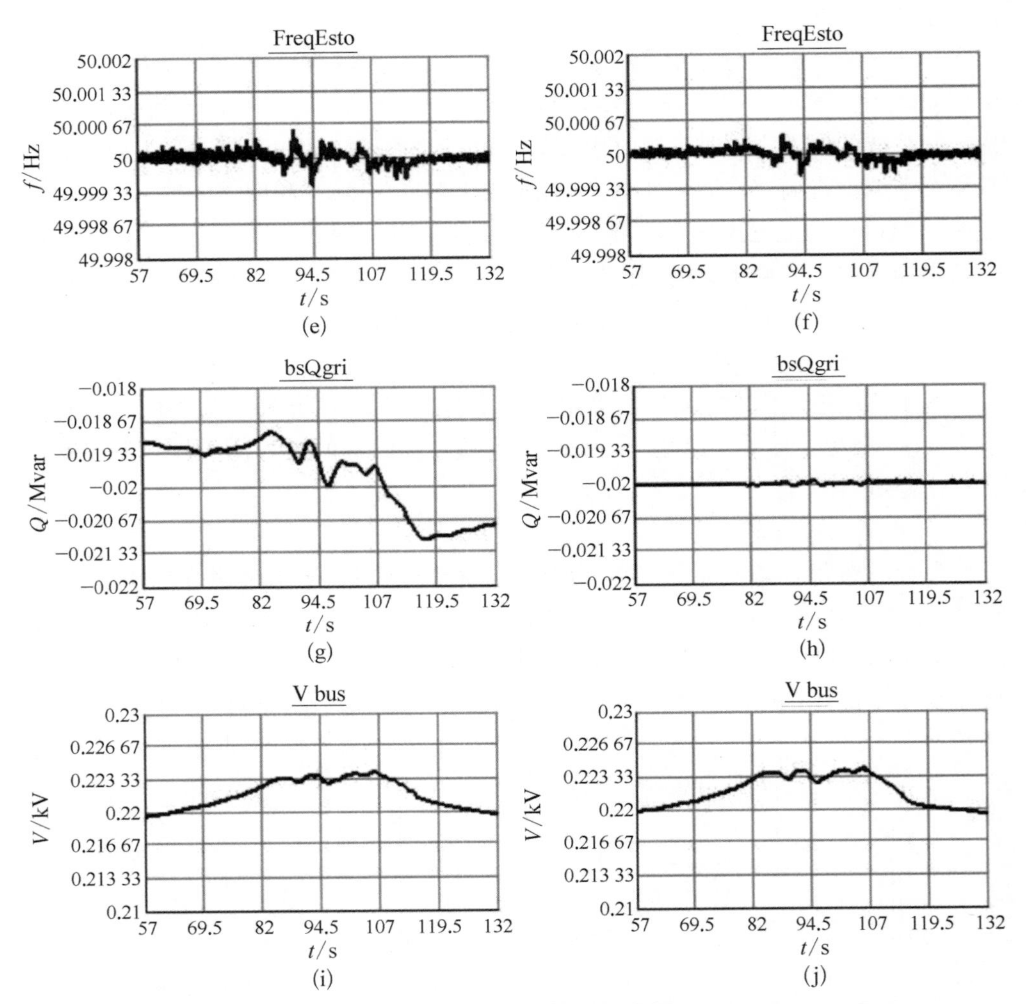

图 4-77　并网光伏发电日变化场景下 VSG 微源主导微网运行特性与 PQ 控制的对比

(a) 光伏有功出力日变化曲线；(b) 光伏无功出力日变化曲线；(c) VSG 微源有功出力响应；(d) PQ 微源有功出力响应；(e) VSG 微源母线频率响应；(f) PQ 微源母线频率响应；(g) VSG 微源无功出力响应；(h) PQ 微源无功出力响；(i) VSG 微源母线电压有效值响应；(j) PQ 微源母线电压有效值响应

结果分析：由图 4-77(a)、(b)可知，光伏辐照度的变化主要影响光伏发电系统的有功出力，但无功出力不为 0，同时也不是恒定不变的，会有小的波动。光伏有功出力的爬坡和下降阶段相对比较平缓，有功出力达到最大值的时间段内波动性会更加明显。

由图 4-77(c)、(d)以及图 4-77(g)、(h)的对比可以明显看出，随着光伏出力的日变化，微网系统母线的电压幅值和频率均会产生波动，VSG 控制微源与传统

PQ 控制微源最大的差别就在于前者会自发响应系统频率和电压的变化调整自身出力对系统进行支撑，而后者的出力几乎是不变的，只有极其微小的波动。因此 VSG 能够模拟同步发电机的一次调频调压特性。

观察图 4-77(e)、(f)、(i)、(j)却发现，虽然 VSG 控制微源参与系统的一次调频调压，但收效甚微，母线电压有效值及频率的响应特性和 PQ 控制微源的对比没有明显差别，当然两者的电压幅频波动都在正常可接受范围内。若用数据进行比较，VSG 微源主导的微电网母线频率波动范围是 49.999 4～50.000 5 Hz，变化很小，母线电压有效值波动范围是 0.219 85～0.223 9 kV，最大电压偏移为 1.77%，在正常范围内；PQ 微源的母线频率波动范围是 49.999 5～50.000 4 Hz，母线电压有效值波动范围是 0.219 85～0.224 1 kV，最大电压偏移为 1.86%。忽略数据本身的误差，可以认为 VSG 控制和 PQ 控制的表现相差不大。这主要是因为仿真中微网系统并入的是强电网，近似无穷大电网强大的调节作用使容量为 50 kV·A 的 VSG 控制储能系统所起的调节作用微之甚微。

2）孤岛运行状态

参数与条件：由于孤岛状态下没有电网支撑，系统负荷相对减小一点，取有功 30 kW，无功 20 kW，功率因数约 0.83，在运行过程中保持不变。光伏发电系统的出力日变化曲线和并网状态完全一致。孤岛运行状态下主电源的控制策略不能采用 PQ 控制，所以将 VSG 控制和 V/f 控制进行对比分析，实时仿真结果如图 4-78 所示。

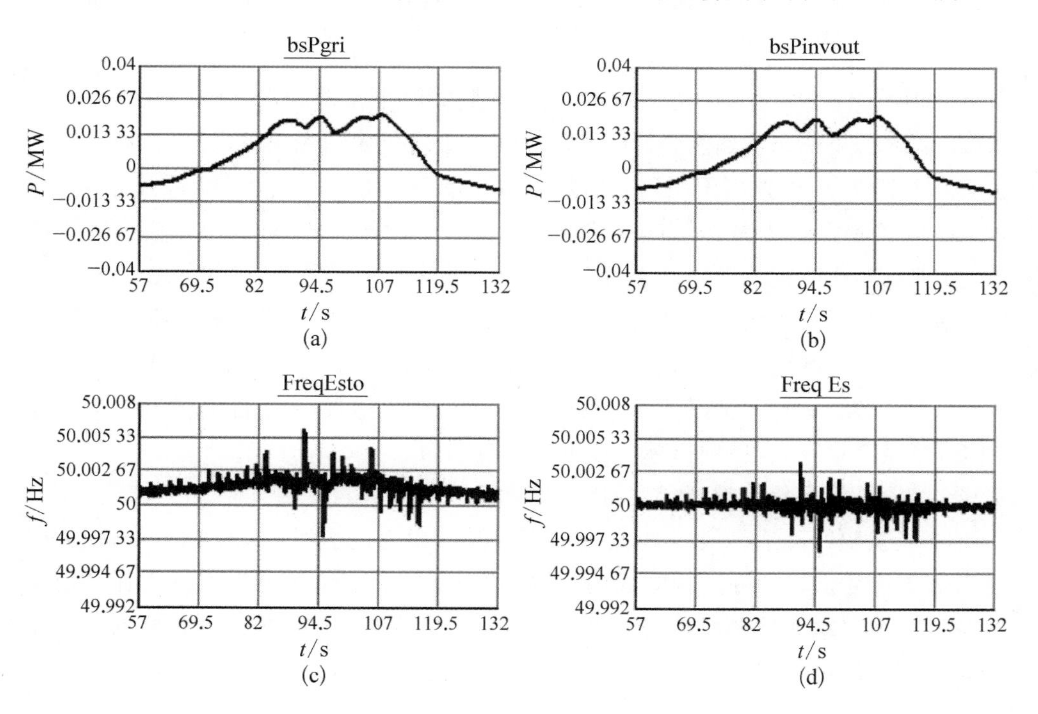

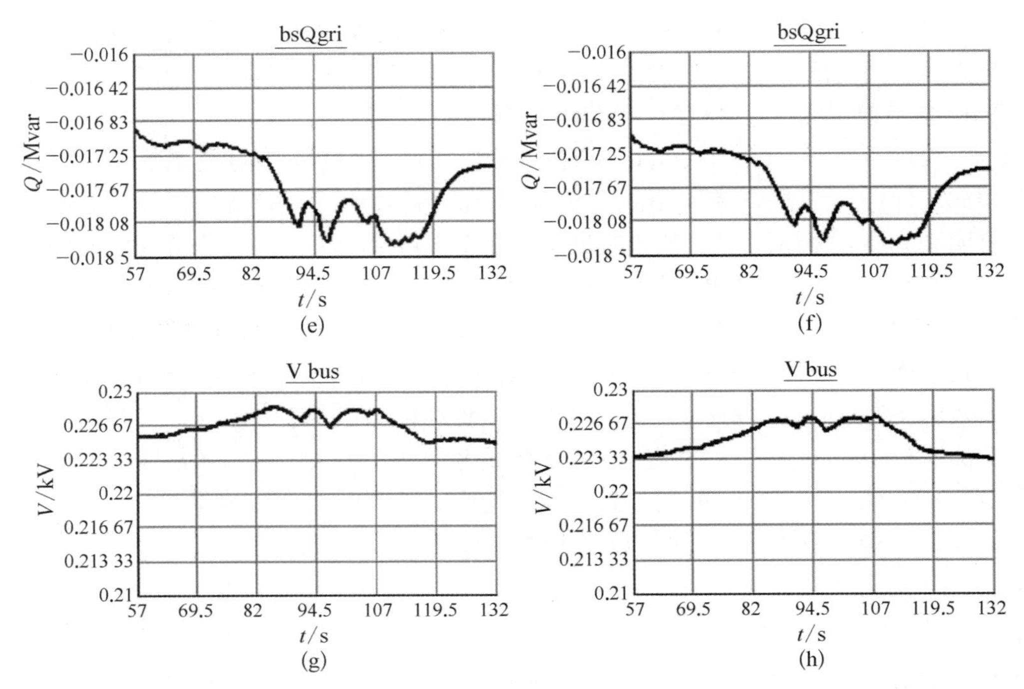

图 4-78 孤岛光伏发电日变化场景下 VSG 微源主导微网运行特性与 V/f 控制的对比

(a) VSG 微源有功出力响应；(b) V/f 微源有功出力响应；(c) VSG 微源母线频率响应；(d) V/f 微源母线频率响应；(e) VSG 微源无功出力响应；(f) V/f 微源无功出力响应；(g) VSG 微源母线电压有效值响应；(h) V/f 微源母线电压有效值响应

对比图 4-78(a)、(b)可以看出，两种控制策略下微源的有功响应几乎看不出差别，因为孤岛状态下储能微源的输出完全由系统负荷和光伏出力决定，虚拟惯量 J 和虚拟阻尼 D 的作用不明显。但是可以从图 4-78(c)、(d)的频率响应特性看出，VSG 控制由于功率变化具有惯性，当光伏输出增加时，储能功率输出减少略慢，反映在频率变化上即出现上浮约 0.001 9 Hz 的现象且波动性略大于 V/f 控制。图 4-78(e)、(f)的无功功率输出可见相近的作用，VSG 的无功输出功率较小，因而 VSG 系统母线电压总体较 V/f 控制系统母线电压高[见图 4-78(g)、(h)]。

综上可知，VSG 控制在孤岛运行状态下的响应速度和平稳性略微逊色于 V/f 控制，但是差距不大，各项指标均在可接受范围内。

4.4.3.4 平滑光伏持续波动控制

当光伏辐照度达到最大值区间时，光伏系统出力也达到一天中的最大，但此时也较容易产生波动。在这段时间内，并网状态下的储能微源可以选择工作在恒功率模式或者平滑光功率波动的模式。本节对光伏持续波动的情况进行实时仿真研究，从两种并网工作模式的角度分析 VSG 控制与 PQ 控制的优劣。值得一提的是,负荷在稳态情况下也可能会有正常波动,两种情境下微网的表现大致相同,研究其中一种可推及另一种。

1)并网运行状态-平滑光功率波动模式

参数与条件:在光伏日变化基础上,研究白天的一段波动,为了体现波动性对微网运行特性的影响,在设置辐照度变化时适当作放大处理,曲线如图4-79所示。储能有功功率参考指令由平滑算法给出,无功功率参考指令设定为20 kW。由于储能系统的目标是平滑光功率波动,为了不给电网太大负担,适当减小负荷,设定有功负荷40 kW、无功负荷30 kW、功率因数0.8,在运行过程中保持不变;平滑时间常数取1 s。

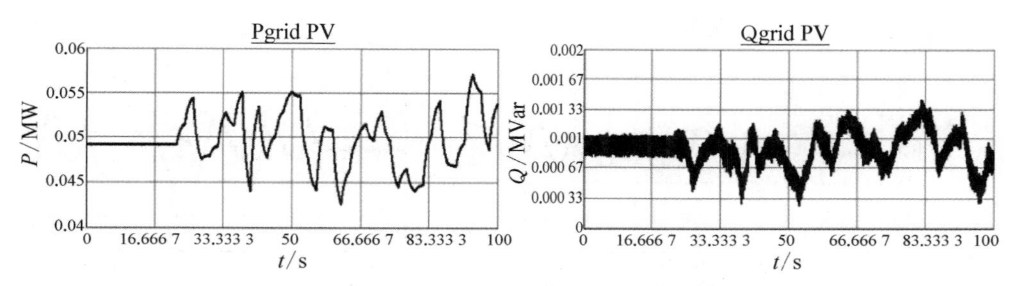

图4-79 光伏有功及无功出力持续波动曲线

并网平滑光功率模式光伏稳态波动的实时仿真结果如图4-80所示。

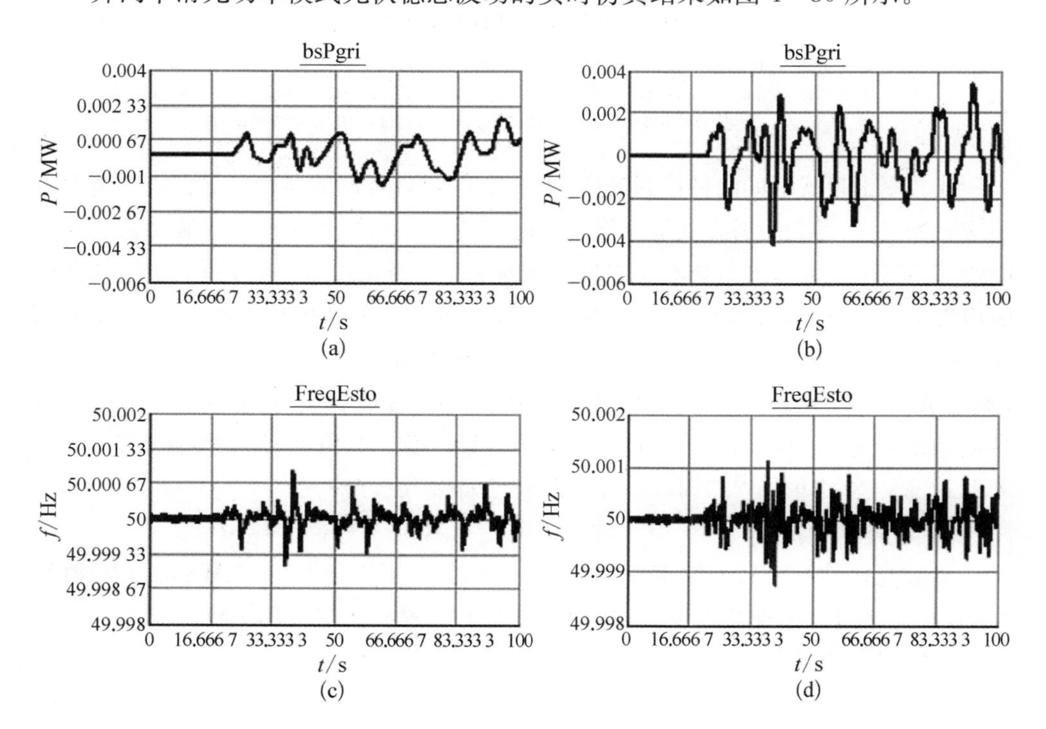

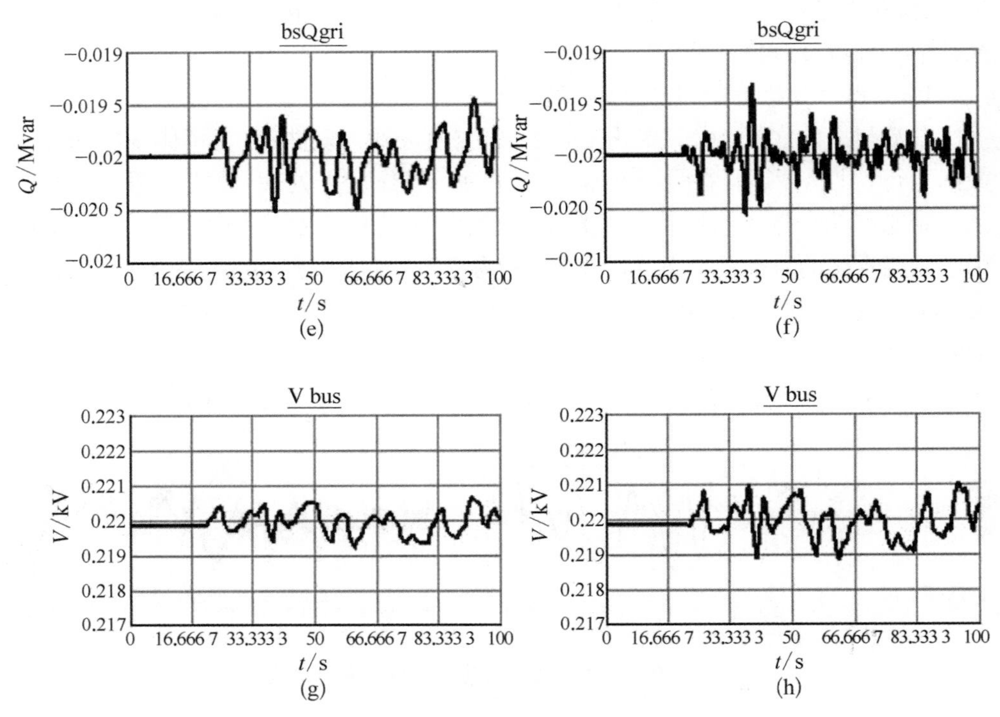

图 4-80 并网平滑光功率模式光伏稳态波动场景下 VSG 微源主导微网运行特性与 PQ 控制的对比

(a) VSG 微源有功出力响应;(b) PQ 微源有功出力响应;(c) VSG 微源母线频率响应;(d) PQ 微源母线频率响应;(e) VSG 微源无功出力响应;(f) PQ 微源无功出力响应;(g) VSG 微源母线电压有效值响应;(h) PQ 微源母线电压有效值响应

比较平滑模式下的两种控制策略,明显看出 VSG 控制的各个参量在波动情况下响应更加平缓,因为平滑模式下储能系统的有功指令根据光伏出力的波动情况在不断改变,VSG 控制的出力会响应惯量 J 和阻尼 D,变化相对平缓,而 PQ 控制直接响应参考值变化,速度快但变化剧烈。VSG 微源主导的微电网母线频率波动范围是 49.999 08~50.000 69 Hz,母线电压有效值波动范围是 0.219 2~0.220 6 kV(额定值 0.219 85 kV),最大电压偏移为 0.341%。PQ 微源主导的微电网母线频率波动范围是 49.998 7~50.001 1 Hz,母线电压有效值波动范围是 0.218 8~0.221 0 kV(额定值 0.219 85 kV),最大电压偏移为 0.523%。

2) 孤岛运行状态

参数与条件:孤岛有功负荷调整为 50 kW、无功负荷 30 kW、功率因数约 0.86,在运行过程中保持不变;光伏稳态波动的设置和前述仿真一致。

其实时仿真结果如图 4-81 所示。

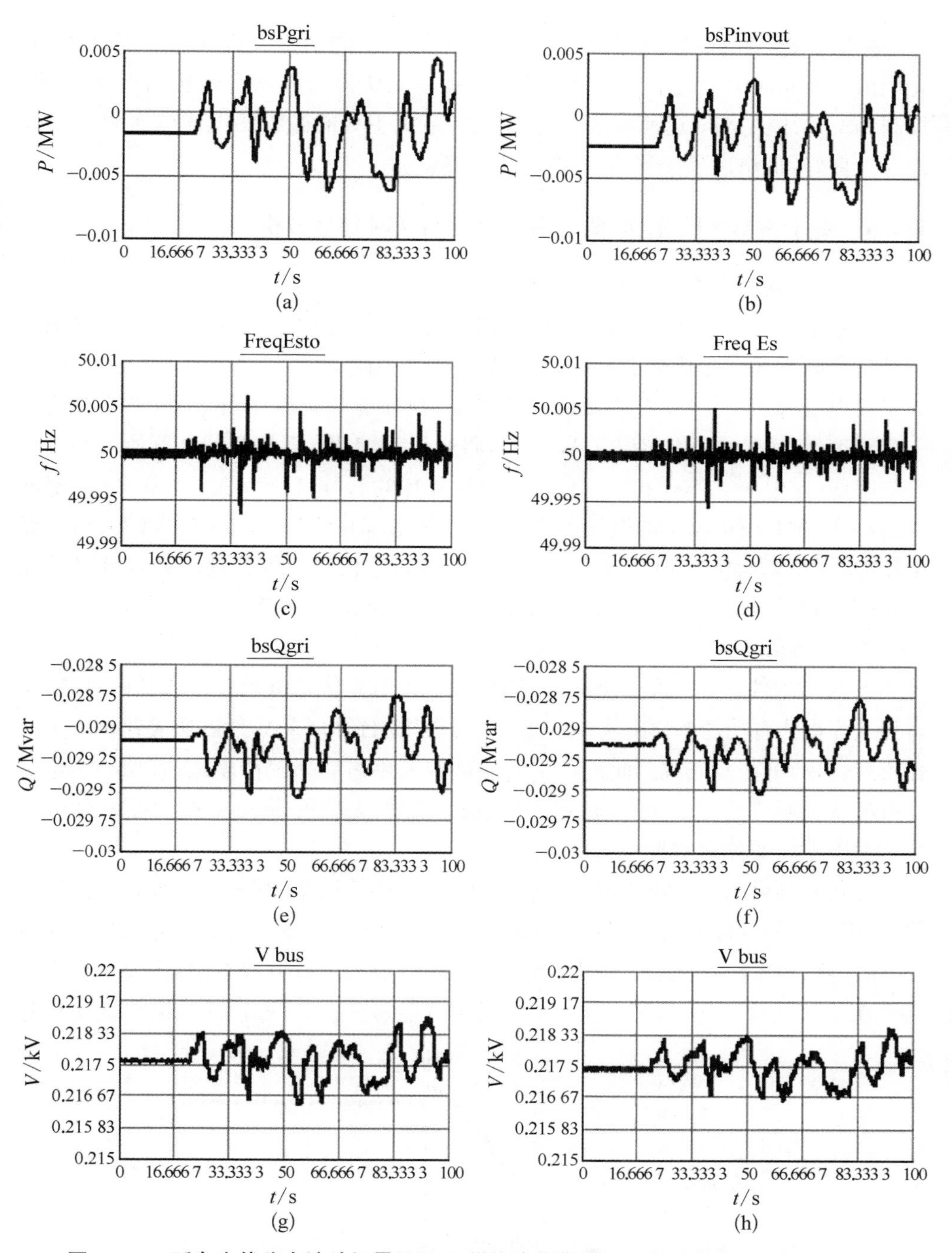

图 4-81　孤岛光伏稳态波动场景下 VSG 微源主导微网运行特性与 V/f 控制的对比

(a) VSG 微源有功出力响应；(b) V/f 微源有功出力响应；(c) VSG 微源母线频率响应；(d) V/f 微源母线频率响应；(e) VSG 微源无功出力响应；(f) V/f 微源无功出力响应；(g) VSG 微源母线电压有效值响应；(h) V/f 微源母线电压有效值响应

结果分析：和孤岛运行状态光伏日变化场景下的结论类似，由于孤岛状态下光伏出力与储能出力之和等于系统负荷，所以光伏出力波动等效负荷波动，VSG控制和 V/f 控制都能迅速响应变化。VSG微源主导的微电网母线电压幅值频率稳定性良好，虽略逊色于 V/f 控制，但差别微小。

4.4.4 基于RTDS的光-储微电网暂态运行实时仿真分析

4.4.4.1 光伏微源启动并网

实际工程应用中，光伏微源从启动到并网有一个过程，一般不采用并网状态下直接启动的方式。光伏微源的启动过程一般分为两个阶段：环境中没有光照时，光伏发电微源不工作，未并入微网系统母线；当环境中光照逐渐增强，辐照度达到一定程度时（本节中设定为150 W/m^2），将光伏系统并入微网母线并开始启动过程第一阶段（定电压工作模式），此模式中电压外环的参考值人为给定，以一定比率增大追踪MPPT模块输出的电压参考值；当光伏系统直流母线电压接近最大功率点电压时，系统切换至MPPT工作模式，整个启动过程即宣告完成。针对该启动过程，在并网和孤岛运行两种模式下对光伏微源的启动过程进行实时仿真验证。

1）并网运行状态

参数与条件：当光伏辐照度达到150 W/m^{2}时光伏发电系统并入微网母线，定电压工作模式有功功率输出从0经过20 s爬坡增加到约6 kW，然后切换到MPPT工作模式，启动仿真即完成。此过程中储能微源采用恒功率工作模式，有功功率给定25 kW、无功功率给定20 kW，系统有功负荷40 kW、无功负荷30 kW、功率因数0.8。

其实时仿真结果如图4-82所示。

由仿真结果明显可知，VSG控制的微源能够响应跟随光伏的并入而改变有功出力，因而使并网过程中系统频率的波动量较小。PQ控制微源因不响应系统有功变化，带来系统频率的较大波动。从光伏有功出力启动曲线可以看出，主要的暂态冲击来源于两次模式切换，第一次切换是并网开始（定电压工作模式），第二次切换是

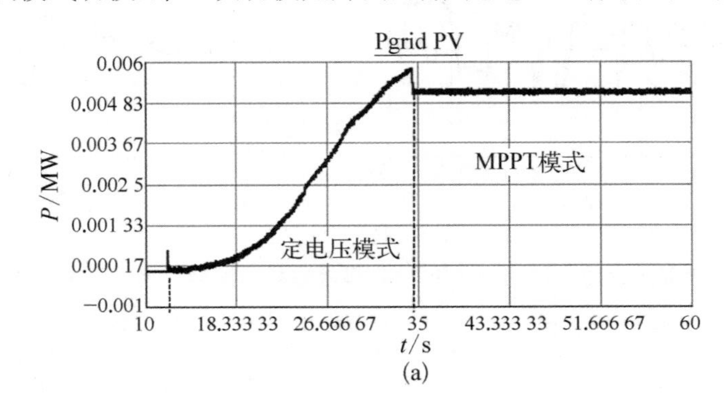

(a)

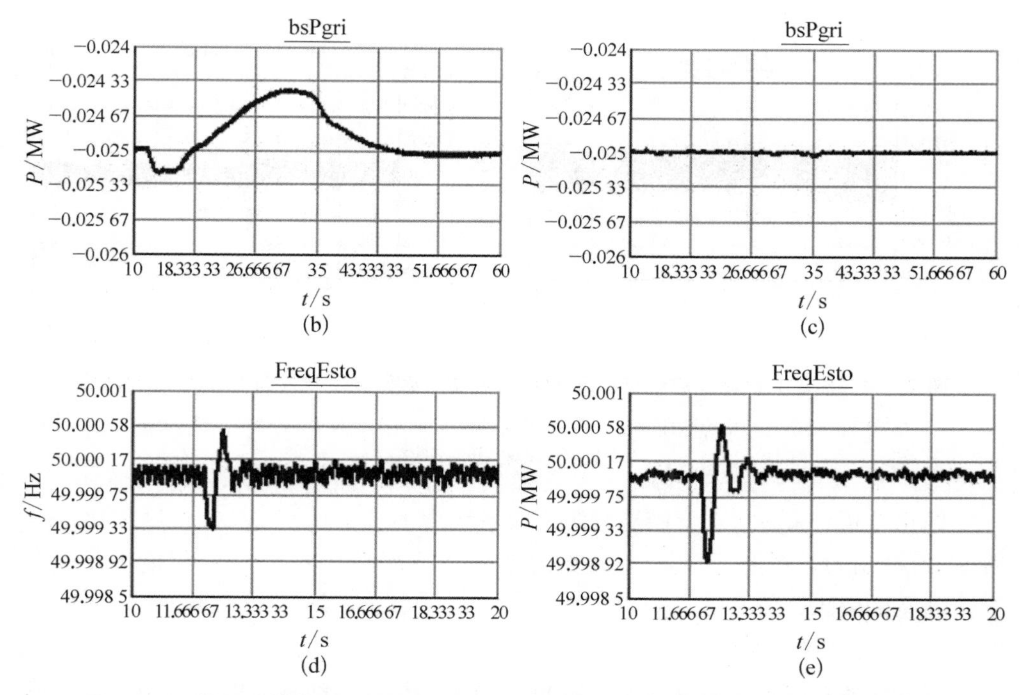

图 4－82　并网光伏微源启动场景下 VSG 微源主导微网响应特性与 PQ 控制的对比

(a) 光伏有功出力启动曲线；(b) VSG 微源有功出力响应；(c) PQ 微源有功出力响应；(d) VSG 微源母线频率响应；(e) PQ 微源母线频率响应

由定电压模式切换至 MPPT 模式，但冲击都不大，有功出力爬坡过程也相对平缓。

由于光伏微源启动并网过程中无功出力基本没有变化，所以启动暂态仿真中没有讨论微源无功出力以及电压响应等特性。

2) 孤岛运行状态

参数与条件：启动设置和并网状态完全相同，有功负荷设定为 30 kW、无功负荷 20 kW、功率因数约 0.83。

其实时仿真结果如图 4－83 所示。

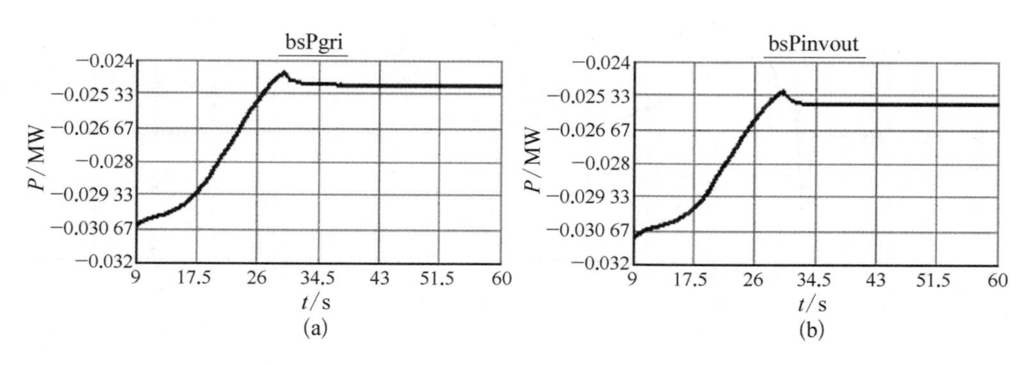

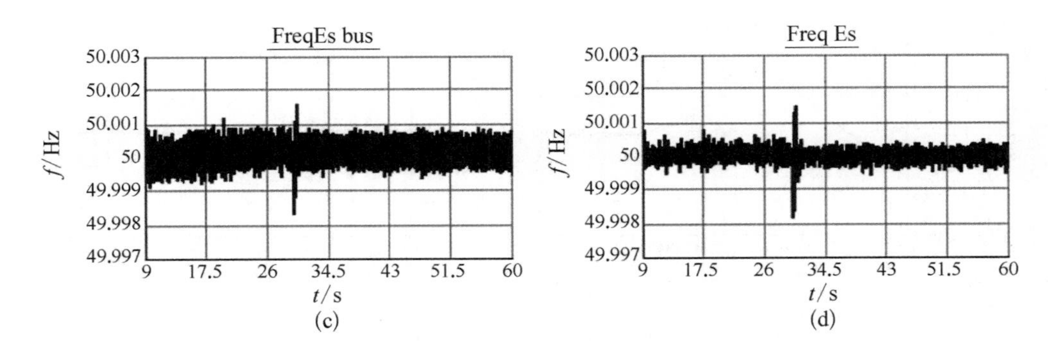

图 4-83　孤岛光伏微源启动场景下 VSG 微源主导微网响应特性与 V/f 控制的对比

(a) VSG 微源有功出力响应；(b) V/f 微源有功出力响应；(c) VSG 微源母线频率响应；(d) V/f 微源母线频率响应

结果分析：孤岛状态下储能微源响应系统中不平衡功率，VSG 控制相比 V/f 控制，有功出力较缓慢，因而反应在系统频率波动幅值上略大一些，但能满足孤岛运行状态的要求。

4.4.4.2　负荷突变

因云层遮挡等产生的光伏突变和负荷的非正常投切都是微网系统暂态过程常见的触发原因，由于光伏突变可以看作负荷有功突变的一种情况，本节将给出对负荷突变暂态情况的讨论。考虑实际面对的工程应用场景，负荷主要为照明设备和空调等，所以在做负荷突变仿真时，对有功和无功负荷按一定功率因数同时进行投切。关于分并网和孤岛运行状态的讨论如下。

1) 并网运行状态

参数与条件：负荷保持 0.8 的功率因数突增，从有功 60 kW、无功 45 kW 跳变到有功 100 kW、无功 75 kW，变化量占额定容量 66.67%；储能系统恒功率输出，有功指令 10 kW，无功指令 20 kW；光伏系统按额定状态运行(1 000 W/m^2，25℃)。

其实时仿真结果如图 4-84 所示。

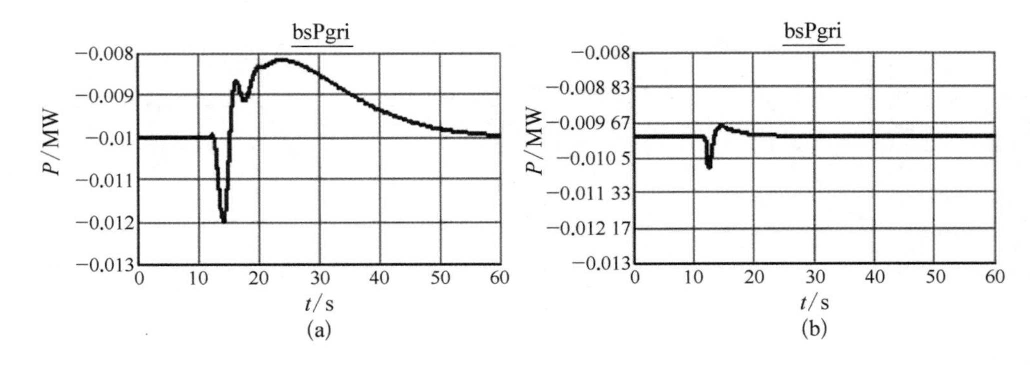

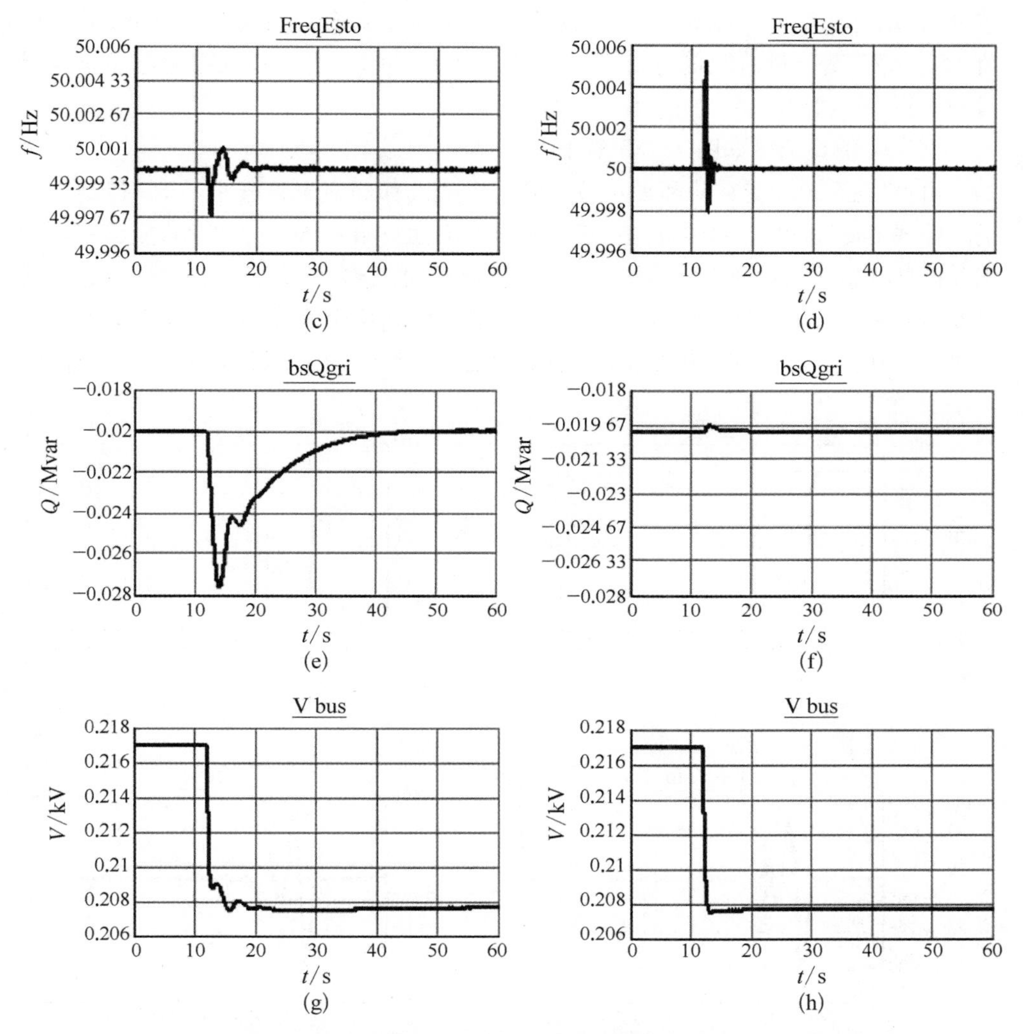

图 4-84　并网负荷突变场景下 VSG 微源主导微网响应特性与 PQ 控制的对比

(a) VSG 微源有功出力响应；(b) PQ 微源有功出力响应；(c) VSG 微源母线频率响应；(d) PQ 微源母线频率响应；(e) VSG 微源无功出力响应；(f) PQ 微源无功出力响应；(g) VSG 微源母线电压有效值响应；(h) PQ 微源母线电压有效值响应

从图 4-84 可知，VSG 微源主导下的微网母线频率波动程度相比 PQ 微源要平滑很多。可见当微网系统内同时发生有功功率和无功功率的大幅不平衡情况时，VSG 微源的调节能力就能得到体现，其主导的微电网抗扰能力相比没有调节能力的 PQ 微源更强。

2) 孤岛运行状态下

参数与条件：孤岛状态下的负荷骤变程度适当减小，负荷保持 0.9 的功率因数突增，从有功负荷 10 kW、无功负荷 4.85 kW 跳变到有功负荷 26.2 kW、无功负荷 12.7 kW，变化量占额定容量（按 60 kV·A 计）30%；光伏系统按额定状态运行（1 000 W/m^2，25℃）。

其实时仿真结果如图 4－85 所示。

可见，在系统经受有功和无功负荷同时突变的孤岛暂态过程中，VSG 控制方法仍然展现出良好的抗干扰性能，频率和电压稳定性只略差于 V/f 控制，能够有效承担起孤岛状态下的微网主电源作用，给系统以强大的支撑。值得注意的是，经过负荷突变后 VSG 微源主导的微网母线电压稳态值电压偏移比 V/f 控制大，这是因为尚未进行电压的二次调节，但前者电压偏移 3.27%后者 1.91%，均在可接受范围内。

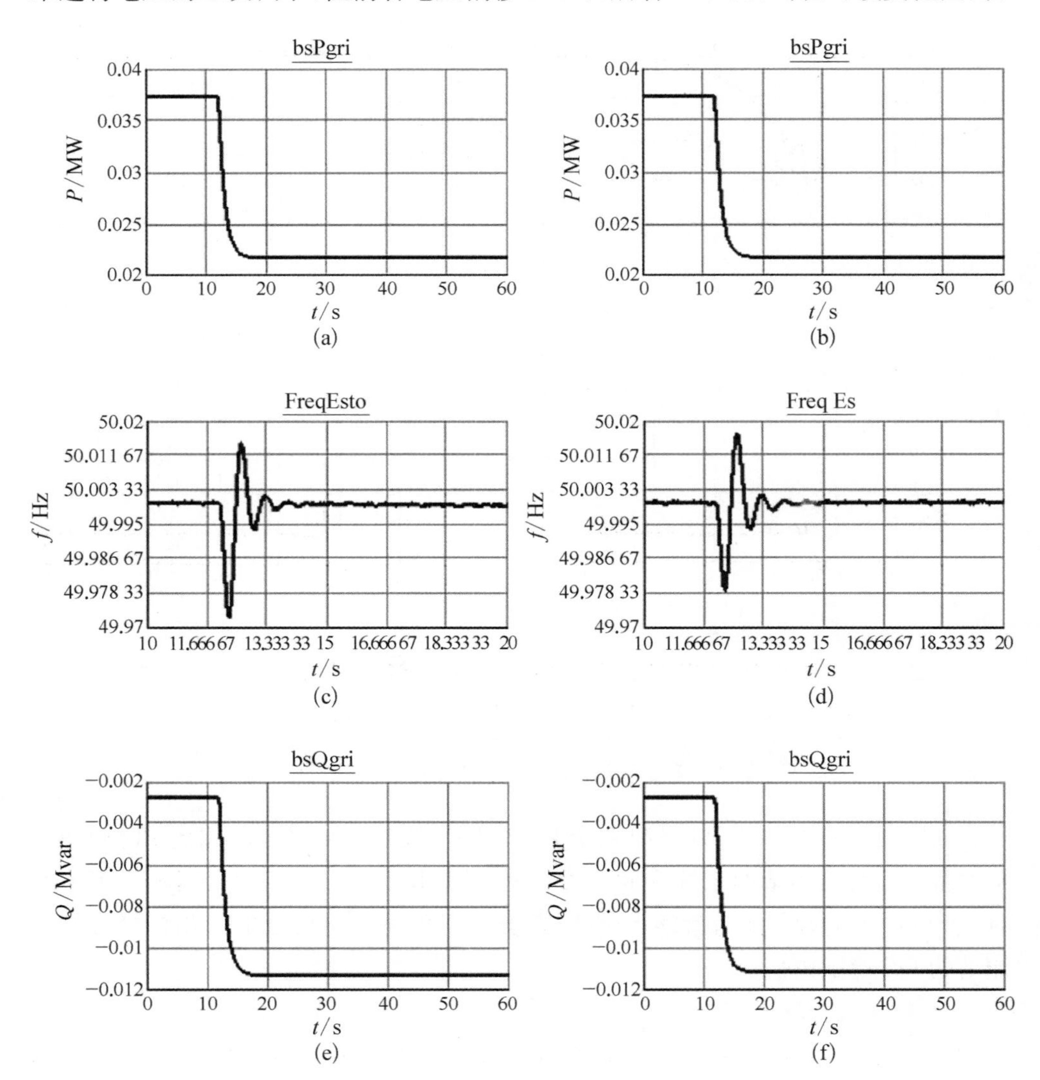

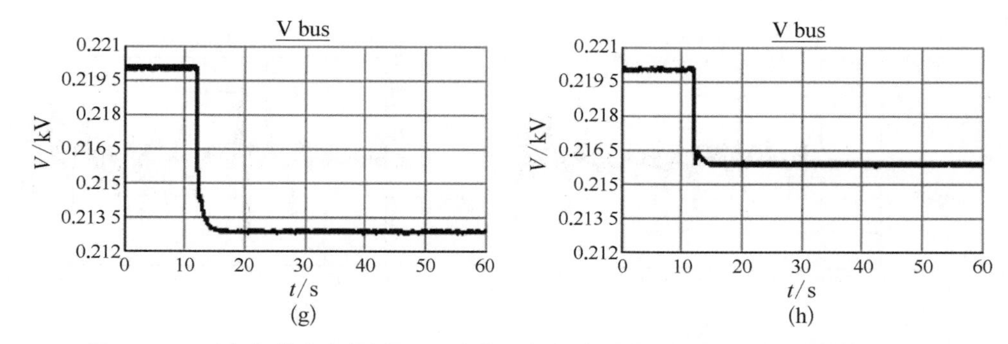

图4-85　孤岛负荷突变场景下VSG微源主导微网响应特性与V/f控制的对比

(a) VSG微源有功出力响应；(b) V/f微源有功出力响应；(c) VSG微源母线频率响应；(d) V/f微源母线频率响应；(e) VSG微源无功出力响应；(f) V/f微源无功出力响应；(g) VSG微源母线电压有效值响应；(h) V/f微源母线电压有效值响应

4.4.4.3　弱电网适应性

在前述仿真中，并网状态下经常出现这种情况：即虽然VSG微源自发参与调节，但实际效果不明显。这是因为VSG微源在并网状态下相比于强电网调节慢、容量小。本节探讨VSG微源在弱电网环境下的情况。

系统短路比是衡量电网强弱的一项指标，在此，弱电网的模拟采用改变系统内阻抗的方法来实现。根据4.3节的参数设计方法，设定微电网额定运行容量为60 kV·A，根据短路比的值设定弱电网环境：短路比为5，断路器开断容量300 kV·A、内阻抗$R_u=259.86\ \Omega$、$L_u=0.827\ 2\ \text{H}$。

以光伏出力持续波动情况进行仿真分析，观察弱电网下VSG控制的适应性情况。需要注意的是，由于电网内阻抗增大，为了使VSG的响应性能保持良好，需要对控制环参数进行调整，设定虚拟惯量$J=0.005\ 066$、虚拟阻尼$D=0.005\ 423$。

仿真参数与条件：有功设定10 kW、无功设定20 kW、有功负荷60 kW、无功负荷45 kW、功率因数0.8，光伏持续波动的设置和上节一致。短路比为5时，VSG微源主导微网与PQ微源的运行特性实时仿真结果对比如图4-86所示。

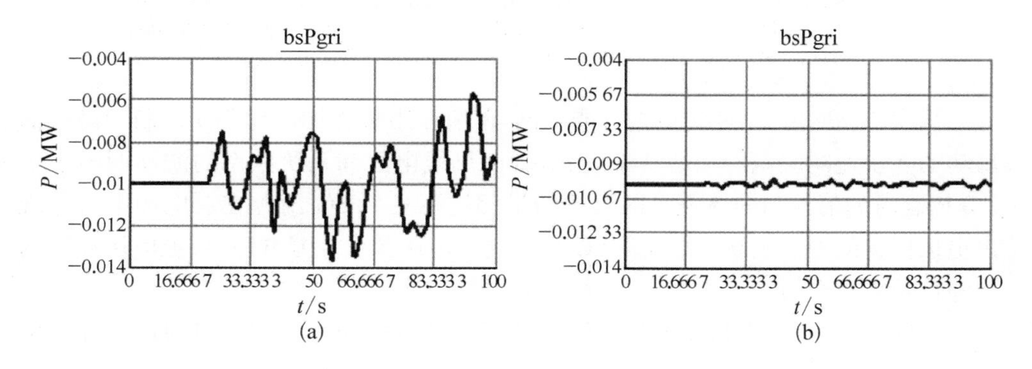

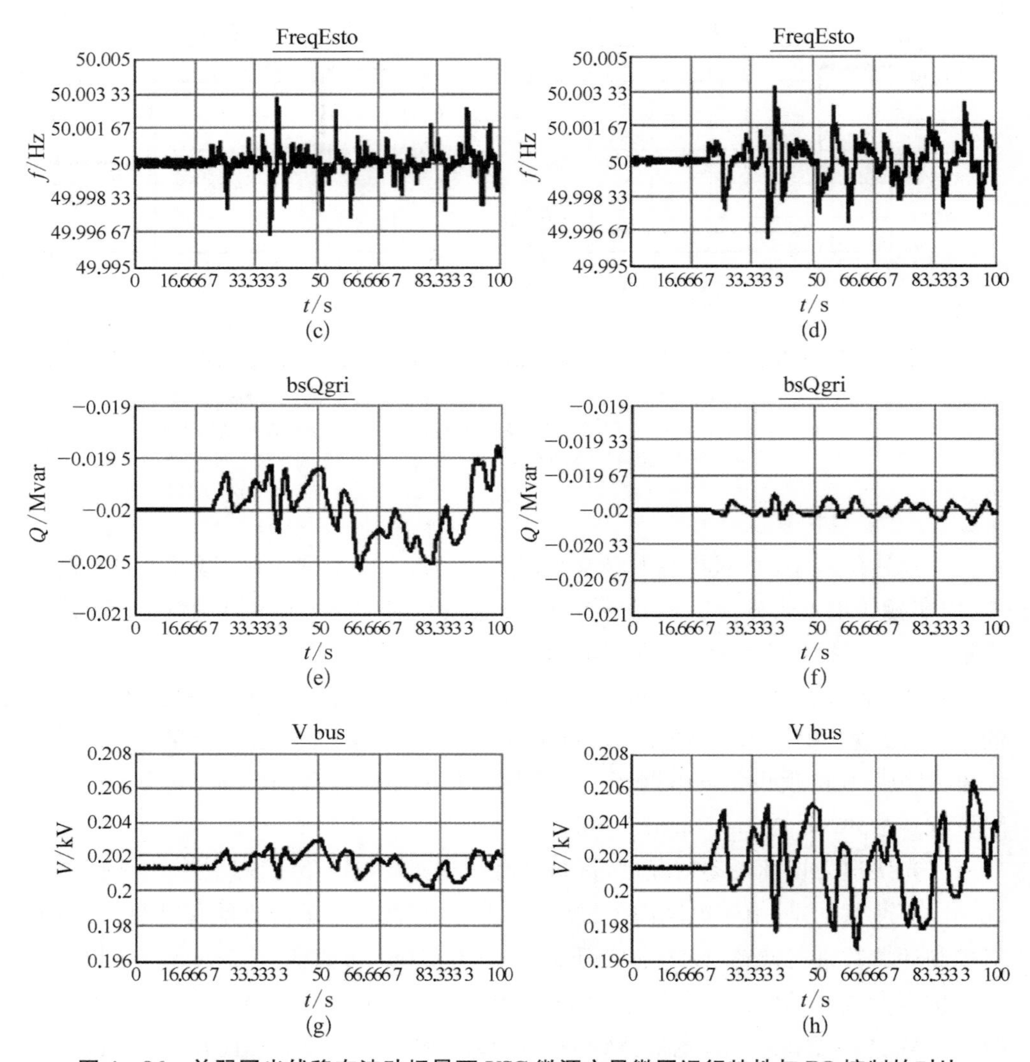

图 4-86 并弱网光伏稳态波动场景下 VSG 微源主导微网运行特性与 PQ 控制的对比

(a) VSG 微源有功出力响应;(b) PQ 微源有功出力响应;(c) VSG 微源母线频率响应;
(d) PQ 微源母线频率响应;(e) VSG 微源无功出力响应;(f) PQ 微源无功出力响应;
(g) VSG 微源母线电压有效值响应;(h) PQ 微源母线电压有效值响应

从图 4-86 可知,此时电网为弱电网,调节作用减弱,由于 VSG 控制的储能输出功率能快速响应微网中的功率变化,因而母线电压和系统频率的波动明显小于 PQ 控制时的值。与前述强电网时的结果相比可见,VSG 微源在弱电网下可体现出更加优良的控制效果。由于 VSG 控制属于电压源型控制方法,可见电压控制的平稳性效果更显著。

实际上,通过不同短路比的电网场景下的仿真可知,随着短路比减小,即电网越来越弱，VSG控制与PQ控制微网的频率和电压平稳性差距是逐渐加大的，其最终效果受到逆变器容量的限制。

4.4.4.4　并离网切换

1）并网转孤岛运行

参数与条件：并网运行状态下系统有功负荷40 kW、无功负荷30 kW、功率因数0.8。储能系统均采用恒功率工作模式，有功设定−10 kW（充电）、无功设定30 kW，18 s左右系统PCC点并网主开关突然断开，仿真总时长90 s。

其实时仿真结果如图4-87所示。

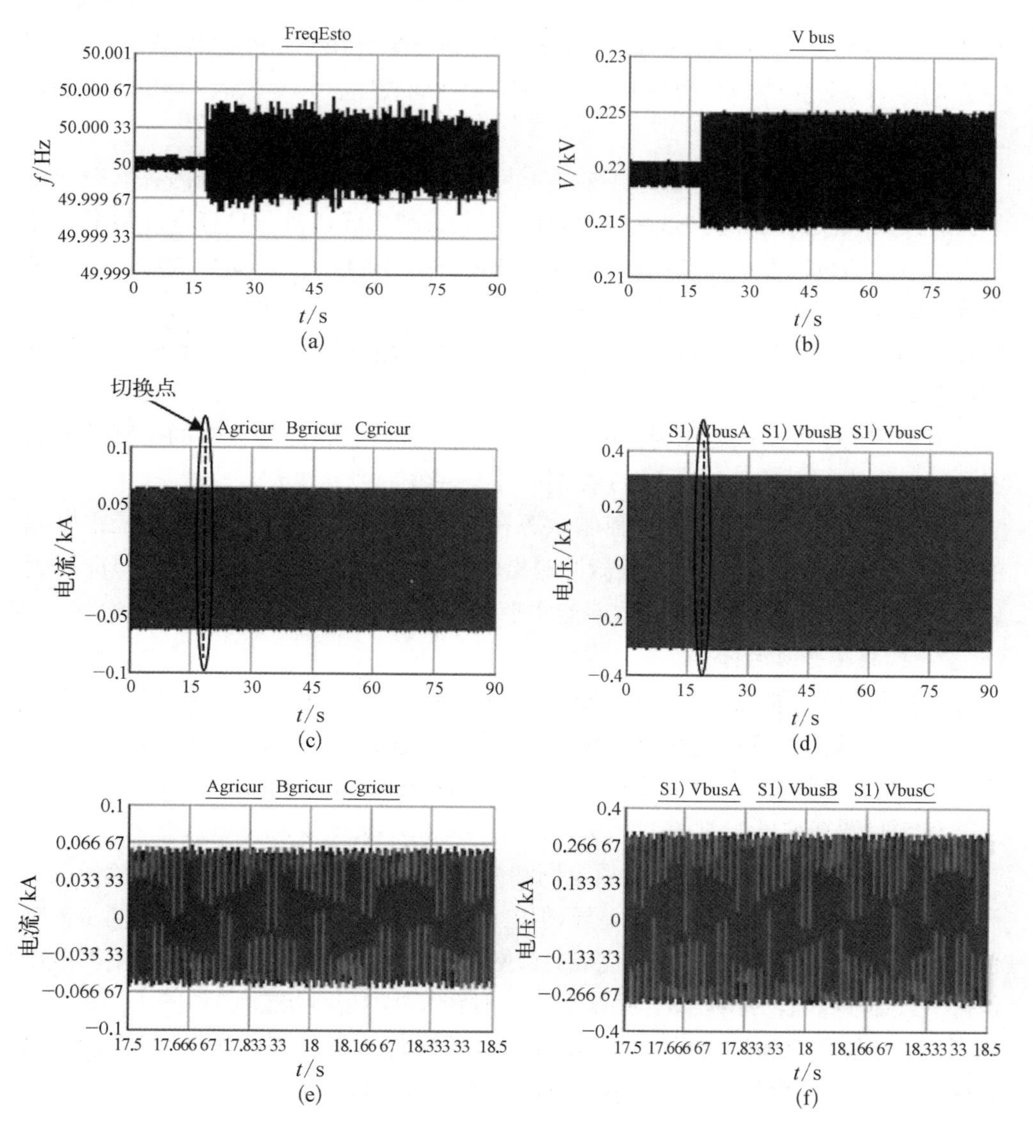

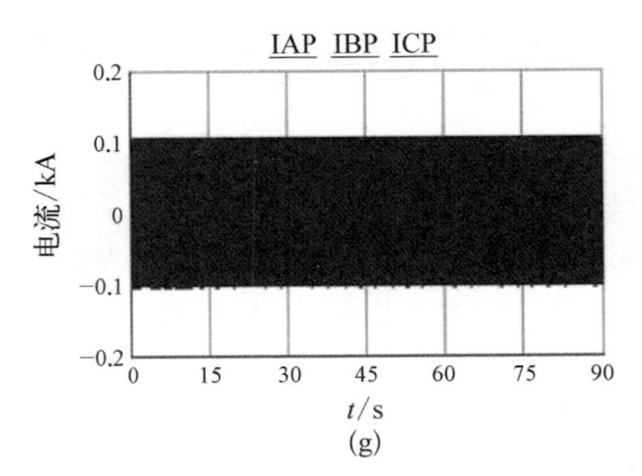

图 4-87 VSG 微源主导下的微电网并网运行转孤岛运行切换过程响应

(a) 微网母线频率；(b) 微网母线电压有效值；(c) 储能系统输出电流瞬时值；(d) 系统母线电压瞬时值；(e) 切换瞬间放大(电流)；(f) 切换瞬间放大(电压)；(g) 光伏系统输出电流

由图 4-87 可以看出，在 18 s 左右并网主开关断开后，微网系统内各物理量几乎没有波动，能够在孤岛状态下持续运行，顺利实现无缝切换。只有系统频率和母线电压有效值可以看出一些波动，但幅值变化很小[图 4-87(a)是放大后的图]，这种波动随着并网运行时电网参与分担的负荷的减少而减小。另一方面，当 VSG 控制在并网状态采用带积分环节的无功环时，则需要增加限幅处理才能取得好的电压控制效果。

对采用 PQ 控制微源作为主电源的微电网在并网转孤岛运行时的仿真结果如图 4-88 所示。参数条件和 VSG 控制时完全一致。

由仿真结果可知，由于 PQ 控制微源在孤岛运行模式下无法起到系统主电源的作用，微网母线频率、电压以及微源输出电流都会发散。此时孤岛运行只能转到 V/f 控制模式，会产生短时断电，不能实现无缝切换。

2) 孤岛转并网运行

参数与条件：孤岛运行状态下系统有功负荷 30 kW、无功负荷 20 kW、功率因数 0.83。光伏系统按额定状态工作，并网前首先进行预同步控制，预同步完成后于 12 s 左右，系统 PCC 点并网主开关闭合，实现并网，仿真总时长 60 s。

其实时仿真结果如图 4-89 所示。

图 4-89(a)、(b)为预同步前后电网和微网的电压波形。通常，微网系统母线电压相位与电网电压相位有较明显差异，但电压幅值的差异一般不大，然而预同步控制仍推荐加入幅值同步环。预同步完成后微网系统母线电压幅值和相位均与电网电压保持一致，此时符合并网要求。系统于 12 s 时转入并网运行状态后，如图 4-89(c)～(h)所示，储能系统和光伏系统输出电流以及系统母线电压都可实现平滑过渡，只是储能电流有微小的减小，频率在并网瞬间有尖峰，但都在可接受范围内。其主要

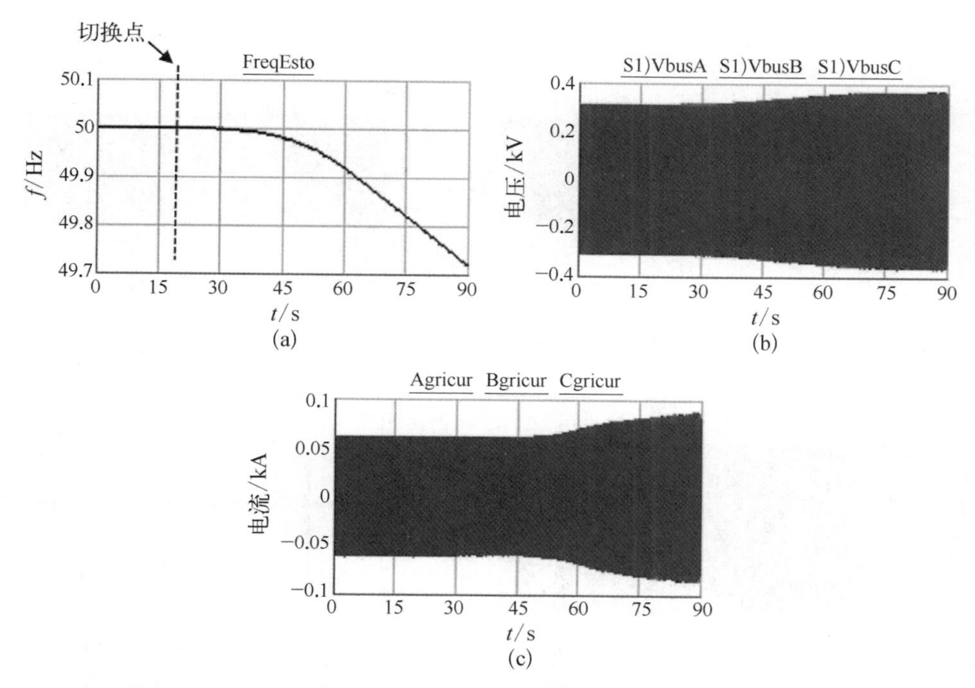

图 4－88　PQ 微源主导下的微电网并网运行转孤岛运行切换过程响应

(a) 系统母线频率；(b) 系统母线电压有效值；(c) 储能系统输出电流

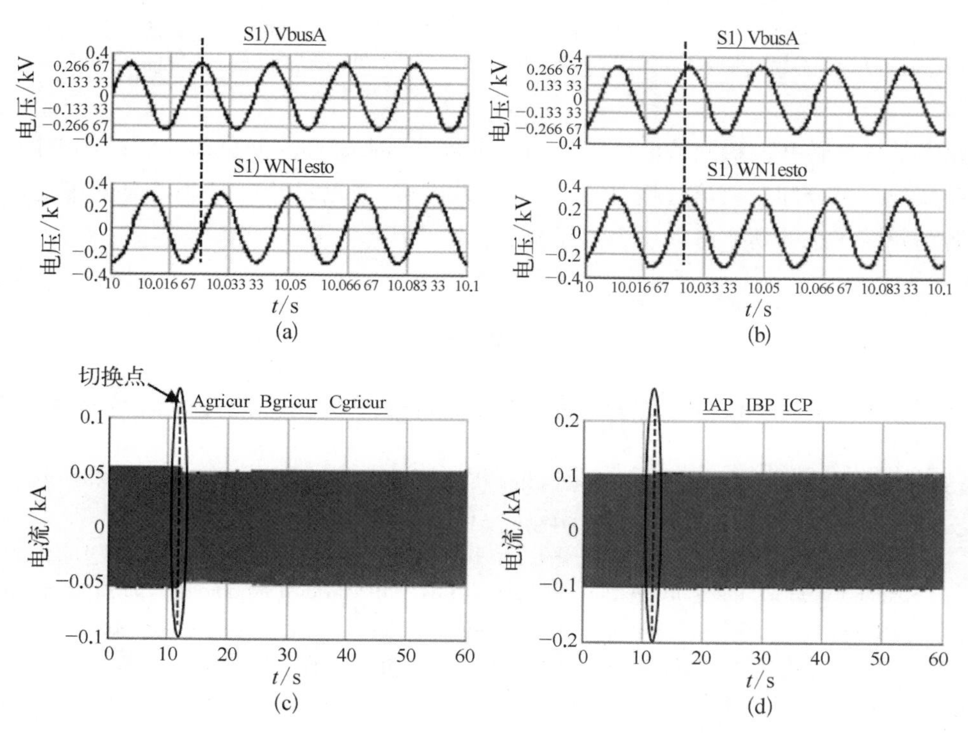

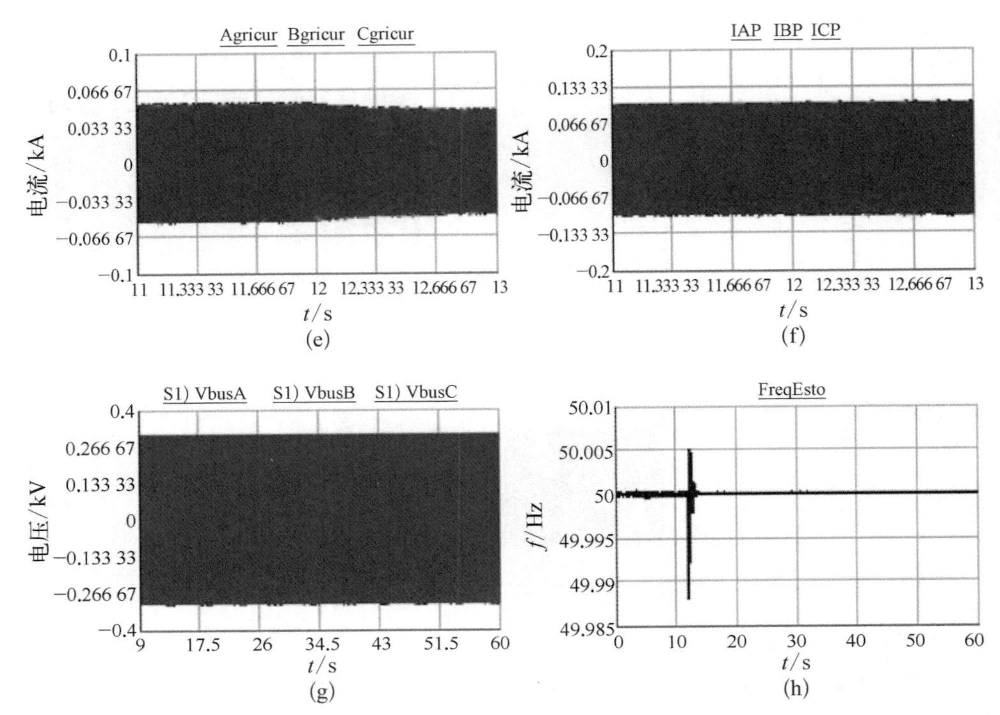

图 4-89 VSG 微源主导下的微电网孤岛运行转并网运行无缝切换过程响应

(a) 预同步前电网电压与微网母线电压；(b) 预同步后电网电压与微网母线电压；(c) 储能系统输出电流；(d) 光伏系统输出电流；(e) 储能系统输出电流(局部放大)；(f) 光伏系统输出电流(局部放大)；(g) 系统母线电压；(h) 系统母线频率

原因是孤岛转并网瞬间的电压相量的微小差异会带来小部分负荷在微网和电网中存在一个再分配的负荷分担过程，预同步越准确，波动过程就越小。总的来说，孤岛到并网状态的切换可以认为是无缝的。

参 考 文 献

[1] 刘杨华，吴政球，涂有庆，等.分布式发电及其并网技术综述[J].电网技术，2008，32(15)：71-76.

[2] IEEE. IEEE standard for interconnecting distributed resources with electric power systems [G]. New York: Institute of Electrical & Electronics Engineers Inc, 2003: 1-28.

[3] Lasseter R, Akhil A, Marnay C, et al. The CERTS microgrid concept[EB/OL]. White paper for Transmission Reliability Program, Office of Power Technologies, US Department of Energy, 2002[2002]. http://certs.lbl.gov/initiatives/certs.microgrid-concept.

[4] 杨新法，苏剑，吕志鹏，等.微电网技术综述[J].中国电机工程学报，2014(1)：57-70.

[5] 丁明，陈忠，苏建徽，等.可再生能源发电中的电池储能系统综述[J].电力系统自动化，2013，

37(1)：19－25.

[6] 王鹏，王晗，张建文，等.超级电容储能系统在风电系统低电压穿越中的设计及应用[J].中国电机工程学报，2014，34(10)：1528－1537.

[7] Mahlia T，Saktisahdan T J，Jannifar A，et al. A review of available methods and development on energy storage；technology update[J]. Renewable and Sustainable Energy Reviews，2014，33：532－545.

[8] 彭思敏.电池储能系统及其在风—储孤网中的运行与控制[D].上海：上海交通大学，2013.

[9] 陈杰，陈新，冯志阳，等.微网系统并网/孤岛运行模式无缝切换控制策略[J].中国电机工程学报，2014，34(19)：3089－3097.

[10] 曾正，赵荣祥，汤胜清，等.可再生能源分散接入用先进并网逆变器研究综述[J].中国电机工程学报，2013，33(24)：1－12.

[11] 吕志鹏，盛万兴，钟庆昌，等.虚拟同步发电机及其在微电网中的应用[J].中国电机工程学报，2014(16)：2591－2603.

[12] 王成山，李琰，彭克.分布式电源并网逆变器典型控制方法综述[J].电力系统及其自动化学报，2012，24(2)：12－20.

[13] 荆龙，黄杏，吴学智.改进型微源下垂控制策略研究[J].电工技术学报，2014，29(2)：146－152.

[14] Guerrero J M，Vicu N A D，Garc I A L，et al. A wireless controller to enhance dynamic performance of parallel inverters in distributed generation systems[J]. IEEE Transactions on Power Electronics，2004，19(5)：1205－1213.

[15] De Brabandere K，Bolsens B，Van den Keybus J，et al. A voltage and frequency droop control method for parallel inverters[J]. IEEE Transactions on Power Electronics，2007，22(4)：1107－1115.

[16] 朱德斌.微网逆变器控制研究[D].合肥：合肥工业大学，2013.

[17] 陈珩.电力系统稳态分析[M].北京：中国电力出版社，2007.

[18] Energy research Centre of Netherland. VSG control algorithms：present ideas[EB/OL][2007]. http://www.vsync.eu/.

[19] Chen Y，Hesse R，Turschner D，et al. Improving the grid power quality using virtual synchronous machines，2011 International Conference on Energy and Electrical Drives[C]. Malaga，Spain：IEEE，2011.

[20] Chen Y，Hesse R，Turschner D，et al. Comparison of methods for implementing virtual synchronous machine on inverters，International Conference on Renewable Energies and Power Quality－ICREPQ'2012[C]. Nagasaki，Japan：2012.

[21] Zhong Q，Weiss G. Synchronverters：inverters that mimic synchronous generators[J]. IEEE Transactions on Industrial Electronics，2011，58(4)：1259－1267.

[22] Zhong Q，Nguyen P，Ma Z，et al. Self-synchronized synchronverters：inverters without a dedicated synchronization unit[J]. IEEE Transactions on Power Electronics，2014，29(2)：617－630.

[23] D'Arco S，Suul J A，Fosso O B. Control system tuning and stability analysis of virtual synchronous machines[J]. Energy Conversion Congress and Exposition，2013 29(3)：

2664－2671.
[24] 杜燕，苏建徽，张榴晨，等.一种模式自适应的微网调频控制方法[J].中国电机工程学报，2013(19)：67－75.
[25] 刘芳，张兴，石荣亮，等.大功率微网逆变器输出阻抗解耦控制策略[J].电力系统自动化，2015，39(15)：117－125.
[26] 王葵，孙莹.电力系统自动化(第二版)[M].北京：中国电力出版社，2004.
[27] 朱明正.T型三电平电池储能功率转换系统控制策略的研究[D].上海：上海交通大学，2014.
[28] 徐德鸿.电力电子系统建模及控制[M].北京：机械工业出版社，2005.
[29] Wen B，Boroyevich D，Burgos R，et al. Small-signal stability analysis of three-phase AC systems in the presence of constant power loads based on measured d-q frame impedances [J]. IEEE Transactions on Power Electronics，2015，30(10)：5952－5963.
[30] Du Y，Guerrero J M，Chang L，et al. Modeling，analysis，and design of a frequency-droop-based virtual synchronous generator for microgrid applications，ECCE Asia Downunder，2013[C]. Melbourne：IEEE，2013.
[31] Guerrero J M，De Vicuña L G，Matas J，et al. Steady-state invariant-frequency control of parallel redundant uninterruptible power supplies，IECON 02，Industrial Electronics Society，IEEE 2002 28th Annual Conference[C]. Sevilla，Spain：IEEE，2002，1.
[32] Gao F，Iravani M R. A Control strategy for a distributed generation unit in grid-connected and autonomous modes of operation[J]. IEEE Transactions on Power Delivery，2008，23(2)：850－859.
[33] Guerrero J M，Chandorkar M，Lee T，et al. Advanced control architectures for intelligent microgrids — part Ⅰ：decentralized and hierarchical control[J]. IEEE Transactions on Industrial Electronics，2012，60(4)：1254－1262.
[34] Guerrero J M，Loh P C，Lee T，et al. Advanced control architectures for intelligent microgrids — Part Ⅱ：power quality，energy storage，and AC/DC microgrids[J]. IEEE Transactions on Industrial Electronics，2012，60(4)：1263－1270.
[35] 郑光辉.基于虚拟同步发电机功率控制策略的光伏发电系统研究[D].重庆：重庆大学，2014.
[36] 杨亮，王聪，吕志鹏，等.基于同步逆变器的预同步并网方式[J].电网技术，2014(11)：3103－3108.
[37] 程冲，杨欢，曾正，等.虚拟同步发电机的转子惯量自适应控制方法[J].电力系统自动化，2015，39(19)：82－89.
[38] 刘飞，查晓明，段善旭.三相并网逆变器LCL滤波器的参数设计与研究[J].电工技术学报，2010，25(3)：110－116.
[39] 柴炜，曹云峰，李征，等.基于状态量预测的风-储联合并网储能优化控制方法[J].电力系统自动化，2015，39(2)：13－20.
[40] 熊坤，高宁，李睿，等.一种并离网一体型电池储能变流器[J].电力电子技术，2016，50(2)：21－22.
[41] 熊坤.微网电池储能系统虚拟同步发电机控制的研究[D].上海：上海交通大学，2016.

[42] 顾浩瀚.虚拟同步发电微源主导下的微电网运行与控制[D].上海：上海交通大学，2017.
[43] 施刚，彭思敏，曹云峰，等.风-蓄混合发电对孤立系统稳定性的影响[J].电力电子技术，2012，46(10)：6-8.
[44] 彭思敏，曹云峰，蔡旭.大型蓄电池储能系统接入微电网方式及控制策略[J].电力系统自动化，2011，35(16)：38-43.
[45] 彭思敏，窦真兰，凌志斌，等.并联型储能系统孤网运行协调控制策略[J].电工技术学报，2013，28(5)：128-134.
[46] 曹云峰，施刚，彭思敏，等.风-蓄混合孤立发电系统的运行控制[J].电力电子技术，2011，45(8)：75-77.
[47] 彭思敏，王晗，蔡旭，等.含双馈感应发电机及并联型储能系统的孤网运行控制策略[J].电力系统自动化，2012，36(23)：23-28.

第5章　微能源网优化运行技术

智能能源网是在智能电网基础上衍生出来的包含电力、燃气、水务、热力、储能等资源的综合能源网，需要综合利用先进的通信、传感、储能、海量数据优化管理和智能控制等技术，改造现有的能源流通体系，建立多种能源生产、传输、交换的网络架构，从而提升能源利用效率，推动现有单向运行的能源体系发展成包括多类型能源并双向运行的能源体系。

由于智能能源网包含的能源种类丰富，如何有效地进行各种能源之间相互协同工作时的优化调度是提升能源网效率的关键之一。如何描述各个设备的运行特性和工作模式，从而抽象出相应的经济模型是进行经济优化调度的关键。

智能电网丰富的优化调度研究成果可以为智能能源网的研究提供有力的价值。首先需要根据智能能源网各分布式能源的工作原理、运行特性和控制方法，建立包括：常规电制冷机、冰蓄冷系统、新能源发电机和冷热电三联供系统的能量流动与管理的数学模型，结合各分布式能源的实际配置情况，研究适用于该智能能源网特点的调度策略。本章将从高层建筑这一典型的智能能源网范例出发，研究优化调度策略，为未来智能建筑能源网能源管理提供参考。

5.1　智能能源网内的分布式能源

5.1.1　智能能源网的基本结构

智能能源网的分布式能源种类多样，不是以电能作为唯一交互能源，所以无法像微网那样按分布式电源接入方式分为交流微网、直流微网和交直流混合微网[1-3]等类型，一般需要针对实际接入的分布式能源进行具体分析。

楼宇智能能源网涉及电网络、冷网络和热网络三个彼此耦合的能量子网络，在网络间交互的能量为电能、冷能和热能。冷网络包括常规离心式电制冷机组、双工况离心式电制冷机组与蓄冰槽构成的冰蓄冷系统、地源热泵系统夏季供冷部分和三联供系统供冷部分。热网络包括油气两用锅炉、地源热泵系统冬季供热部分和三联供系统供热部分。电网络包括外围接入的市电、三联供系统供电部分和小型风力发电、太阳能发电设备。

整个智能能源网需要从外围接入的能源为市电、锅炉所消耗的柴油或天然气、三联供系统所消耗的天然气，这些能源通过电制冷机、锅炉和三联供系统转换成冷、热、电在网络内传递，供给楼内用户使用。某楼宇智能能源网结构如图 5－1 所示，可以看出智能能源网同时将产能、用能、供能和储能有机结合在了一起。

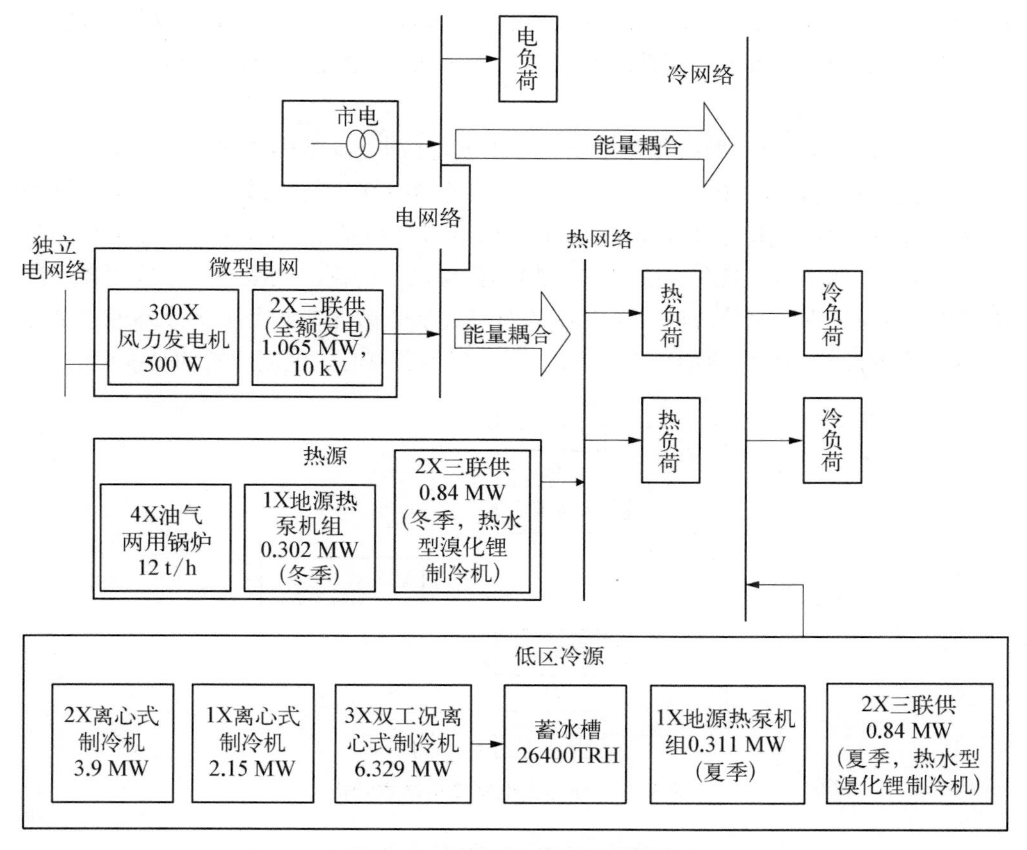

图 5－1　某楼宇智能能源网结构

5.1.2　离心式电制冷机组

制冷机是将具有较低温度的被冷却物体的热量转移给环境介质从而获得冷量的机器。根据原理的不同，制冷机又可以分为压缩式制冷机、吸收式制冷机、蒸汽喷射式制冷机、半导体制冷机等。其中，压缩式制冷机按照不同的结构特点可以分成活塞式、离心式、螺杆式和回转式等。本节智能能源网研究所用的制冷机均采用离心式电制冷机。

本小节将对离心式电制冷机的工作原理进行简要介绍[4]，并建立离心式电制冷机主要性能指标——能效比(coefficient of performance, COP)与冷却水进口温度的 T_c^{in} 和耗电功率 P_{in} 的关系，从而为后面章节的离心式电制冷机的经济模型建立提供理论支持。

5.1.2.1　离心式电制冷机结构

首台整体离心式制冷机组出现于 1922 年，主要应用于空调系统，制冷剂为四氯化碳。随后，第一台氨离心式制冷机也研制成功。1934 年，美国开利公司生产出制冷剂为 R11 的用于空调系统的离心式冷水机组，奠定了现代离心式制冷机的发展基础。

离心式电制冷机一般由 4 个主要部分组成，分别是压缩机、膨胀阀、蒸发器和冷凝器。离心式电制冷机采用电能为动力源，通过制冷剂(一般为氟利昂)在蒸发器中蒸发吸取载冷剂(一般为水)的热量进行制冷。汽化后的制冷剂湿蒸气在压缩机中吸收能量，被做功压缩成高温高压气体。然后，高温高压的制冷剂湿蒸气在冷凝器冷凝成液体，再通过膨胀阀节流进入蒸发器从而完成整个循环。整个系统最终通过消耗电能生产低温冷冻水供给用户需求。图 5-2 展示了离心式电制冷机的基本结构。

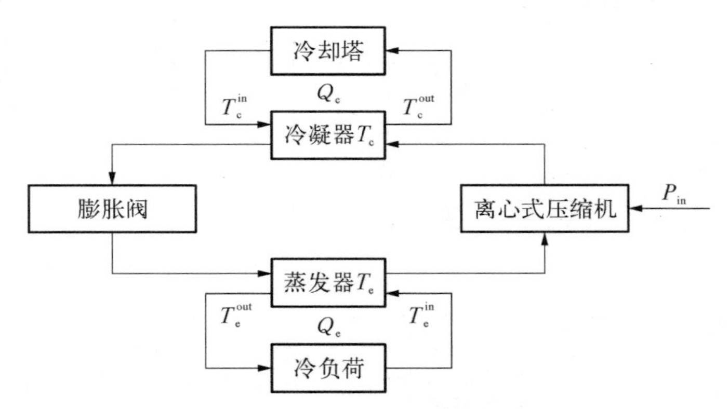

图 5-2　离心式电制冷机基本结构

图 5-2 中各参数含义如表 5-1 所示，所有参数默认为正值。

表 5-1　离心式电制冷机模型参数含义对照

参数名称	含　义	参数名称	含　义
P_{in}	输入的电能	T_c^{out}	冷凝器冷却水出口温度
Q_c	冷凝器交换的能量	T_e	蒸发器制冷剂温度
Q_e	蒸发器交换的能量	T_e^{in}	蒸发器冷冻水进口温度
T_c	冷凝器制冷剂温度	T_e^{out}	蒸发器冷冻水出口温度
T_c^{in}	冷凝器冷却水进口温度		

5.1.2.2　离心式电制冷机模型

根据热力学第一定律，可以得到下式：

$$Q_c = P_{in} + Q_e \tag{5-1}$$

上式反映了离心式制冷机的基本能量关系，即通过给压缩机一定的高品位能量，压缩机再通过一个等熵过程将能量品位提高，使能量从低温体（蒸发器）传递到高温体（冷凝器），也就是说制冷机并不是直接将输入的电能转化为冷量输出，而是利用高品位的电能把低品位的热能从低温物体转移到高温物体，所以制冷机制取的冷量可以大大多于消耗的电能。

考虑到等熵过程，有

$$\frac{Q_c + q_c}{T_c} = \frac{Q_e + q_e}{T_e} \tag{5-2}$$

式中，q_c和 q_e分别为冷凝器和蒸发器的热能损失，主要是由于压缩机与膨胀阀中的液体摩擦、膨胀阀的节流损失、冷凝器的脱过热以及热能泄漏等内部损耗造成的[5]。

离心式电制冷机最重要的性能参数 COP 按如下定义：

$$\mathrm{COP} = \frac{Q_e}{P_{in}} \tag{5-3}$$

COP 的数值反映了该台制冷机制冷效率，一般制冷机的 COP 数值为 2～8。相同工况条件下该数值越大，表示该冷机效率越高、越节能，即消耗更少的电能可以产生更多的冷能。

综合式(5-1)、式(5-2)、式(5-3)，可以得到

$$\frac{1}{\mathrm{COP}} = -1 + \frac{T_c}{T_e} + \frac{1}{Q_e}\left(\frac{q_e T_c}{T_e} - q_c\right) \tag{5-4}$$

对于制冷机，通常用冷凝器冷却水进口温度 T_c^{in}和蒸发器冷冻水出口温度 T_e^{out}来描述它的工作特性，所以需要把式(5-4)中的冷凝器制冷剂温度 T_c和蒸发器制冷剂温度 T_e进行转换：

$$\begin{cases} T_c = T_c^{in} + \dfrac{Q_c}{M_c} \\ T_e = T_e^{out} - \dfrac{Q_e}{M_e} \end{cases} \tag{5-5}$$

式中，M_c和 M_e分别为冷凝器和蒸发器的热交换系数，将其代入式(5-4)，得到

$$\frac{1}{\mathrm{COP}}=-1+\frac{T_{\mathrm{c}}^{\mathrm{in}}+\dfrac{Q_{\mathrm{c}}}{M_{\mathrm{c}}}}{T_{\mathrm{e}}^{\mathrm{out}}-\dfrac{Q_{\mathrm{e}}}{M_{\mathrm{e}}}}+\frac{1}{Q_{\mathrm{e}}}\left(\frac{q_{\mathrm{e}}\left(T_{\mathrm{c}}^{\mathrm{in}}+\dfrac{Q_{\mathrm{c}}}{M_{\mathrm{c}}}\right)}{T_{\mathrm{e}}^{\mathrm{out}}-\dfrac{Q_{\mathrm{e}}}{M_{\mathrm{e}}}}-q_{\mathrm{c}}\right) \tag{5-6}$$

可以看出上式较为复杂，实际工程实践中，可以通过对制冷机实际运行状态进行实测，在不同冷却水进口温度时实测冷机耗电功率和制冷功率，然后根据实验数据点，将 COP 拟合成冷却水进口温度 $T_{\mathrm{c}}^{\mathrm{in}}$和耗电功率 P_{in}的函数，即

$$\mathrm{COP}=f(T_{\mathrm{c}}^{\mathrm{in}},\ P_{\mathrm{in}}) \tag{5-7}$$

在获得所用冷机的 COP 特性拟合函数后，即可再根据当前的电价政策，建立冷机在相应时段供冷所需电费花销的经济模型，并进一步进行整个网络稳态时的经济优化调度。

5.1.3 冰蓄冷系统

随着社会经济的不断发展和城市规模的持续扩大，城市的用电量也在以可见的速度增长。为了满足城市的用电负荷，电力建设投入空前巨大，但是在这个过程中存在关键的矛盾，即城市用电负荷波动过大甚至超过了电网忍耐能力，这个现象对于处在酷暑与严冬时节的沿海大城市尤为明显。在用电高峰时段，千家万户的空调开启，使得城市总负荷超过电网容量，导致大量地拉闸限电，严重影响城市居民的日常生活。而在用电低谷时段，城市用电负荷骤降，大量的电力供应容量被浪费。电力负荷如此巨大的差异会让电网频率波动，不利于电网的稳定运行。由于电网侧并没有能量存储装置，那么势必要在用户侧进行能量管理装置的设计，以均衡电力负荷从而实现削峰填谷，因此冰蓄冷系统便应运而生。

5.1.3.1 冰蓄冷系统结构

冰蓄冷系统是在用电低谷时段利用多余电力容量制冰存储在蓄冰装置中，然后在用电高峰时段通过融冰将所储存冷量释放出来以减少电网用电高峰时段用电负荷峰值，从而真正实现削峰填谷。系统主要由双工况电制冷机、蓄冰槽和板式换热器组成。双工况电制冷机是冰蓄冷系统的冷源，顾名思义，与上节提到的常规离心式电制冷机不同，它有两个工况，一个是常规的空调制冷模式，另一个是额外的制冰制冷模式。在制冰制冷模式中，该种冷机可以提供温度更低的冷冻水以至于结冰从而进行冷量的存储。蓄冰槽是冰蓄冷系统的储能装置，其内部的特殊介质可以固化存储冷量或者液化释放冷量，从而灵活地实现整个系统储能与放能状态的切换。板式换热器是冰蓄冷系统与外界冷水网络交换冷量的通道，由许多金属

片层叠而成，金属片之间形成可以让液体流通的通道，冰蓄冷系统供给的冷冻水与外界网络的冷水通过金属片交换热量，热回收率可达 90%以上。冰蓄冷系统基本结构如图 5－3 所示。

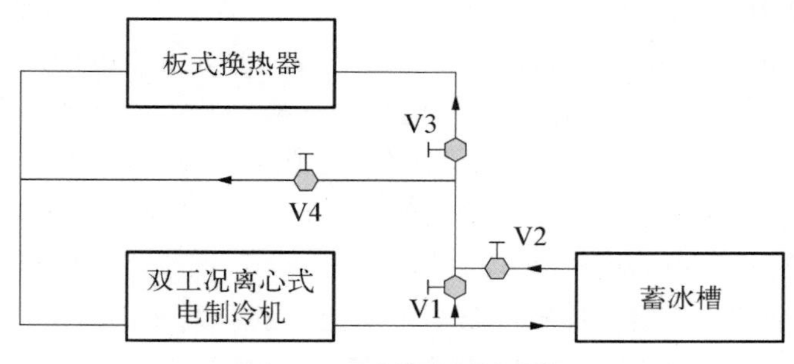

图 5－3　冰蓄冷系统结构

图 5－3 中 V1、V2、V3 和 V4 四个阀门通过不同的开关组合，可以形成整个冰蓄冷系统的 4 种不同的运行工况，这 4 种运行工况分别为双工况离心式冷水机组制冰、双工况机组与蓄冰槽联合供冷、蓄冰槽融冰单独供冷、双工况离心式冷水机组单独供冷。这些运行工况两两互斥，即任一时刻，整个系统只能运行在一种工况条件下，不可能出现双工况离心式冷水机组制冰与蓄冰槽融冰单独供冷同时发生的情况。表 5－2 展示的是冰蓄冷系统运行工况与 4 个阀门开关情况的对应关系。

表 5－2　冰蓄冷系统运行工况

运 行 工 况	开启阀门	调节阀门	关闭阀门
双工况离心式冷水机组制冰	V2，V4	—	V1，V3
双工况机组与蓄冰槽联合供冷	—	V1，V2，V3，V4	—
蓄冰槽融冰单独供冷	—	V1，V2，V3	V4
双工况离心式冷水机组单独供冷	V1	V3，V4	V2

5.1.3.2　冰蓄冷系统运行策略概述

由于冰蓄冷系统具有产冷和储冷的设备，所以可以把制冷设备的运行和冷负荷的供应分离开来，从而充分利用当下普遍采用的分时电价政策实现节约电费的目标。需特别注意的是，由于双工况电制冷机制冰工况时的蒸发器温度低于其空调工况时的蒸发器温度，根据式(5－4)可以发现电制冷机在制冰工况下的 COP 值小于其在空调工况下的 COP 值，这说明制取相同大小的冷量，双工况电制冷机工作在制冰工况下比其工作在空调工况时需要消耗更多电能，意味着冰蓄冷系统无法实现节能。但是由于冰蓄冷系统可以分离设备运行和冷负荷供应的时间段，所以一种简单的运行策略是在分时电价处于低谷时间段内开启双工况电制冷机制冰工况，全功率制冰储能，然后在分时电价处于高峰的时间段内让蓄冰槽融冰供冷，从而实现整个系统节费运行。

目前，文献中关于冰蓄冷系统运行策略的研究多停留在定性方面。文献[6]将冰蓄冷空调运行策略分成部分蓄冰和全蓄冰两种。部分蓄冰运行策略包括以下几种：优先冷机供冷、优先蓄冰槽供冷、冷机与蓄冰槽按一定比例关系共同供冷。全蓄冰运行策略为冷机只工作在制冰工况，给蓄冰槽冲冷，而蓄冰槽通过融冰提供所有的冷负荷需求。该种全蓄冰运行策略的应用环境受限，通常只能使用在冷负荷需求持续时间短且集中的场所，如体育馆等。文献[7]将冰蓄冷空调运行策略分成移峰策略和分量蓄冰策略。移峰策略与上面提到的全蓄冰策略类似，蓄冰槽提供所有冷负荷，这样电负荷移峰效果最明显且最节费，但缺点是制冰机和蓄冰槽容量需要足够大。分量蓄冰策略分成均衡负荷和限定需求两种：均衡负荷策略指的是冷机提供基础冷负荷，不足的部分由蓄冰槽提供，多余的部分给蓄冰槽冲冷，该种策略要求的冷机和蓄冰槽容量较小。限定需求策略则介于部分蓄冰和全蓄冰策略之间，冷机供冷负荷受到限制。

对冰蓄冷系统运行策略的定性研究无法指出冰蓄冷系统在具体的制冷机容量、蓄冰槽容量和分时电价等条件下，如何规划系统工作模式和各冷源供冷功率大小，从而使得整个系统节费效果最优。

5.1.4 冷热电三联供系统

冷热电三联供系统(combined cooling heating and power, CCHP)是一种综合利用可回收废热制冷或供热的发电系统，与常规发电系统最主要的不同是 CCHP 利用原动机排放的废热给整个系统提供所需的热能，包括供冷、供热和热水供应等。而常规发电系统往往没有利用废热，大量能量随着废热排走或废热再利用率较低。另一方面，废热的排放还会带来环境污染等问题。因此，尽管 CCHP 系统比传统系统的构造更复杂，但由于能源利用率高，更具有吸引力，一般投入运行数年之后即可收回成本。

2006 年国家发展改革委会、财政部、建设部等有关部门经过共同研究分析，一起发布了《“十一五”十大重点节能工程实施意见》，其中明确指出“建设分布式热电联产和热电冷联供；研究并完善有关天然气分布式热电联产的标准和政策”。这表明，在提倡节能减排与可持续发展的今天，CCHP 发展的前景广阔。

5.1.4.1 三联供系统结构

CCHP 一般由燃气轮机、热回收装置、吸收式制冷机和暖管等组成，一些大型的 CCHP 系统还会配置额外的电制冷机和锅炉[8,9]，以便实现更灵活的冷热电能量分配策略。图5-4展示了完整的CCHP系统组织结构和能量流动路径。

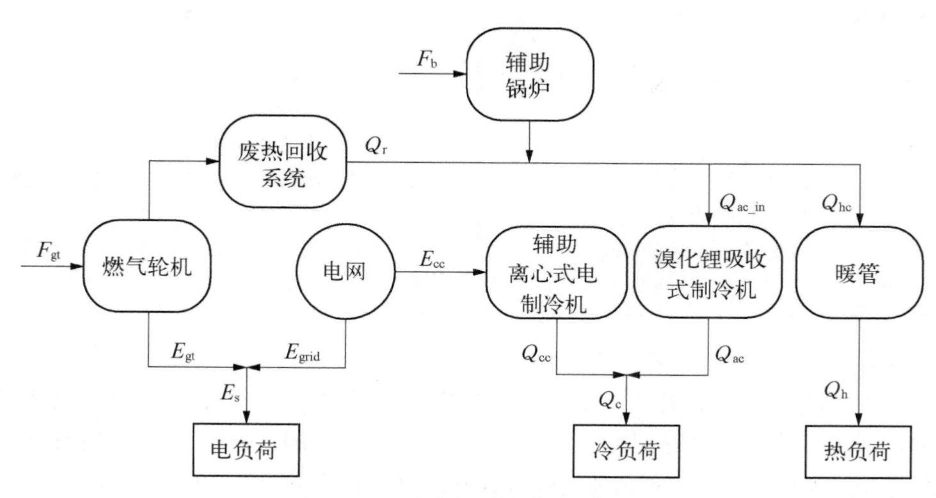

图5-4　冷热电三联供系统结构

燃气轮机是整个CCHP系统的原动机，以天然气为燃料。天然气和空气经过压气机压缩混合后在燃烧室燃烧，天然气的化学能一部分转化成废气的热能排出，另一部分在透平膨胀机中做功转化成机械能推动发电机转子旋转从而发出电能。燃气轮机发出的电能供给整个系统电负荷，不足的部分由接入的市电补充。若发电量超出了系统电负荷，在政策允许的情况下也可以售给电网，不过这对电能质量要求很高，一般很难获得电力部门的批准，故本节不考虑这种情况。另一方面，燃气轮机排出的废气通过专门的废热回收装置回收其中蕴含的热能，用来分别供给溴化锂吸收式制冷机供冷和暖管供热。与上文提到的离心式电制冷机不同，溴化锂吸收式制冷机主要的输入能源不是电能而是热能，该类吸收式制冷机依靠输入的热能加热溴化锂水溶液，使得水大量汽化，然后在冷凝器中液化成高压低温的液态水，继而在蒸发器中蒸发吸热制冷，最后水重新回到溴化锂溶液完成整个循环。由于热能的品位低于电能，所以与离心式电制冷机相比，溴化锂吸收式制冷机制取相同的冷量消耗比电能更多的热能，即COP较低，但是由于热能是从燃气轮机排放的废气中回收的，从整个系统角度分析，吸收式制冷机效率相当高，值得优先满载开启。此外，完整的CCHP系统还包括图5-4中所示的辅助锅炉和辅助电制冷机，用来提供额外的冷热能量，从而实现对于冷热负荷灵活的调配。

表5-3对图5-4中各个变量的具体含义进行了解释，各变量均以图5-4所示方向为正方向。

表 5-3 冷热电三联供系统参数

变量名称	含 义	变量名称	含 义
F_{gt}	燃气轮机输入天然气的总热值	Q_{ac_in}	吸收式制冷机的输入热量
F_{b}	辅助锅炉燃料的总热值	Q_{ac_in}	暖管的输入热量
E_{grid}	电网的供电量	Q_{cc}	离心式电制冷机的制冷量
E_{s}	整个系统的电能负荷	Q_{ac}	溴化锂吸收式制冷机的制冷量
E_{gt}	燃气轮机的发电量	Q_{c}	整个系统的冷负荷
E_{cc}	离心式制冷机的耗电量	Q_{h}	整个系统的热负荷
Q_{r}	废热回收系统回收的热量		

5.1.4.2 三联供系统控制方法

为了实现上一小节提到的冷热电三联供系统的种种优点，常用的控制策略有两种，“以电定热”和“以热定电”[10,11]。这两种策略主要的区分点在于燃气轮机燃料供给是按优先提供系统电负荷还是吸收式制冷机和暖管所需热负荷而确定的。

1)“以电定热”控制策略

在“以电定热”控制策略中，燃气轮机的燃料天然气的供给量按照整个系统电负荷全部由燃气轮机发电量提供，若整个系统电负荷大于燃气轮机最大发电量，则不足部分由市电补足：

$$E_{gt}=E_{s} \tag{5-8}$$

如果 $E_{s}>E_{gt,\max}$，则 $E_{grid}=E_{s}-E_{gt,\max}$，$E_{gt}=E_{gt,\max}$

此时燃气轮机需要输入的燃料总热值为

$$F_{gt}=\frac{E_{gt}}{\eta_{gt}} \tag{5-9}$$

式中，η_{gt} 为燃气轮机发电效率。

根据能量守恒定律，经过废热回收装置后，回收的热量为

$$Q_{r}=\eta_{r}(F_{gt}-E_{gt})=\eta_{r}(F_{gt}-\eta_{gt}F_{gt})=\eta_{r}(1-\eta_{gt})F_{gt} \tag{5-10}$$

式中，η_{r} 为废热回收装置热回收效率。

暖管提供整个系统热负荷，所以其输入热量为

$$Q_{hc}=\frac{Q_{h}}{\eta_{hc}} \tag{5-11}$$

式中，η_{hc} 为暖管换热效率。

在供应冷负荷方面，有如下关系式：

$$\begin{cases} F_{b} + Q_{r} = Q_{ac\_in} + Q_{hc} \\ Q_{ac} = \eta_{ac} Q_{ac\_in} \\ Q_{cc} = \eta_{cc} E_{cc} \\ Q_{c} = Q_{ac} + Q_{cc} \end{cases} \tag{5-12}$$

式中，η_{ac_in} 和 η_{cc} 分别为吸收式制冷机和离心式电制冷机的 COP 参数值。

整个系统的能量消耗为

$$W = E_{grid} + E_{cc} + F_{gt} + F_{b} \tag{5-13}$$

2）“以热定电”控制策略

在“以热定电”控制策略中，燃气轮机的燃料天然气的供给量按照吸收式制冷机和暖管输入热量，全部由燃气轮机废气回收热量提供，即

$$F_{gt} = \frac{Q_{r}}{\eta_{r}(1 - \eta_{gt})} \tag{5-14}$$

其余关系式与“以电定热”类似。

其实在冷热电三联供系统在引入辅助锅炉和辅助离心式电制冷之后，“以电定热”和“以热定电”这两种控制方法区别并不大，辅助供能装置使得整个系统冷热电调度策略更为灵活，可完全根据设备的效率选择最经济调度运行方法。

5.1.5　地源热泵系统和油气两用锅炉

1）地源热泵系统

地源热泵是近年来出现的可再生能源利用技术，主要依靠存贮在土壤中的太阳能实现空调系统供冷或供热的需求。地源热泵具有清洁、高效等一系列特点，是最有发展前景的新型能源之一。

地源热泵系统由 7 个部分构成[12]：压缩机、制冷剂—空气换热器、膨胀阀、地热换热器、制冷剂—地热液换热器、反向阀和循环泵。整个系统结构与本章节开始介绍的离心式电制冷机类似。冬季时，地源热泵工作在制热模式，地热液通过埋设在土壤中的管道把热量传递到制冷剂（地热液换热器），通过热泵循环传递到制冷剂（空气换热器），此时该换热器充当冷凝器向房间供热。夏季时，整个循环正好反过来，地源热泵将房间内的热量转移到土壤中，实现制冷。

按照地热液循环方式，地源热泵可以分为开环系统和闭环系统两种。开环系统地热液一般为地下水，通过循环泵抽取循环水换热后直接将其就近排放到河流湖泊中，构造较简单。闭环系统在地下埋设封闭的管道，管道中的地热液与土壤换热并通过循环泵完成整个循环。

由地源热泵工作过程可以看出，该系统消耗的主要能量来自土壤中的太阳能，压缩机和循环泵消耗的电能很少，所以整个系统制热制冷效率相当高并且清洁无污染，是一种理想的空调系统。

2）油气两用锅炉

油气两用锅炉供给整个能源网的基础热负荷，该种锅炉的燃料可以自由选择天然气或者柴油，按照燃料时价灵活选择可降低整体成本[13]。

5.2 基于混合整数规划的微能源网稳态调度策略

智能能源网优化调度的重点是制定科学有效的调度方法，对能源网内各分布式能源启停情况和工作负荷承担大小进行决策，使得整个能源网在满足各种约束条件下实现多目标的综合优化。上面提到的约束条件主要是指各种负荷的平衡，智能能源网中负荷平衡为冷、热和电负荷的平衡。其余的约束条件主要是各分布式能源自身以及相互协作时的物理约束。另一方面，由于优化调度的目标包括经济性、可靠性、环境友好性、响应速度等，同时考虑所有指标会使得优化问题相当复杂，在本节中只考虑衡量调度算法有效与否最重要的指标——经济性指标，即主要讨论智能能源网稳态经济优化调度。

5.2.1 智能能源网稳态经济优化调度策略设计

由图 5-1 中各分布式能源供能功率可以看出，在智能楼宇区域智能能源网中，冷、热、电负荷的基础部分由锅炉、电制冷机等常规能源提供，而诸如吸收式制冷机、地源热泵、风力发电等新型能源的功率一般较小，通常用作对常规能源的补充。表 5-4 具体给出了分布式能源结构中每种负荷供给情况。

表 5-4 能源供应结构

	电负荷	热负荷	冷负荷
基础来源	三联供发电部分、市电	油气两用锅炉	常规离心式电制冷机、冰蓄冷系统
补充来源	风机	三联供供热部分、地源热泵供热部分	三联供供冷部分、地源热泵供冷部分

在冷、热、电负荷补充来源方面，风机和地缘热泵功率相比传统能源，具有功率小但效率高的特点，所以可以采取满载常开的策略，在相应的，预测冷热电负荷中扣除其满载功率即可。

对于该楼宇智能能源网中的三联供系统（见图 5-1），其并不独立供应整个能源网的冷、热、电负荷，而是与其余分布式能源协作，三联供系统调度策略因不包含辅助锅炉和辅助离心式制冷机而得到了极大的简化。加上考虑到其合约规定的每日最少 16 h 的开启时间和担当能源网内电负荷的基础来源的要求，因而对三联供系统可采用常开并且“以电定热”的控制策略。在电负荷方面，则优先利用三联供发电，不足的电负荷部分由市电补充。

在热负荷方面，油气两用锅炉提供能源网内主要的热需求，由于方式单一，只需要根据预测热负荷和锅炉产能曲线供应天然气或柴油，天然气供应紧张时改为柴油，反之亦然。

在冷负荷方面，能源网内冷需求主要由常规电制冷机和冰蓄冷系统联合供应，根据本章第二节的分析可知，离心式电制冷机的能效比参数 COP 与冷却水进口温度 T_c^{in} 和耗电功率 P_{in} 有直接关系，而冰蓄冷系统包含蓄冰槽这一储能环节，所以如何科学地确定电制冷机启停状态与供冷功率、冰蓄冷系统的工作模式是实现经济优化调度的关键。

经过上述分析可知，该楼宇智能能源网稳态经济优化调度主要需解决的是电制冷机与冰蓄冷系统联合供冷的调度。

5.2.2　联合供冷系统稳态调度算法

常规电制冷机和冰蓄冷联合供冷系统组织结构如图 5-5 所示。冰蓄冷系统通过蓄冰槽、双工况制冷机组和板式换热器之间阀门的切换来控制当前的运行模式，常规电制冷机与冰蓄冷换热器产出的低温冷冻水经过冷冻水集水器汇集后，通过冷水网络提供给各楼层用户的换热器来满足供冷需求。整个联合供冷系统稳态

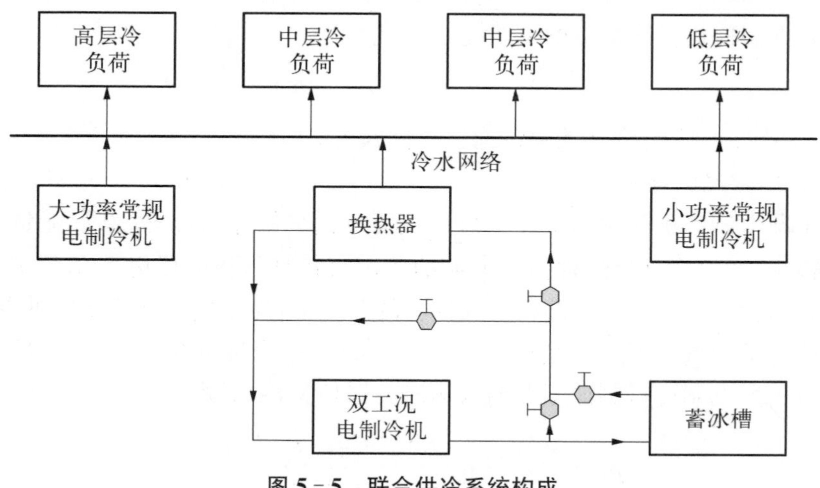

图 5-5　联合供冷系统构成

优化调度的目标是在满足预测供冷负荷的情况下，调度各常规电制冷机启停及供冷功率、各双工况电制冷机运行工况、启停及供冷功率和蓄冰槽启停及供冷功率，从而使得整个联合供冷系统电费花销最少。顾名思义，稳态调度中暂不考虑制冷机启动的动态过程，即认为供冷功率设定值是瞬时达到的。

1）电制冷机经济模型

每台电制冷机有开启和关闭两个工作状态，故采用 0－1 离散变量 Y 来描述电制冷机的工作状态。对于双工况电制冷机空调工况和制冰工况的区分则需使用两个 0－1 离散变量来分别描述。电制冷机的制冷功率则用连续变量来描述。

式(5－7)表明电制冷机能效比参数 COP 可以拟合成用冷却水进口温度 T_c^{in} 和耗电功率 P_{in} 表示的函数。而在经济模型中，计算电费需要将电制冷机的耗电功率表示成供冷功率 P_{out} 的函数，所以针对具体电制冷机时，需要根据实际的冷却水进口温度、耗电功率和制冷功率等数据，通过回归分析将耗电功率表示成为冷却水进口温度和制冷功率的二元二次函数形式，以便利用数学规划工具进行优化问题的求解，即将式(5－7)进行如下变形：

$$\mathrm{COP}=\frac{P_{out}}{P_{in}}=f(P_{in},\ T_c^{in})\Rightarrow P_{in}=g(P_{out},\ T_c^{in}) \tag{5-15}$$

回归分析利用 Matlab 提供的多元二项式回归命令，该函数调用形式为 rstool(x, y, '*model*', α)，其中 x 为 $n\times m$ 矩阵；y 为 n 维列向量；*model* 为模型选择，有四种，分别为 linear（线性）、purequadratic（纯二次）、interaction（交叉）和 quadratic(完全二次)，缺省时为线性；α 为显著性水平，缺省时为 0.05。实际使用时，x 为$n\times 2$ 的矩阵，两列数据分别为冷机供冷功率 P_{out} 和冷却水进口温度 T_c^{in}；y 为冷机消耗电功率 P_{in}；*model* 取'quadratic'；α 取 0.01。

于是电制冷机供冷产生的电费花销 C 为

$$C=Y\times g(P_{out},\ T)\times p\times t \tag{5-16}$$

式中，p 为供冷时段电价，t 为供冷时段时间长度。

2）蓄冰槽经济模型

双工况电制冷机在制冰工况下可以在蓄冰槽里制冰蓄冷，这部分能量会储存在蓄冰槽中，所以将这个过程消耗电能的费用直接计入该时段电费总和是不合理的。在忽略蓄冰槽储冷量随储存时间损耗的前提下，为考量蓄冰槽供冷的花销，引入蓄冰槽冷量均价 p_s 概念，描述单位冷量的价格，这个价格与充冷量、充冷时段电价以及双工况电制冷机制冰工况输入输出关系相关，由下式定义：

$$p_s=\frac{p_s W_{init}+pt^{in}P-p_{init}t^{out}P_sY_s}{W_{init}+t^{in}P-t^{out}P_sY_s} \tag{5-17}$$

式中，p_{init} 为冷量均价初值，W_{init} 为蓄冰槽冷量初值，t^{in} 为冲冷时间，t^{out} 为放冷时间，P 为双工况电制冷机总制冰功率，P_s 为蓄冰槽供冷功率，Y_s 为蓄冰槽供冷启停标志。由蓄冰槽冷量均价的定义可以看出，在不考虑储冷量随时间损耗的前提下，均价与蓄冰槽是否放冷无关，只在蓄冰槽冲冷时可能改变。

蓄冰槽储冷量增量为

$$\Delta W = t^{in} P - t^{out} P_s Y_s \tag{5-18}$$

3）目标函数

在建立好电制冷机供冷和蓄冰槽供冷的经济模型后，可以得到如下的优化问题目标函数，目标函数为各种电制冷机空调工况供冷与蓄冰槽供冷所需电费之和：

$$\min_{Y_i, Y_s, P_{out,i}, P_s} J = pt \sum Y_i g_i (P_{out,i}, T_{c,i}^{in}) + p_s t P_s Y_s \tag{5-19}$$

式中，$P_{out,i}$ 为第 i 台电制冷机供冷功率，$T_{c,i}^{in}$ 为第 i 台电制冷机冷却水进口温度。

由于在蓄冰槽经济模型中，双工况电制冷机制冰工况耗用电能的费用并不直接计入当前时段内优化问题的目标函数，所以双工况电制冷机是否制冰不影响优化问题的最优值。实际应用中，在考虑当前时段电价水平的前提下，可根据优化问题求解出来的双工况电制冷机空调工况启停标志和蓄冰槽供冷启停标志，来决定双工况电制冷机是否制冰，即任意两台双工况电制冷机不可能一台处于制冰工况而另一台处于空调工况且蓄冰槽供冷与电制冷机制冰不能同时进行，以确保冰蓄冷系统工作模式唯一，即

$$\begin{cases} Y_s \times Y_{ice} = 0 \\ Y_{ice} \times Y_{air,i} = 0,\ i = 1,\ 2,\ \cdots,\ N \end{cases} \tag{5-20}$$

式中，Y_{ice} 为双工况制冷机制冰工况启停标志，默认制冰工况时所有双工况冷机同时开启，加快制冰速度。$Y_{air,i}$ 为第 i 台双工况制冷机空调工况启停标志，共 N 台双工况制冷机。

4）约束条件

主要的约束条件包括供冷功率与预测负荷平衡、各电制冷机额定功率限制和蓄冰槽储冷量上下限：

$$\begin{cases} Y_i P_{out,i} + P_s Y_s = P_p \\ \alpha_i P_{i,rated} \leqslant P_{out,i} \leqslant P_{i,rated} \\ W_{min} \leqslant W \leqslant W_{max} \end{cases} \tag{5-21}$$

式中，P_p 为预测负荷，已扣除三联供和地源热泵供冷部分；$\alpha_i \in (0,\ 1)$ 为第 i 台电

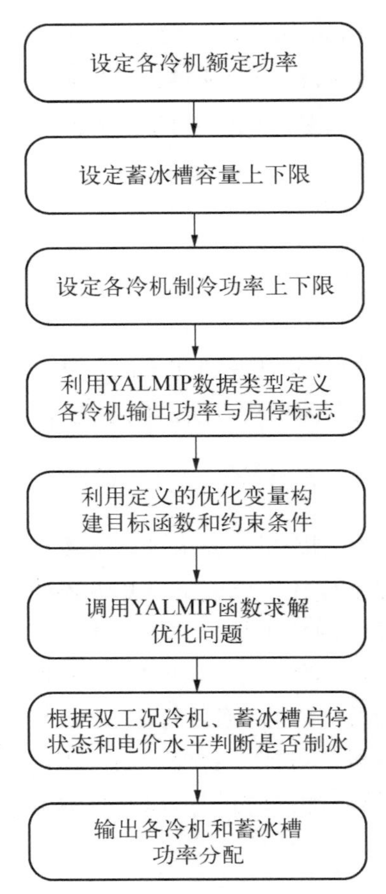

图 5-6　程序流程

制冷机最小输出功率比例；$P_{i,\text{rated}}$ 为第 i 台电制冷机额定输出功率；$W_{\max}$ 和 $W_{\min}$ 为蓄冰槽储冷量上下限。

5）*求解方法*

从优化问题的目标函数和约束条件形式看出，联合供冷系统稳态经济优化问题可以归结为一个非线性混合整数规划问题，优化变量包括 0-1 整型变量和连续变量，约束条件包括优化变量相乘的非线性形式，人工求解较为繁复，所以采用 Matlab 环境下的 YALMIP 工具箱来求解优化问题。

YALMIP 是高级建模的建模语言，并且可以求解凸与非凸的优化问题，它是一个免费的工具箱。YALMIP 与 Matlab 系统兼容性良好，另外，YALMIP 使用了大量的建模技巧，从而使用户可以更多地关注上层模型，而让 YALMIP 考虑底层建模以获取尽可能高效并且从代数角度考虑的理想模型。

在 Matlab 环境下，使用 M 文件编写求解优化问题的程序，整个程序流程如图 5-6 所示。

5.2.3　算例仿真

为了验证联合供冷系统稳态经济优化算法的有效性与否，作者利用上海交通大学风力发电研究中心现有数据在 Matlab 环境下进行仿真。

5.2.3.1　电制冷机 COP 函数拟合

常规电制冷机共三台，两台额定制冷功率 3 900 kW，一台额定制冷功率 2 150 kW，双工况电制冷机共三台，空调工况额定制冷功率 6 329 kW，制冰工况额定制冷功率 3 868 kW。首先，需要根据电制冷机运行实测数据进行输入输出关系函数的拟合，电制冷机空调工况实际运行数据见附录 C，电制冷机制冰工况实际运行数据见附录 D。

图 5-7，图 5-8，图 5-9 分别表示 3 900 kW、2 150 kW 和 6 329 kW 离心式电制冷机回归分析结果。各图中 X1 为冷机供冷功率标幺值，X2 为冷机冷却水进口温度，Y1 为冷机耗电功率标幺值。由于显著性水平 α 取值为 0.01，所以图中曲线包围的区域为置信水平 99%所对应的置信区间。

从上述图中可以看出，二元二次回归分析可以相当精确地建立电制冷机输入电功率与输出冷功率和冷却水进口温度的函数关系，具体的函数表达式如下列各式。

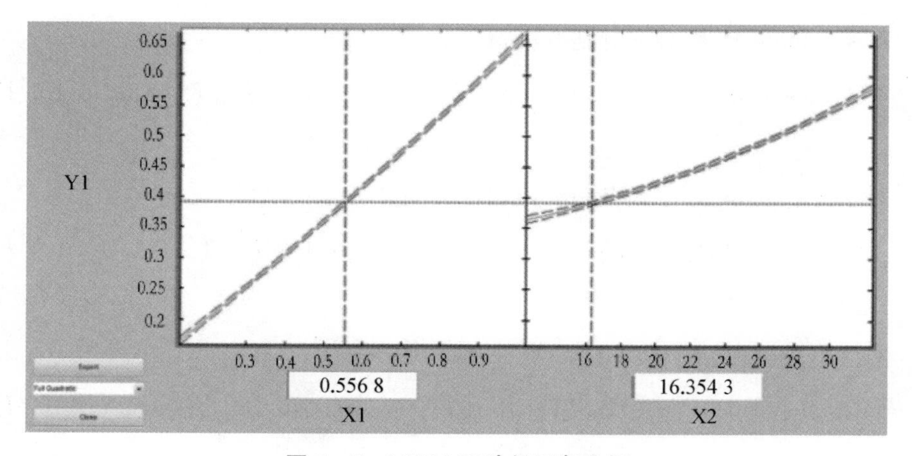

图 5－7　3 900 kW 冷机回归分析

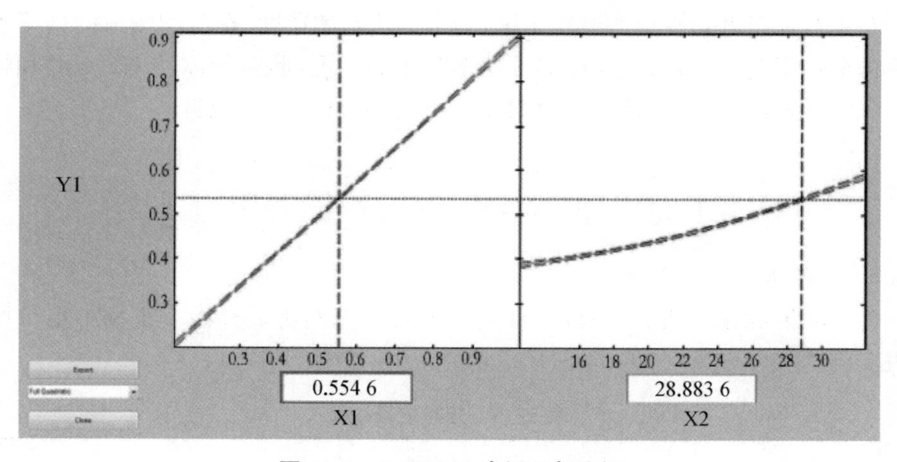

图 5－8　2 150 kW 冷机回归分析

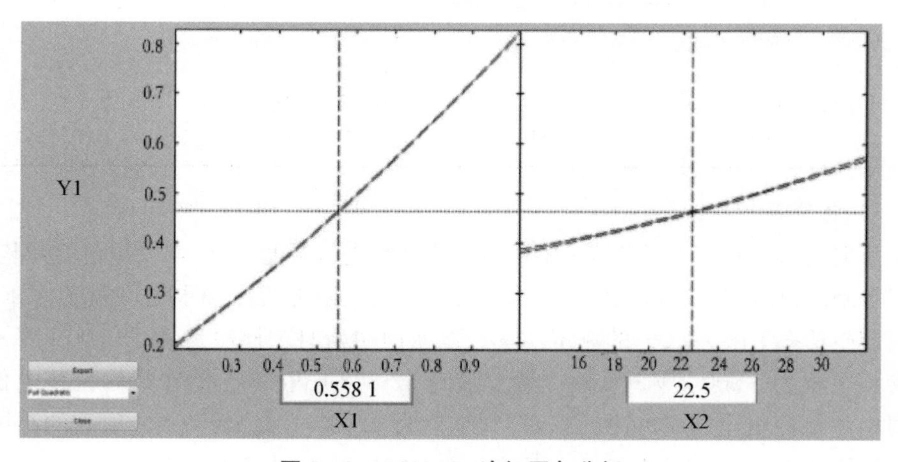

图 5－9　6 329 kW 冷机回归分析

对于 3 900 kW 离心式电制冷机，有

$$P_{in}=146.7+0.033P_{out}-7.3T_c^{in}+0.17T_c^{in\,2}+3.5\times10^{-3}P_{out}T_c^{in}+3.2\times10^{-6}P_{out}^2 \tag{5-22}$$

对于 2 150 kW 离心式电制冷机，有

$$P_{in}=88.9+0.042P_{out}-4.6T_c^{in}+0.10T_c^{in\,2}+3.3\times10^{-3}P_{out}T_c^{in}+1.8\times10^{-6}P_{out}^2 \tag{5-23}$$

对于双工况电制冷机 6 329 kW 空调工况，有

$$P_{in}=270.9+0.030P_{out}-9.1T_c^{in}+0.19T_c^{in\,2}+3.9\times10^{-3}P_{out}T_c^{in}+4.7\times10^{-6}P_{out}^2 \tag{5-24}$$

对于双工况电制冷机的制冰工况，为了加快制冰速度，在分配制冰的情况下电制冷机全功率制冰，所以不存在部分功率制冰的工况，此时制冰功率(cold)和耗电功率(elec)分别仅为关于冷却水进口温度 T_c^{in} 的一元二次函数：

$$\begin{cases}\text{cold}=-1.87T_c^{in\,2}+17.63T_c^{in}+5\,239.50\\ \text{elec}=-0.50T_c^{in\,2}+23.07T_c^{in}+766.22\end{cases} \tag{5-25}$$

5.2.3.2　单时段算例仿真

为了验证优化算法的有效性，首先从单时段算例仿真开始。案例中电价政策如表 5-5 所示，分为峰、平、谷三档电价。

表 5-5　分时电价政策

时段(时)	电价/(元/kW·h)	时段/时	电价/(元/kW·h)
22:00～06:00	0.234	13:00～15:00	1.037
06:00～08:00	0.706	15:00～18:00	0.706
08:00～11:00	1.037	18:00～21:00	1.037
11:00～13:00	0.706	21:00～22:00	0.706

1）电价谷时算例

谷时电价为 0.234 元/kW·h，各冷机冷却水进口温度恒定，均取额定值，即空调工况电制冷机冷却水进口温度为 32℃，制冰工况电制冷机冷却水进口温度为 30℃，冷机制冷功率下限为 15%的额定功率。蓄冰槽初始时刻储冷量为 10 000 kW·h，储冷量下限为 5 000 kW·h，储冷量上限为 92 822 kW·h。储冷量均价按电价低谷时由电制冷机全功率冲冷计算，得到结果为 0.057 6 元/kW·h。预测的高中低负荷分别为 20 000 kW、12 000 kW 和 3 600 kW，负荷持续时长均为 30 min，优化

结果如表 5-6 所示。

表 5-6 电价谷时算例

预测冷负荷/kW	3 600	12 000	20 000
最小电费消耗/元	75.7	266.0	454.9
1#3 900 kW 制冷机/kW	0	3 900	3 900
2#3 900 kW 制冷机/kW	3 600	3 900	3 900
1#2 150 kW 制冷机/kW	0	2 150	2 150
1#双工况冷机空调工况/kW	0	0	5 025
2#双工况冷机空调工况/kW	0	0	5 025
3#双工况冷机空调工况/kW	0	0	0
蓄冰槽供冷/kW	0	2 050	0
1#双工况冷机制冰工况/kW	4 087.2	0	0
1#双工况冷机制冰工况/kW	4 087.2	0	0
1#双工况冷机制冰工况/kW	4 087.2	0	0

电价谷时低负荷情况下，首先由效率最高的冷机提供所需冷负荷，由于不需要双工况冷机工作在空调工况，故双工况冷机开始制冰储能。随着负荷提高，逐步启用低效率的制冷机组。特别需要注意的是，蓄冰槽此时也参与供冷，以避免完全让冷机供冷时部分冷机输出冷功率很小导致 COP 急剧下降的情况，这一点也是常规的定性策略无法明确指出的。当蓄冰槽供冷时，由工作模式的唯一性，蓄冰槽不再制冰蓄冷。

2）电价平时算例

平时电价为 0.706 元/kW·h，各冷机冷却水进口温度恒定，均取额定值，即空调工况电制冷机冷却水进口温度为 32℃，制冰工况电制冷机冷却水进口温度为 30℃，冷机制冷功率下限为 15%的额定功率。蓄冰槽初始时刻储冷量为 10 000 kW·h，储冷量下限为 5 000 kW·h，储冷量上限为 92 822 kW·h。储冷量均价按电价低谷时由电制冷机全功率冲冷计算，得到结果为 0.057 6 元/kW·h。预测的高、中、低负荷分别为 20 000 kW、12 000 kW 和 3 600 kW，负荷持续时长均为 30 min，优化结果如表 5-7 所示。

表 5-7 电价平时算例

预测冷负荷/kW	3 600	12 000	20 000
最小电费消耗/元	103.7	413.4	968.0
1#3 900 kW 制冷机/kW	0	0	3 900
2#3 900 kW 制冷机/kW	0	0	0
1#2 150 kW 制冷机/kW	0	2 050	2 150
1#双工况冷机空调工况/kW	0	0	4 000

（续表）

2#双工况冷机空调工况/kW	0	0	0
3#双工况冷机空调工况/kW	0	0	0
蓄冰槽供冷/kW	3 600	9 950	9 950
1#双工况冷机制冰工况/kW	0	0	0
1#双工况冷机制冰工况/kW	0	0	0
1#双工况冷机制冰工况/kW	0	0	0

电价平时低负荷情况下，优先蓄冰槽供冷。随着负荷增长，高效率的制冷机组开始参与供冷。与上面电价谷时的情况类似，为了确保制冷机组不工作在效率过低的条件下，蓄冰槽并不一定全额供冷，会在保证冷机效率最高的情况下尽可能多供冷。由于在电价平时蓄冰槽会优先参与供冷，所以冰蓄冷系统不会处于制冰工况。

3）电价峰时算例

峰时电价为 1.037 元/kW·h，各冷机冷却水进口温度恒定，均取额定值，即空调工况电制冷机冷却水进口温度为 32℃，制冰工况电制冷机冷却水进口温度为 30℃，冷机制冷功率下限为 15%的额定功率。蓄冰槽初始时刻储冷量为 10 000 kW·h，储冷量下限为 5 000 kW·h，储冷量上限为 92 822 kW·h。储冷量均价按电价低谷时由电制冷机全功率冲冷计算，得到结果为 0.057 6 元/kW·h。预测的高中低负荷分别为 20 000 kW、12 000 kW 和 3 600 kW，负荷持续时长均为 30 min，优化结果如表 5-8 所示。

表 5-8　电价峰时算例

预测冷负荷/kW	3 600	12 000	20 000
最小电费消耗/元	103.7	472.9	1 287.4
1#3 900 kW 制冷机/kW	0	0	3 900
2#3 900 kW 制冷机/kW	0	0	0
1#2 150 kW 制冷机/kW	0	2 050	2 150
1#双工况冷机空调工况/kW	0	0	4 000
2#双工况冷机空调工况/kW	0	0	0
3#双工况冷机空调工况/kW	0	0	0
蓄冰槽供冷/kW	3 600	9 950	9 950
1#双工况冷机制冰工况/kW	0	0	0
1#双工况冷机制冰工况/kW	0	0	0
1#双工况冷机制冰工况/kW	0	0	0

在额定的冷却水进口温度条件下，峰时算例与平时算例中的冷机调度策略相似，只因为电价提高导致最小电费消耗上升。

4）连续时段算例仿真

为了更明确地验证稳态优化调度算法的效果，选取05:00～11:00这6 h内的预测负荷数据，该时段内电价包括谷值、平值和峰值，而且负荷从清晨的低谷变化到上午的高峰，所以针对该段预测负荷数据的仿真对评估本节的控制策略效果具有一定的参考价值。

整个仿真时段内各电制冷机的冷却水进口温度恒定，均取额定值，即空调工况电制冷机冷却水进口温度为32℃，制冰工况电制冷机冷却水进口温度为30℃。蓄冰槽初始时刻储冷量为5 000 kW・h，储冷量下限为5 000 kW・h，储冷量均价按电价低谷时由电制冷机全功率冲冷计算，得到结果为0.057 6元/kW・h。图5-10为预测负荷曲线。

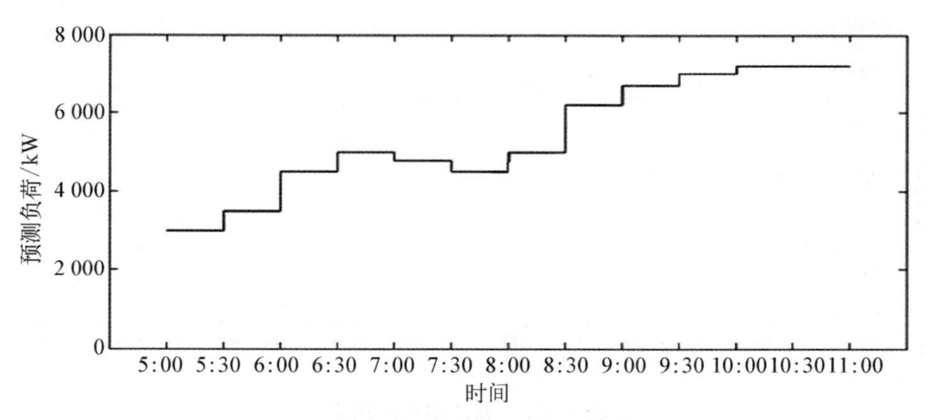

图5-10　仿真时段内负荷预测

其仿真结果如图5-11～图5-14所示。

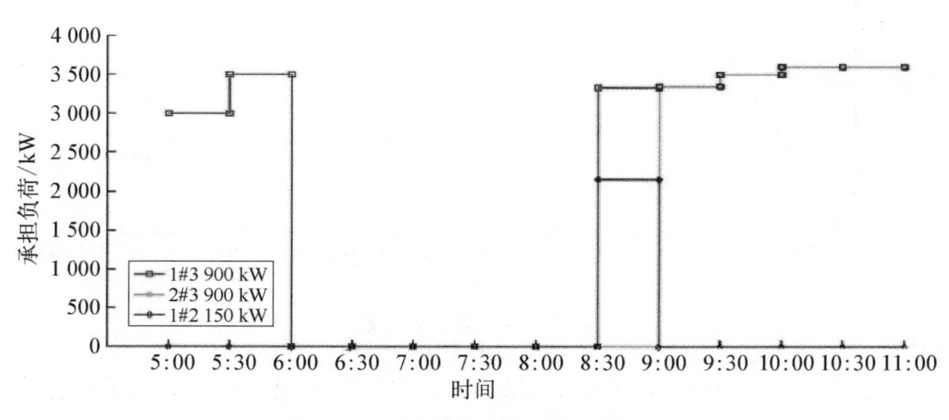

图5-11　常规电制冷机承担制冷功率

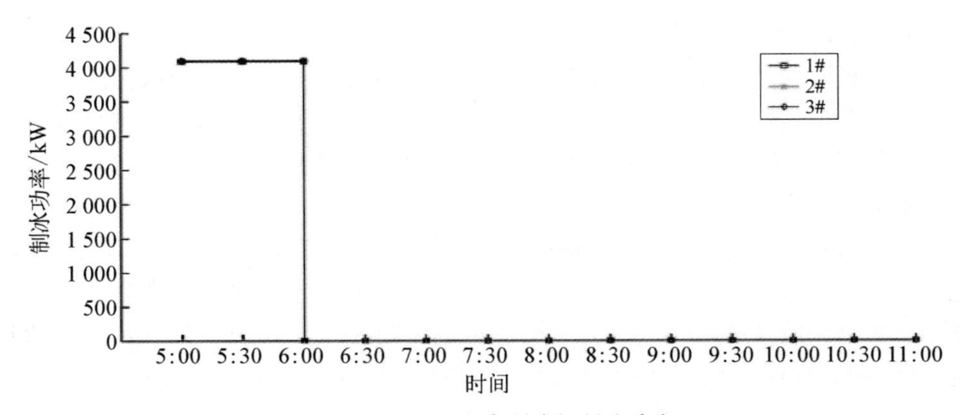

图 5-12　双工况电制冷机制冰功率

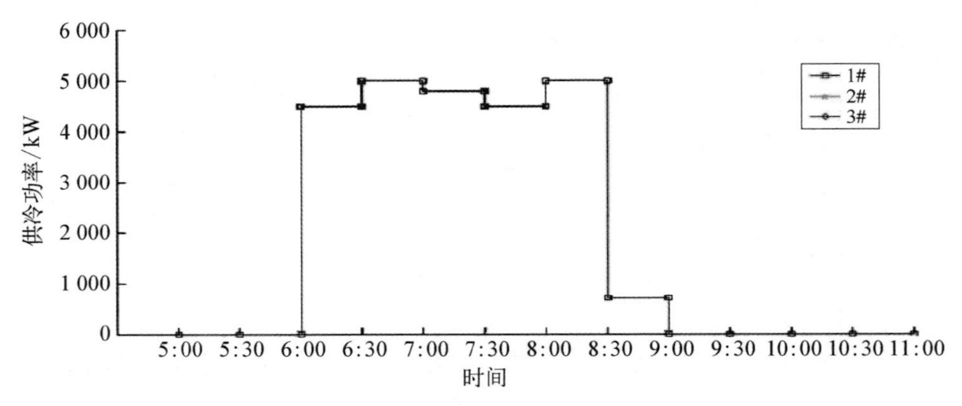

图 5-13　蓄冰槽供冷功率

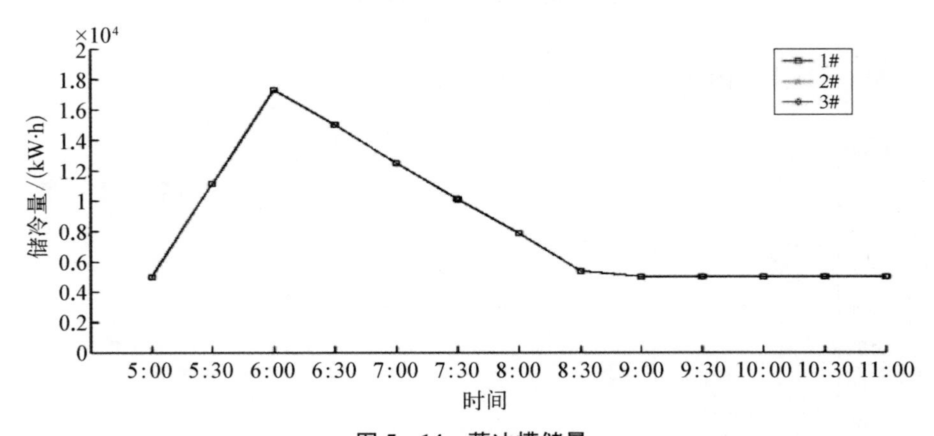

图 5-14　蓄冰槽储量

为了验证上层经济优化策略节费效果，选取一种常规的稳态调度策略作为对比，该策略在电价谷值时优先蓄冰槽冲冷，在电价平值与峰值时优先电制冷机供冷，各电制冷机按额定功率由小到大的顺序启用。两种策略每半小时电费对比如图 5－15 所示。

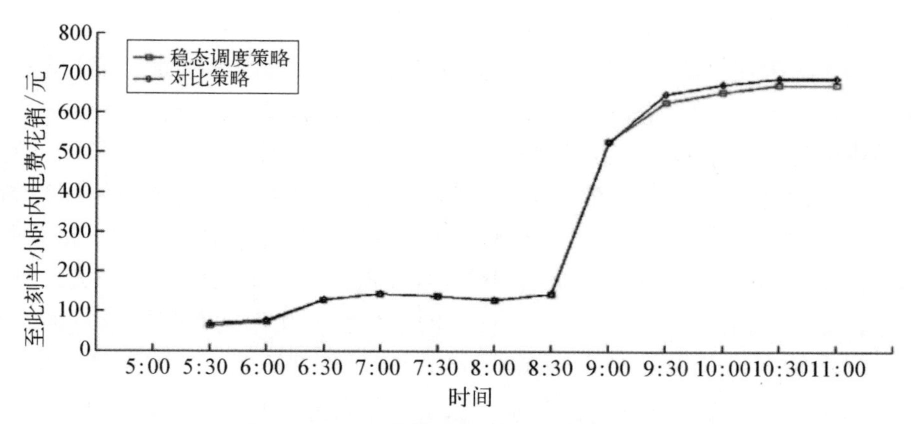

图 5－15　两种策略每半小时的电费对比

经过计算，稳态经济优化策略在给定的预测负荷条件下，6 h 内总电费花销为 3 970 元，而对比策略总电费花销为 4 053 元，6 h 内稳态经济优化策略相对节费 2%。由图 5－15 中曲线可知，6:30～8:30 时间段内两条曲线基本重合，这是由于在当前电价政策与电制冷机 COP 数据情况下，经济优化策略计算出在电价平值与峰值时，使用蓄冰槽优先供冷最为经济，从而和对比策略一致。而在蓄冰槽不主要供冷的 5:00～6:00 和 9:00～11:00 时段内，两种策略电费差异相对明显，体现出采用混合整数规划的稳态经济优化策略协调各类电制冷机的有效性。

5.3　基于分布式预测控制的微能源网动态调度策略

上节讨论的智能办公楼宇区域智能能源网内，常规电制冷机和冰蓄冷联合供冷系统的稳态经济优化调度策略中，忽略了电制冷机输出功率设定值变化时实际输出功率变化的动态过程。然而，仅仅考虑稳态控制方法难以确保整个系统的实际供冷功率迅速跟上预测负荷。为此，设计一种目标耦合的协调分布式预测控制方法：在分布式框架下重新优化各冷源的设定值，使得各冷源在动态过程中保证总负荷的同时尽可能跟踪最优制冷功率。虽然是以各冷源的分布式协调控制算法为例研究动态调度策略，但算法对于各分布式电源与热源同样适用。

5.3.1　分布式预测控制概述

与传统控制理论相比，模型预测控制具有以下几个重要特点：① 不完全依赖精确的被控对象的数学模型，可以采用传统的传递函数、状态方程，也可以采用阶跃响应或脉冲响应等非参数的模型；② 模型预测控制下的工业系统在不确定扰动下拥有更好的性能，也即鲁棒性优秀；③ 模型预测控制算法数学形式更为简单，对于工业用计算机，该算法更容易实现。

模型预测控制算法虽然多种多样，但具体思路可归结为三部分：预测模型、滚动优化和反馈矫正。预测模型是实现预测控制的基础，模型预测控制针对一定控制时域内的控制量序列，通过预测模型计算未来一定预测时域内每个采样点的输出量大小。滚动优化是模型预测的控制核心部分，它以系统的某项指标为控制要求，通常采用控制对象的该项指标在预测时域内与期望轨迹偏差的方差和最小作为整个优化问题的目标，从而计算控制量在控制时域内每个采样点的最优数值，并将整个控制时域内控制量在第一个采样点的最优数值作用到实际控制对象上去。随后，移位到下一个采样点的实测输出量从而进行反馈矫正。反馈矫正根据当前实测输出量与上一时刻预测的当前时刻输出量的差异，对接下来每时刻的预测值进行补偿或直接修改预测模型，实现闭环控制。综上，模型预测控制是一种基于模型、滚动实现并结合反馈校正的优化控制算法[14]。

在大型系统中，传统的模型预测控制衍生出分布式预测控制（DMPC），即将大型系统分解成多个子系统，子系统与子系统之间的数据相互交流，每个子系统利用自身以及其余子系统的数据来完成自身的模型预测控制（MPC）问题的求解，显著降低了计算量并可以达到整个系统的最优状态。本节在借鉴已有对耦合系统的协调方法的基础上，研究目标耦合但子系统间不耦合的分布式系统的动态优化，使得整个系统在确保提供总预测冷负荷的前提下高效经济运行。

5.3.2 多制冷机供冷系统分布式预测控制设计

常规电制冷机和冰蓄冷系统联合控制策略分为上下两层，上层的经济优化策略即为本书 5.2 节的主要内容，根据预测负荷等数据计算稳态运行时各电制冷机空调工况和制冰工况的功率以及蓄冰槽的供冷功率，从而使得整个系统电费花销最低。而在下层的基于分布式预测控制的动态性能优化策略中，考虑到电制冷机实际启动中的动态过程，每台电制冷机均通过 MPC 决定实时的供冷功率设定值，供冷功率的期望值为上层策略得到的各电制冷机空调工况供冷功率稳态设定值[15-17]。为了克服集中式控制计算量庞大、时间成本高等缺点，本章采用 DMPC 协调各子控制器控制量大小，所有 MPC 的数据实时交互，使得各台电制冷机供冷跟踪期望值，总供冷功率跟踪总期望值。图 5－16 为整个常规电制冷机和冰蓄冷联合供冷系统控制策略结构图。动态优化层中单刀双掷开关的作用是选择出当前时段内启用的空调工况电制冷机进行基于 DMPC 的控制，不启用的电制冷机或处于制冰工况的电制冷机直接跳过动态控制，虚线网络为各子系统 MPC 之间的数据传输通道。

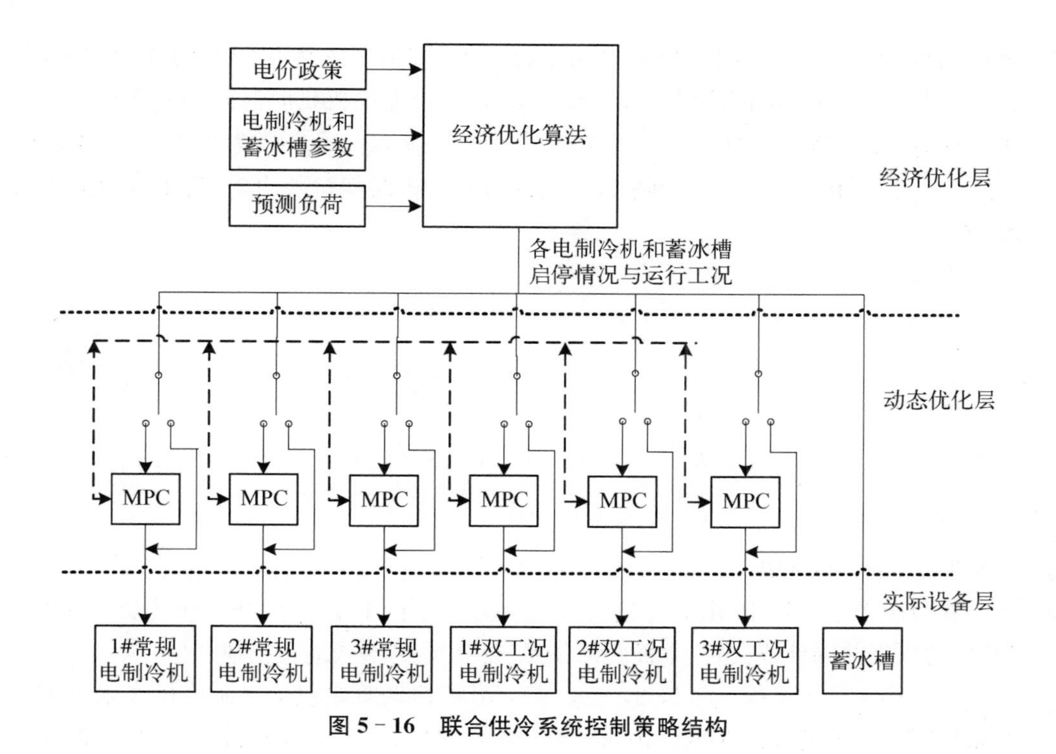

图 5－16　联合供冷系统控制策略结构

5.3.2.1　电制冷机动态模型

下层控制系统按照空调工况电制冷机数量分为 N 个子系统，每个子系统由 MPC 和相应控制的电制冷机组成，不同子系统 MPC 的数据使用通信器进行实时交换，完成计算任务从而使得各台空调工况电制冷机供冷功率跟踪期望值，且总供冷功率跟踪总期望值。

由电制冷机启动过程曲线图可知，电制冷机制冷功率实时输出可以近似为对于设定值的一阶系统响应，而一阶系统阶跃响应调节时间可近似取四倍时间常数，故可根据电制冷机启动时间参数估计其一阶模型时间常数。考虑到实际控制系统中的延时，设电制冷机制冷功率达到设定值的过程传递函数如下：

$$H(s)=\frac{1}{1+\tau s}\mathrm{e}^{-\tau_{\mathrm{d}} s} \tag{5-26}$$

式中，τ 为一阶惯性环节时间常数，τ_{d} 为延时时间，则第 s 个子系统离散状态空间模型形式为

$$\begin{cases}\boldsymbol{x}_s(k+1)=\boldsymbol{A}_s\boldsymbol{x}_s(k)+\boldsymbol{B}_s u_s(k)\\ \boldsymbol{p}_s(k)=\boldsymbol{C}_s\boldsymbol{x}_s(k)\end{cases} \tag{5-27}$$

$$s=1,\ 2,\ \cdots,\ N$$

式中，$u(k)$为 k 时刻电制冷机输出功率设定值，即为下文优化问题的优化变量，$p_s(k)$ 为 $k+1$ 时刻电制冷机实际输出功率，n_d为电制冷机延时时间相对于离散系统采样时间的倍数。$\boldsymbol{x}_s(k)=[p_s(k)\ \ p_s(k+1)\cdots p_s(k+n_d)]^T$ 为状态变量。$\boldsymbol{A}\in\mathbb{R}^{(n_d+1)\times(n_d+1)}$，$\boldsymbol{B}\in\mathbb{R}^{(n_d+1)\times 1}$ 由采样时间和电制冷机时间常数决定，设采样时间为 Δt，有

$$\begin{aligned}\boldsymbol{A}_s&=\begin{bmatrix}0&1&\cdots&0\\0&0&\ddots&\vdots\\\vdots&\ddots&\ddots&1\\0&\cdots&0&\mathrm{e}^{-\Delta t/\tau}\end{bmatrix}\\\boldsymbol{B}_s&=[0\ \ \cdots\ \ 0\ \ 1-\mathrm{e}^{-\Delta t/\tau}]^T\\\boldsymbol{C}_s&=[1\ \ 0\ \ \cdots\ \ 0]\end{aligned}\tag{5-28}$$

5.3.2.2　子系统 MPC 形式

在每一个子系统中，电制冷机实时供冷功率设定值由当前 MPC 和其余子系统 MPC 的数据共同计算决定，下面将对子系统 MPC 的形式进行描述。

对于第 s 个子系统($s=1,\ 2,\ \cdots,\ N$)，MPC 协调策略包括电制冷机在未来 P 个采样时刻组成的预测时域内预测输出功率尽可能接近上层经济优化计算出的期望功率 $\boldsymbol{r}_s$，且区别于一般的 MPC 策略。为了控制所有电制冷机预测输出功率尽可能跟上总期望功率 $\boldsymbol{r}$，本节在目标函数中引入预测时域内总预测功率与总期望功率差距的平方和，因此不同子系统 MPC 目标函数出现耦合。综上，第 s 个子系统 MPC 目标函数如下：

$$\begin{aligned}\min_{\boldsymbol{U}_s}\quad J_s=&Q\sum_{i=1}^{P}(r_s(k+i)-\hat{p}_s(k+i\mid k))^2\\&+R\sum_{i=1}^{P}\Big[r(k+i)-\hat{p}_s(k+i\mid k)-\sum_{\substack{j=1\\j\neq s}}^{N}\hat{p}_j(k+i\mid k)\Big]^2\end{aligned}\tag{5-29}$$

式中，$\boldsymbol{U}_s=[u(k)\ \ u(k+1)\cdots u(k+P-1)]^T$ 为预测时域内电制冷机输出功率设定值序列，而 $Q,\ R\in[0,\ 1]$ 为权重系数，分别用来衡量单台电制冷机预测负荷跟踪程度与所有电制冷机总负荷跟踪程度的重要性。每个子系统 MPC 求解自身优化问题时不仅需要根据自身模型确定预测时域内输出量大小，而且需调用其余子系统预测模型数据，从而描述所有电制冷机总输出功率与总期望功率的接近程度。

根据式(5-27)和式(5-28)可知 MPC 预测模型为

$$
\begin{cases}
\hat{\boldsymbol{x}}_s(k+i \mid k) = \boldsymbol{A}_s^i \boldsymbol{x}_s(k) + \sum_{j=1}^{i} [\boldsymbol{A}_s^{i-j} \boldsymbol{B}_s u_s(k+j-1)] \\
\hat{\boldsymbol{p}}_s(k+i \mid k) = \boldsymbol{C}_s \hat{\boldsymbol{x}}_s(k+i \mid k)
\end{cases}
\tag{5-30}
$$

$$i = 1,\ 2,\ \cdots,\ P$$

综上以上各式，对于第 s 个子系统 MPC 控制器，整个优化问题形式为

$$
\begin{aligned}
\min_{\boldsymbol{U}_s} \quad & J_s = Q \sum_{i=1}^{P} (r_s(k+i) - \hat{p}_s(k+i \mid k))^2 \\
& \quad + R \sum_{i=1}^{P} \Big[r(k+i) - \hat{p}_s(k+i \mid k) - \sum_{\substack{j=1 \\ j \neq s}}^{N} \hat{p}_j(k+i \mid k) \Big]^2 \\
s.t. \quad & \hat{\boldsymbol{x}}_s(k+i \mid k) = \boldsymbol{A}_s^i \boldsymbol{x}_s(k) + \sum_{j=1}^{i} [\boldsymbol{A}_s^{i-j} \boldsymbol{B}_s u_s(k+j-1)] \\
& \hat{\boldsymbol{p}}_s(k+i \mid k) = \boldsymbol{C}_s \hat{\boldsymbol{x}}_s(k+i \mid k) \\
& u_{s,\min} \leqslant u_s(k+i) \leqslant u_{s,\max} \\
& p_{s,\min} \leqslant \hat{p}_s(k+i \mid k) \leqslant p_{s,\max} \\
& i = 1,\ 2,\ \cdots,\ P
\end{aligned}
\tag{5-31}
$$

式中，$\{u_{s,\min},\ u_{s,\max}\}$，$\{p_{s,\min},\ p_{s,\max}\}$ 为控制变量的边界约束。通过求解上述优化问题，可以得到预测时域内电制冷机每个采样时刻最优制冷功率设定值，将第一个时刻数值作用到电制冷机上然后移位到下一个采样时刻，继续计算下一段预测时域的 MPC 问题。

5.3.2.3　迭代算法

由于每个子系统 MPC 需要调用其余子系统 MPC 的预测模型数据进行本地 MPC 优化目标函数的求解，本节采用一种通用的迭代算法，算法流程如图 5-17 所示。

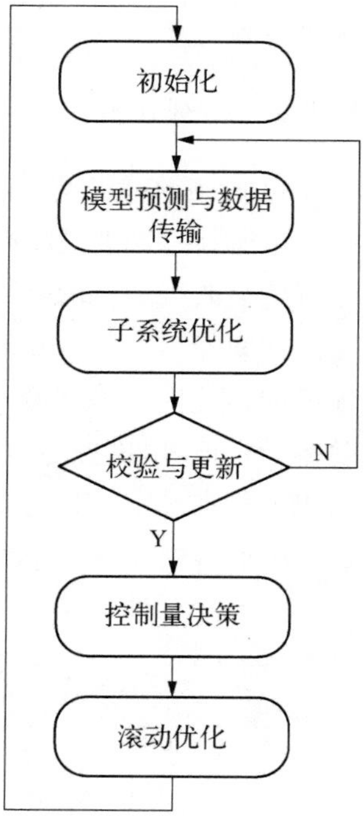

初始化
模型预测与数据传输
子系统优化
校验与更新
N
Y
控制量决策
滚动优化

图 5-17　迭代算法流程

具体分布式预测控制迭代算法步骤如下。

(1) 初始化：在 k 时刻，根据上层经济优化求解出的每台电制冷机理想制冷功率 $\boldsymbol{r}_s$，初始化每个子系统在预测时域内的 $\boldsymbol{U}_s$，令迭代次数 $l=0$，

$$
\begin{aligned}
\boldsymbol{U}_s^l &= [u_s^l(k+1) \quad u_s^l(k+2) \cdots u_s^l(k+P)]^{\mathrm{T}} \\
&= [r_s(k+1) \quad r_s(k+2) \cdots r_s(k+P)]^{\mathrm{T}}
\end{aligned}
$$

$$s = 1,\ 2,\ \cdots,\ N \tag{5-32}$$

(2) 模型预测与数据传输：根据 MPC 预测模型，计算出每个子系统 MPC 控制时域内输出量预测值 $\hat{\boldsymbol{p}}_s=[\hat{p}_s(k+1 \mid k) \quad \hat{p}_s(k+2 \mid k) \cdots \hat{p}_s(k+P \mid k)]^{\mathrm{T}}$，并通知给其他 $N-1$ 个子系统 MPC。

(3) 子系统优化：每个子系统求解式(5-31)描述的优化问题，得到最优解 $\boldsymbol{U}_s^{(l*)}$。

(4) 校验与更新：检查所有子系统 MPC 的收敛条件是否满足，即对给定的精度 $\varepsilon_s \in \mathbb{R}(s=1, 2, \cdots, N)$，是否都有 $\| \boldsymbol{U}_s^{(l*)}-\boldsymbol{U}_s^l \| < \varepsilon_s(s=1, 2, \cdots, N)$，如果所有的子系统收敛条件满足，令每个子系统最优控制量 $\boldsymbol{U}_s^*=\boldsymbol{U}_s^{(l*)}$，转步骤(5)；否则，令 $\boldsymbol{U}_s^{l+1}=\alpha \boldsymbol{U}_s^{(l*)}+(1-\alpha)\boldsymbol{U}_s^l(s=1, 2, \cdots, N)$，$\alpha$ 为介于 0 和 1 之间的常数，尽量避免算法不收敛的情况，按需求选取数值大小，$l=l+1$，转步骤(2)。

(5) 控制量决策：在 k 时刻选取控制量 $\boldsymbol{u}_s^*=[1 \quad 0 \quad \cdots \quad 0]\boldsymbol{U}_s^*(s=1, 2, \cdots, N)$ 作用于相应的子系统。

(6) 滚动优化：滚动移位到下一个采样时刻，即 $k+1 \rightarrow k$，返回步骤(1)，重复上述过程。

通过分布式预测控制算法，整个供冷系统动态性能优化问题被分解到由每台电制冷机和相应 MPC 构成的子系统中完成，使得控制问题的复杂度和计算量降低，有利于加快整个系统对于预测负荷的响应速度。为了证明基于分布式预测控制的动态调度策略的有效性，下一小节针对案例楼宇智能能源网(见图 5-1)中实际供冷系统进行数值实验。

5.3.3 算例分析

1) *仿真环境设定*

由于动态调度策略是在稳态调度策略的基础上进行的，所以冷机 COP 曲线，预测负荷曲线和电价政策等基本参数设定与之前连续时段仿真中的相同。动态优化采样间隔为 2.5 min，即上层稳态调度策略每 30 min 计算一次各电制冷机与蓄冰槽的最优供冷功率后，下层动态性能优化每 2.5 min 更新一次各电制冷机供冷功率设定值，以确保各电制冷机和蓄冰槽在动态过程中尽可能跟踪上层经济优化得出的稳态设定值且总供冷功率跟踪预测负荷。冰槽供冷一阶模型时间常数设为 2 min，而各电制冷机空调工况动态模型时间常数和延时时间设定如表 5-9 所示。

表 5-9 空调工况电制冷机动态参数

空调工况冷机功率/kW	时间常数/min	延时时间/min
2 150	3.0	2.5
3 900	4.0	5.0
6 329	5.0	7.5

Matlab 环境下建立连续时段动态优化策略仿真模型，即可进行仿真计算。

2）仿真结果与分析

为了验证动态性能优化算法的有效性，同样针对 05:00～11:00 这 6 h 内的预测负荷数据，对比只有上层稳态调度经济优化算法和兼具上层稳态调度经济优化算法以及下层动态性能优化算法的两次仿真结果，总体的和各台启用过的空调工况电制冷机的期望承担负荷与分别应用两类策略导致的实时供冷功率曲线如图 5-18 所示，由于在当前预测负荷情况下 6 329 kW 电制冷机并未开启，所以组图中只包括 3 900 kW 和 2 150 kW 电制冷机。

由组图 5-18 可以看出，在采用动态优化算法之后，各电制冷机存在提前开启和提前关闭的过程，从而使得实时供冷功率可以更快地达到设定值，体现出对于含延时环节系统采取预测算法进行控制的优越性。总体的实时供冷功率图中[见

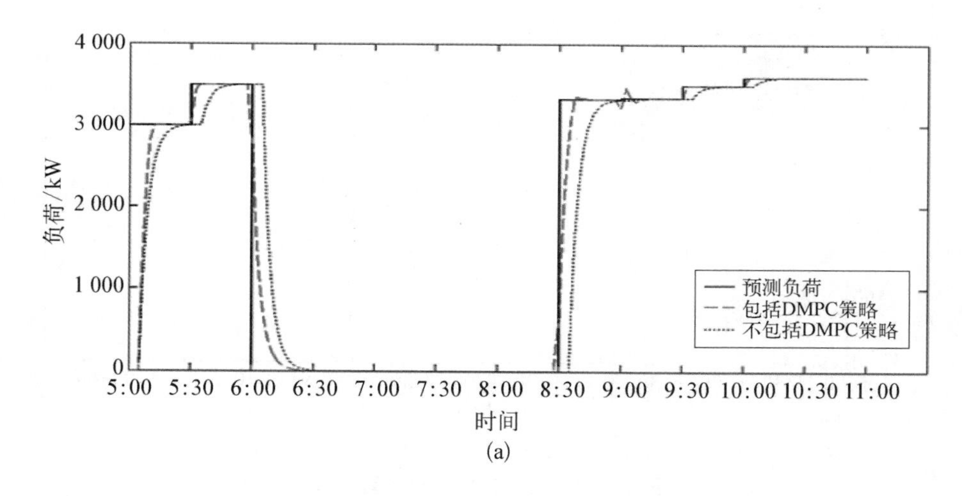

(a)

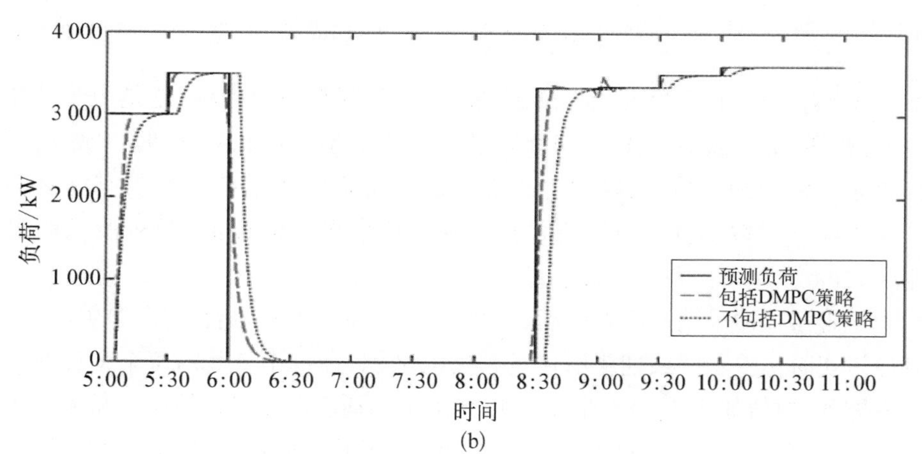

(b)

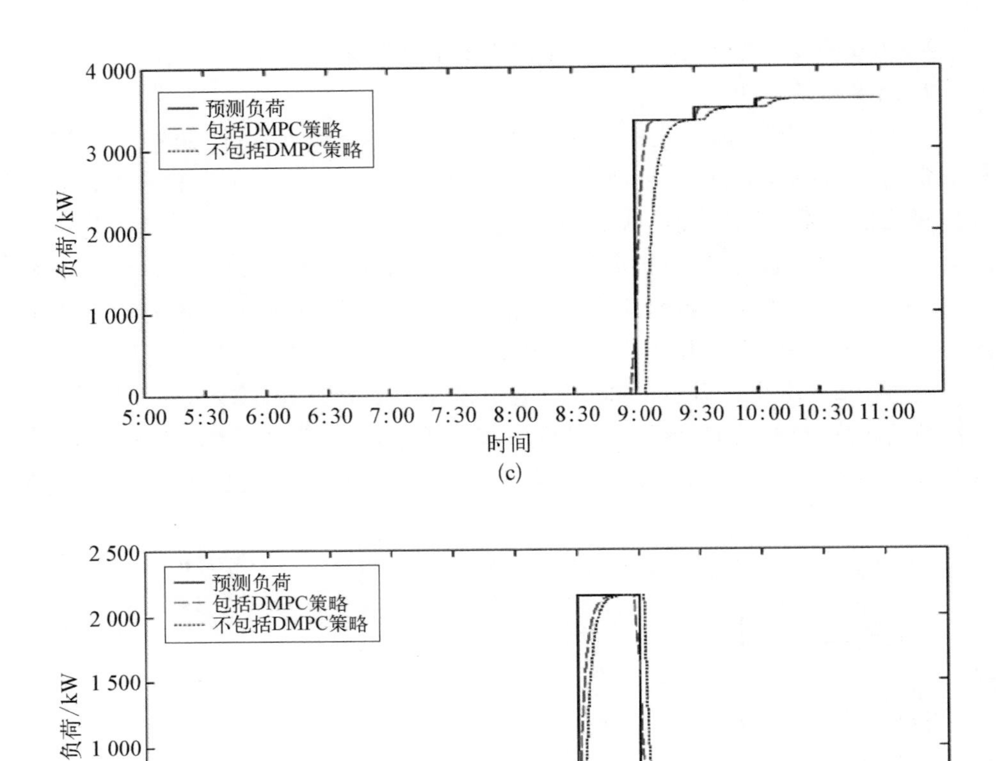

(c)

(d)

图 5－18 动态性能优化仿真结果

(a) 总体；(b) 第一台 3 900 kW 电制冷机；(c) 第二台 3 900 kW 电制冷机；(d) 第一台 2 150 kW 电制冷机

图 5－18(a)]，不包括 DMPC 策略的曲线 6:00 时刻有一个尖峰，这是由于蓄冰槽供冷模型时间常数较小，其供冷功率设定值可以迅速达到，在 6:00 时，开始由蓄冰槽提供全部的预测负荷，而电制冷机提供的冷功率因为系统惯性没有立刻消失而产生尖峰。采取 DMPC 策略后，电制冷机功率设定值提前减小，所以明显地缩小了尖峰。

为了定量描述采用或不采用动态性能时整个系统以及每台启用过的空调工况电制冷机实时供冷功率跟期望值接近程度的区别，计算了 6 h 内每个采样时刻偏差的平方和，数值如表 5－10 所示，可以看出采用动态性能优化策略后偏差平方和明显减小，实现了总体系统和每个子系统的迅速响应，体现出良好的控制效果。

表 5-10　动态优化效果(表中数值表示采样时刻功率偏差的平方和)

负荷对象	采用 DMPC 策略	不采用 DMPC 策略
总体	3.40×10^{7}	1.03×10^{8}
第一台 3 900 kW 电制冷机空调工况	4.91×10^{7}	1.11×10^{8}
第二台 3 900 kW 电制冷机空调工况	8.71×10^{6}	3.82×10^{7}
第一台 2 150 kW 电制冷机空调工况	8.71×10^{6}	3.82×10^{7}

5.4　基于滚动优化的微能源网管理策略

微电网是单一能源形式的微能源网,本节以微电网为例,探讨其能源优化管理问题[18-20]。

5.4.1　能量管理系统的结构和模型

微网一般以内外层结合的方式进行整体控制:系统层面下发调控指令,装置层面根据指令进行控制。对于并网型微网,大部分时段都运行于并网模式,仅在外部大电网出现故障需要紧急切除时,才会转入孤岛运行模式。在孤岛运行模式下,微网运行的目的主要以保证微网电压稳定和满足对主要负荷的供电需求为主,即以功率平衡为主,对运行效益考虑较少,这也使得孤岛运行模式下的能源管理较为简单。鉴于上述原因,对于并网型微网的能量管理,在不加特殊说明的情况下均针对并网运行模式。

微网能源优化问题是能源管理系统规划微网可控能源形态的优化调度。在微网内分布式能源运行条件的约束下,最大化地实现微网经济性、可靠性以及环境友好性等目标,是当今微网受社会和用户关注的原因。但微网内含有多种能源输入和多类型负荷形式,是一种具有多元变量和强耦合特性的复杂系统,给优化过程带来诸多麻烦。如何在满足各类分布式能源运行约束条件的基础上,实现微网的经济性和供电可靠性的高度统一是微网能量管理和优化调度面临的关键技术问题和难点[21]。

最后,根据以上系统搭建情况,考虑到系统中存在大量非线性规划问题,所以本节采用粒子群算法对上述多目标优化问题进行求解。通过加权的方式简化整体优化问题,利用人工智能算法求解非线性问题的优势,实现对一次能源 DG 功率和储能系统工况的规划,通过优化结果展示计算思路的准确性。

5.4.1.1　微网内分布式能源数学模型

1) 光伏发电系统

光伏电池的输出功率与环境光照强度和外界温度有关。根据光伏板输出电流

与外界条件的关系[22]，在保持光伏系统两端电压恒定的情况下，可以得出光伏电池的输出功率计算表达式为

$$P_{PV}=P_{STC}\frac{G_{AC}}{G_{STC}}[1+k(T_{mod}-T_{r})] \tag{5-33}$$

式中，G_{AC}为光伏辐照强度（光照强度）；P_{STC}为光伏发电系统在标准测试条件下（光照强度为1 000 W/m^2，环境温度为25℃）的最大测试功率；G_{STC}为在标准测试条件下（standard condition, STC）的光照强度，一般情况取1 000 W/m^2；k为功率温度系数，取−0.47%/℃；T_{mod}为电池板工作温度；T_{r}为参考温度，取25℃。

实际应用中，光伏电池输出功率还和很多其他因素有关，比如：光伏电池板安装的倾角、表面的清洁程度等。此外，对于微网系统，光伏发电系统的出力在考虑以上效率因素的基础上，还需综合考虑其他影响因素，如：电力电子变换器效率、电能线路损耗等。由于本节着重研究能源管理系统如何利用可再生能源，所以以上因素被简化。

2）风力发电系统

目前，能源管理研究中对风电系统数学模型基本分为两类：带风轮结构的基于空气动力原理的详细模型和风速与电能输出关系曲线的出力简化模型。本节在优化问题过程中选用省略机械能转化的简化数学模型，对风力发电机组的功率输出采用一次出力模型建模。如图5-19所示的风机系统风速-功率曲线，该曲线通常在标准温度（288.16 K）和大气压强（101.325 kPa）下，以标准空气密度（1.225 kg/m^3）测量得到。

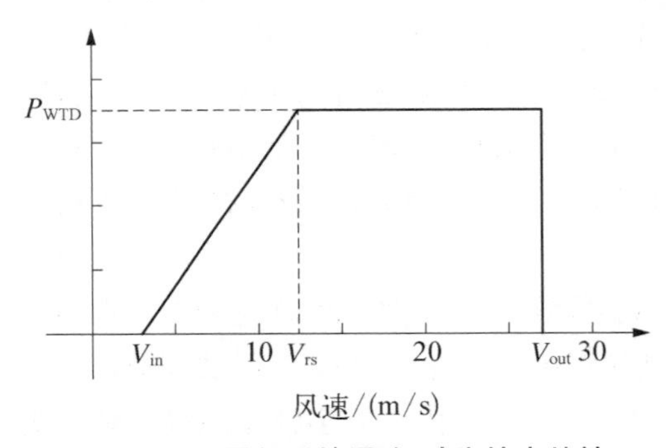

图5-19 风机系统风速-功率输出特性

从图中可以看出，风机输出功率大小和切入风速V_{in}、额定风速V_{rs}和切出风速V_{out}有关。当风速过低小于切入风速V_{in}时，风机无法吸收风能，即输出功率为0；当风速高于V_{in}，风机启动，其发电功率输出与风速间关系为一曲线；当风速高于额定风速V_{rs}但小于切除风速V_{out}时，风机输出恒定功率P_{WTD}；当风速高于切出风速V_{out}时，为防止叶片失速，考虑到安全因素，风机将停机。故整个功率分段过程的表达式为

$$\begin{cases}P_{WT}=0,\ V\in[0,\ V_{in}]\cup(V_{out},\ \infty)\\ P_{WT}=\dfrac{P(V_{rs})-P(V_{in})}{V_{rs}-V_{in}}(V-V_{in}),\ V\in[V_{in},\ V_{rs}]\\ P_{WT}=P_{WTD},\ V\in[V_{rs},\ V_{out}]\end{cases} \tag{5-34}$$

3）燃气轮机系统

5.1.4节中已介绍了燃气轮机系统的工作原理。根据负荷情况和用户需求，燃气轮机CCHP系统通常运行于“以电定热”或者“以热定电”模式下。“以电定热”方式指系统在优先满足电需求的基础上，来确定系统的热能输出，若不满足热能负荷，则通过其他方式进行补充解决；“以热定电”方式指系统在优先满足热需求（冷、热负荷）的基础上，给予CCHP多余的电力输出。本节由于对电能负荷进行优化管理，所以令燃气轮机CCHP系统工作于“以电定热”运行方式。

对燃气轮机研究得到结论[22]：微型燃气轮机额定运行时发电效率基本控制在30%，微燃机出力与发电效率之间的关系曲线形状基本相似，拟合得到一般微型燃气轮机的发电效率和输出功率的表达式：

$$\eta_{MT}=1.526\times\left(\frac{P_{MT}}{P_{MT\_ref}}\right)^5-4.982\times\left(\frac{P_{MT}}{P_{MT\_ref}}\right)^4+6.223\times\left(\frac{P_{MT}}{P_{MT\_ref}}\right)^3-3.822\times\left(\frac{P_{MT}}{P_{MT\_ref}}\right)^2+1.313\times\left(\frac{P_{MT}}{P_{MT\_ref}}\right)+0.032 \tag{5-35}$$

式中，η_{MT} 表示燃气轮机发电效率，即燃气总热量为 $Q=P_{MT}/\eta_{MT}$；P_{MT_ref} 为燃气轮机额定功率；P_{MT} 为燃气轮机输出功率。

微型燃气轮机驱动的CCHP系统的经济数学模型主要计算式如下：

$$\begin{cases} Q=P_{MT}/\eta_{MT} \\ Q_{heat}=\eta_{heat}\times Q \\ Q_{chill}=\eta_{chill}\times Q \end{cases} \tag{5-36}$$

式中，Q 为燃气产生的总热量；Q_{heat} 和 Q_{chill} 为对应燃气轮机制热量和制冷量；η_{heat} 和 η_{chill} 表示对应效率，假设制热/制冷效率为恒定值，为0.45。

燃气轮机CCHP系统燃料成本函数为

$$C_{MT\_fu}=\frac{C_{ng}}{LHV_{ng}}\times\frac{P_{MT}}{\eta_{MT}} \tag{5-37}$$

式中，C_{ng}为天然气价格，根据2013年上海市天然气价格，设定为2.5元/m^3；LHV_{ng}为天然气低热值，设为9.7 kW·h/m^3；P_{MT}为燃气轮机发电功率；η_{MT} 为发电效率。

燃气轮机CCHP系统的供热制冷收益为

$$\begin{cases} C_{heat}=Q_{heat}\times K_{ph} \\ C_{chill}=Q_{chill}\times K_{pc} \end{cases} \tag{5-38}$$

式中，C_{heat}、C_{chill}为制热制冷效益；K_{ph}、K_{pc}为单位制冷量售价，根据石家庄非居民供暖售价情况，设定为 0.187 元/kW・h(52 元/GJ)。

燃气轮机 CCHP 系统运行维护成本函数为

$$C_{MT\_m}=K_{MT\_m}\times P_{MT} \tag{5-39}$$

式中，C_{MT_m}为燃气轮机系统的维护成本；K_{MT_m}为运行维护常数，通常取 0.041 元/kW・h。

根据式(5-36)～式(5-38)，可得出燃气轮机运行总费用为

$$C_{MT}=C_{MT\_fu}+C_{MT\_m}-C_{heat}-C_{chill} \tag{5-40}$$

根据式(5-38)与式(5-34)和式(5-35)结合，可以得出燃气轮机 CCHP 系统整体运行费用与输出功率的对应曲线，如图 5-20 所示。其中，横坐标反映燃气轮机功率与额定功率的比例大小，可以看到功率单位费用随着输出功率接近额定功率而降低。

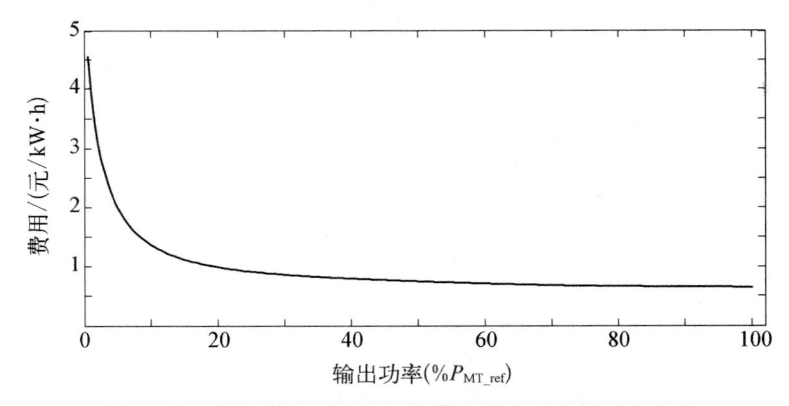

图 5-20　燃气轮机系统运行费用与输出功率的对应曲线

4）柴油发电机系统

柴油发电机基本结构主要由柴油机和发电机组成，柴油机将化石能源转化为机械能，带动发电机发电。由于其尺寸小、轻便、易于操作、燃油经济性高、废气排放较少等特点，作为分布式能源，在微网的运用中已相当普及。

柴油发电机的燃料消耗与有功功率输出呈二次多项式关系。本系统选用 75 kW 的上柴股份(东风)系列柴油发电机组，额定油耗 207 g/kW・h。通过在 Matlab 中二次曲线拟合，得到柴油机发电油耗与输出功率关系：

$$F_{DG}=0.0082\times P_{DG}^{2}+1.6200\times P_{DG}+37.9125 \tag{5-41}$$

式中，F_{DG}为柴油发电机的油耗量(g/kW・h)；P_{DG}为柴油电机的发电功率。

由于电机的柴油密度 $\rho=0.84$ kg/L，柴油价格不定期调整，设定为 7.7 元/L。根据式(5-40)，构建柴油机发电燃油成本与输出功率关系：

$$C_{\mathrm{DG\_fu}}=\frac{7.7}{1\,000\times 0.84}\times\left[46.125\times\left(\frac{P_{\mathrm{DG}}}{P_{\mathrm{DG\_ref}}}\right)^{2}+121.5\times\left(\frac{P_{\mathrm{DG}}}{P_{\mathrm{DG\_ref}}}\right)+37.9\right] \tag{5-42}$$

式中，η_{DG} 表示柴油机燃油成本，单位为元/kW·h。

柴油发电机系统运行维护成本函数为

$$C_{\mathrm{DG\_m}}=K_{\mathrm{DG\_m}}\times P_{\mathrm{DG}} \tag{5-43}$$

式中，$C_{\mathrm{DG_m}}$为柴油电机系统的维护成本；$K_{\mathrm{DG_m}}$为运行维护常数，通常取 0.088 元/kW·h。

根据式(5-42)和(5-43)得出柴油电机运行总费用为

$$C_{\mathrm{DG}}=C_{\mathrm{DG\_fu}}+C_{\mathrm{DG\_m}} \tag{5-44}$$

根据式(5-44)，可以得出柴油电机系统整体运行费用与输出功率的对应曲线，如图 5-21 所示。其中，横坐标反映柴油发电机功率与额定功率的比例大小，可以看到发电机组的功率单位费用随着输出功率接近额定功率而增大。

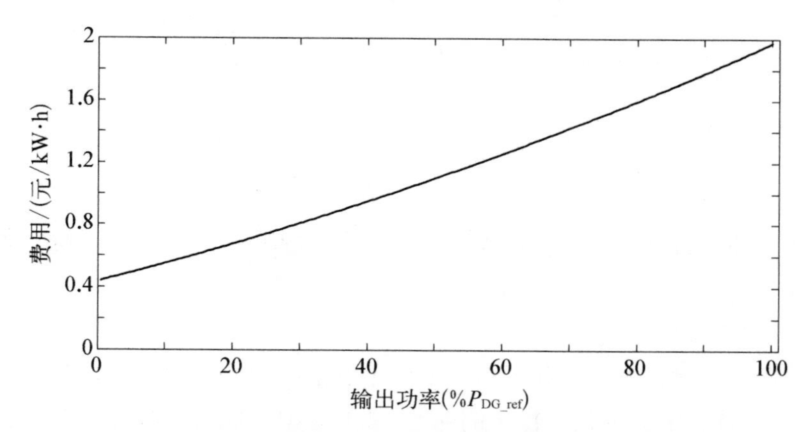

图 5-21　柴油发电机运行费用与输出功率的对应曲线

5）储能系统

如前所述，储能系统的荷电状态 SOC 的变化直接反映蓄电池的工况，可简写为

$$SOC(t)=SOC_{0}+\frac{\int P_{\mathrm{c}}(t)\,\mathrm{d}t}{L_{\mathrm{C\_0}}} \tag{5-45}$$

式中，$P_{\mathrm{c}}(t)$表示蓄电池充放电功率，已充电状态为正；$L_{\mathrm{C_0}}$为电池额定容量，单位

为 kW・h。

由于蓄电池本身带有内部阻抗，再加上变流器系统的效率不能完全达到 100%的转换，所以整体储能系统必然存在一定的损耗，电池能量效率无法达到理想满额充放电状态。电池能量效率是电池净能量变化同外界输入或输出能量的比例关系，一般可分为充电能量效率、放电能量效率和充放电能量效率。

(1) 充电能量效率：当电池在一定条件下充电至一定的 SOC 时，充电电源输入电池的能量记为 Q_{in}，电池净能量变化记为 ΔQ_n，则电池充电过程中的能量效率为：$\eta_{charge} = \Delta Q_n / Q_{in}$。

(2) 放电能量效率：当电池在一定条件下放电至一定的 SOC 时，电池输出负载的能量记为 Q_{out}，电池净能量变化记为 ΔQ_n，则电池放电过程中的能量效率为：$\eta_{disch} = Q_{out} / \Delta Q_n$。

(3) 充放电能量效率：在一定条件下对电池进行充电，充电电源对电池输入能量为 Q_{in}，同样的条件下进行电池的放电，外电路获得的能量为 Q_{out}，则电池在一定条件下充放电能量效率为：$\eta_{battery} = Q_{out} / Q_{in}$。

对锂离子电池、镍氢电池，充电效率和放电效率取 95%。对式(5-45)进行充放电过程分类讨论，得到

$$\begin{cases} SOC_{charge}(t) = SOC_0 + \eta_{charge} \cdot \dfrac{\int P_{charge}(t)\mathrm{d}t}{L_{C\_0}} \\ SOC_{disch}(t) = SOC_0 + \dfrac{\int P_{disch}(t)\mathrm{d}t}{\eta_{disch} \cdot L_{C\_0}} \end{cases} \tag{5-46}$$

优化过程中，在确保 SOC 在规定范围内的基础上，控制充放电功率，来控制储能系统的运行。

5.4.1.2 能源管理系统优化过程

设能源管理优化方法以一天为一个优化数据窗，对未来 24 h 的微网调度进行预先优化，将优化数据窗根据优化周期 t_0(如 0.5 h)分成若干时段。本节选取 $t_0 = 0.5$ h，使得一天的优化数据窗分为 48 个优化周期。现有的优化方法多采用优化微网内各资源的功率大小 P，本节为了优化过程直观、整体计算方便，对资源各时段的负荷能量大小 L 进行优化 $(L = P \cdot t_0)$。

1) 能源管理系统(EMS)结构设计

基于“源-储”资源的并网型微网的能源管理控制流程如图 5-22 所示。在一个优化计算周期内，能源管理系统首先读取整个优化数据窗的负荷预测数据和电网电价数据。由于风力发电和光伏发电属于可再生能源，即不消耗常规的化石燃

料，所以无论从经济性还是环境友好性来说，都应该优先使用可再生能源，本系统将满额利用可再生能源。所以在能源管理系统中，通过接收可再生能源预测数据，对微网负荷曲线进行第一轮的削减。然后，进入优化计算部分，对可控分布式能源（MT和DG）与储能系统的工况进行优化计算。最终，将优化计算结果下发至相应可控电力资源，预先调控未来24 h的出力情况。

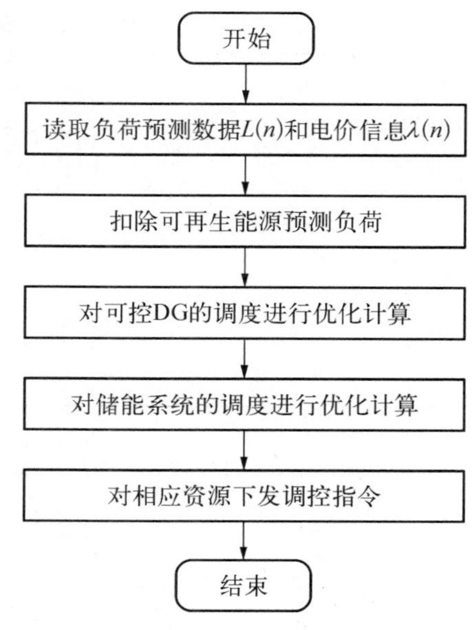

图5-22　能源管理系统控制流程

（1）可控分布式能源优化过程：对于燃气轮机和柴油发电机，它们的功率输出大小随着燃料的调节变化而变化。通过控制指令，调节燃料供给大小，可实现微网负荷曲线的优化。通过优化目标和约束条件得到最优可控DG工况 $L_{MT}(n)$ 和 $L_{DG}(n)$，可控DG优化后的负荷曲线记为 $L'(n)$：$L'(n)=L(n)-L_{MT}(n)-L_{DG}(n)$。$L_{MT}(n)$ 和 $L_{DG}(n)$ 转化到与运行功率 $P_{MT}(n)$ 和 $P_{DG}(n)$ 相对应。

（2）储能系统能源优化过程：与柴油机和燃气轮机不同的是，储能系统的优化变量有两类：一是运行方式 $mode(n)$，即充放电；二是充放电对应的功率 $L_c(n)$。由于优化变量增多使得优化计算过程变得复杂，所以本节介绍一种基于启发式规则的储能优化计算过程。通过启发式规则确定储能系统的运行方式，减少了优化过程中的计算量。

储能资源的优化需要先根据优化数据窗内的电价 $\lambda(n)$ 对储能系统进行运行方式上的规划。截取 W 个优化周期作为数据窗，计算当前数据窗的平均电价，记为 $\lambda_W(n)$：$\lambda_W(n)=\dfrac{\sum_{i=n}^{n+W}\lambda(i)}{W}$。将每个优化周期的电价与平均电价进行比较，根据“低电价储能，高电价放能”的原则设计储能资源运行启发式规则，如表5-11所示，得到储能资源的充放电模式。本节将以上海市（非夏季）分时电价曲线作为研究背景，图5-23为上海市（非夏季）每日电价曲线与对应储能运行模式曲线（$W=8$）。上海市（非夏季）每日电价具体情况见文献[22]。

最后对各时段储能资源的充放电负荷 $L_c(n)$ 进行优化计算。通过储能优化后的负荷曲线记为 $L'(n)$：$L'(n)=L(n)+L_c(n)\cdot mode(n)$。最终，将所得优化状态和优化功率发送至储能系统。

表 5-11 储能运行模式启发式规则

规则	条件			运行方式
	$\lambda(n) < \lambda_W(k)$	$\lambda(n) = \lambda_W(k)$ 且 $\lambda(n) < \lambda(n-1)$	$\lambda(n) = \lambda(n-1)$ 且 $\lambda(n) = \lambda_W(k)$	
1	是			充电
2	否，且 $\lambda(n) \neq \lambda_W(k)$			供电
3		是		充电
4		否，且 $\lambda(n) \neq \lambda(n-1)$		供电
5			是	保持

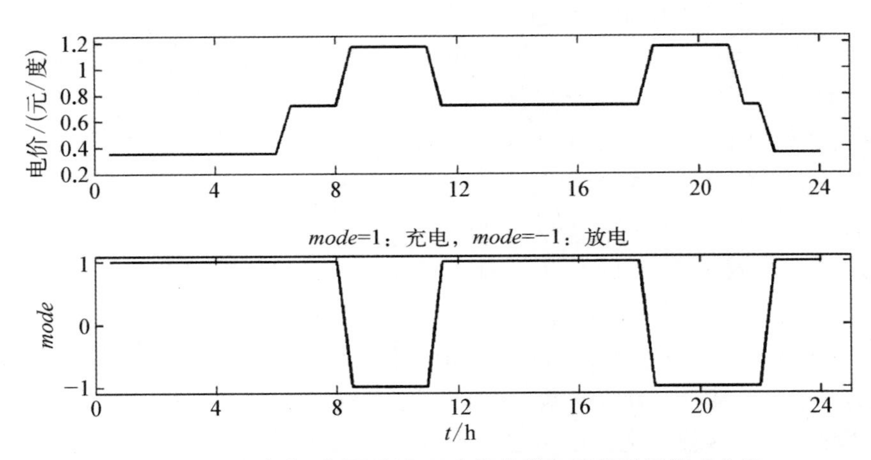

图 5-23 上海市(非夏季)每日电价曲线与储能运行模式曲线

由式(5-45)可知，储能系统由于存在充放电效率，导致使用储能系统在一定意义上增加了用能总量，但对于分时电价，可通过储能系统进行能量的转移，实现整体系统的费用节约。同时在很多情况下，高峰电价在某些程度上反映一天负荷的峰谷趋势，所以也实现了降低微网峰值负荷总量的功能。

2) 优化目标

与大电网调度目标不同的是，微网不仅需要考虑用户运营微网的整体费用，还需考虑保护环境等因素。总体来说，能源管理系统目标可分为三大类。

(1) 微网经济成本优化目标：通过对微网内的可控电力设备进行合理调度，尽量减少微网的运行成本，即

$$\begin{aligned} C_1 = & \sum_{n=1}^{48}[\lambda(n) \cdot L'(n) + C_{\mathrm{MT}}(n)L_{\mathrm{MT}}(n) + C_{\mathrm{DG}}(n)L_{\mathrm{DG}}(n)] \\ & -[\lambda(48) \cdot SOC(48) - \lambda(0) \cdot SOC(0)] \end{aligned} \tag{5-47}$$

式中，$\lambda(n)$、$C_{\mathrm{MT}}(n)$、$C_{\mathrm{DG}}(n)$ 表示电网、燃气轮机、柴油发电机的购电成本，$L'(n)$、$L_{\mathrm{MT}}(n)$、$L_{\mathrm{DG}}(n)$ 则表示对应发电负荷，48 为一天优化窗口的长度。由于优化系统为离散系统，所以对储能荷电状态表达式(5-45)进行调整，由 $SOC(k)=SOC(0)+\sum_{n=1}^{k}L_{\mathrm{c}}(n)$ 表示 k 时刻的储能荷电状态，$SOC(0)$表示系统初始储存能量。式中 $\lambda(48)\cdot SOC(48)-\lambda(0)\cdot SOC(0)$ 表示优化数据窗内储能系统多从电网储存/供给的电能费用。

(2) 环保指标优化：各类化学能源发电模式都会产生不同程度的污染。微网系统需要进行对这方面的优化。由于在可平移负荷和储能优化过程中不改变电网发电的总量，所以环保指标是分布式能源独有的优化指标，即

$$C_2=\sum_{n=1}^{48}\Big[\sum_{k=1}^{M}\alpha_{\mathrm{g},k}\cdot\lambda_{\mathrm{g},k}\cdot L'(n)+\sum_{k=1}^{M}\alpha_{\mathrm{MT},k}\cdot\lambda_{\mathrm{MT},k}\cdot L_{\mathrm{MT}}(n)+\sum_{k=1}^{M}\alpha_{\mathrm{DG},k}\cdot\lambda_{\mathrm{DG},k}\cdot L_{\mathrm{DG}}(n)\Big] \tag{5-48}$$

式中，α_k 表示排放类型 k 的折扣成本；λ_k 表示各类能源在 k 类排放物的排放量；L 表示各类能源的负荷量；下标 g、MT、DG 表示电网、燃气轮机、柴油发电机相应参数。微网中排放污染气体和各类能源使用对应情况参考文献[22]。

(3) 负荷形状优化：微网运行于并网状态时，微网应尽量控制成为友好负荷形态。

负荷形状主要考虑降低整个微网的用电容量，实现电力负荷的移峰填谷效果，降低负荷峰值，即提高微网电力设备的利用率。

$$C_3=\max(L'(n)),\ n\in[1,\ 48] \tag{5-49}$$

式中，max 表示数据窗负荷最大值，C_3表示之前负荷的峰值，可以根据实际情况重置，本节中系统以 24 h 为周期，所以在每天的 0 点重置 C_3。优化每段数据窗的最大值间接优化了整天的负荷峰值。由于整个系统为滚动优化，优化数据窗的后半段若出现第二个峰值会影响优化结果，所以设定确认峰值数据窗长度(*Length*)。根据实验情况，*Length* 设定为 $N/2$ 比较合适。C_3只针对滚动优化，对预先优化无需加入。

此外，为了保证微网内电压质量目标，一般要求微网联络线输出功率平滑优化一天负荷曲线的平滑度，减少负荷对电气设备的冲击，即

$$C_4=\sum_{n=0}^{47}[L'(n+1)-L'(n)]^2 \tag{5-50}$$

式中，$n=0$ 表示平滑度计入优化周期前一个点的负荷值。

3）约束条件

对分布式能源的约束条件，主要考虑对燃气轮机和柴油发电机的出力进行限制。设两类发电机始终处于发电状态。

$$\begin{cases} P_{\mathrm{MT,\ min}} \leqslant P_{\mathrm{MT}} \leqslant P_{\mathrm{MT,\ max}} \\ P_{\mathrm{DG,\ min}} \leqslant P_{\mathrm{DG}} \leqslant P_{\mathrm{DG,\ max}} \end{cases} \tag{5-51}$$

对于储能系统的运行功率 $L_{\mathrm{c}}(n)$ 和储能荷电状态 $SOC(n)$ 进行约束。

$$-1 \cdot L_{\mathrm{disch.max}} \leqslant L_{\mathrm{c}}(n) \cdot mode(n) \leqslant L_{\mathrm{ch.max}} \tag{5-52}$$

$$SOC_{\mathrm{min}} \leqslant SOC(n) \leqslant SOC_{\mathrm{max}} \tag{5-53}$$

式中，$L_{\mathrm{disch.max}}$ 和 $L_{\mathrm{ch.max}}$ 分别表示供能功率和储能功率的上限约束；SOC_{min} 与 SOC_{max} 分别表示储能荷电状态的上下限。根据表达式需要对数据窗中所有优化周期进行约束，会造成计算量过大的情况。本算法由于进行启发式规则确定储能工作模式，所以只需对特定计算点的 SOC（模式转换时的点）进行约束，即在充电模式结束时刻约束 SOC 上限，供电模式结束时约束 SOC 下限即可。通过启发式规则确定工作模式后，大大减少了计算量，简化了储能系统优化计算过程。

综上所述，本能源管理系统优化过程中存在大量优化变量（可控 DG 优化存在 96 个优化变量，储能优化存在 48 个优化变量），约束条件和优化目标较复杂。负荷优化的变量（可控 DG 和储能系统的功率）对应微网负荷曲线 $L'(n)$ 的改变，而 $L'(n)$ 数组非线性对应优化目标值，所以本系统为非线性混合整数规划问题。因而选用粒子群优化算法求解上述寻优规划问题。

4）粒子群算法

建立了微网运行过程的目标函数和约束条件后，需要利用优化算法寻找控制变量的最优解。随着优化问题中的变量和约束条件不断增多，求解的复杂度也增加，采用智能优化算法求解具有一定的优势，粒子群算法（particle swarm optimization，PSO）即是其中之一。它以群体智能搜索为基础，通过粒子间的竞争和协作对负载非线性空间进行启发式全局搜索，寻求全局最优点的过程。由于粒子群算法贴近自然规律、容易实现，并且搜索收敛能力强，倍受数学与工程应用领域研究人员的广泛关注，并得到迅速发展。

（1）经典粒子群优化算法。

粒子群优化算法是通过模拟自然界生物群落觅食过程中的单体运动和群落行为而提出的一种全局随机搜索算法。粒子群算法将群体中的个体看作是在空间中的粒子，每个粒子以一定的速度在解空间运动，并且向自身历史最佳位置和群体历史最佳位置聚集，实现对最优粒子的搜索。

PSO 算法中，解空间中的每一个粒子都有可能成为群落中的最优粒子，即空间中的最优解。所有粒子都有一个速度决定其飞翔的方向和距离，利用由目标函数得到的适应度值(fitness value)确定粒子位置优劣程度，通过适应度值确定未来该粒子的运动速度和轨迹。粒子的运动遵循以下规则：避免与邻域个体相冲撞；匹配邻域个体的速度；飞向群体中心，且整个群体飞向目标。经典 PSO 算法过程如下。

首先在定义范围内随机初始化粒子群。假设在一个 D 维的目标搜索空间中，有 N 个粒子组成一个群落，其中，第 i 个粒子所在位置表示为一个 D 维的向量，记作 $\boldsymbol{X}_i=(x_{i1}, x_{i2}, \cdots, x_{iD})$，第 i 个粒子的运动速度记为 $\boldsymbol{V}_i=(v_{i1}, v_{i2}, \cdots, v_{iD})$。第 i 个粒子搜索过程中的最优位置称为个体历史最佳位置，记为 $\boldsymbol{p}_{\text{best}\_i}=(p_{i1}, p_{i2}, \cdots, p_{iD})$，其中 $i=1, 2, \cdots, N$。在这个搜索过程中，整个粒子群在空间中搜索到的最优位置为群体历史最佳位置，记为 $\boldsymbol{g}_{\text{best}}=(p_{g1}, p_{g2}, \cdots, p_{gD})$。找到这两个最优值时，粒子根据下式更新自己的速度和位置[23]：

$$v_{iD}=w\cdot v_{iD}+c_1r_1(p_{iD}-x_{iD})+c_2r_2(p_{gD}-x_{iD}) \tag{5-54}$$

$$x_{iD}=x_{iD}+v_{iD} \tag{5-55}$$

式中，w 为惯性权值；c_1 和 c_2 为学习因子，也称加速因子；r_1 和 r_2 为[0, 1]范围内的均匀随机数。式(5-54)右边由三部分组成，分别为惯性部分、认知部分和种群部分，分别表示粒子保持上一时刻速度的趋势、向自身最优位置运动的趋势和向种群最有位置运动的趋势，根据实践经验，通常 $c_1=c_2=2$。v_{iD} 是粒子的速度，$v_{iD}\in[-v_{\max}, v_{\max}]$，$v_{\max}$ 是常数，由用户设定用来限制粒子的速度。PSO 算法实现的流程如图 5-24 所示。

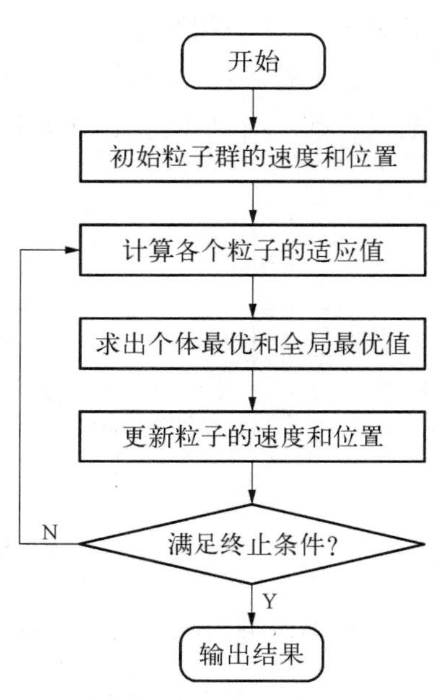

图 5-24　PSO 算法流程图

(2) 粒子群优化算法的改进。

由于 PSO 中粒子向个体最优位置和群体最优位置聚集，形成粒子种群的快速趋同效应，容易出现陷入局部极值、早熟收敛或停滞现象。同时，PSO 的性能也依赖于算法参数。因此出现了各种改进措施[23]。对惯性权值和加速因子进行改进，可提高整体搜索范围和寻优速度。为了综合考虑上述三项评价指标(三大优化目标)，采用加权求和法将多目标优化转化为单目标优化进行求解，加权后的适应度值，记为 FIT。

$$\min FIT = \sum_{i=1}^{4} a_i \cdot C_i \tag{5-56}$$

式中，C_i为式(5-47)～(5-50)对应目标函数值，a_i为对应加权值。对于约束条件，通过运用罚函数进行处理。

5.4.1.3 算例仿真

1) 仿真环境设定

为了验证上述数学模型和优化方法，选取上海某科技园区微网设计案例数据进行分析。采用标幺值计算，并将功率折合到半小时内的负荷大小。

首先对微网内DG资源进行设定。为了简化光伏系统模型，默认T_{mod}与T_r相等，即P_{PV}与光照强度G_{AC}呈线性关系，假设半小时内光伏额定输出L_{STC}为0.08 p.u.·h。对于风电系统，设定：切入风速V_{in}为3 m/s，切出风速V_{out}为25 m/s，额定风速V_{rs}为11.5 m/s，风机输出恒定功率L_{WTD}为0.05 p.u.·h。本系统燃气轮机额定功率为0.2 p.u.，折算为0.5 h的额定负荷为0.1 p.u.·h。本系统柴油发电机机额定功率为0.4 p.u.，折算为0.5 h的额定负荷为0.2 p.u.·h。假定两类发电机组持续开机，工作范围约束在(10%～100%)额定功率。大容量储能设备容量为1 p.u.·h。蓄电池充放电速度上下限为-0.2 p.u.·h$\leqslant L_c \leqslant$0.2 p.u.·h。蓄电池满足SOC上下限约束(20%～90%)，设定初始SOC为60%。

某科技园区微网设计案例数据，详细参数见附录E。图5-25表示预测负荷曲线。前一时刻负荷值$L(0)$为0.2。

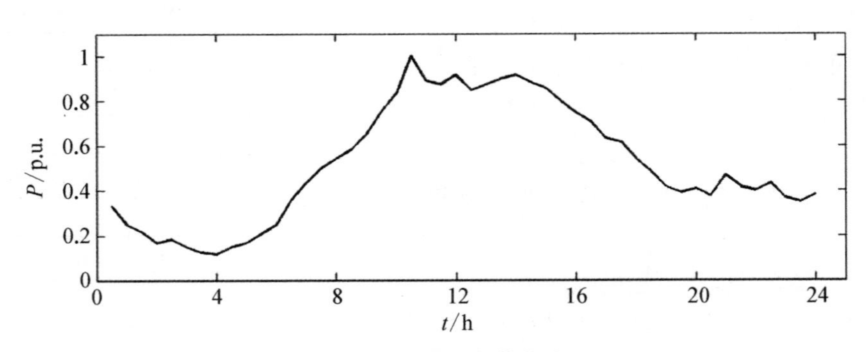

图5-25 预测负荷曲线

根据微网情况设定适应度值公式(5-56)权值为

$$FIT = C_1 + 0.5 \cdot C_2 + 5 \cdot C_3 + 5 \cdot C_4 \tag{5-57}$$

根据上式进行对可控DG资源和储能资源的优化解算。

2) 仿真结果

EMS系统首先通过可再生能源对负荷预测曲线进行第一轮整体削减，削减所用数据为可再生能源预测值。光伏和风能预测值情况参见文献[19]。削减情况如图 5 - 26 所示。

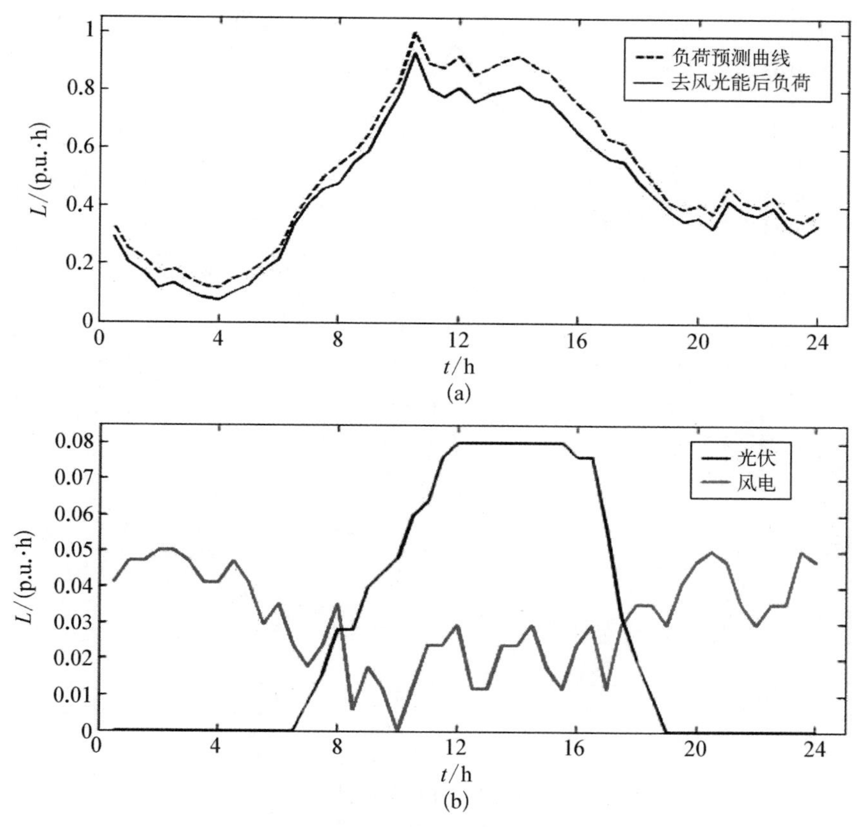

图 5 - 26　去可再生能源后负荷曲线情况

(a) 去可再生能源后负荷曲线；(b) 实际可再生能源曲线

通过风电和光伏对负荷进行第一轮滚动削减后，进行对“源-储”两类可控资源的优化控制计算。通过预先优化，计算得到未来 24 h 的微网可控电力设备的工况。

EMS 利用可控 DG 资源对负荷曲线进行第二轮削减。削减情况如图 5 - 27 所示。

最终利用储能资源对负荷曲线进行最后一轮预先优化。具体情况如图 5 - 28 所示。

可控分布式能源和储能系统的优化情况参考文献[19]中附录 3。整个优化过程中的指标优化情况如表 5 - 12 所示。数据显示：经过三轮负荷削减优化后，4 个指标都有不同程度的优化，从而适应度值(fitness)也有很大程度的优化。但多次仿真实验后发现，由于本系统非线性和复杂度较大，导致每次优化的结果有一定差异。

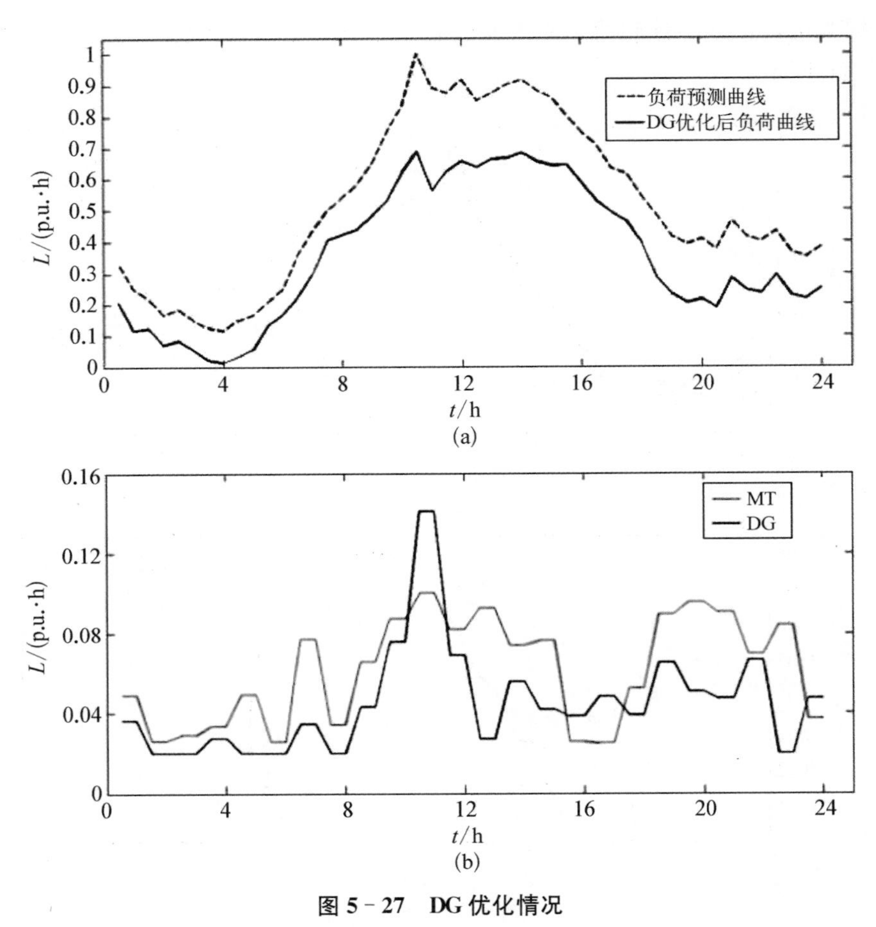

图 5-27 DG 优化情况

(a) 最终优化后负荷和原负荷曲线；(b) 可控分布式能源工况曲线

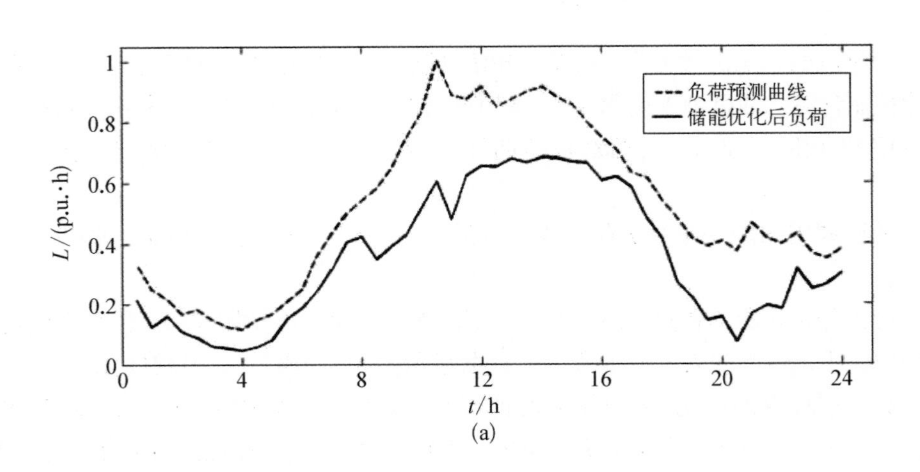

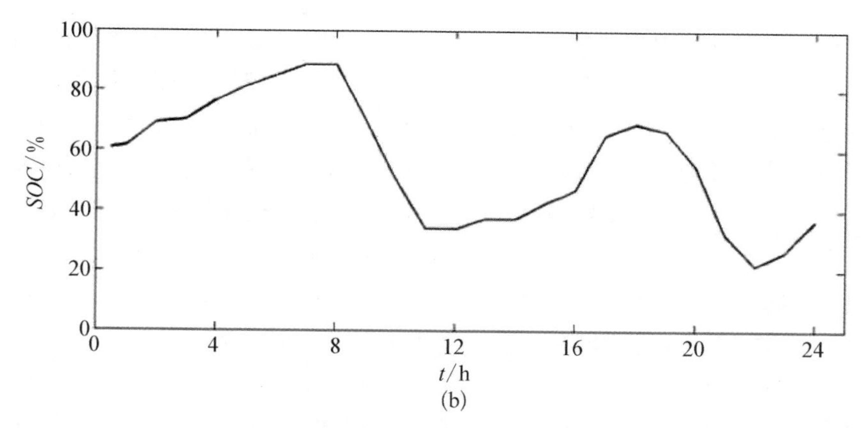

图 5-28　储能系统优化情况

(a) 最终优化后负荷和原负荷曲线；(b) 储能资源 *SOC* 曲线

表 5-12　微网各指标优化情况

	费　用/(p.u.・元)	污　染/(p.u.・元)	峰　值/(p.u.・元)	平滑度/(p.u.・h)^2	fitness
原负荷	19.643 6	7.814 4	1	0.178 3	29.442 3
可再生能源 DG	17.611 9	6.933 3	0.928 2	0.159	26.514 55
可控 DG	17.321 2	6.183 3	0.687 5	0.131 2	24.506 35
储能资源	16.677 5	6.183 3	0.683 8	0.188 9	24.132 65

而且本优化是基于未来 24 h 预测值的工况优化，这导致对预测算法要求很高，并且现阶段对可再生能源的预测较困难。综合以上情况，可结合微网内可控负荷资源，对基于"源-荷-储"三类电力设备的微网设计 EMS 算法。通过运用迭代法和滚动法的算法，提高优化整体效果和实时性。

5.4.2　考虑需求侧资源的能源管理系统

前述微网内分布式能源和储能资源的底层控制过程和顶层调度优化情况，总体上看是通过"源-储"两类电力设备的控制间接改变微网联络线上的负荷曲线。然而微网内存在大量需求侧资源可直接对负荷进行削减或是平移。基于需求侧各类负荷的需求响应的机制，可建立基于"源-荷-储"三类资源的微网能源管理系统。该系统运用迭代法和滚动优化可提高整体优化效果，并提高整体系统的实时操作性。

5.4.2.1　电力需求侧管理

电力系统是由发电、变电、输电、配电和用电等环节组成的电能生产与消费系统。电力负荷不断增长威胁了电力系统安全稳定运行，所以电网需要对其进行调整。传统缓解思路多集中于"开源"，即提升发电、变电、输电等环节的容量，但增加总容量不仅在建设过程中花费巨大，且在运行过程中整体容量利用率偏低，导致经济上的浪费。因而，近年来的研究重点聚焦在了“节流”环节，即调控用电负荷容量。电力需求侧管理(demand side management，DSM)的出现提供了一种不同于切负荷的负荷管理思路，通过采取经济、技术、行政等手段对终端用电形势进行改变。优化目标主要集中于削减峰值负荷大小、提高整体用电效率、平缓日负荷曲线。由于电力系统的目标是安全可靠地用电，所以在用电环节中进行对负荷容量的削减就是减轻发电、变电、输电和配电环节的压力。

对于大电网而言，需求侧资源指的是用电侧的可控负荷资源。而微网作为大电网的一部分，在没有指定多余用电上网的模式下，基本以用电负荷形态为主。虽然微观来说微网中有不少分布式能源和储能并不算是负荷资源，但通过这些资源的调控可以宏观调整微网公共母线的负荷曲线，所以微网内那些可控的“源-荷-储”资源被定义为广义需求侧资源。

近几年，我国为了推动智能电网研究的顺利开展，建设了一些微网试点项目。对原有园区的低压电网进行改建，通过需求侧管理对用电侧进行优化调度。在削减峰值用电容量的同时，提高了电力资源的用电效率，从而达到降低微网建设电力资源的费用支出，提高整个微网经济性的目的。

需求侧管理主要通过两种途径对微网进行优化建设：一是改变用户用电方式，二是提高终端用电效率。改变用户用电方式更多地集中对网内可控电力设备进行控制，例如：系统人员利用负荷控制装置直接对用户终端进行控制；时间控制器和需求限制器实现负荷的间歇和循环控制；在电网日负荷低谷时段投入电气储能装置进行填谷，在负荷高峰时段释放出来转换利用，达到移峰填谷、提高用电效率、达到节费的目的等。提高终端利用效率主要是改变网内发电用电设备效率，例如：对于电动机系统采用高效拖动机械、高效照明系统、使用高效家用电器、降低待机能耗等。

为了运用微网中的DG资源和储能资源对负荷曲线进行调整，首先将需求侧负荷进行分类。不同于大电网中将负荷按重要性程度分为三级的概念，微网中负荷在此被分为不可调度负荷、可平移负荷和可调节负荷三类，如图5-29所示。不可调度负荷，即原一级、二级负荷，一旦切除会造成微网重大经济损失或设备和人员伤害；可平移负荷(洗衣机、电动汽车充能系统等)，即可以改变负荷启动时间的负荷，但不影响该负荷的原有曲线；可调节负荷(某些供冷/暖空调)，指控制系统根据实时电价、室内/外温度等信息，可对整体负荷形状进行削减的负荷，可为用户提出经济性更高的用电策略。

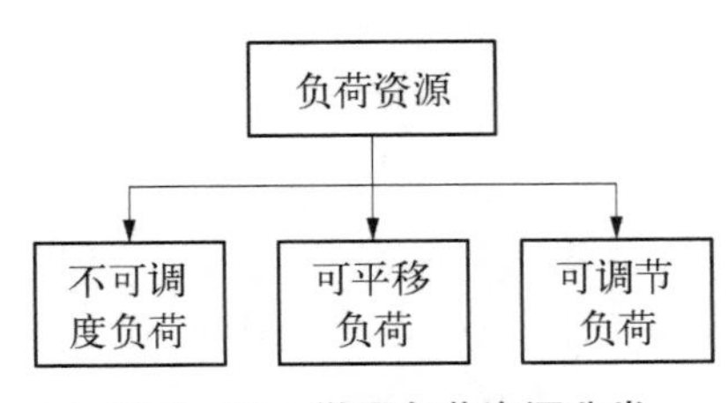

图5-29　微网负荷资源分类

1）可平移负荷

可平移负荷的大小形状是确定的，所要优化的是启动的时间，因而优化变量不同于储能且为离散系统，所以本问题可定性为一个整数规划问题。如图 5－30 所示，通过平移负荷 A 与 B，改变整体的负荷形状，减少了峰谷之间的差距。可平移负荷 A 和 B 各被平移了 1 个优化周期，分别从 t_A 推移到 t_A' 时刻和从 t_B 推移到 t_B' 时刻。

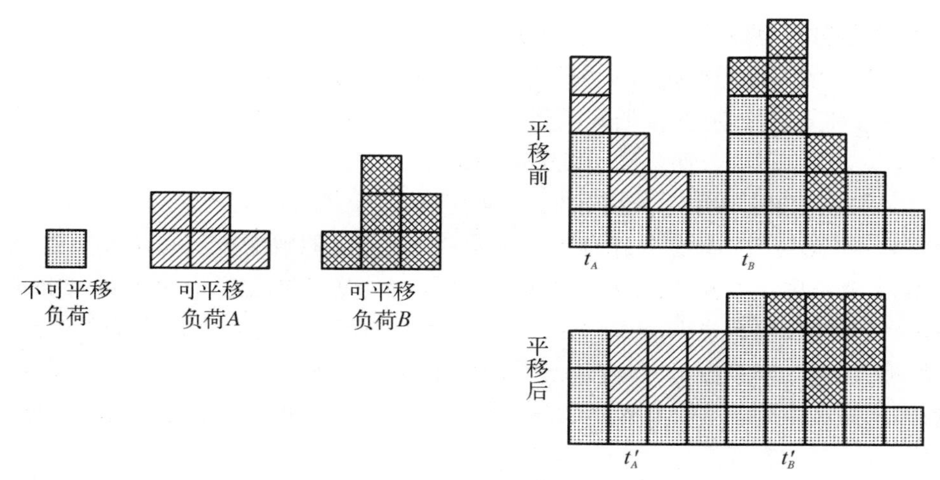

图 5－30　可平移负荷操作过程

优化计算过程中，可平移负荷 $SL_i(n)$，$i=1, 2, \cdots, m$，表示第 i 个可平移负荷，并读取对应最大推迟时间 $T_{\lim}(i)$，作为优化约束条件。推迟运行的可平移负荷记为 $SL_i{}'(n)$，通过平移负荷后的整体负荷曲线为 $L'(n)=L(n)-SL_i(n)+SL_i{}'(n)$。

通过优化目标和约束条件得到相应负荷的最优推迟时间。可平移负荷优化的目标函数与储能优化系统相同，由于对负荷总量没有进行改变，所以无需对排污进行优化，即实现式(5－47)经济性优化和式(5－49)、式(5－50)负荷形状优化。由于可平移负荷只实现负荷的推移，不改变微网负荷的总量，所以环保指标并不改变。约束条件只需满足在规定时间内完成负荷的工作即可，即 $0 \leqslant T_{\text{delay}}(i) \leqslant T_{\lim}(i)$，$T_{\text{delay}} \in$ 整数。其中 i 表示第 i 个可平移负荷，T_{delay} 为对应的推迟时间，$T_{\lim}$ 为最长推迟时间。

2）可调节负荷

近年来，随着社会经济的不断发展，我国在建的建筑规模及数量也在不断地增长，楼宇的建造和运行需要消耗大量的能源。由于我国人口众多、人均能源占有较少，如何提高楼宇内能源利用率并减少能源污染排放已成为社会关注的热点。

我国建设领域的高能耗现象也相当严重，目前建筑能耗约占全国总能耗的28%左右，随着经济的发展，这一比例将会持续增长。作为大量消耗能源的楼宇建筑，做好大型楼宇的节能降耗工作，降低楼宇单位面积的能耗率，对政府所倡导的节能减排、可持续发展政策有着重要意义。其中，通过现代大型建筑的能效管控系统对楼宇内可调节负荷进行实时管控、削减，可大大改善楼宇内的电能浪费情况。照明系统和空调系统作为楼宇中最重要的电力负荷形态，存在很大的可控节约空间，可以通过相应能效管理进行实时管控。

照明系统的能效管控可采用节能的照明控制策略。照明系统实现集中监控、集中管理和分散控制，并根据不同建筑不同区域的实际照明要求制定合理的控制策略，以实现管理的方便化和用能的最小化。

空调系统相对照明系统更加复杂，研究表明，成年人其空调能耗一般在100～120 W。不同类型公共建筑用能存在差异性，其提高能效的方法也不同。办公楼节能，主要考虑室外温度、湿度等，即气候的影响。对新建建筑，办公人员密度几乎为常数，来访人员数量少，影响小；宾馆和医院，这类建筑对负荷的计算变量多，因为医院有陪护，宾馆有房客，流动人员计数相对大，因而业务量大小是一个重要变量；体育馆和博物馆等公共建筑，客流量是大的变量，这里的流动人员比较好统计；学校，部分没有空调设施，能耗主要体现在水耗。

对同一类公共建筑，用能仍然有很大不可比较性。不同的建筑设计结构，不同的建筑材料，造成建筑不同的围护结构传热系数。围护结构传热系数表示，围护结构两侧空气温差为1 K时在单位时间内通过单位面积围护结构的传热量，单位：W/(m^2K)。所以，对建筑的空调系统节能问题需要具体问题具体分析，它的用能基准只有通过对大量样本的科学统计才能确定。

通过对照明设施和空调系统的监测，根据实时微网信息为用户提出经济性更高的用电策略，系统控制或用户自行削减负荷的大小达到优化目标。

5.4.2.2 基于“源-荷-储”资源的能源管理系统

1) “源-荷-储”资源的微网结构

微网内的可控电力资源大体可分为DG资源、负荷资源和储能资源，如图5-31所示。

DG资源主要分为可再生分布式能源和可控分布式能源。城市能源网可再生分布式能源主要以风能和光伏为主，考虑到微网稳定性的关系，可再生能源的比重不可过高，以最大化利用（100%消纳）可再生能源系统；可控分布式能源主要以柴油发电机和微型燃气轮机为主，通过对其功率大小的调节，达到微网各项指标的综合最优化。

可调节负荷需通过对大量现场试验数据进行分析，得到其规律并加入到EMS

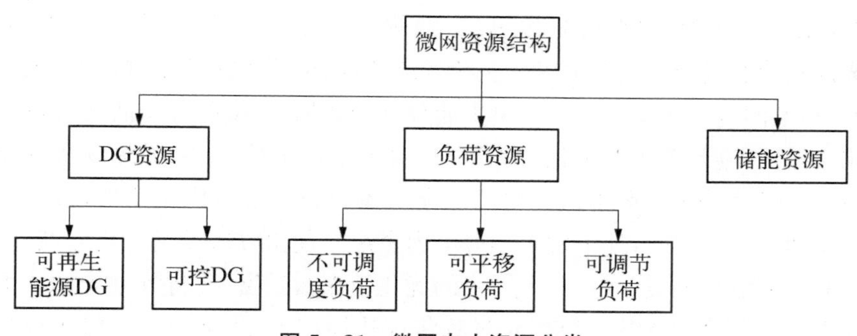

图5-31　微网电力资源分类

系统中；可平移负荷可进行时间上的优化。

储能资源主要由静态储能系统构成，可以扮演负荷和电源的双重角色。对于需求侧来说，储能资源可以参与负荷平移。

基于EMS系统的微网框架如图5-32所示。系统通过电能流和信息流将电网、微网内负荷资源、储能资源、DG资源和能源管理系统串联起来。微网内所有电力设备的用电/发电信息均上传至EMS控制系统，预测模块通过AMI系统采集负荷数据，基于混沌时间序列模型，得到未来负荷预测值。微网内可再生能源向微网侧供能，负荷功率用电缺额从电网购买。EMS系统通过采集的微网信息对三类可控资源进行优化计算，并对下层电力装置下发控制指令。电力电子装置执行控制指令，完成整个微网的分层控制，实现经济性、环境友好性等优化目标。

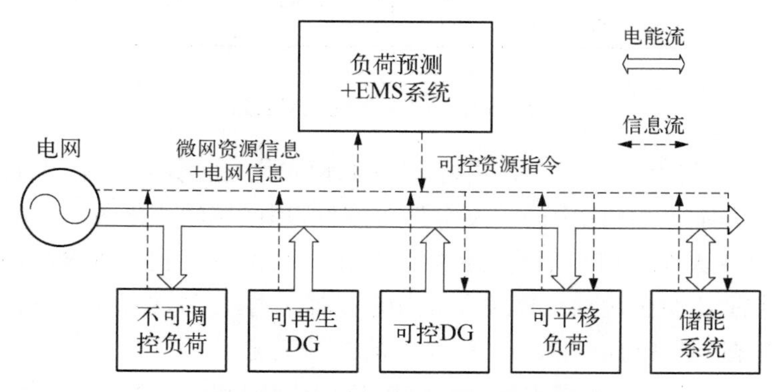

图5-32　基于EMS的微网框架

2）迭代算法和滚动算法

“源-荷-储”三类可控资源的属性、优化控制变量、控制方式都有所不同，资源之间存在相互影响，三者集成组成综合能源管理系统。考虑到优化问题存在大量的非线性规划，在此，采用分解迭代算法，将“源-荷-储”三类可控资源利用粒子群算法进行独立求解，并通过迭代使整体解逼近全局最优解。根据图5-32的微网框架设计出能源管理控制回路，如图 5-33 所示。在一个优化计算周期内，能源管理系统首先读取整个优化数据窗的负荷预测数据、可再生能源预测数据(风速和光照强度)和电网电价数据。通过可再生能源预测数据，对微网负荷曲线进行第一轮的削减。然后，进入粒子群优化计算部分，对可平移负荷、储能资源以及可控分布式能源进行优化计算。运用迭代提高三类可控资源的整体优化效果，最终得到这个计算周期的控制策略，并下发至相应电力资源。优化方法设定优化周期，将连续数据截取为离散数据量，设定一个固定的优化数据窗长度，并将其划分为若干时间段。在本节算例中，EMS 系统优化过程将优化周期 t_0 设为 0.5 h，优化数据窗长度为 24 h，即 48 个优化周期($N=48$)。

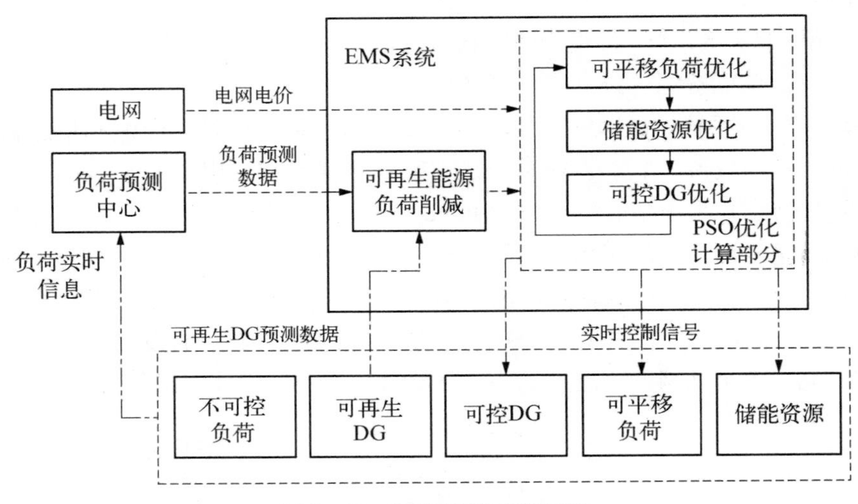

图 5-33　EMS 系统控制回路

以一天为一个优化数据窗口进行 24 h 的预先优化计算是常用的方法，考虑预先优化无法及时应对微网中的突发事件，且对地理区域较小的可再生能源预测精度不高，因此在系统中将利用滑动数据窗技术进行滚动优化。将滚动周期设定为 k 个优化周期，以减少滚动计算过多带来的负面作用，即每次优化过程虽计及未来 24 h 运行状态，但只确定未来 $k \cdot t_0$ 小时的微网工况。

优化目标为多目标函数求解。在峰值负荷优化目标上由于滚动优化的存在，需要进行一定的改进。

$$C_3 = \max[C_3', L'(n)],\ n \in [1, Length] \tag{5-58}$$

式中，max 表示数据窗负荷最大值，C_3' 表示之前负荷的峰值，可以根据实际情况重置，本系统以 24 h 为周期，所以在每天的 0 点重置 C_3'。优化每段数据窗的最大值间接优化了整天的负荷峰值。由于整个系统为滚动优化，优化数据窗的后半段若出现第二个峰值会影响优化结果，所以设定确认峰值数据窗长度（$Length$）。根据实验情况，$Length$ 设定为 $N/2$ 比较合适。C_3' 只针对滚动优化，对预先优化无需加入。

将多个目标函数加权得出每个粒子的适应度值，记为 FIT。

$$\min FIT = \sum_{i=1}^{4} a_i \cdot C_i \tag{5-59}$$

式中，C_i 分别对应式(5-47)、式(5-48)、式(5-49)、式(5-50)的目标函数值，a_i 为对应加权值。通过对适应度值的比较，进行粒子间的竞争和协作，搜索复杂空间内的最优解。在三类可控资源优化过程中，由于可平移负荷的大小、形状固定，优化变量（推迟时间）为整数，所以优化过程较粗糙，但易搜索到全局最优解；而储能资源和 DG 资源为连续变量优化，所以优化过程较细致，但较难收敛于全局最优解。图 5-34 表示 t 时刻整个粒子群滚动优化部分的计算流程。过程如下：

(1) 首先，读取优化数据窗内负荷曲线 $L(n)$ 及电价信息 $\lambda(n)$。

(2) 进入迭代优化计算部分。首先，搜索 $t \sim t+k$ 时刻的可平移负荷 $SL_i(n)$，并读取对应最大推迟时间 $T_{\lim}(i)$；若不存在可平移负荷，则迭代优化只进行对 DG 资源和储能的优化计算。分别计算各电力设备的调控方式，通过迭代方法使得最终结果接近最优解。

(3) 进入发送指令部分。迭代计算结束后，向 DG 资源和储能资源发送优化指令，对其在 $t \sim t+k$ 时刻的工况进行控制。对于可平移负荷，由

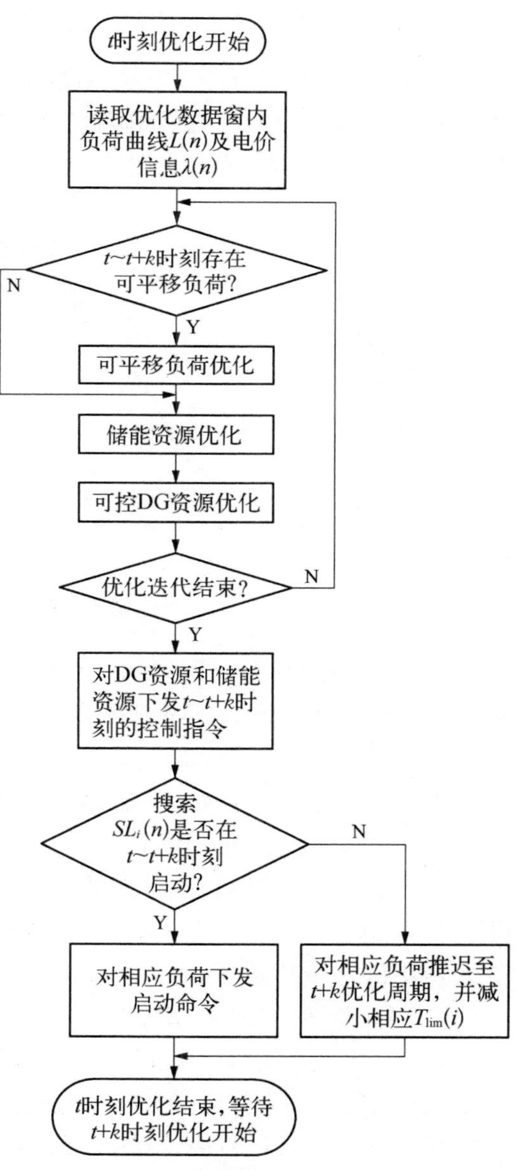

图 5-34　能源管理系统 t 时刻优化过程流程

于存在推迟时间超出 $t+k$ 时刻，所以要对其进行判断。如果优化结果显示可平移负荷 $SL_i(n)$ 在 $t \sim t+k$ 时刻启动，则发送启动时间；若优化结果显示 $SL_i(n)$ 在 $t+k$ 时刻之后启动，则推移相应负荷到下一优化时刻（$t+k+1 \sim t+2k$ 时刻）进行优化计算，所以对应的最大推迟时间 $T_{\lim}(i)$ 也要进行相应修改。

（4）优化过程结束，等待下一时刻优化计算开启。

5.4.2.3 算例分析

1）原负荷曲线

本案例选取上海某科技园区微网设计数据，详细参数见文献[19]中附录。图 5-35 表示原负荷曲线，分别是预测负荷曲线和实际负荷曲线，预测值与实际值误差基本控制为 5%。前一时刻负荷值 $L(0)$ 为 0.2。

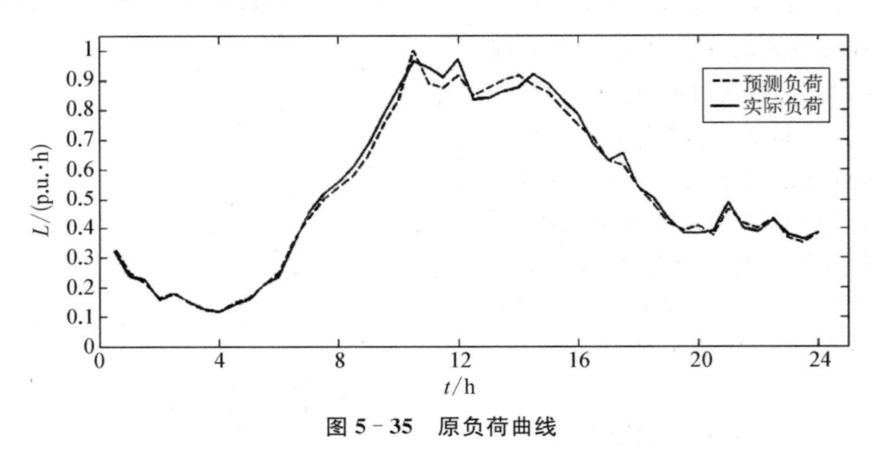

图 5-35 原负荷曲线

实际负荷电费：19.878 8(p.u.·元)；污染惩罚费用：7.840 7(p.u.·元)；负荷峰值：0.971 5(p.u.·h)；负荷平滑度：0.227 1[(p.u.·h)^2]；适应度值：29.792 2。

2）可再生能源出力削减

由于可再生能源不计燃料成本以及污染物排放成本，并且随机性较强，可控性差，所以使其以最大功率跟踪上网。

模拟微网一天风速和光照强度，设定风能和光伏能的每个优化周期额定值分别为 0.05 p.u.·h 和 0.08 p.u.·h。风速和光照强度预测值与实际值误差控制在 30%，如图 5-36 所示。

3）“源-荷-储”迭代滚动优化

通过风电和光伏对负荷进行第一轮滚动削减后，对“源-荷-储”三类可控资源进行优化计算。预先优化对去可再生能源预测负荷进行；滚动优化对去可再生能源实际负荷进行（实际计算过程中，可再生能源也是滚动削减）。然后，将预先优化和滚动优化结果分别用于实际负荷控制中，给出对比结果。

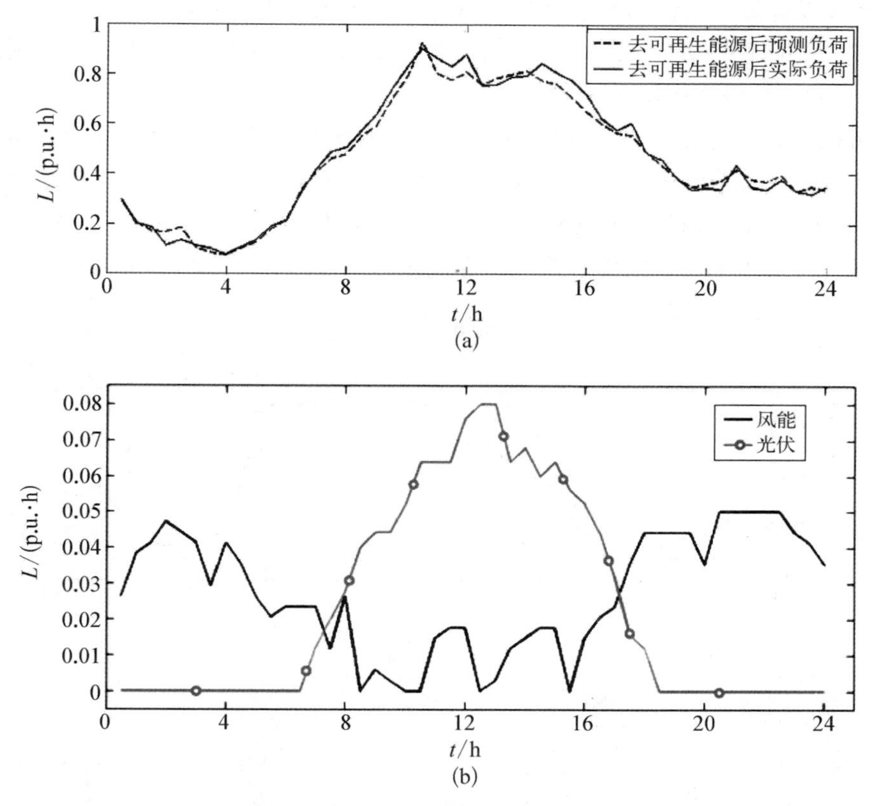

图5-36　去可再生能源后负荷曲线情况

(a) 去可再生能源后负荷曲线;(b) 实际可再生能源曲线

案例中的可平移负荷共存在9段需要优化平移部分。经计算,可平移负荷占总负荷的7.7%。图5-37表示9段可平移负荷全天分布情况。

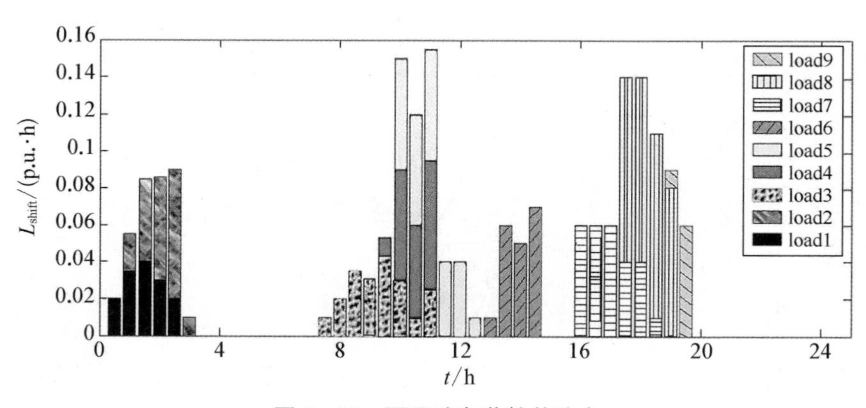

图5-37　可平移负荷柱状分布

储能设备采用蓄电池，容量为 1 p.u. · h。蓄电池充放电速度上下限为 -0.4 p.u.$\leqslant P_c \leqslant 0.4$ p.u.，即 -0.2 p.u. · h$\leqslant L_c \leqslant 0.2$ p.u. · h。蓄电池满足 SOC 上下限约束(20%～90%)，设定初始 SOC 为 60%。

可控分布式能源中，燃气轮机额定功率为 0.2 p.u.，折算为 0.5 h 的额定负荷为 0.1 p.u. · h；柴油发电机额定功率为 0.4 p.u.，折算为 0.5 h 的额定负荷为 0.2 p.u. · h。假定两类发电机组持续开机，工作范围约束在(10%～100%)额定功率。

三类可控电能资源的能源管理预先优化后的情况如图 5 - 38 所示。

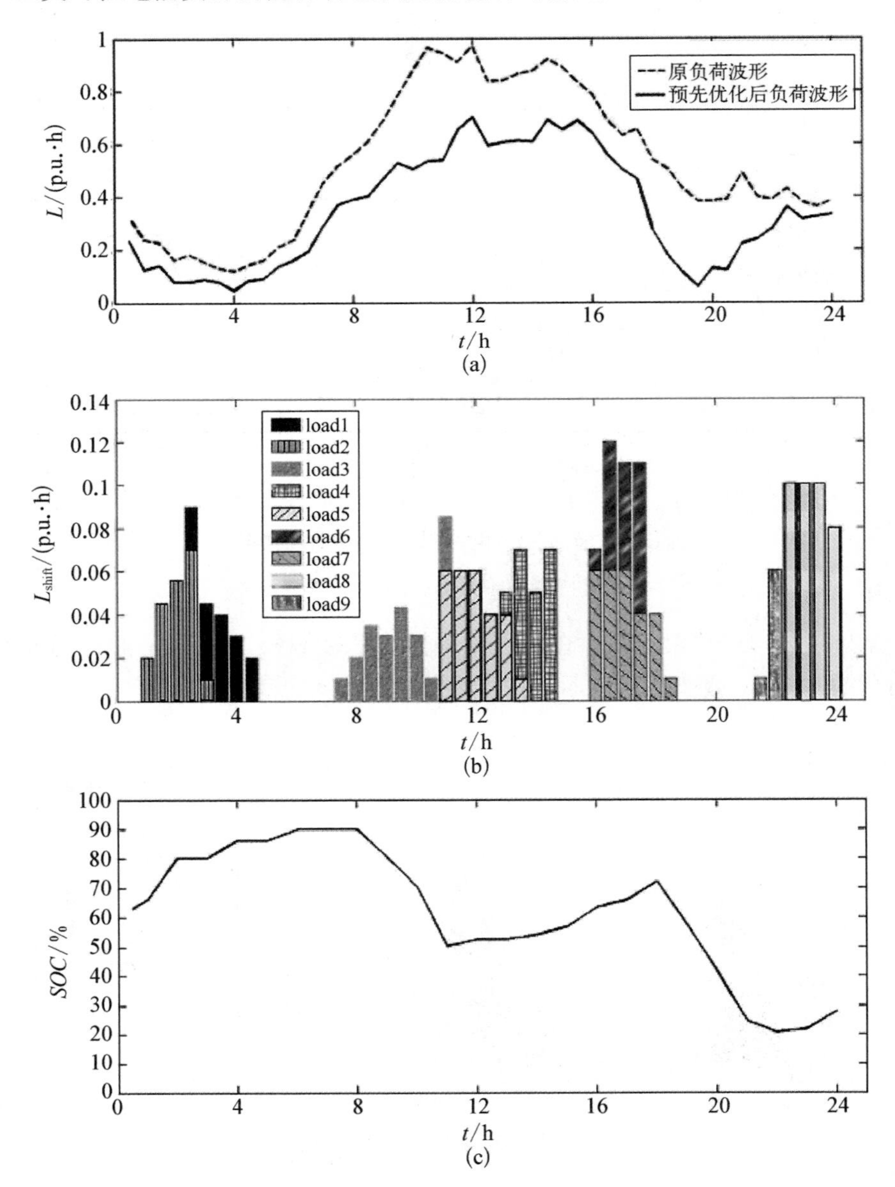

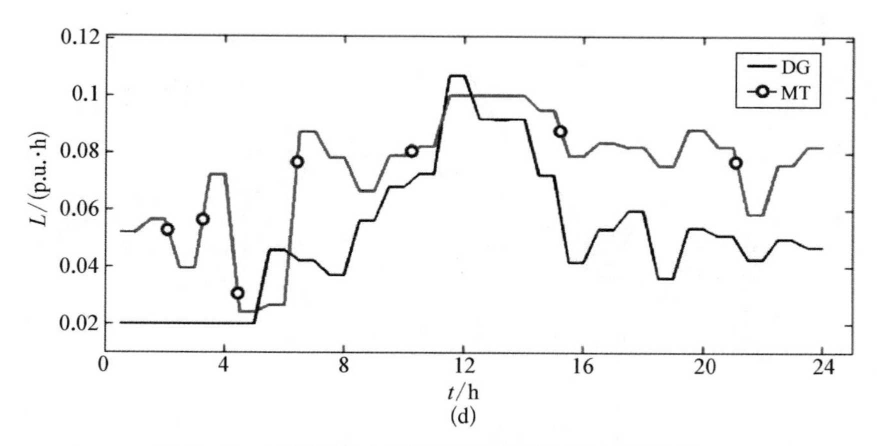

图 5-38　三类可控电能资源的能源管理预先优化情况

(a) 最终优化后负荷和原负荷曲线;(b) 可平移负荷优化情况;(c) 储能资源 SOC 曲线;
(d) 可控分布式能源工况曲线

最终效果如下,负荷电费：16.990 2(p.u.·元);污染惩罚费用：6.164 8(p.u.·元);负荷峰值：0.702(p.u.·h);负荷平滑度：0.177 7[(p.u.·h)^2];适应度值：24.471 1。

通过三类可控电能资源的能源管理滚动优化后的情况如图 5-39 所示。

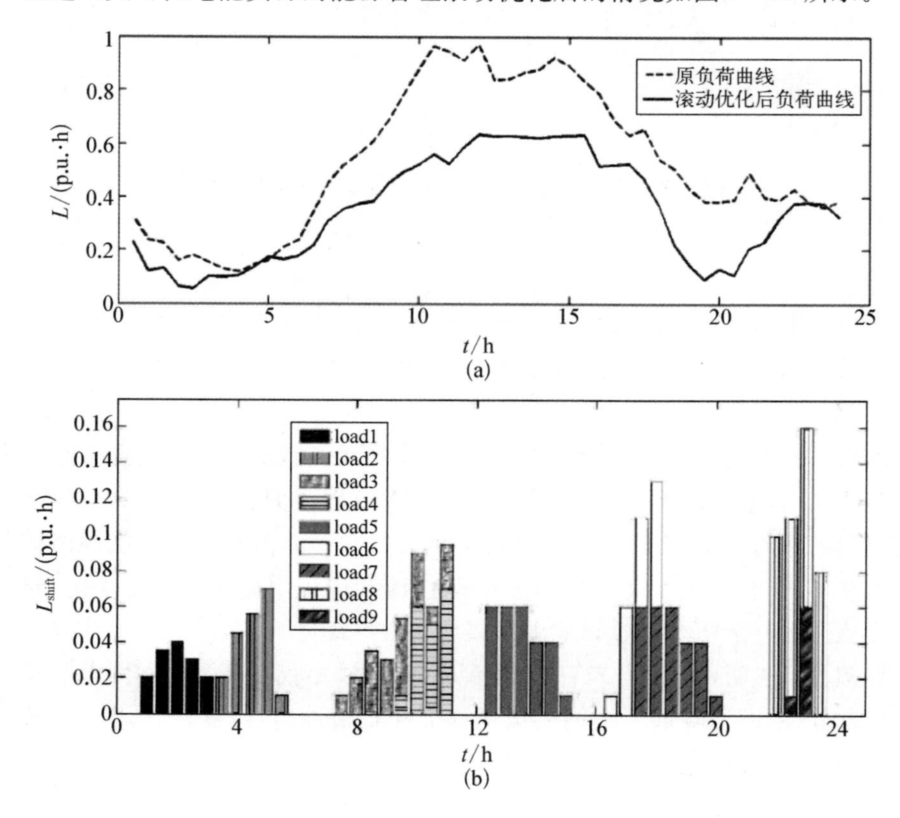

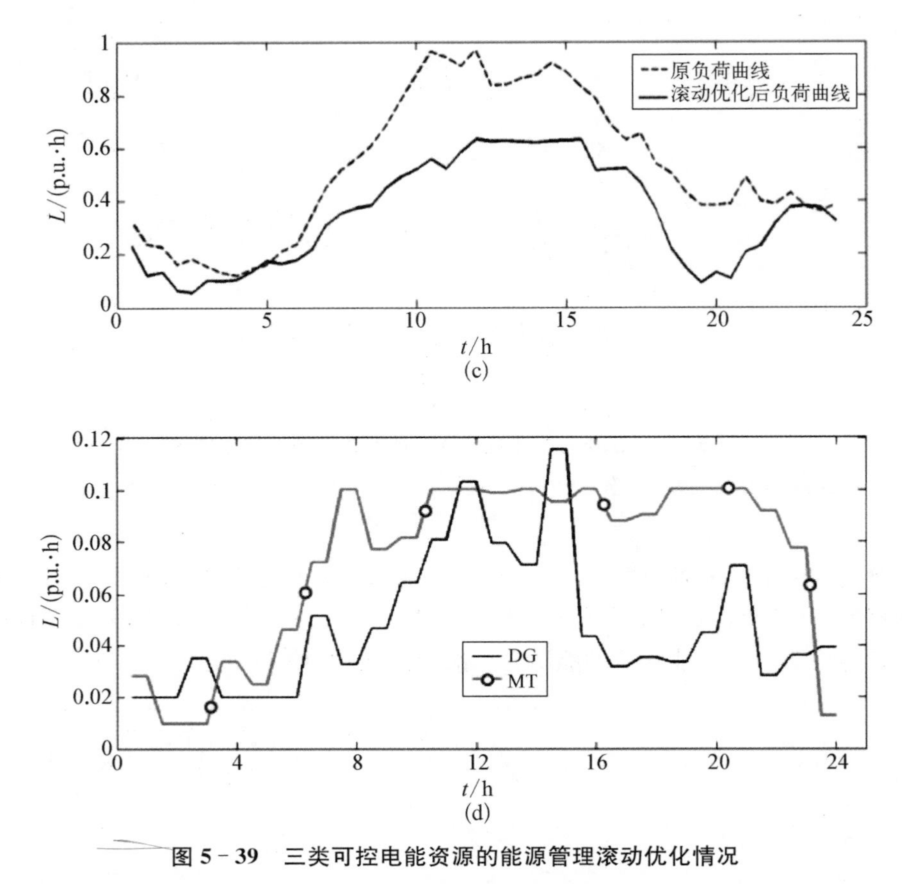

图 5-39　三类可控电能资源的能源管理滚动优化情况

(a) 最终优化后负荷和原负荷曲线;(b) 可平移负荷优化情况;(c) 储能资源 *SOC* 曲线;
(d) 可控分布式能源工况曲线

最终效果如下,负荷电费:16.996 9(p.u.·元);污染惩罚费用:6.187(p.u.·元);负荷峰值:0.635 3(p.u.·h);负荷平滑度:0.134 8[$(\text{p.u.}\cdot\text{h})^2$];适应度值:23.940 9。

两类模式下的各指标优化情况如表 5-13 所示。数据显示相比没有经过优化的原负荷曲线,不论是预先优化还是滚动优化都在各方面指标上显示出优越性,能源支出费用节约了 15%,污染惩罚指标降低大约 20%。两种优化在能源消费和污染值上基本相同,而在峰值和平滑度指标上,滚动优化明显优于预先优化,导致在适应度值上提升了 2%,多次试验的结果均基本一致。

算例分析表明,利用本节给出的能源管理系统,不仅提高了电网用电的经济性和环境友好性,而且降低了微网的负荷峰值和负荷冲击,改变用户用电方式的同时,也提高了终端用电效率。

表 5－13　微网各指标优化情况

	费　用/(p.u.·元)	污　染/(p.u.·元)	峰　值/(p.u.·元)	平滑度/(p.u.·元)^2	fitness
原负荷	19.967 2	7.911 1	0.971 5	0.186 7	29.703 8
预先优化	16.990 2	6.164 8	0.702 0	0.177 7	24.471 1
滚动优化	16.996 9	6.187 0	0.635 3	0.134 8	23.940 9

参 考 文 献

[1] 黄文焘，邰能灵，范春菊，等.微电网结构特性分析与设计[J].电力系统保护与控制，2012(18)：149－155.
[2] 刘梦璇.微网能量管理与优化设计研究[D].天津：天津大学，2012.
[3] 徐立中.微网能量优化管理若干问题研究[D].杭州：浙江大学，2011.
[4] Browne M，Bansal P. Steady-state model of centrifugal liquid chillers：modèle pour des refroidisseurs de liquide centrifuges en régime permanent[J]. International Journal of Refrigeration，1998，21(5)：343－358.
[5] Gordon J，Ng K C，Chua H T. Centrifugal chillers：thermodynamic modelling and a diagnostic case study[J]. International Journal of Refrigeration，1995，18(4)：253－257.
[6] 石磊.基于负荷预测在线修正的冰蓄冷空调系统优化运行研究[D].西安：西安建筑科技大学环境与市政工程学院，2002.
[7] 王美.小型冰蓄冷空调系统特性分析与实验研究[D].西安：西安科技大学，2006.
[8] 肖荪.上海某能源中心三联供方案及运行方式的系统优化[D].上海：东华大学，2010.
[9] 许建华.热电冷联供系统的综合分析[D].北京：中国石油大学，2007.
[10] Kong X，Wang R，Huang X. Energy optimization model for a CCHP system with available gas turbines[J]. Applied Thermal Engineering，2005，25(2)：377－391.
[11] Mago P，Chamra L. Analysis and optimization of CCHP systems based on energy，economical，and environmental considerations[J]. Energy and Buildings，2009，41(10)：1099－1106.
[12] Healy P，Ugursal V. Performance and economic feasibility of ground source heat pumps in cold climate[J]. International Journal of Energy Research，1997，21(10)：857－870.
[13] 文苑林.420 t/h 燃油锅炉油气两用改造的经济性和安全性分析[D].广州：华南理工大学，2009.
[14] 席裕庚.预测控制[M].北京：国防工业出版社，1993.
[15] 刘楚晖，郑毅，蔡旭，等.大型楼宇多类型供冷系统的经济优化调度[J].现代建筑电气，2014，5(8)：5－10.
[16] 刘楚晖.基于分布式预测控制的智能能源网经济性优化[D].上海：上海交通大学，2015.
[17] 何舜，郑毅，蔡旭，等.基于荷-储型微网的需求侧管理系统运行优化[J].电力系统自动化，2015，39(19)：15－20.

[18] 何舜,郑毅,蔡旭,等.微网能源系统的滚动优化管理[J].电网技术,2014,38(9):2349-2355.
[19] 何舜.基于滚动优化的微网能源管理策略研究[D].上海:上海交通大学,2014.
[20] 杨阳,张建文,蔡旭.基于RTDS的微网系统硬件在环研究[J].电力电子技术,2014,48(12):90-92.
[21] 万术来.基于改进粒子群算法的微网环保经济运行的优化[D].广州:华南理工大学,2012.
[22] 杨金孝,朱琳.基于Matlab/Simulink光伏电池模型的研究[J].现代电子技术,2011,34(24):192-194.
[23] 邱明伦.求解非线性方程组的方法研究[D].成都:西南石油大学,2012.

第6章 用户端源-储-荷互动技术

近年来，越来越多的小型风机和屋顶光伏系统接入了用户端。在用户端安装可再生能源发电装置一方面可以实现可再生能源的就地消纳，提高可再生能源利用率，另一方面可以减少电能传输损耗，节约电网建设成本[1]。对用户来说，可再生能源发电装置的安装和使用可以减少用户自身需缴纳的电费，同时获得一定的可再生能源发电补贴。通过合理控制，还可以使得用户需求响应与可再生能源消纳互为促进。因而，用电层含风-光-荷-储的用户端能量优化控制策略，实现用户经济效益的最大化，同时促进可再生能源的就地消纳，是用户端急需解决的技术问题。

用户端的可再生能源发电同样存在随机性和波动性问题，为此，通常在用户端配置一定的储能装置；另一方面，用户端的负荷可能是多样的，需要进行分类管理。因此，含风-光-荷-储的用户端能量优化控制首先是负荷控制，需要对不同类型负荷进行建模，分析市场电价机制，研究可控负荷的优化管理策略，从而缓解发电量与负荷需求量不匹配的问题，提高用户经济收益。

然而，负荷控制的效果往往有限，且存在用户行为不确定性的问题，故需进一步研究用户端储能的控制策略，以提高电能质量同时根据负荷需求和市场电价优化储能系统的存储电量。由于不同的储能技术具有不同的性能特点，多类型复合储能系统可以综合各种储能单元的优点，进行优势互补，因而也得到了应用，故需进一步研究不同类型储能系统的功率分配问题，以实现储能系统整体在使用寿命、运行效率和控制效果等多方面的综合最优。

本章首先建立用户负荷模型和市场电价函数，根据用户负荷需求和负荷控制特性，研究日前能量管理策略，从而优化安排用户负荷和储能出力计划，实现用户经济收益的最大化。然后针对可再生能源发电预测误差和用户行为不确定性，研究日内优化策略。为实现各类型储能的优势互补，研究不同储能的功率分配问题，以提高储能系统整体效果。最后仿真验证所提控制策略的有效性。

6.1 用户端光储一体化电能系统

6.1.1 系统总体拓扑结构

图 6-1 为用电层含风-光-荷-储的用户端系统架构。将可再生能源发电与储能系统结合成一体机是用户端风-光-荷-储系统发展的趋势[2]。

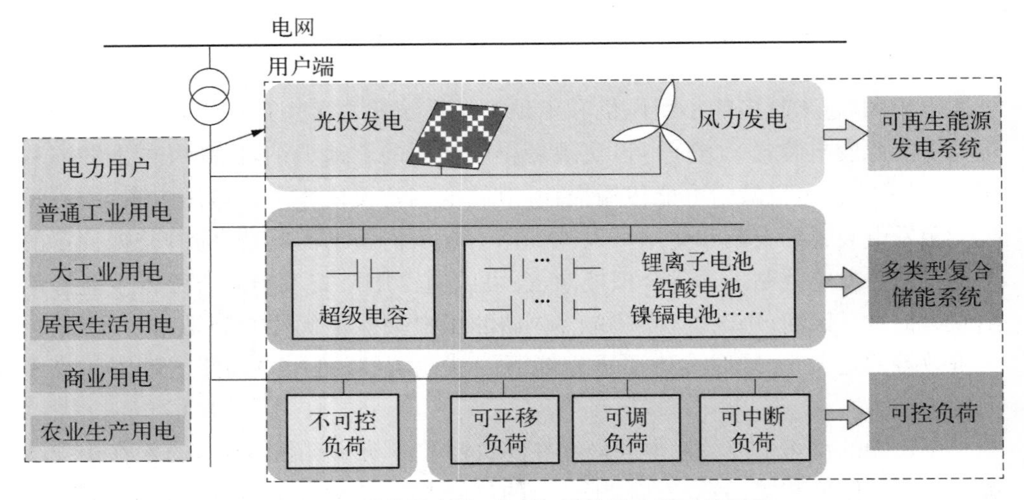

图 6-1 用电层含风-光-荷-储的用户端系统架构

并离网一体光伏发电系统的拓扑结构如图 6-2 所示。整个系统由光伏组件、锂电池、单相电网、负载以及功率变换器组成。光伏组件通过 Boost 升压变换器形成公共直流母线，锂电池通过 Buck-Boost 变换器挂接到公共直流母线上，直流母线通过全桥逆变器并入单相电网或者独立逆变成交流电压给负载供电。从图 6-2 中可以看出，三个变换器都连接到公共直流母线上，从而组成一个典型的直流微网。通过控制直流母线电压可以很容易控制直流微网内的功率流动；直流微网中三个微电源的供电优先级次序可以根据光伏组件输出能量“自发自用”的原则来确定；控制并网开关 S 可以选择系统工作在并网运行工况或孤岛运行工况。采用公共的全桥逆变器，不仅提高了逆变器利用率，而且简化了系统结构，降低了成本。

根据光伏组件输出功率、锂电池 SOC 以及负载的实际情况不同，光伏侧 Boost 变换器可工作在 MPPT 模式，以实现光伏组件输出功率最大化或者工作在 CV 模式以控制中间直流母线电压恒定；锂电池侧双向 Buck-Boost 变换器可工作在 Buck 模式以实现锂电池充电控制，或者工作在 Boost 模式以维持中间直流母线电压恒定；负载侧全桥逆变器可工作在并网模式或者独立逆变模式。控制的核心是

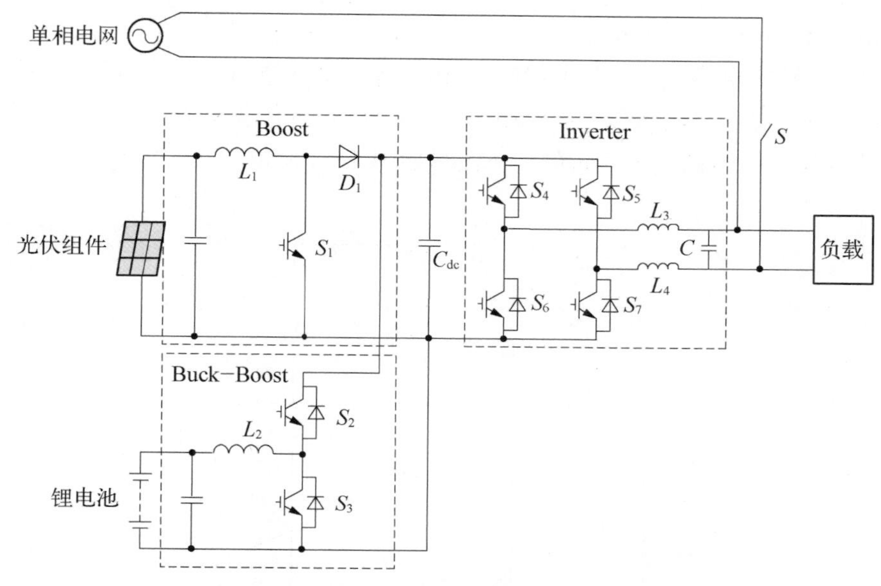

图 6-2　并离网一体光伏发电系统拓扑结构

根据光伏组件、锂电池以及负载的实际情况判断系统应该运行在哪种工况，通过配合控制各个变换器工作在正确的模式，保证整个系统合理、稳定运行。

6.1.1.1　Boost 变换器

光伏侧单相 DC/DC 变换器在电路拓扑上有很多种选择，其中 Boost 电路由于以下优点适合作为光伏侧单相 DC/DC 变换器[3]：

(1) 输入电流连续；

(2) 自身二极管可阻止电流流入光伏组件；

(3) 驱动与输入共地，驱动电路设计简单。

另外，在光伏组件输出电压较低的情况下，要实现较大范围内的 MPPT 功能，选择 Boost 电路同样比较适合。

对于光伏侧 Boost 升压电路而言，光伏组件相当于电压源 V_{PV}，直流母线后面的部分用电阻负载 R 代替，故光伏侧 Boost 等效电路如图 6-3 所示。

Boost 电路的具体工作原理在文献[3]中有详细的分析，在此不再赘述，只简单介绍稳态条件下的输入输出关系，为后续硬件电路设计做铺垫。

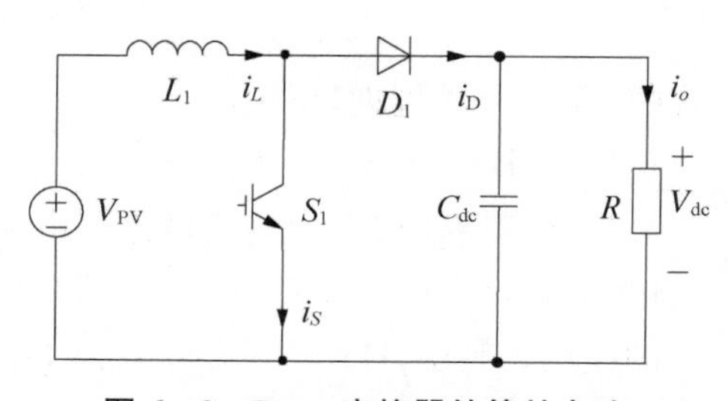

图 6-3　Boost 变换器的等效电路

在讨论 Boost 和双向 DC/DC 电路及全桥逆变器的稳态分析时，假定：

(1) 电路工作在电感电流连续模式

(continuous current mode, CCM)。

(2) 电路中电感、电容、开关器件、二极管等均是理想的。

(3) 输出电压纹波与其平均值相比要小得多,可近似忽略。

此时,Boost 电路主要变量的稳态波形如图 6-4 所示。

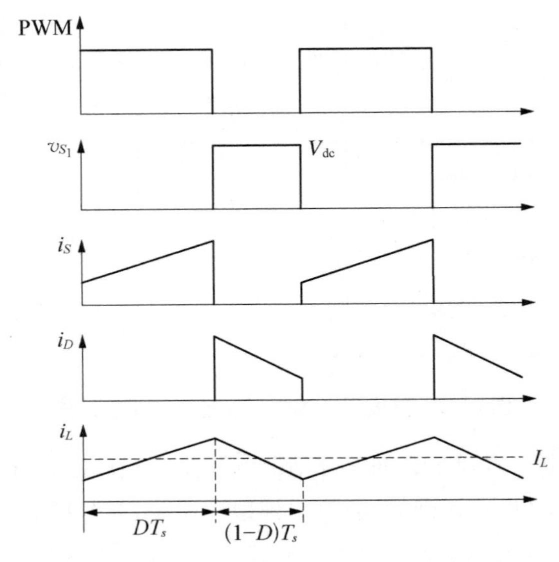

图 6-4 Boost 变换器主要变量的稳态波形

假设 D_1 为开关管 S_1 的占空比,则当 Boost 电路稳定工作时输入输出的电压、电流关系为[4]

$$V_{dc}=\frac{V_{PV}}{1-D_1} \tag{6-1}$$

$$I_o=(1-D_1)\cdot I_{L_1} \tag{6-2}$$

电感电流纹波 Δi_{L_1}(峰峰值)为

$$\Delta i_{L_1}=\frac{V_{PV}\cdot D_1 T_s}{L_1} \tag{6-3}$$

式中,T_s 为开关周期,下文同。

6.1.1.2 Buck-Boost 变换器分析

近年来,双向 DC/DC 变换器在电动汽车、燃料电池发电系统、不间断供电系统(uninterrupted power supply, UPS)、风力发电以及光伏发电系统等场合得到了广泛的应用。其中,Buck-Boost 双向 DC/DC 变换器由于其结构简单、易于控制、动态响应快等优点得到了广泛的使用。

Buck - Boost 变换器可以工作在 Buck 模式和 Boost 模式。当其工作在 Buck 模式时，控制低压侧电压；当工作在 Boost 模式时，控制高压侧电压。

Buck - Boost 变换器在控制方式上可以分为两种控制方式：独立脉冲宽度调制（PWM）控制方式[4-6]和互补 PWM 控制方式[7-11]。

在独立 PWM 控制时，上下两个开关管不同时工作，即在一个开关管工作时，另外一个封锁驱动，只是利用反并联二极管续流。就图 6 - 2 中的电路而言，当双向 DC/DC 工作在 Boost 模式时，S_2 驱动封锁；当工作在 Buck 模式时，S_3 驱动封锁。在这种控制方式下，Buck - Boost 双向变换器在电路结构上相当于单向 Buck 电路和单向 Boost 电路的反并联组合。其优点是控制上比较简单，只需要控制一个开关管。但是在需要频繁切换工作模式的场合，可能会在切换瞬间产生冲击。

在互补 PWM 控制时，上下两个开关管同时互补工作。互补 PWM 控制方式其实仍然可以细分为两种类型。一种是 Buck - Boost 双向变换器的工作模式由功率流向决定，并随着功率流向变化而变化。这种控制方式在电感电流连续模式下与独立 PWM 控制方式并无本质上的区别，但是在电感电流断续模式（discontinuous current mode，DCM）下可以获得软开关条件[12]。另一种是将等效负载既看成耗散型的电阻，也看成提供功率的电源，被控对象不随功率流向变化，是真正意义上的双向变换器[12]。但当负载被看成提供功率的电源时，其被控对象的传递函数存在右半平面极点，为非最小相位系统，会给补偿网络的设计带来较大难度。

在本章研究的系统中，Buck - Boost 变换器用于控制电池充放电，可以通过设置一定的充放电限制阀值，确保 Buck - Boost 变换器不会频繁地在充放电状态之间切换。因而，其中的 Buck - Boost 双向 DC - DC 变换器在控制方式上选择独立 PWM 控制方式。

图 6 - 5 为电池侧 Buck - Boost 变换器工作在 Boost 模式时的等效电路。此时锂电池放电以维持直流母线电压恒定，给负载供电，锂电池相当于电压源 V_{bat}。直流母线后面的部分用电阻代替。开关管 S_2 的脉冲始终封锁，只单独控制开关管 S_3。此时的 Buck - Boost 电路相当于单向 Boost 电路。

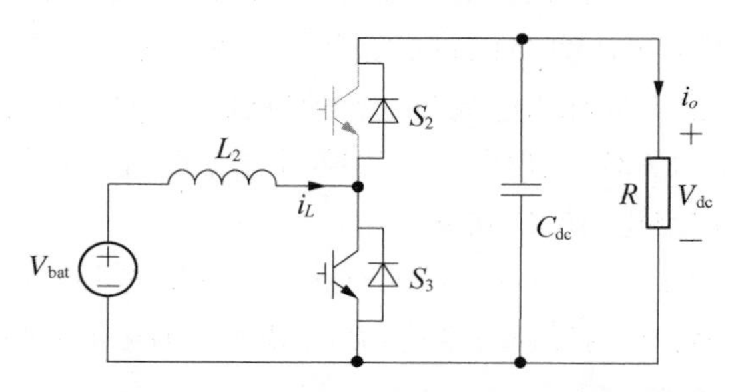

图 6 - 5　Buck - Boost 变换器工作在 Boost 模式时的等效电路

假设 D_3 为开关管 S_3 的导通占空比，则当 Buck - Boost 电路工作在 Boost 模式时的稳态输入输出关系为[3]

$$V_{dc} = \frac{V_{bat}}{1 - D_3} \tag{6-4}$$

$$I_o = (1 - D_3) \cdot I_{L_2} \tag{6-5}$$

电感电流纹波 Δi_{L_2}（峰峰值）为

$$\Delta i_{L_2} = \frac{V_{bat} \cdot D_3 T_s}{L_2} \tag{6-6}$$

图 6 - 6 为电池侧 Buck - Boost 变换器工作在 Buck 模式时的等效电路。此时功率从直流母线流向锂电池，给锂电池充电。中间直流母线相当于电压源，用 V_{dc} 表示；锂电池相当于负载，用理想电压源和电阻串联表示，其中串联电阻 r_o 为锂电池的内阻。开关管 S_3 的脉冲始终封锁，只单独控制开关管 S_2。此时的 Buck - Boost 电路相当于单向 Buck 电路。

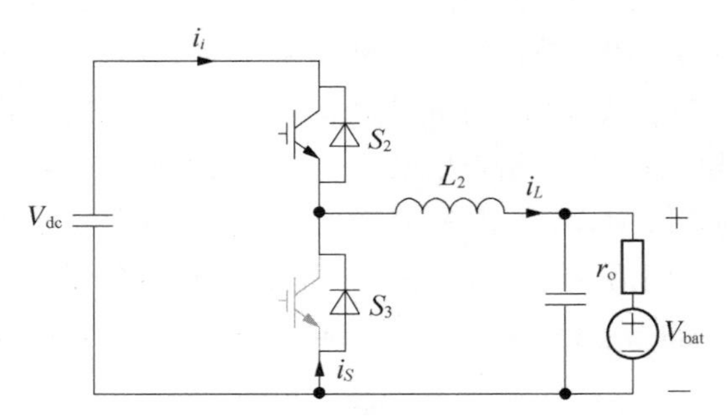

图 6 - 6　Buck - Boost 变换器工作在 Buck 模式时的等效电路图

一般来说，锂电池充电过程可以分为恒流充电和恒压浮充两个阶段。在恒流充电阶段，锂电池按照一定充电电流持续充电，直到锂电池端电压达到额定电压后充电电流急剧下降，从而切换到恒压浮充阶段，弥补锂电池的自放电。

有一点需要注意，对于带阻性负载的 Buck 电路，其稳态条件下的开关占空比由额定输出电压决定的，而输入电流是由所带负载决定的。而对于上述 Buck 电路来说，由于锂电池作为负载，输出电压无法控制，故在恒流充电阶段，其稳态条件下的输入电流和开关占空比由输出功率决定。

Buck - Boost 电路工作在 Buck 模式时的主要变量的稳态波形如图 6 - 7 所示。

假设 D_2 为开关管 S_2 的导通占空比，则当 Buck - Boost 电路工作在 Buck 模式时的稳定输入输出关系为[3]

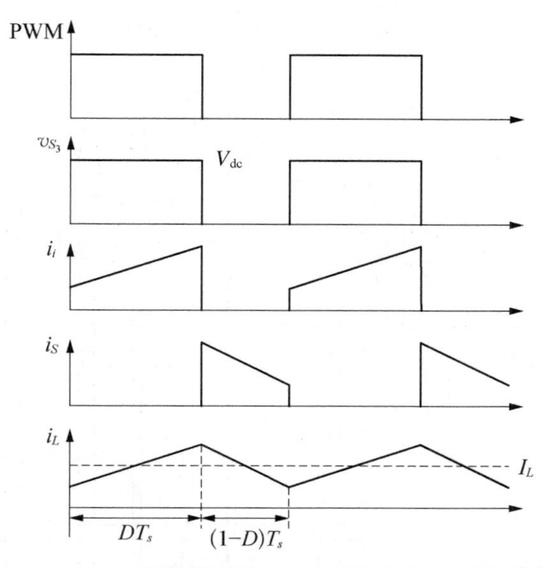

图 6-7 Buck-Boost 变换器工作在 Buck 模式时主要变量的稳态波形

$$I_{L_2} = \frac{I_i}{D_2} \tag{6-7}$$

$$V_{bat} = D_2 \cdot V_{dc} \tag{6-8}$$

$$\Delta i_{L_2} = \frac{(V_{dc} - V_{bat}) \cdot D_2 T_s}{L_2} \tag{6-9}$$

6.1.1.3 全桥逆变器

全桥逆变器的等效电路如图 6-8 所示。直流母线连接到一个由 4 个开关管组成的全桥逆变器上,逆变产生的脉冲电压经过 LC 滤波器接入负载。

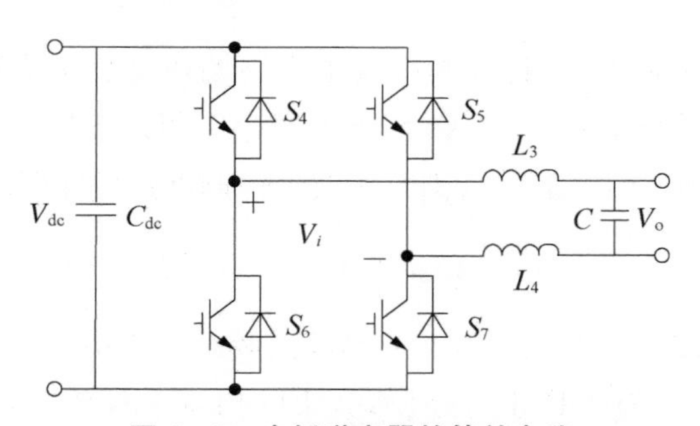

图 6-8 全桥逆变器的等效电路

在单相逆变系统中,正弦脉宽调制(sinusoidal pulse width modulation, SPWM)方式因其控制算法简单且易于实现、输出谐波易于控制等特点受到广泛应用。SPWM

调制方式包括单极性调制和双极性调制，其调制原理如图 6-9 所示。

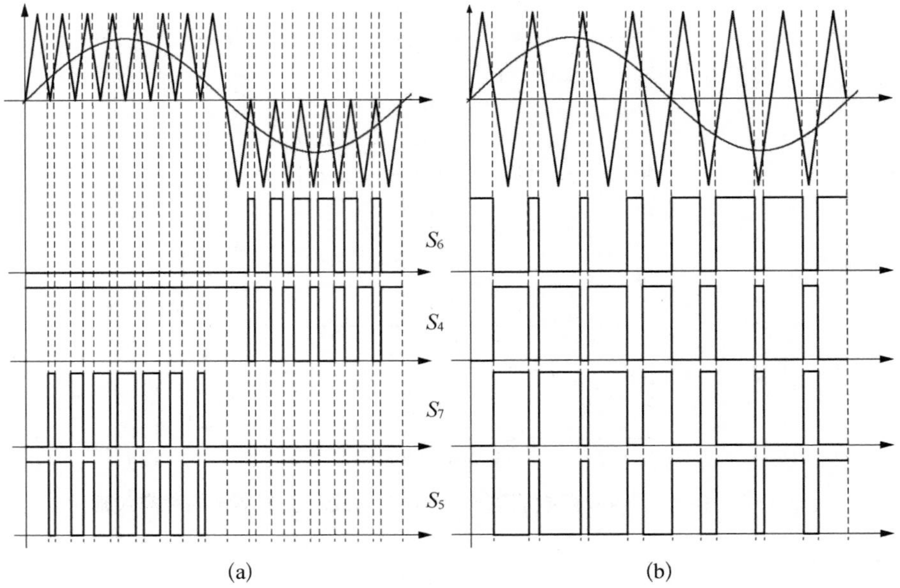

(a)　　(b)

图 6-9　全桥逆变器调制方式

(a) 单极性调制；(b) 双极性调制

当采用单极性调制时，在调制波正半周期，S_4常开，S_6常关，S_5和 S_7互补导通；在调制波负半周期，S_5常开，S_7常关，S_4和 S_6互补导通。即在一个工频周期内，总有两个开关管低频动作，两个开关管高频动作。为简单起见，假设在某一调制波正半周，$d_7(t)$为 S_7的占空比函数，则采用单极性调制的逆变器开关侧输出电压为

$$V_i = d_7(t) \cdot V_{dc} \tag{6-10}$$

当采用双极性调制时，无论在调制波正半周期还是负半周期，S_4和 S_7始终同时动作，S_5和 S_6始终同时动作，S_4和 S_6互补导通。假设 S_4、S_7的占空比为 $d_4(t)$，那么 S_5、S_6的占空比为 $1-d_4(t)$，则采用双极性调制的逆变器输出电压为

$$V_i = d_4(t) \cdot V_{dc} - [1 - d_4(t)] \cdot V_{dc} = [2d_4(t) - 1] \cdot V_{dc} \tag{6-11}$$

两种调制方式都有各自的优缺点：单极性调制方式由于其中两个开关管工作于高频模式，而另外两管工作于低频模式，所以相对于双极性调制方式，其开关损耗更低，产生的电磁干扰更小，而由此带来的缺点是控制方式较双极性调制更为复杂、输出谐波含量较大、过零点电压畸变、稳定性相对较差等[13]。

此外，本章采用的是非隔离型光伏发电系统，其相较于变压器隔离型光伏发电系

统效率更高、成本更低。然而，非隔离光伏发电系统存在共模电流抑制问题[14-18]，如果不加以控制，共模电流会对人和变换器造成安全隐患。目前针对非隔离型并网光伏发电系统的共模电流问题已提出很多解决方案，主要从逆变器拓扑和调制方式上考虑。在电路拓扑上，诸如H5、H6的逆变器拓扑的提出可以有效解决共模电流问题；在调制方式上针对全桥逆变器可以采用双极性调制方式，这样可以使得共模电压维持恒定从而基本消除共模电流。

综合以上各点，本章采用的全桥逆变器调制方式为双极性SPWM调制方式。

6.1.2　能量管理策略

能量管理策略的目的是使得整个光伏发电系统能够协调稳定地运行，实现能量的平衡和优化[19-25]。

要确定系统工况和能量管理策略，首先应该明确能量管理的控制原则，即系统运行过程中能源使用的优先级。考虑到目前越来越多的国家鼓励分布式能源自发自用，故将光伏组件作为供电电源选择的第一优先级。在光伏发电量盈余或者不足的情况下，首先由锂电池来实现功率平衡，故锂电池作为供电电源选择的第二优先级。只有当光伏组件和锂电池都达到限制条件时，才将公共电网接入系统，故电网处于供电电源选择的最后的优先级。在计及峰谷电价差的情况下，夜间可将电网的优先级提前。

6.1.2.1　系统工况

首先，根据光伏发电系统是否与电网连接，可以将系统运行模式分为孤岛运行模式和并网运行模式两大类。在孤岛运行模式下，根据以光伏组件还是以锂电池作为主要供电电源(控制直流母线电压的变换器对应的电源为主要供电电源，另外一个作为辅助供电电源)可以细分为光伏发电工况和电池供电工况。在并网模式下，根据网侧变换器工作在逆变状态还是整流状态，又可以将系统分为并网逆变工况和并网整理工况。综上，系统工况可分为四种：① 孤岛运行，光伏发电；② 并网运行，网侧变换器逆变；③ 孤岛运行，电池供电；④ 并网运行，网侧变换器整流。

设定系统运行中的约束条件为：当光伏组件输出功率小于设定最小阀值时(即$P_{PV}<P_{PV_min}$)，认为光伏组件无功率输出，此时光伏侧Boost变换器应当关闭；反之当$P_{PV}>P_{PV_min}$时，认为光伏组件有功率输出，光伏侧Boost变换器可投入使用。锂电池$SOC>95\%$时，认为电池已充满，不宜继续充电；锂电池$SOC<5\%$时，认为电池电量不足，不宜继续放电。锂电池在恒流充电阶段的充电功率P_{bat_charge}由Buck - Boost变换器工作在Buck模式时的电压环输出限幅值决定。在实际运行中，电池充电功率会根据光伏输出功率与负载功率的变化而变化，范围在零到锂电池最大充电功率之间，即$0<P_{bat_charge}<P_{bat_charge_max}$。

因此,在上述四种工况下的运行条件可描述如下。

工况Ⅰ:孤岛运行,光伏发电。

此时光伏组件输出功率大于负载功率且锂电池未充满,即 $P_{PV}>P_{load}$ 且 $SOC<95\%$。光伏作为主要供电电源,光伏侧 Boost 变换器工作在 CV 模式,控制直流母线电压恒定。全桥逆变器工作在独立逆变模式。如果光伏输出功率大于负载功率和锂电池充电功率之和,即 $P_{PV}>P_{load}+P_{bat\_charge}$,则电池侧 Buck-Boost 变换器工作在 Buck 模式以控制电池充电;反之若 $P_{load}<P_{PV}<P_{load}+P_{bat\_charge}$,则 Buck-Boost 变换器不工作。

工况Ⅱ:并网运行,网侧变换器逆变。

此时光伏组件输出功率大于负载功率,并且锂电池已处于满充状态,即 $P_{PV}>P_{load}$ 且 $SOC>95\%$。全桥逆变器工作在并网模式以控制中间直流母线电压恒定,将盈余的电量回馈给公共电网。光伏侧 Boost 变换器工作在 MPPT 模式。锂电池侧 Buck-Boost 变换器不工作。

工况Ⅲ:孤岛运行,电池供电。

此时光伏组件输出功率不足以给负载供电,且锂电池储存有一定电量,即 $P_{PV}<P_{load}$ 且 $SOC>5\%$。锂电池作为主要供电电源,电池侧 Buck-Boost 变换器工作在 Boost 模式以控制直流母线电压恒定。全桥逆变器工作在独立逆变模式。若光伏有微弱的功率输出,即 $P_{PV\_min}<P_{PV}<P_{load}$,则光伏侧 Boost 变换器工作在 MPPT 模式;若光伏无功率输出,即 $P_{PV}<P_{PV\_min}$,则光伏侧 Boost 变换器不工作。

工况Ⅳ:并网运行,网侧变换器整流。

此时光伏组件输出功率不足以给负载供电,且锂电池电量不足,即 $P_{PV}<P_{load}$ 且 $SOC<5\%$。全桥逆变器工作在并网模式维持直流母线电压恒定。锂电池侧 Buck-Boost 变换器工作在 Buck 模式以控制电池充电直到 $SOC>95\%$ 为止。若光伏有微弱的功率输出,即 $P_{PV\_min}<P_{PV}<P_{load}$,则光伏侧 Boost 变换器工作在 MPPT 模式;若光伏无功率输出,即 $P_{PV}<P_{PV\_min}$,则光伏侧 Boost 变换器不工作。

按照 $P_{PV}<P_{load}$、$P_{PV}>P_{load}$、$SOC>5\%$、$5\%<SOC<95\%$、$SOC>95\%$ 五个条件划分的系统运行工况如表 6-1 所示,从中可以看出系统运行在某个特定工况下所需具备的条件。

表 6-1　系统工况划分

	$SOC<5\%$	$5\%<SOC<95\%$	$SOC>95\%$
$P_{PV}>P_{load}$	工况Ⅰ	工况Ⅰ	工况Ⅱ
$P_{PV}<P_{load}$	工况Ⅳ	工况Ⅲ	工况Ⅲ

并离网一体光伏发电系统的4种工况状态如图6-10所示，从图中可以看出每种工况下各个变换器的工作模式以及系统中的能量流动方向。

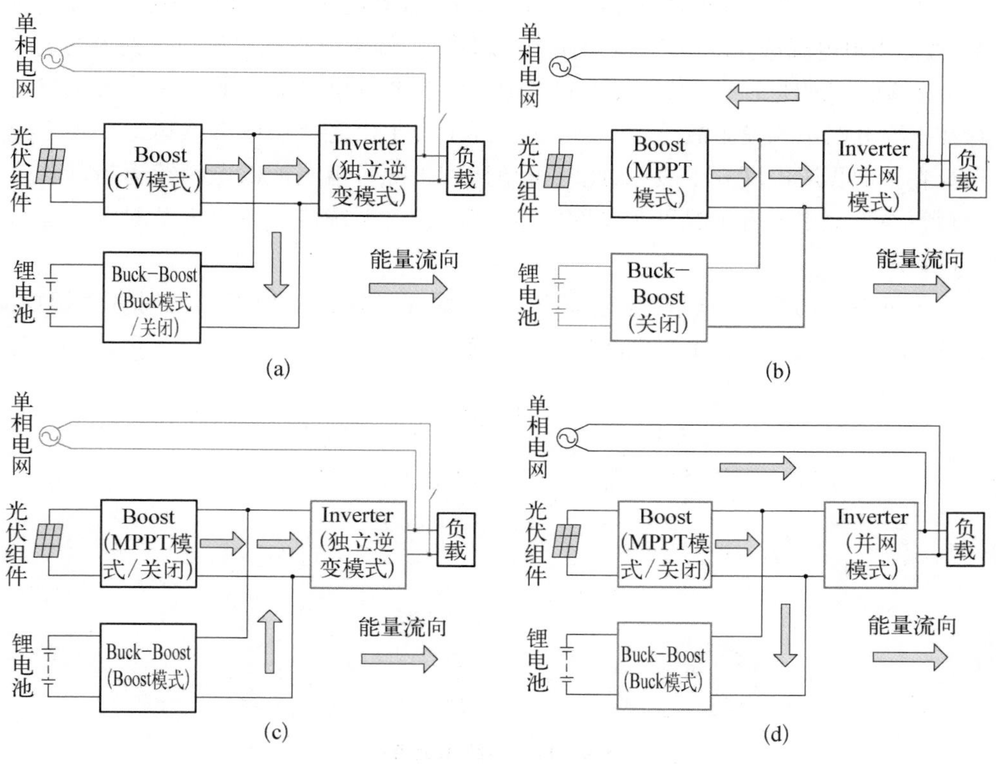

图6-10 并离网一体光伏发电系统工况

(a) 工况Ⅰ；(b) 工况Ⅱ；(c) 工况Ⅲ；(d) 工况Ⅳ

6.1.2.2 工况切换与能量流转分析

在保证供电电源优先级的前提条件下，工况的切换条件如下：

当系统运行在工况Ⅰ时，若检测到 $SOC>95\%$，则说明此时锂电池已充满，应将富余的能量馈入电网，即系统由工况Ⅰ切换到工况Ⅱ。若检测到 $P_{PV}<P_{load}$，则此时光伏输出功率不足以给负载供电，按照供电电源选择次序，应该切换到锂电池供电，即系统由工况Ⅰ切换到工况Ⅲ。

当系统运行在工况Ⅱ时，若检测到 $P_{PV}<P_{load}$，则说明光伏组件已没有富余的能量馈入电网，按照供电电源选择次序，应切换到锂电池供电，即系统由工况Ⅱ切换到工况Ⅲ。

当系统运行在工况Ⅲ时，若检测到 $P_{PV}>P_{load}$，则说明光伏组件可独立给负载供电，按照供电电源选择次序，应该切换到光伏供电，即系统由工况Ⅲ切换到工况

Ⅰ。若检测到 $SOC<5\%$，则说明电池电量不足，只能由电网给负载供电，即系统由工况Ⅲ切换到工况Ⅳ。

当系统运行在工况Ⅳ时，若检测到 $P_{PV}>P_{load}$，则说明光伏组件可独立给负载供电，按照供电电源选择次序，应该切换到光伏供电，即系统由工况Ⅳ切换到工况Ⅰ。

需要注意的是，以上工况切换的讨论并没有考虑电网故障的情况。若系统运行在工况Ⅱ时电网发生故障，此时可切换到工况Ⅰ由光伏供电继续运行。若系统运行在工况Ⅳ时电网发生故障，此时可切换到工况Ⅲ由电池供电继续运行。若系统运行在工况Ⅰ或者工况Ⅲ时电网发生故障，此时系统可维持原来工况继续运行一段时间。

依据系统功率关系以及电池荷电状态，系统可以在 4 种工况之间自然切换。图 6-11 表示系统 4 种工况之间的转换关系。

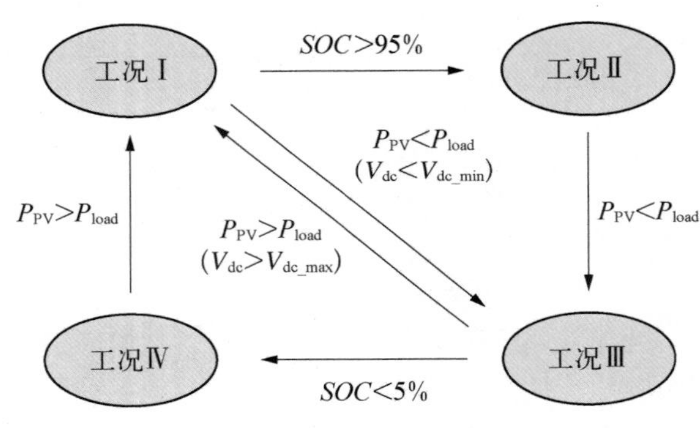

图 6-11　系统工况转换

图 6-11 给出了 4 条工况切换条件：① $SOC>95\%$；② $SOC<5\%$；③ $P_{PV}<P_{load}$；④ $P_{PV}>P_{load}$。

前两条切换条件可以通过控制器与电池管理系统（battery management system，BMS）通信获得数据加以判断。

后两条切换条件在实际中的判断须分为以下几类情况。当系统运行在并网工况时（包括工况Ⅱ和工况Ⅳ），光伏侧 Boost 变换器工作在 MPPT 模式，系统可以检测出光伏最大输出功率，从而与负载功率做比较，判断条件是否成立。当系统运行在工况Ⅰ时，由于光伏侧 Boost 变换器工作在 CV 模式，光伏组件最大可输出功率无法测量，此时可以通过检测直流母线电压是否跌落来间接判断条件是否成立（直流母线电压跌落即意味着光伏组件输出功率不足以给负载供电，即 $P_{PV}<P_{load}$）。当系统运行在工况Ⅲ时，Buck-Boost 变换器工作在 Boost 模式，功率只能从电池输出而不能输入，所以 $P_{PV}>P_{load}$ 首先会体现在直流母线电压抬升，故可以通过检测直流母线电压是否抬升来间接判断 $P_{PV}>P_{load}$ 是否成立。

直流母线电压跌落和抬升的阈值设定十分重要。阈值设置太低，系统可能会由于采样误差和外部扰动发生工况的误切换；阈值设置太高，会使得直流母线电压变化范围太大，降低系统运行可靠性和变换器效率。综合考虑，设定直流母线电压跌落的阈值为 $V_{dc\_min}=V_{dc\_rating}(1-10\%)$（$V_{dc\_rating}$ 为直流母线电压额定值）；设定直流母线电压抬升的阈值为 $V_{dc\_max}=V_{dc\_rating}(1+10\%)$。即：当 $V_{dc}<V_{dc\_min}$ 时，意味着直流母线电压跌落，条件 $P_{PV}<P_{load}$ 成立；当 $V_{dc}>V_{dc\_max}$ 时，意味着直流母线电压抬升，条件 $P_{PV}>P_{load}$ 成立。

最后，为确保以上提出的工况以及能量管理策略能够有效实现，需提出相关功率限制条件：

(1) 锂电池最大放电功率大于负载最大功率，保证单独由锂电池供电时可以满足负载需要。

$$P_{bat\_discharge\_max}\geqslant P_{load\_max} \tag{6-12}$$

(2) 负载侧 DC/AC 变换器额定功率大于锂电池最大充电功率与负载最大功率之和，从而确保电网能够给负载供电的同时给锂电池充电。

$$P_{dc/ac\_rating}\geqslant(P_{bat\_charge\_max}+P_{load\_max}) \tag{6-13}$$

(3) 负载侧 DC/AC 变换器额定功率大于光伏最大输出功率，保证电网能够吸纳光伏最大输出功率。

$$P_{dc/ac\_rating}\geqslant P_{PV\_max} \tag{6-14}$$

6.2　用户端日前能量管理策略

6.2.1　四种负荷类型及其模型建立

日前能量管理主要是对各负荷的使用时间和运行功率进行优化调整。将规划时间段 Φ 划分为 M 个时间段，每个时间段的时长均为 Δt，设 L_i^t 为第 i 个用户负荷在时间段 t 的运行功率，其中，$t\in\{1, 2, \cdots, M\}$，$i\in\{1, 2, \cdots, N\}$，N 为用户负荷的总数，则

$$L_i^t=\begin{cases}p_i, & t\in\phi_i\\0, & t\notin\phi_i\end{cases} \tag{6-15}$$

式中，p_i 为负荷 i 的运行功率，$\phi_i\in\Phi$ 为负荷 i 的允许工作时间段，两者主要由用户的使用需求和各负荷的控制特性决定。根据各用户负荷的控制特点，将其分为四类：① 固定负荷，即不可控负荷；② 可中断负荷；③ 可平移负荷；④ 可调负荷。

固定负荷是指运行功率不可调，且工作时间段固定的负荷，如某些亮度不可调、在夜晚固定时段承担照明任务的灯具负荷。设某固定负荷 L_{unc}^{t} 要求开始运行的时间为 t_{start}，结束运行的时间为 t_{end}，则

$$L_{unc}^{t}=\begin{cases}p_{unc},\ t\in[t_{start},\ t_{end}]\\0,\ t\in[1,\ t_{start})\cup(t_{end},\ M]\end{cases}\tag{6-16}$$

式中，p_{unc} 为该固定负荷的额定运行功率，不可调节。

可中断负荷是指运行过程可以中断，一段时间后仍然可以继续运行并完成任务的负荷，如充电设备，其充电过程可以中断，只需要累积充电电量达到要求即可。设某可中断负荷 L_{int}^{t} 运行时的功率为 p_{int}，则其中断运行时的功率为 0，要求该负荷运行的累积电量为 Q，则

$$\sum_{t=1}^{M}L_{int}^{t}\cdot\Delta t=Q,\ L_{int}^{t}\in\{0,\ p_{int}\}\tag{6-17}$$

可平移负荷是指运行过程不可中断，但运行时间在一定范围内可以调节的负荷，如居民家用负荷中的洗碗机，用户可以在下次吃饭前的任意时间段内完成洗碗过程。设某可平移负荷 L_{mov}^{t} 的运行时长为 l，运行功率为 p_{mov}，允许的运行时间段为 $[t_{min},\ t_{max}+l]$，设该负荷开始运行的时间为 t_{mov}，则

$$L_{mov}^{t}=\begin{cases}p_{mov},\ t\in[t_{mov},\ t_{mov}+l]\\0,\ t\in[1,\ t_{mov})\cup(t_{mov}+l,\ M]\end{cases},\ t_{mov}\in[t_{min},\ t_{max}]\tag{6-18}$$

可调负荷是指运行功率可以根据需求进行调节的负荷，如空调设备，其运行功率可以随着温度的设置进行调节。设某可调负荷的运行功率为 p_{var}，在满足用户需求的条件下，该运行功率在一定范围内可以调节：

$$P_{var,\ min}\leqslant P_{var}\leqslant P_{var,\ max}\tag{6-19}$$

图 6-12 为无负荷规划和简单负荷规划后各类型用户负荷的单日小时用电量对比，用户负荷参数见附表 F-1，不同颜色的柱状高度表示不同类型负荷在相应时段的总用电量。由图 6-12(a)可以看出，无负荷规划时用户负荷大多集中在白天用电高峰时段，而夜晚低谷时段的用电量很小；通过简单规划，可控负荷由用电高峰时段移至低谷时段，且运行功率调至用户允许的最低值，使得用电峰谷差显著减小。由图 6-12(b)可以看出，2 个可中断负荷在运行过程中有中断，但累积用电量达到了用户需求；3 个可平移负荷都保证了连续运行，仅对运行时间进行了平移；2 个可调节负荷的运行时间没有变化，但运行功率控制在用户允许的最低值；而固定负荷的运行时间和功率均不可控。

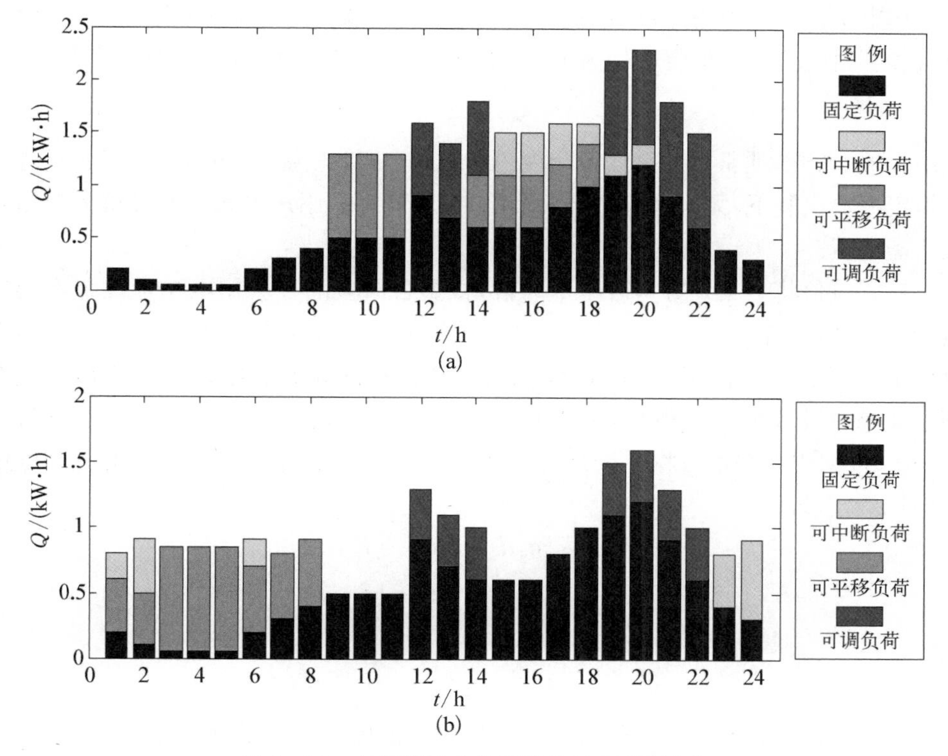

图 6-12　各类型用户负荷的单日小时用电量

(a) 无负荷规划;(b) 简单负荷规划

需要指出的是,某种用电设备的负荷类型并非固定、一成不变的,而是由该设备自身的功能特性以及用户的使用需求共同决定的。例如,某些智能洗衣机设备通过程序改进和硬件升级,具备洗衣中断功能,即洗衣程序启动后可以根据需要中断程序,一段时间后继续洗衣流程,此时该洗衣机属于可中断负荷;而传统全自动洗衣机的程序一旦选定,开始运行后通常是不允许中断的,对于该类洗衣机,若用户允许其在某时间范围内的任意时间段进行洗衣流程,则该洗衣机属于可平移负荷;然而,若用户自身有某些特殊需求,要求必须在某个固定时间点洗衣,则该洗衣机负荷属于固定负荷。综上,负荷的控制特性受其自身的功能特点和用户的使用需求影响,应根据实际情况建立相应的负荷模型。

6.2.2　市场电价机制与电价函数

对于含"风-光-荷-储"的电力用户,计算其用户收益主要考虑三个部分:负荷用电时需要缴纳的电费、可再生能源发电系统上网售电的收入,以及可再生能源发电补贴。

用电负荷按照市场电价缴纳电费，市场电价主要有三种类型：恒定电价、峰谷电价和实时电价。设恒定电价为 $E_{F,t}$，其售电价格在一天内不随时间 t 变化：

$$E_{F,t}=d_0,\ t\in[t_0,\ t_e) \tag{6-20}$$

式中，d_0 为常数，通常按每季度或年度进行发布，t_0 和 t_e 为一天的起止时间。显然，在恒定电价机制下，无法达到调节负荷峰谷差的目的，用户也无法通过负荷规划降低所需电费。

峰谷电价将一天划分为若干个时段，根据各时段的社会用电总量设置不同的电价，在用电高峰期，需要通过调压、调频电厂的调控来保障电网安全稳定运行，发电机组的频繁启停增加了运行成本，且高峰负荷对输电线路的要求也较高，因此在用电高峰时设置较高的电价，而在用电低谷时设置较低的电价。设峰谷电价为 $E_{\mathrm{TOU},t}$，根据用电需求量将一天划分为 K 个时段，每个时段的售电价格为基准电价的比例倍，即

$$E_{\mathrm{TOU},t}=\begin{cases}\alpha_1 d_{\mathrm{base}},\ t\in[t_0,\ t_1)\\ \alpha_2 d_{\mathrm{base}},\ t\in[t_1,\ t_2)\\ \quad\cdots\cdots\\ \alpha_K d_{\mathrm{base}},\ t\in[t_{K-1},\ t_K)\end{cases} \tag{6-21}$$

式中，α_i 为时间段 $[t_{i-1},\ t_i)$ 的售电价格相对基准电价 d_{base} 的比例系数，$t_K=t_e$。通常各时段的累积平均电价等于基准电价，即

$$\sum_{i=1}^{K}[\alpha_i d_{\mathrm{base}}(t_i-t_{i-1})]=d_{\mathrm{base}}(t_e-t_0) \tag{6-22}$$

峰谷电价通常在几个月或者季度前发布更新，设 ψ_{H} 和 ψ_{L} 分别为用电高峰期和低谷期，且 $\psi_{\mathrm{H}},\ \psi_{\mathrm{L}}\subseteq[t_0,\ t_e)$，则

$$\begin{cases}\alpha_i>1,\ \forall[t_{i-1},\ t_i)\subseteq\psi_{\mathrm{H}}\\ \alpha_i\leqslant 1,\ \forall[t_{i-1},\ t_i)\subseteq\psi_{\mathrm{L}}\end{cases} \tag{6-23}$$

可见，在峰谷电价机制下，用户在电价差的激励下趋向于优化安排用电负荷，有利于降低用电峰谷差，从而减轻高峰期电网的输电负担，减小电网企业的调压调频成本。

实时电价除了考虑当前时段的社会用电需求量，也能反映当期的发电成本、运输成本等，实时电价通常在日前发布未来 24 h 的各时段电价，或者提前几小时滚动发布未来若干个时段的电价。设实时电价为 $E_{R,t}$，其售电价格随用电需求 $e_{l,t}$、发电成本 $e_{c,t}$、输送成本 $e_{p,t}$ 等实时变动：

$$E_{R,t}=f(e_{l,t},\ e_{c,t},\ e_{p,t})+H \tag{6-24}$$

式中，H 表示其他附加成本，如各类附加税。实时电价能够反映生产、输送和需求等多方面的实时信息，但对通信技术、硬件设备等的要求较高，随着信息技术的发展，未来实时电价将具备在更多地区推广应用的可能。

用户端的可再生能源发电系统发出的电量一方面可以供应用户自身负荷，另一方面在电网企业的支持下也可以按照规定的电价进行出售。类似用电市场的电价类型，用户端可再生能源发电的上网电价也有恒定电价、峰谷电价和实时电价三种类型。由于上网电价不包含输送成本、销售运营成本等，因此用户端可再生能源发电的上网电价 S_t 通常低于电网向用户售电的价格 E_t。另外，由于可再生能源发电的不确定性，有些地区在用电低谷期降低收购电价，或者不允许其发电上网；对于不允许居民发电上网的地区，电价模型中可以假设发电设备发出的多余电量售价为零，设 ψ_{Na} 为不允许发电上网的时间段，则

$$\begin{cases} S_t < E_t \\ S_t = 0,\ \forall t \in \psi_{Na} \end{cases} \tag{6-25}$$

不同电价机制下的售电价格曲线如图6-13所示，恒定电价机制下售电价格不随时间变化，峰谷电价机制下划分为电价高峰时段和低谷时段，实时电价机制下售电价格随时间实时变动。不同的国家和地区根据各自需要采用不同的电价机制，有些地区允许用户自行选择电价类型并签订用电协议，合同期内电价类型不可更改。对于不同的电价类型，用户需要缴纳的电费不同，因此，选择合适的电价类型以获取最大化的收益是用户面临的一个问题。

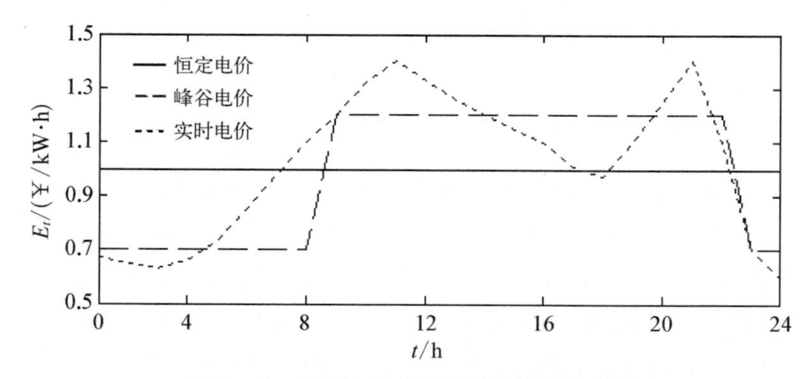

图6-13　不同电价机制下的售电价格曲线

6.2.3　基于用户收益最大化的日前能量管理策略

在市场电价机制下，用户用电的价格和可再生能源发电上网售电的价格都有可能随时间变化，因此，合理安排可控负荷并优化控制储能的充放电可以提高用户

经济收益。日前能量管理基于用户次日对各个负荷的使用需求，以经济收益最大化为目标，对未来 24 h 内各个负荷和储能出力进行规划。计算用户收益主要考虑如下三个部分：用户负荷用电时需要缴纳的电费 $x_{E,t}$、可再生能源发电系统的上网售电收入 $x_{S,t}$，以及可再生能源发电补贴 $x_{A,t}$。日前能量管理的目标函数如下：

$$\min \quad I=\sum_{t=1}^{M}(x_{E,t}-x_{S,t}-x_{A,t}) \tag{6-26}$$

用户端可再生能源发电主要有两种上网模式：全额上网和余电上网。全额上网模式是指可再生能源发电系统所发出的电量全部上网发电并出售给电网企业，而用户负荷的全部用电仍向电网购得，全额缴纳电费；余电上网模式是指可再生能源发电系统所发出的电量优先供给用户自身负荷使用，若所发电量高于用户自身负荷需求量，则将剩余电量上网出售，若所发电量低于用户自身负荷需求量，则用户负荷不足的部分仍然向电网购得。

全额上网模式下，储能系统可以看作是一种特殊的负荷，故设其充电为正方向。设储能系统整体在时段 t 的日前计划出力为 $P_{\mathrm{ES,pl}}^{t}$（充电时为正），第 j 台发电机组在时段 t 的输出功率为 G_j^t，负荷 i 在时段 t 的运行功率为 L_i^t，那么全额上网模式下用户的各项收支计算如下：

$$\begin{cases} x_{E,t}=\left(\sum_{i=1}^{N}L_i^t+P_{\mathrm{ES,pl}}^{t}\right)\cdot \Delta t\cdot E_t \\ x_{S,t}=\sum_{j=1}^{J}G_j^t\cdot \Delta t\cdot S_t \\ x_{A,t}=\sum_{j=1}^{J}G_j^t\cdot \Delta t\cdot A_t \end{cases} \tag{6-27}$$

式中，Δt 为每个时段的时长；E_t 和 S_t 分别为时段 t 的用电价格和上网电价，式(6－20)～式(6－26)建立了不同类型的电价模型，根据用户签订的用电合同和可再生能源发电的售电合同中规定的电价类型和价格参数建立相应的电价函数；A_t 为时段 t 可再生能源发电的电价补贴，由各级政府颁布，通常为常数，并不随时间变化。

由式(6－27)可以看出，全额上网模式下，负荷 L_i^t 与储能 $P_{\mathrm{ES,pl}}^{t}$ 的日前规划仅需考虑用电价格 E_t，而与可再生能源的发电量 G_j^t 及其上网电价 S_t 无关，因为在用户端可再生能源发电系统中，光伏发电和风力发电通常采用最大功率跟踪模式，此时发电功率 G_j^t 为不可控变量，故式(6－27)中的后两项 $x_{S,t}$ 和 $x_{A,t}$ 并不会随负荷与储能的控制而改变。因此，全额上网模式下日前能量管理只需根据用电价格 E_t 对负荷与储能出力进行规划，减少高电价时段的用电量，将其移至低电价时段，即可降低电费$x_{E,t}$。

余电上网模式将含“风-光-荷-储”的用户端作为一个整体，根据用户端净负荷确定用户购电或是售电，则时段t的净负荷$P_{NET,t}$为

$$P_{NET,t}=\sum_{i=1}^{N}L_i^t-\sum_{j=1}^{J}G_j^t+P_{ES,pl}^t \tag{6-28}$$

当净负荷为正时，表示系统发电量无法满足负荷需求，不足的部分按照市场用电价格向电网购电并缴纳相应电费：

$$\begin{cases}x_{E,t}=P_{NET,t}\cdot E_t\\x_{S,t}=0\end{cases},\ \forall P_{NET,t}>0 \tag{6-29}$$

当净负荷为负时，表示系统发电量供给负荷后仍有剩余，余电部分可以上网发电并按照市场售电价格获得收益：

$$\begin{cases}x_{E,t}=0\\x_{S,t}=P_{NET,t}\cdot S_t\end{cases},\ \forall P_{NET,t}<0 \tag{6-30}$$

而可再生能源发电补贴$x_{A,t}$不受负荷与储能充放电的影响，仅与发电量G_j^t有关，因此两种模式下$x_{A,t}$的计算方法相同，其值维持不变。

由式(6-28)～式(6-30)可以看出，余电上网模式下负荷日前规划不仅与用电价格E_t有关，还需要综合考虑可再生能源的发电量G_j^t及其上网电价S_t。例如，光伏发电和风力发电受天气状况影响较大，在日照强度大和大风时间段内的发电量较多，当上网电价低于用电价格时，将可控负荷由发电量较低、净负荷大于零的时间段移至发电量大、净负荷为负值的时间段，可以降低用户电费，从而提高经济收益；再如，当上网电价采用峰谷电价或实时电价时，当净负荷小于零时，减少高上网电价时段的负荷、移至低上网电价时段，可以增大售电收入。

根据式(6-24)，上网电价通常低于用电价格，在这种情况下余电上网模式对于用户来说比全额上网模式获得的经济收益更高，因此本节主要考虑余电上网模式。

在日前能量管理策略中，负荷和储能系统的日前出力计划L_i^t和$P_{ES,pl}^t$为优化变量，约束条件包括负荷约束和储能约束两部分。对于负荷i，首先根据其自身的功能特性和用户的使用需求确定负荷类型，再根据式(6-15)～式(6-18)建立各负荷对应的约束条件。

储能系统的输出功率需要满足功率约束条件和容量约束条件：

$$\begin{cases}P_{ES,pl}^t\leqslant\min\{P_{ES,max},\ P_{ES,ch}^t\}\\P_{ES,pl}^t\geqslant\max\{P_{ES,min},\ P_{ES,dis}^t\}\end{cases} \tag{6-31}$$

式中，$P_{ES,max}$和$P_{ES,min}$为储能系统允许的最大充放电功率，$P^t_{ES,ch}$为储能系统在时间段t内充电时达到最大允许容量的限制功率，$P^t_{ES,dis}$为储能系统在时间段t内放电至最小允许容量时的限制功率，两者的计算方法如下：

$$\begin{cases} P^t_{ES,ch} = [(SOC_{max} - SOC_{t-1}) \cdot Q_{ES}]/(\eta_{ch} \cdot \Delta t) \\ P^t_{ES,dis} = [(SOC_{min} - SOC_{t-1}) \cdot \eta_{dis} Q_{ES}]/\Delta t \end{cases} \tag{6-32}$$

式中，SOC_{t-1}表示$t-1$时段结束后（t时段开始前）储能系统的荷电状态，其荷电状态的允许范围是$[SOC_{min}, SOC_{max}]$，Q_{ES}为储能系统的额定容量，η_{ch}和η_{dis}分别是储能系统充电和放电效率，Δt为每个时段的时长。

上述日前能量管理模型为非线性混合整数规划模型，可采用分支定界法求解。模型中的发电量G^t_j通过日前预测得到，目前对可再生能源发电功率的预测方法有很多，如数值天气预报法、滑动平均法等。所有预测方法都存在一定的预测误差，设预测误差为

$$\delta_t = \frac{P_{G,t} - P_{Gf,t}}{P_{Gf,t}} \times 100\% \tag{6-33}$$

式中，$P_{G,t}$和$P_{Gf,t}$分别为t时段可再生能源发电的实际输出功率和预测输出功率。除了预测误差，用户行为也存在一定的不确定性，并不能保证各负荷严格按照日前规划运行。由于这些不确定因素的存在，日前规划模型所求得的解并不是全局最优解，而是一个准最优解。

6.3 用户端日内调节策略

6.3.1 用户端多时间尺度优化控制方案

日前能量管理模型已经对次日每个时间段的负荷出力和储能系统充放电进行了计划安排。日前能量管理模型中，每个时间段的时长Δt通常为小时级，通过储能系统的计划充放电弥补可控负荷数量上的不足与运行中的限制，配合电价函数与可再生能源发电预测达到用户经济收益最大化的目标。但是，由于可再生能源发电预测误差和用户行为的不确定性，日前规划模型无法求得全局最优解。此外，可再生能源发电功率具有随机波动特性，其中分钟级的短时功率波动会对用户用电的电能质量造成一定的影响，影响供电质量。因此，需要从小时级和分钟级两个时间尺度进一步研究用户端日内调节策略。

用户端储能具有灵活充放电的特征，能够补偿实际运行与日前规划模型的偏差，使其逐渐逼近全局最优解，提高用户收益。通过储能装置快速充放电，还可以

平滑可再生能源发电功率的快速波动，提高用户电能质量。为了应对系统运行中诸如发电功率预测误差、用户行为不确定性等问题，同时解决可再生能源发电功率的短时随机波动，提出了基于双时间尺度优化的用户端日内调节方案。长时间尺度优化的控制时域为小时级，优化时域内每个单位时间段的时长 Δt 为 0.5 h、1 h 或 2 h 等。短时间尺度优化的控制时域为分钟级，采样时间 $\Delta t_{\min}$ 取 0.1 min、0.5 min 或 1 min 等。长时间尺度优化以日前能量管理模型的小时级规划结果为基础，针对实际运行与规划模型的偏差，研究基于实时电价与系统 *SOC* 状态的储能系统控制策略，进一步提高用户的经济收益。短时间尺度优化在分钟级尺度上研究平滑可再生能源发电功率快速波动的控制策略，提高系统的电能质量。

用户端多时间尺度优化的控制如图 6 - 14 所示，在日前、日内小时级和分钟级优化后对多类型储能系统进行功率分配。根据不同时间尺度的控制需求，超级电容负责日内分钟级短时优化，锂离子电池、铅酸电池和镍铬电池等多类型电池储能系统负责日前和日内小时级优化，进一步研究多类型电池储能的功率分配策略，使储能整体实现寿命、效率和控制效果的综合最优。

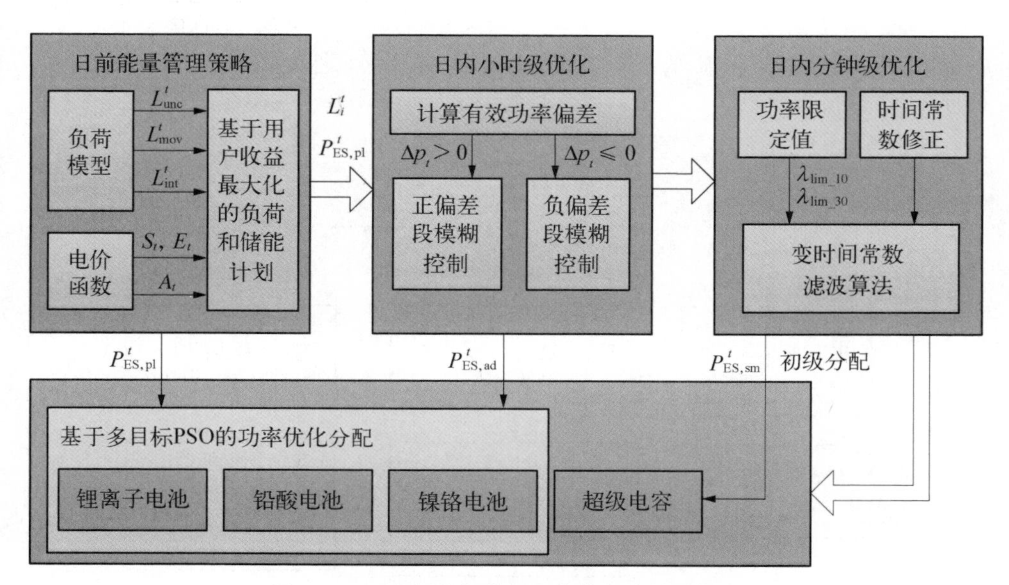

图 6 - 14　用户端多时间尺度优化的控制框图

6.3.2　基于有效功率偏差模糊控制的日内小时级优化

设日前预测的风力发电输出功率和光伏发电输出功率分别为 $P_{\text{Wf},t}$ 和 $P_{\text{PVf},t}$，日前能量管理策略中 t 时段负荷的计划出力为 $P_{\text{Ls},t}$，其中 t 时段的持续时间 Δt 通常为小时级，为解决日前能量管理模型中由可再生能源发电预测误差和用户行为引发的不确定性问题，提出用户端日内小时级优化控制策略。

设 t 时段风力发电和光伏发电的实际输出功率分别为 $P_{\mathrm{W},t}$ 和 $P_{\mathrm{PV},t}$，实际负荷功率为 $P_{\mathrm{L},t}$，则由预测误差与用户行为不确定性引起的实际运行与日前能量管理模型之间的功率偏差为

$$\Delta p_t = (P_{\mathrm{W},t} + P_{\mathrm{PV},t} - P_{\mathrm{L},t}) - (P_{\mathrm{Wf},t} + P_{\mathrm{PVf},t} - P_{\mathrm{Ls},t}) \tag{6-34}$$

针对该功率偏差，根据当前用户端的整体运行状态，确定储能系统的充放电调节电量。当功率偏差 $\Delta p_t > 0$ 时，表明 t 时段的实际发电功率高于预测值，或者负荷功率小于计划值。其算法流程如图 6－15 所示，若该时段日前计划的用户端净负荷 $P_{\mathrm{NET},t} \leqslant 0$，即用户端对外表现为发电状态，那么功率偏差部分 Δp_t 可以直接上网发电获取售电收益，也可以充入储能系统待电价更高或用户端更需要时再放

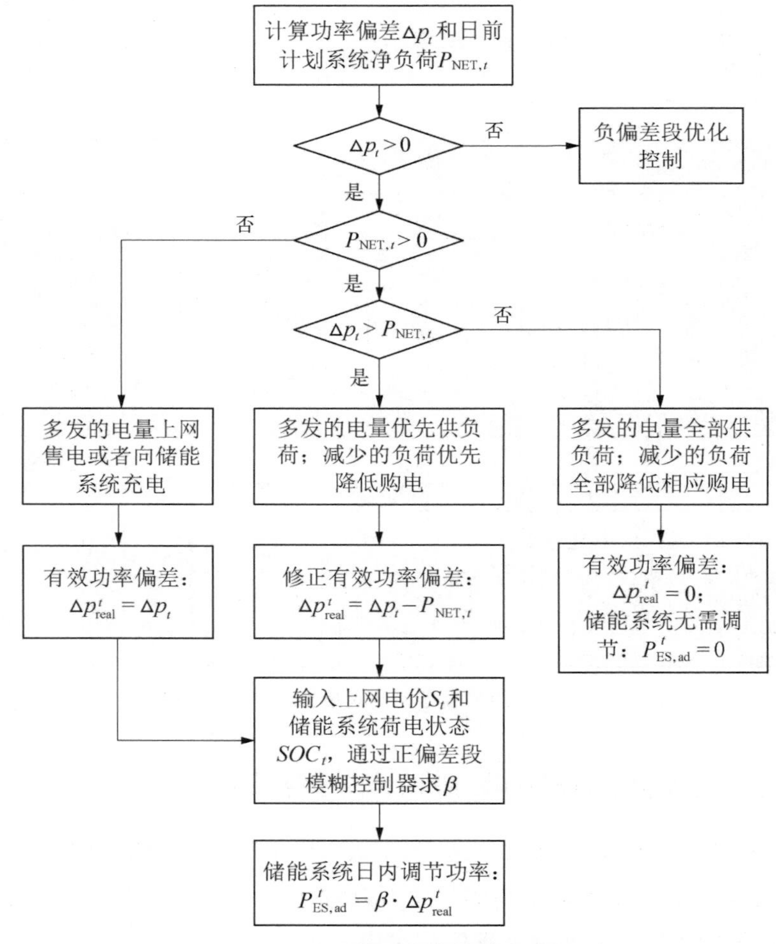

图 6－15　正偏差段优化算法流程

出，设充入储能系统的比例系数为 β，则储能系统的小时级日内调节功率为

$$P^{t}_{\mathrm{ES,\ ad}}=\beta\cdot\Delta P^{t}_{\mathrm{real}} \tag{6-35}$$

式中，$\Delta P^{t}_{\mathrm{real}}$ 为有效功率偏差，当 $\Delta p_{t}>0$ 且 $P_{\mathrm{NET},\ t}\leqslant 0$ 时，$\Delta P^{t}_{\mathrm{real}}=\Delta p_{t}$。

若按照日前计划该时段的用户端净负荷 $P_{\mathrm{NET},\ t}>0$，即用户端整体对外表现为负荷状态，且 $\Delta p_{t}>P_{\mathrm{NET},\ t}$，那么实际多发的电量应优先供给负荷，剩余部分可以上网售电或者对储能系统充电，或者实际负荷减少后，将发电量超出负荷的部分计入有效功率偏差，故此时有效功率偏差为

$$\Delta P^{t}_{\mathrm{real}}=\Delta p_{t}-P_{\mathrm{NET},\ t} \tag{6-36}$$

同理，当 $0<\Delta p_{t}\leqslant P_{\mathrm{NET},\ t}$ 时，实际多发的电量应全部供给负荷，或者实际负荷减少的部分相应地减少向电网的购电，因此有效功率偏差 $\Delta P^{t}_{\mathrm{real}}=0$，即此时储能系统无需进行调节：$P^{t}_{\mathrm{ES,\ ad}}=0$。

而在功率偏差 $\Delta p_{t}\leqslant 0$ 的情况下，即 t 时段的实际发电功率低于预测功率，或者负荷功率高于日前计划，如图 6 - 16 所示。若该时段日前计划的用户端净负荷 $P_{\mathrm{NET},\ t}\geqslant 0$，即用户端整体对外表现为负荷状态，那么偏差电量（$\Delta p_{t}\times\Delta t$）部分既可以向电网购电，也可以通过储能系统放电以补足负荷缺额，此时有效功率偏差 $\Delta P^{t}_{\mathrm{real}}=\Delta p_{t}$，储能系统的小时级日内调节功率 $P^{t}_{\mathrm{ES,\ ad}}$ 仍然按照式(6 - 35)计算，此时储能系统放电部分的比例系数 β 在选取时需要考虑购电价格 E_{t} 与储能荷电状态 SOC_{t}。

在功率偏差 $\Delta p_{t}\leqslant 0$ 的情况下，若按照日前计划该时段的用户端净负荷 $P_{\mathrm{NET},\ t}<0$，且 $\Delta p_{t}<P_{\mathrm{NET},\ t}$，即实际少发的电量或者实际负荷增多的部分多于日前计划的用户端净发电量，那么偏差部分需要向电网购电或者通过储能系统放电来补充，即此时有效功率偏差 $\Delta P^{t}_{\mathrm{real}}=\Delta p_{t}-P_{\mathrm{NET},\ t}$。

当 $P_{\mathrm{NET},\ t}\leqslant\Delta p_{t}\leqslant 0$ 时，实际少发的电量或者增加的负荷电量低于日前计划的用户端净发电量，故有效功率偏差 $\Delta P^{t}_{\mathrm{real}}=0$，此时无需购电或储能系统调节，即 $P^{t}_{\mathrm{ES,\ ad}}=0$。

综上，功率偏差 $\Delta p_{t}>0$ 的情况下，有效偏差功率中比例系数为 β 的部分对储能系统充电，剩余部分上网发电获取售电收益；而功率偏差 $\Delta p_{t}\leqslant 0$ 时，有效偏差功率中比例系数为 β 的部分由储能系统放电补充，剩余部分通过向电网购电获得。

上述对有效功率偏差 $\Delta P^{t}_{\mathrm{real}}$ 进行分配时，储能系统充放电部分的比例系数 β 在选取时需要综合考虑当前时段的上网电价 S_{t}、购电价格 E_{t} 和储能系统的荷电状态 SOC_{t}，以达到用户经济收益最大化的目标。当有效功率偏差 $\Delta p_{t}>0$ 时，部分偏差功率对储能系统充电，剩余部分上网发电，故应考虑此时的上网电价 S_{t}，在上网电

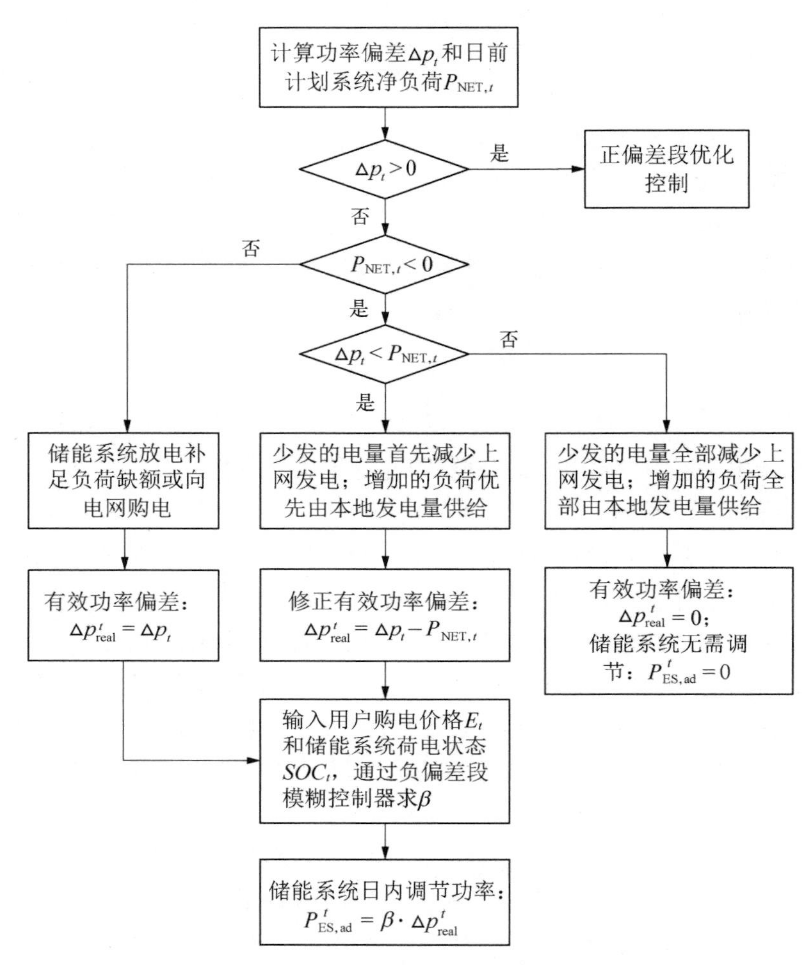

图 6-16　负偏差段优化算法流程

价较高的情况下增大上网发电的电量，即减小充入储能系统的比例系数 β，从而提高用户售电的收益，反之，当上网电价较低时，增大储能系统充电的比例系数 β。但是，对储能系统充电会改变其荷电状态 SOC_t，进而影响未来时间段储能系统的控制效果和用户端整体的能量管理，尤其是在 SOC_t 较高的情况下对储能系统充电会进一步减少其控制裕量，不利于未来时间段的能量优化，因此，当 SOC_t 较高时，应减少储能系统充电的比例系数 β，反之，当 SOC_t 较低时，可以增大 β。

同理，当有效功率偏差 $\Delta p_t \leqslant 0$ 时，比例系数为 β 的部分由储能系统放电，剩余部分向电网购电，故应考虑此时用户购电的价格 S_t，在购电价格较高的情况下减小向电网购电的电量，即增大储能系统放电的比例系数 β，从而减少需要缴纳的电费，反之，当购电价格较低时，减小 β。同时考虑储能系统荷电状态 SOC_t，在 SOC_t

较低的情况下对储能系统放电会进一步导致其控制裕量不足，不利于未来时间段的能量优化，故当 SOC_t 较低时，应减少储能系统放电的比例系数 β，反之，当 SOC_t 较高时，可以增大 β。

为此，本节提出基于有效功率偏差的分段模糊控制策略，当有效功率偏差 $\Delta p_t > 0$ 时，设计正偏差段模糊控制器，输入变量为 SOC_t 和 S_t；当功率偏差 $\Delta p_t \leqslant 0$ 时，设计负偏差段模糊控制器，输入变量为 SOC_t 和 E_t；模糊控制器的输出变量为储能系统充放电部分的比例系数 β。输入变量 SOC_t 的论域为有限连续域[0, 1]，定义其语言值为{VL, SL, MD, SH, VH}，其隶属度函数 e_{SOC} 如图 6-17(a)所示；输入变量 S_t 的论域为无限连续域[0, $+\infty$]，定义其语言值为{LS, MS, HS}，其隶属度函数 e_S 如图 6-17(b)所示；输入变量 E_t 的论域为无限连续域[0, $+\infty$]，定义其语言值为{LE, ME, HE}，其隶属度函数 e_E 如图 6-17(c)所示；输出变量 β 的论域为有限连续域[0, 1]，定义其语言值为{VS, DS, SS, MM, SB, DB, VB}，其隶属度函数 e_β 如图 6-17(d)所示。

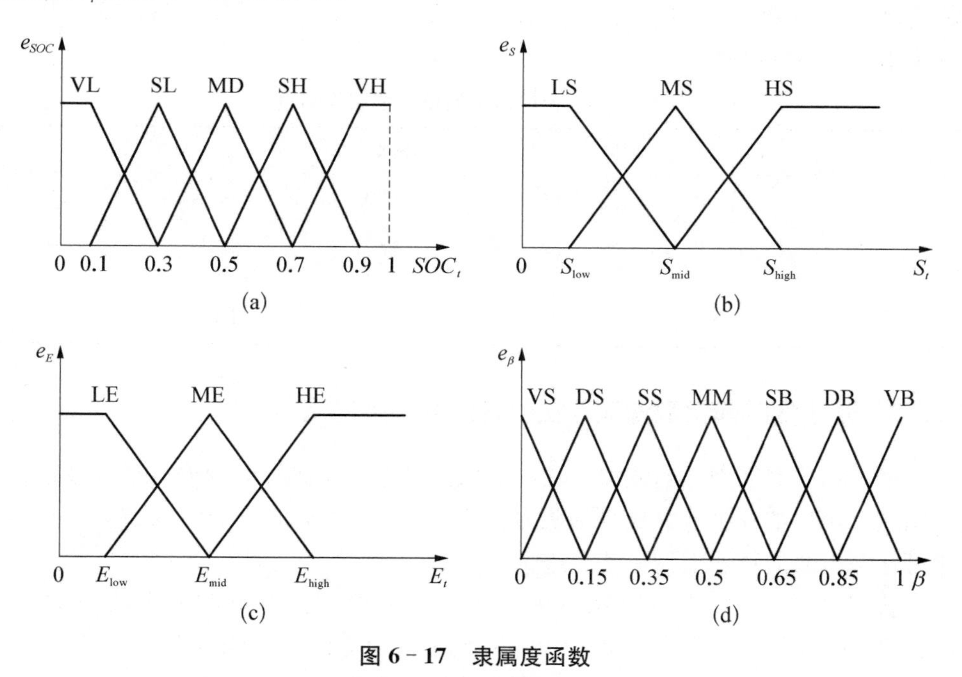

图 6-17　隶属度函数

(a) SOC_t 的隶属度函数；(b) S_t 的隶属度函数；(c) E_t 的隶属度函数；(d) β 的隶属度函数

表 6-2 为正偏差段的模糊控制规则表，当上网电价 S_t 很高，同时 SOC_t 也很高时，选择较小的比例系数 β，即增大上网发电部分，以获取较高的售电收益；随着 SOC_t 的减小，逐步增加 β，以使储能容量尽量保持适中水平，保证未来时间段储能系统的控制裕量。同理，当上网电价 S_t 很低，同时 SOC_t 也很低时，选择较大的比

例系数β；随着S_t的增大，逐步减小β，从而在保证储能系统容量裕度的基础上增加用户收益。

表 6－2　正偏差段的模糊控制规则

S_t	SOC_t				
	VL	SL	MD	SH	VH
LS	VB	DB	SB	MM	SS
MS	DB	SB	MM	SS	DS
HS	SB	MM	SS	DS	VS

表 6－3 为负偏差段的模糊控制规则表，当用户购电的价格S_t很高，同时SOC_t也很高时，选择较大的比例系数β，即此时购电电量小而储能放电量大，可减小用户电费支出；随着SOC_t的减小，逐步减小β，即减小储能放电量，保证未来时间段储能系统的控制裕量。同理，当上网电价S_t很低，同时SOC_t也很低时，选择较小的比例系数β；随着S_t的增大，逐步增大β，从而在保证储能系统容量裕度的基础上减小用户缴纳的电费。

表 6－3　负偏差段的模糊控制规则表

E_t	SOC_t				
	VL	SL	MD	SH	H
LE	VS	DS	SS	MM	SB
ME	DS	SS	M	SB	DB
HE	SS	MM	SB	DB	VB

6.3.3　基于变时间常数滤波算法的日内分钟级优化

第 3 章已对采用低通滤波算法平滑风力发电和光伏发电的输出功率波动进行了阐述。用户端在维持能量平衡的基础上，同样需要平抑新能源的波动。日内优化可在基本滤波算法上做一些改进。

若需对可再生能源发电系统中的风力发电和光伏发电的输出功率$P_{W,t}$和$P_{PV,t}$进行滤波，可取两者之和作为一阶数字低通滤波器的输入变量，设滤波平滑之后的输出变量为$P_{out,t}$，滤波时间常数为τ，令$\gamma_t=\tau/(\tau+\Delta t_{min})$，则

$$P_{out,t}=\gamma_t P_{out,t-1}+(1-\gamma_t)(P_{W,t}+P_{PV,t})\quad \gamma_t\in[0,1] \tag{6-37}$$

储能系统具有能够快速充放电的特性，通过控制储能系统充放电，补偿原始波动功率与滤波后的功率之差，达到平抑短时功率波动的目标，故用于平抑波动的储能系统输出功率（充电为正方向）为

$$P_{ES,sm}^{t}=P_{W,t}+P_{PV,t}-P_{out,t} \tag{6-38}$$

一阶低通滤波器的截止频率为 $1/2\pi\tau$，故时间常数 τ 的取值决定了滤波的程度，而系数 γ_t 与时间常数 τ 一一对应。当 γ_t 的取值越大，τ 的值也随之越大，而截止频率则越小，那么滤波平滑的效果就越好，但是所需要的储能容量可能也越大。

设储能系统平抑功率波动时所需的储能容量为 Q_{max}，是优化时间域内储能系统累积充放电的能量峰值与谷值之差，计算方法如下：

$$\begin{aligned} EN_T &= \sum_{t=1}^{T} P_{ES,sm}^{t} \cdot \Delta t_{min} \\ Q_{max} &= \max_T\{EN_T\} - \min_T\{EN_T\} \end{aligned} \tag{6-39}$$

式中，EN_T 为从滤波时刻开始到 T 时刻为止储能系统平抑波动所需充放电的累积电能。

表 6-4 为固定时间常数的一阶低通滤波算法选取不同的系数 γ_t 时储能系统平抑分钟级功率波动的控制效果对比。表 6-4 中，$\lambda_{10,max}$ 和 $\lambda_{30,max}$ 分别为该日内风电和光伏发电出力之和的 10 min 和 30 min 最大有功功率变化率的最大值。$\lambda_{10,avg}$ 和 $\lambda_{30,avg}$ 分别为该日内两者的平均值，它们能够在一定程度上反映输出功率的波动强度。可以看出，随着系数 γ_t 的增大，10 min 和 30 min 最大有功功率变化率的最大值和平均值都明显下降，即 γ_t 越大，储能平抑分钟级波动的效果越好。但是，如表 6-4 所示，随着系数 γ_t 的增大，所需要的储能容量 Q_{max} 也随之增大，而储能系统的成本通常较高，故充放电容量有限。若 Q_{max} 超出容量限值则不允许继续充放电，会影响滤波效果。可见，系数 γ_t 的取值偏大会增加所需储能容量，不利于未来时间段的控制，而 γ_t 的取值偏小则会影响对波动功率的平抑，因此选取合适的系数 γ_t 非常重要。

表 6-4 不同的系数 γ_t 下的控制效果对比

γ_t	Q_{max}	$\lambda_{10,max}$	$\lambda_{10,avg}$	$\lambda_{30,max}$	$\lambda_{30,avg}$
0.1	0.001 2	17.12	5.98	30.40	6.00
0.2	0.002 7	16.90	5.62	29.77	5.64
0.3	0.004 6	16.52	5.26	29.25	5.28
0.4	0.007 2	15.96	4.88	28.83	4.90
0.5	0.010 7	15.15	4.48	28.40	4.50
0.6	0.015 8	13.95	4.04	27.93	4.06
0.7	0.024 3	12.20	3.55	27.31	3.56
0.8	0.040 6	10.83	2.94	26.42	2.96
0.9	0.087 9	9.45	2.10	23.26	2.11

为保障储能系统平抑分钟级功率波动的控制效果，同时尽量减小所需的储能容量，我们提出基于两级波动限值 λ_{lim_10} 和 λ_{lim_30} 的变时间常数滤波算法，其算法流程如图 6－18 所示。首先输入风电功率 $P_{W,t}$ 和光伏发电功率 $P_{PV,t}$，根据所选最小系数 λ_{min} 按式(6－37)计算滤波后输出功率 $P_{out,t}$，当 $\gamma_t=\gamma_{min}$ 时所需储能容量最小，计算 $P_{out,t}$ 的 10 min 和 30 min 最大有功功率变化率 $\lambda_{10\,min,t}$ 和 $\lambda_{30\,min,t}$，若超出功率波动的限值 λ_{lim_10} 和 λ_{lim_30}，则增大系数 γ_t。$\Delta\gamma_{min}$ 为增加的步长，随着 γ_t 的增大，所需储能容量逐步增加，而波动平抑的效果越来越好，直到滤波后输出功率 $P_{out,t}$ 同时满足 10 min 和 30 min 最大有功功率变化率的要求，即达到平抑分钟级功率波动的控制要求，此时所需储能容量也较小。

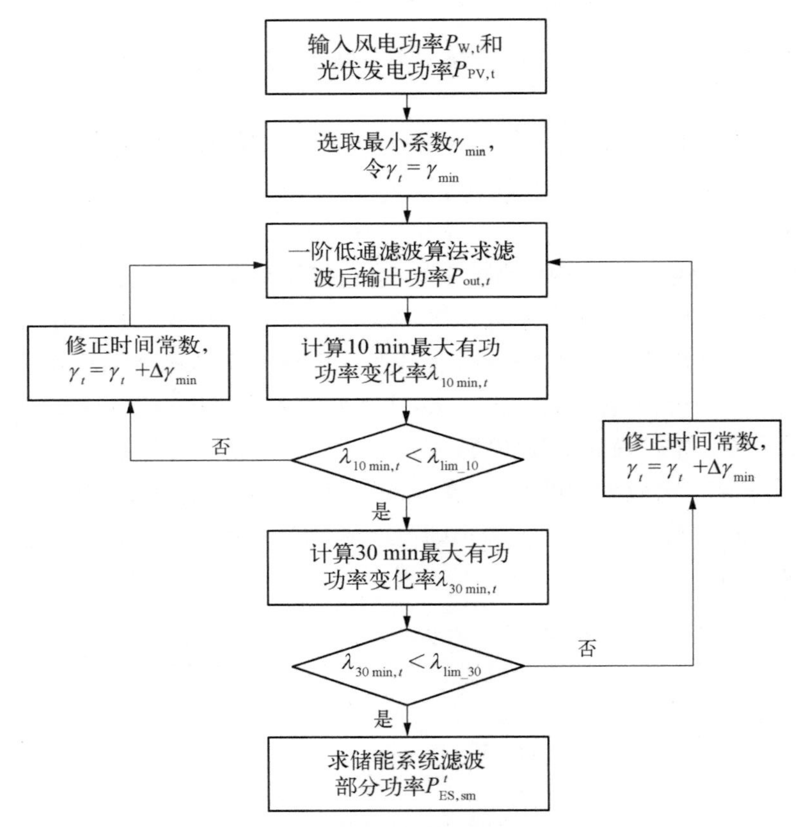

图 6－18　用户端日内分钟级优化算法流程

综上所述，在通过日前能量管理策略求得储能系统日前出力计划 $P^t_{ES,pl}$ 的基础上，针对可再生能源发电和用户行为不确定性等问题，采用基于有效功率偏差模糊控制的日内小时级优化方案，求得储能系统的日内小时级调节功率 $P^t_{ES,ad}$。而在分钟级时间尺度上，为解决可再生能源发电功率的短时随机波动问题，提高用户供电的电能质量，采用基于两级波动限值的变时间常数滤波算法，得到储能系统平抑分钟级波动所需的补偿功率 $P^t_{\mathrm{ES,\ sm}}$，故在含风-光-荷-储的用户端中，储能系统整体的实际输出功率 P^t_{ES} 为 $P^t_{\mathrm{ES}} = P^t_{\mathrm{ES,\ pl}} + P^t_{\mathrm{ES,\ ad}} + P^t_{\mathrm{ES,\ sm}}$

6.4　仿真分析与验证

6.4.1　用户端日前能量管理的规划结果与分析

对所提含风-光-荷-储的用户端能量优化控制策略进行仿真分析与验证，用户端家庭能源系统的组成架构如图 6-19 所示，分别配置装机容量均为 1 kW 的屋顶光伏发电装置和风力发电装置，额定容量为 0.02 kW·h 的超级电容以及总容量为 2 kW·h 的混合电池储能装置。

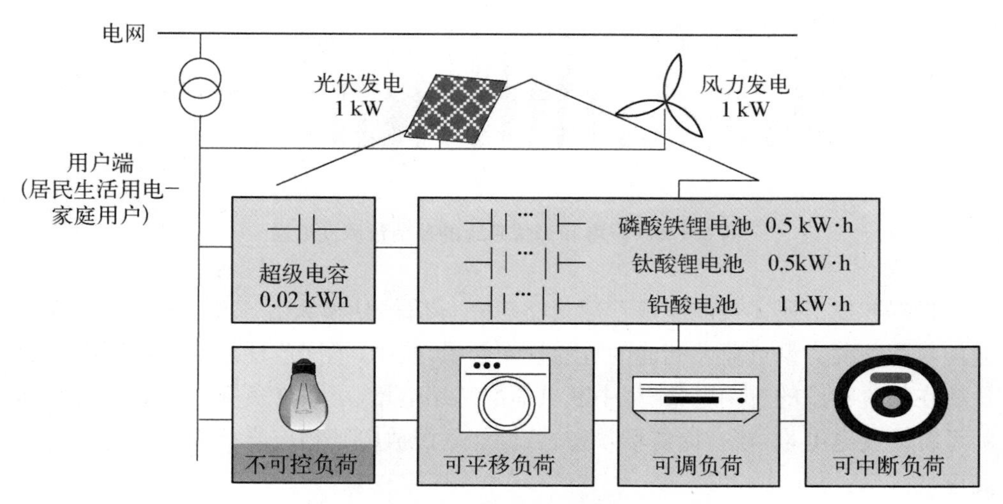

图 6-19　用户端家庭能源系统的组成架构

考虑余电上网模式，电价参数见附录 F，用户负荷参数见附表 F-1，用户端多类型复合储能系统中各类型储能单元的基本参数见附表 F-1。铅酸电池的充放电效率和循环寿命均低于其他储能单元，但由于其安装成本较低，配置了较高的储能容量；而超级电容属于功率型储能，其容量成本较高，且根据控制策略所需容量较低，因此仅需配置较低的储能容量即可。

用户端能量管理及控制的优化时间域为一天，将一天划分为 24 个时段，第 1 个时段为 0:00～0:59，第 2 个时段为 1:00～1:59，以此类推。日前能量管理及日内长时间尺度优化中单位时间段的时长为 1 h，而日内短时间尺度优化的采样时间为 1 min。

以实际风力和光照数据为例，并假设风电和光伏系统输出功率的日前预测误差 δ_t 满足正态分布，即 $\delta_t \sim N(e, \sigma^2)$，其中，$e$ 为预测误差序列 δ_t 的期望，σ 为其标准差。图 6-20 为该日 24 h 内风电和光伏系统的日前预测发电量，仿真模型中 e 取 0，σ 取 0.1。深色柱状曲线为屋顶光伏发电装置的小时发电量，可以看出，该日的日照情况良好，正午时达到光伏发电的出力峰值，早上和傍晚由于光照强度较弱而输出功率较低，夜晚时光伏发电的输出功率为零。浅色柱状曲线为风力发电装置的小时发电量，总体来看该日风力较强，凌晨时输出功率最大，随后风力有所减弱。曲线为光伏发电和风力发电设备的发电量之和。

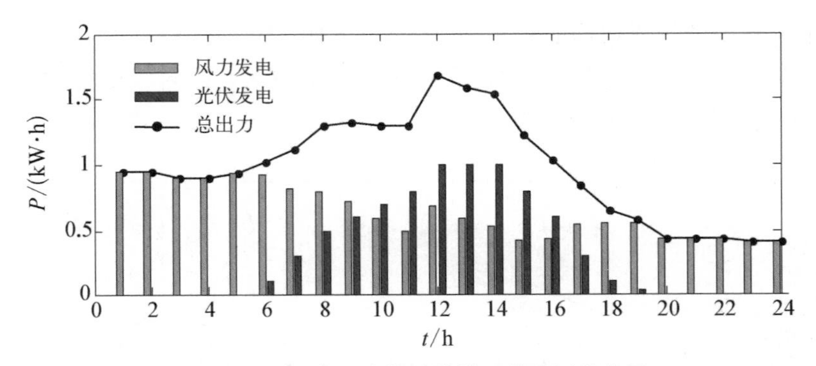

图 6-20　风电和光伏系统的日前预测发电量

根据 6.2 节所述日前能量管理策略建立日前规划模型并求解，图 6-21 为不同场景下各种类型负荷及储能的日前规划结果，图中，不同色柱分别表示所有固定负荷在相应时段的总用电量、可中断负荷的总用电量、可平移负荷、可调节负荷、储能系统的充电电量，在有储能场景中，若储能系统放电则相应降低固定负荷色柱的高度。

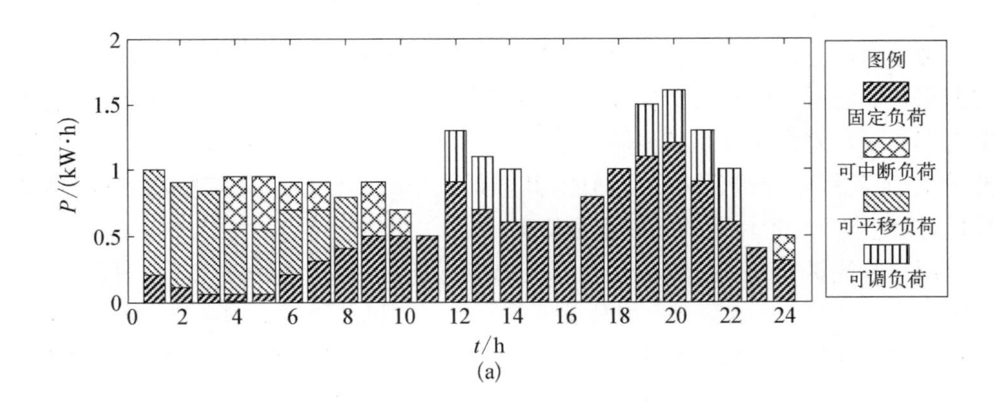

(a)

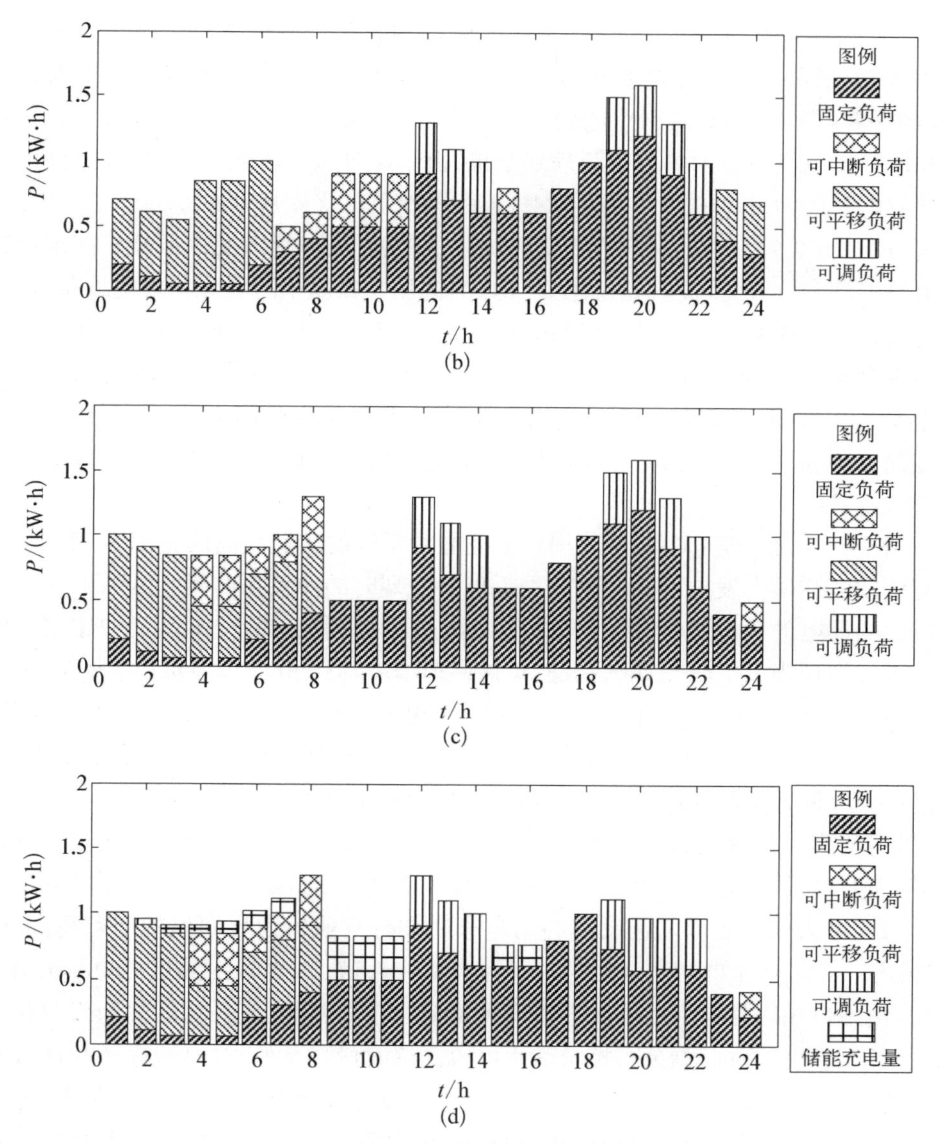

图 6-21　不同场景下各种类型负荷及储能的日前规划结果

(a) 仅有风力发电；(b) 仅有光伏发电；(c) 含风力和光伏发电、无储能；(d) 含风-光-储

图 6-21(a)为用户家庭中仅配置了风力发电设备时的日前负荷规划结果，可以看出，可控负荷主要被规划在 0:00～9:59 时段内，这是因为该时段的风电输出功率较大，而固定负荷的用电量较小，且上网电价 S_t 低于售电价格 E_t，因此将这一时段原本需要上网发电甚至弃风的电量供给相应的可控负荷，从而提高用户收益。图 6-21(b)为用户家庭中仅配置了光伏发电设备时的日前负荷规划

结果，在 6:00～10:59 和 14:00～14:59 时段内光伏设备的发电量高于固定负荷的用电量，故将 2 个可中断负荷规划在该时段，而另外 3 个可平移负荷规划在电价较低的时段，从而降低用户电费。图 6-21(c)为用户家庭中同时配置了光伏发电和风力发电设备时的日前负荷规划结果，由于该日风力较强且日照情况良好，故光伏发电和风力发电的总发电量较大，因此可控负荷优先规划在 0:00～3:59 弃风时间段和 4:00～7:59 上网电价较低的时段，补偿这段时间内发电量高于固定负荷用电量的部分，从而提高收益。图 6-21(d)为用户家庭中配置光伏发电设备、风力发电设备和储能系统时的日前负荷规划结果，由于可控负荷的数量有限，且存在运行功率和运行时间等的约束，故 1:00～6:59 的弃风和低电价时间段内仍有多余发电量需要补偿，此时储能系统通过充电将发电高于负荷用电的部分存储起来，并在高峰电价时段放电供给负荷，从而减小了弃风量和高峰时段的电费，最大化用户收益。

图 6-22 为上述 6 个场景下用户家庭能源系统的净负荷曲线。图 6-22(a)为含光伏发电和风力发电的用户家庭中无负荷规划时的净负荷曲线：在 0:00～7:59 时间段内风电的发电量较大而负荷较小，故这段时间净负荷小于零，用户家庭能源系统对外体现为发电状态；随后虽然负荷逐渐增大，但光伏发电量也逐渐增加，故上午的用户端净负荷较小；晚上光伏设备停止发电而用户负荷较大，故净负荷大于零，用户家庭能源系统对外体现为负荷状态。图 6-22(b)为仅含风力发电设备的用户家庭进行日前负荷规划后的净负荷曲线，根据日前能量管理策略并对照图 6-21(a)可知，可控负荷主要被规划在 0:00～9:59 时段内，因此这段时间内用户端净负荷接近零，表明可控负荷较好地补偿了弃风时段和低谷时段中多余的风力发电量。图 6-22(c)为仅含光伏发电设备的用户家庭进行日前负荷规划后的净负荷曲线，对照图 6-21(b)可知，在 6:00～10:59 和 14:00～14:59 时段内通过可中断负荷的规划，使用户端净负荷由发电状态转变为负荷状态，表明光伏系统的多余发电量全部供给了用户负荷；而剩余可控负荷由电价高峰时段移至低谷时段，净负荷曲线在对应的低谷时段随之增高。图 6-22(d)为含光伏发电和风力发电设备的用户家庭进行日前负荷规划后的净负荷曲线，对比图 6-22(a)可知，通过日前能量管理，可控负荷主要规划在 0:00～7:59 时间段内，故该时段用户端净负荷由小于零增高至接近零，从而避免了弃风和低价售电，而可控负荷移出的时间段内(8:00～19:59)用户端净负荷相应降低，减小了用户缴纳的电费。图 6-22(e)为含光伏发电、风力发电和储能设备的用户家庭进行日前负荷规划后的净负荷曲线，对比图 6-22(d)可知，储能系统在 1:00～6:59 的弃风和低电价时间段内充电，即补偿净负荷曲线中小于零的部分，而在净负荷曲线大于零表现为负荷状态且电价较高的时段内，储能系统将所存电量放出供给负荷。

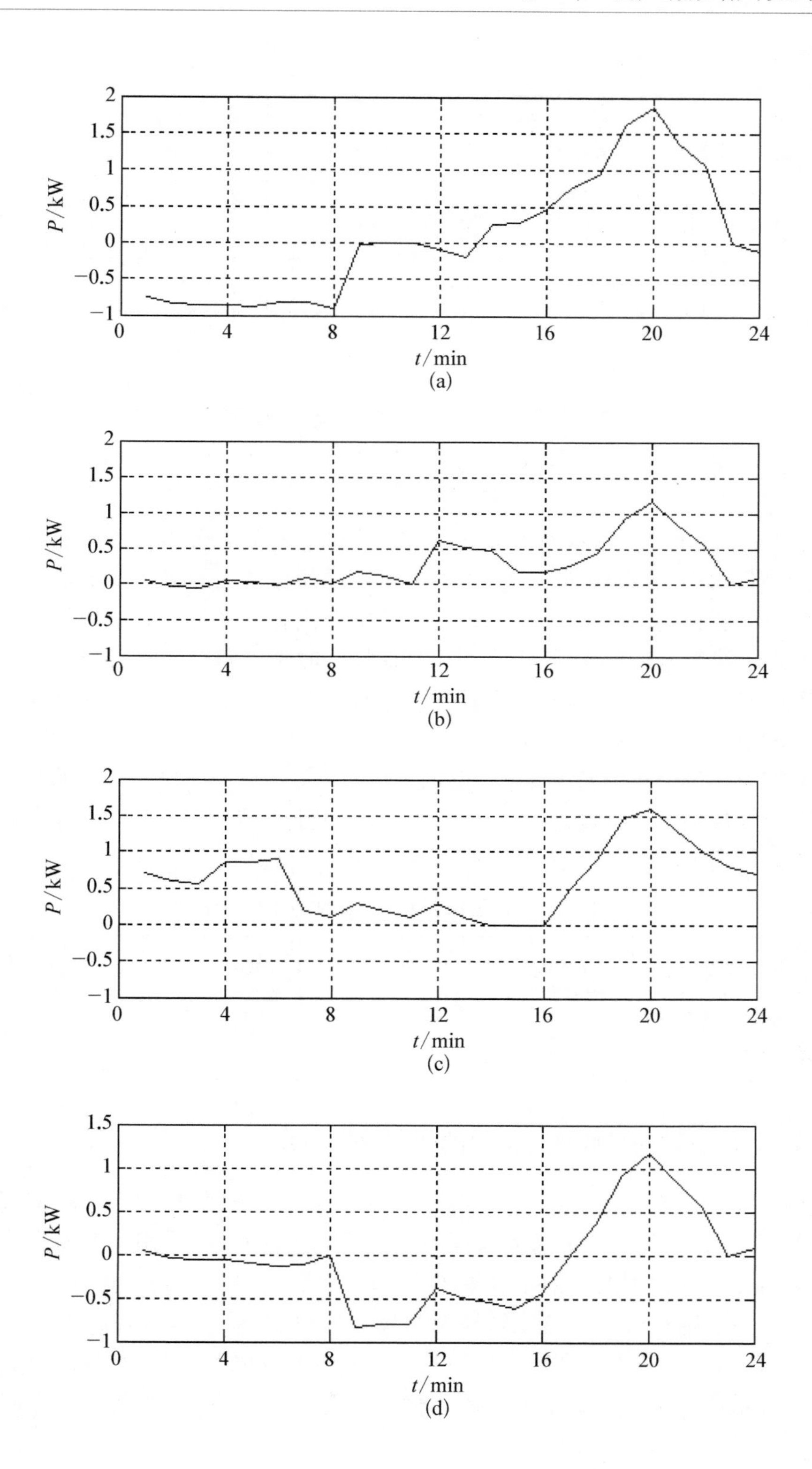
P/kW
t/min
(a)
P/kW
t/min
(b)
P/kW
t/min
(c)
P/kW
t/min
(d)

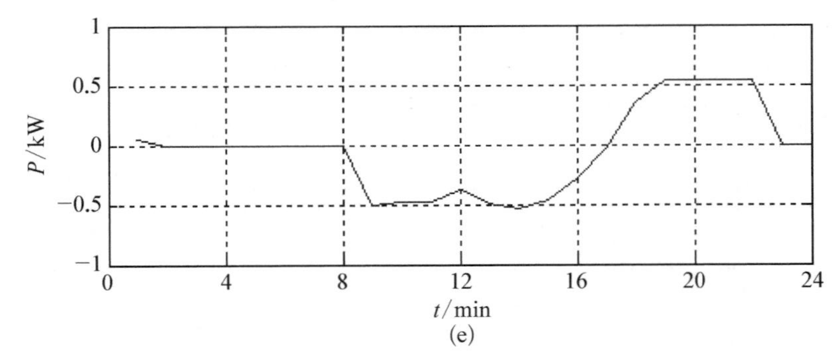

图 6-22 不同场景下的用户家庭能源系统的净负荷曲线

(a) 无日前能量管理;(b) 仅有风力发电;(c) 仅有光伏发电;
(d) 含风力、光伏发电、无储能;(e) 含风-光-储

表 6-5 列出了上述不同场景下采用日前能量管理策略和无负荷规划时日前预估的该日用户预计收益的对比,收益为负表示需要缴纳的电费多于发电获取的收入。可以看出,表中所列 5 个场景在峰谷电价机制下采用日前能量管理策略对负荷和储能进行合理规划后,相比于无负荷规划时用户所得的收益都有了明显提高,验证了日前能量管理策略的有效性。同时配置光伏发电和风力发电设备的用户家庭的总发电量相对较大,另外,光伏发电和风力发电存在一定的互补效应,因此比仅安装了风电或者光伏发电设备的用户收益更高。而含风-光-储的用户在进行日前负荷规划后日收益达到了 6.95 元,高于其他场景下的用户收益,表明通过对储能系统的灵活充放电规划能够进一步提高用户收益。

表 6-5 不同场景下用户预计收益的对比 (单位:元)

用户收益	无风光储	只有风	只有光	风+光	风-光-储
日前能量管理	−21.95	−2.50	−10.96	6.01	6.95
无负荷规划	−28.68	−12.08	−17.03	−0.97	0.76

6.4.2 日内双时间尺度优化策略的控制效果与分析

对于同时配置了光伏发电、风力发电和储能设备的用户,在上述日前规划结果的基础上,针对日前预测误差及用户行为不确定性问题,采用本节所提基于有效功率偏差模糊控制的日内小时级优化控制策略,可进一步提高用户经济收益。图 6-23 为实际运行与日前规划模型中风力发电、光伏发电和负荷的净发电量曲线的对比,该曲线大于零表示风力与光伏发电的发电量之和大于负荷用电量,小于零表示负荷用电量高于风机与光伏系统的发电量,图中两条曲线之间的偏差体现了日前预测误差及用户行为的不确定性。其中，日前规划模型中风机与光伏系统的发电量是通过日前预测得到的，与实际发电量相比存在预测误差，同时，由于用户行为的不确定性，实际运行中的负荷用电量也与日前规划存在偏差，因此，图 6-23 中实际运行的净发电量曲线与日前规划模型的净发电量曲线存在一定的偏差。

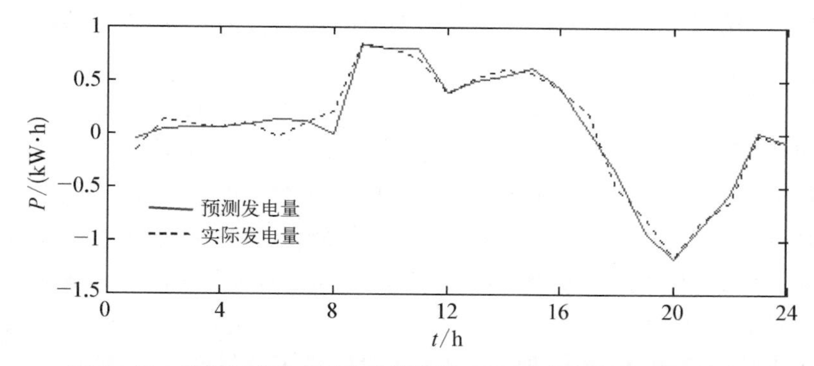

图 6-23　实际运行与日前规划模型中用户端净发电量曲线的对比

针对上述实际运行中的不确定性问题，采用本节所提的基于有效功率偏差模糊控制的日内小时级优化控制策略，图 6-24 为日内小时级优化的仿真运行结果，曲线①为储能系统的日内小时级调节功率 $P^t_{\mathrm{ES,\ ad}}$，曲线②为实际运行与日前规划模型之间的功率偏差 Δp_t，曲线③为日前计划的用户端净负荷 $P_{\mathrm{NET},\ t}$。如图 6-24 所示，在 $t=A$ 时段，$\Delta p_t>0$ 且 $P_{\mathrm{NET},\ t}=0$，即此时实际发电功率高于预测值(或者负荷功率小于计划值)，根据日内小时级优化控制策略应通过正偏差段模糊控制器求储能系统调节功率 $P^t_{\mathrm{ES,\ ad}}$，由于此时为弃风时间段，且 SOC 为最低值，根据所提模糊控制策略得到 $P^t_{\mathrm{ES,\ ad}}=\Delta p_t$，即实际比日前规划中多发的电量全部存入储能系统，故此时曲线①与曲线②重合。同理，在 $t=B$ 时段，$\Delta p_t<0$ 且 $P_{\mathrm{NET},\ t}=0$，应选

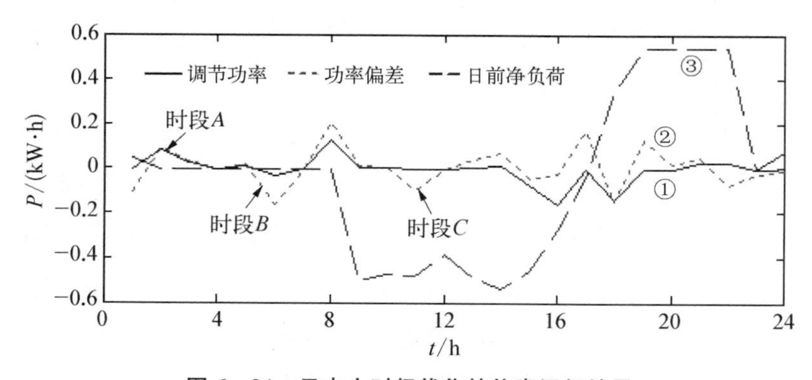

图 6-24　日内小时级优化的仿真运行结果

择负偏差段模糊控制器求解，输入变量为用户购电价格 E_t 和储能系统的荷电状态 SOC_t，由于此时为低电价时段，且 SOC 较低，故由模糊控制策略求得的储能系统放电部分的比例系数 β 较小，即实际比日前规划中少发的电量大部分通过购电获得，少部分由储能系统放电补足，因此，$t=B$ 时 $P^t_{\mathrm{ES,\ ad}}$ 幅值较小。在 $t=C$ 时段，Δp_t 和 $P_{\mathrm{NET},\ t}$ 均小于零，且 $P_{\mathrm{NET},\ t}<\Delta p_t$，即实际少发的电量(或增加的负荷电量)低于日前计划的系统净发电量，根据所提优化控制策略，此时储能系统无需调节，即 $P^t_{\mathrm{ES,\ ad}}=0$。

图 6－25 为优化前后控制效果的对比，图 6－26(a)为优化前后用户端净负荷曲线的对比，图 6－25(b)为优化前后储能系统荷电状态的对比。由图 6－25 可知，在 $t=A$ 时段，无优化控制时用户端净负荷小于零，为发电状态，由于此时为弃风时间段，所发电量将被浪费，而优化后用户端净负荷等于零，多余电量存入储能系统以待后用，从而提高了用户收益。同理，在 $t=B$ 时段，优化后的用户端净负荷略小于优化前，用户购电所需电费有所降低。而 $t=C$ 时优化前后的用户端净负荷曲线重合。仿真结果显示，采用本节所提日内小时级优化控制策略后，用户该日收益由 6.81 元提升至 6.97 元，用户收益提升了 2.17%。

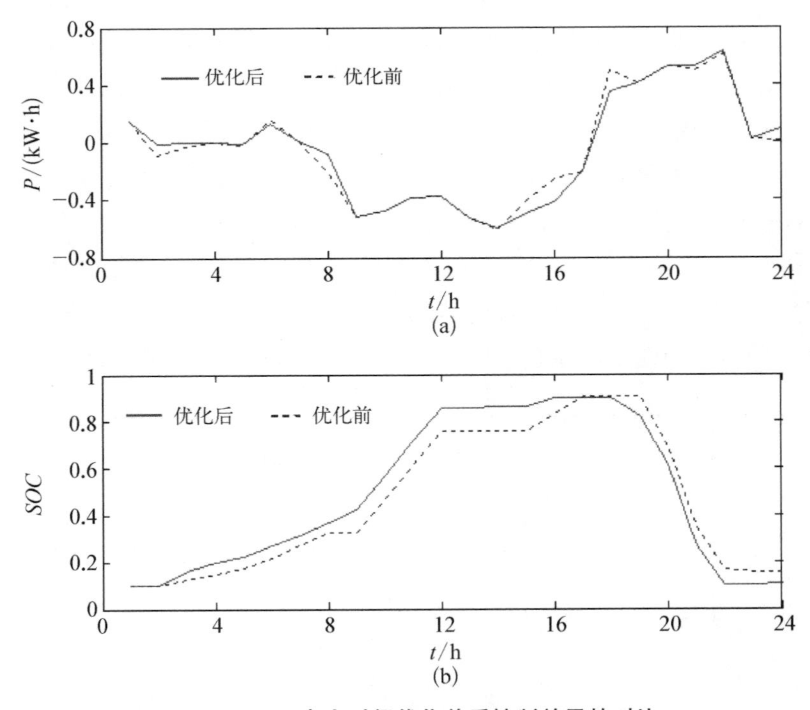

图 6－25　日内小时级优化前后控制效果的对比

(a) 用户端净负荷曲线；(b) 储能系统荷电状态

为进一步验证本节所提日内小时级优化控制策略的有效性，表 6-6 比较了不同日前预测误差 δ_t 下采用基于有效功率偏差模糊控制方法优化后的用户平均日收益提升率，即

$$\xi = \frac{1}{N_\delta}\sum_{i=1}^{N_\delta}\frac{I'_i - I_i}{|I_i|}\times 100\% \tag{6-40}$$

式中，I_i 和 I'_i 分别为第 i 次模拟试验中优化前和优化后的用户日收益，N_δ 为模拟试验的次数。仿真模型中假设预测误差满足正态分布 $\delta_t \sim N(e, \sigma^2)$，对表 6-6 中 e 和 σ 的每一组取值进行 $N_\delta = 300$ 次模拟试验，并计算每次试验的用户日收益提升率，对其求平均值即得到该组预测误差下的用户平均日收益提升率 ξ。由表 6-6 可以看出，当预测误差序列的期望 e 相同时，随着其标准差 σ 的增大，采用本节优化控制方法后用户收益的提升率 ξ 逐渐增大，即优化控制的效果越好。

表 6-6　不同日前预测误差 $\delta_t \sim N(e, \sigma^2)$ 下用户平均日收益提升率 ξ 的对比

e	ξ				
	$\sigma=0$	$\sigma=0.1$	$\sigma=0.2$	$\sigma=0.3$	$\sigma=0.4$
0	0	2.10	4.04	6.64	10.67
0.05	1.09	2.38	4.13	6.28	9.24
0.10	2.13	2.65	4.19	6.17	7.95
0.15	2.97	3.09	4.22	6.06	7.75
0.20	3.62	3.69	4.34	5.90	7.75

在预测误差序列的标准差 σ 相同的情况下，当 σ 较小时（如 $\sigma \leqslant 0.2$），随着其期望 e 的增大，优化后用户收益的提升率 ξ 逐渐增大，表明随着预测误差的增大，优化控制的效果越明显；而当预测误差序列的期望 e 和标准差 σ 都较大时，由于储能系统的容量有限，用户收益的提升率受到一定的限制。另外，表 6-6 中用户日收益提升率 ξ 均大于零，表明基于有效功率偏差模糊控制的日内小时级优化方法优化后用户收益得到了提升，且控制效果明显，验证了所提方法的有效性。

采用基于两级波动限值的变时间常数滤波算法对风机和光伏系统的短时功率波动进行平抑，波动限值 $\lambda_{\mathrm{lim\_10}}$ 和 $\lambda_{\mathrm{lim\_30}}$ 分别取 10% 和 20%，最小系数取 $\gamma_{\min}$ 取 0.4，步长 $\Delta\gamma_{\min}$ 取 0.001，图 6-26 为某日 11:00～12:30 期间风机和光伏系统的原始输出功率与优化后短时功率波动平抑效果的对比，横坐标表示该日的时间，两点间的时间间隔为 1 min，纵坐标为输出功率，曲线（实线）为风机和光伏系统的原始输出功率之和，曲线（虚线）为采用本节所提优化算法进行控制之后的风机和光伏系统的输出功率之和，可以看出，优化后输出功率的波动得到了明显的抑制，仿真结果显

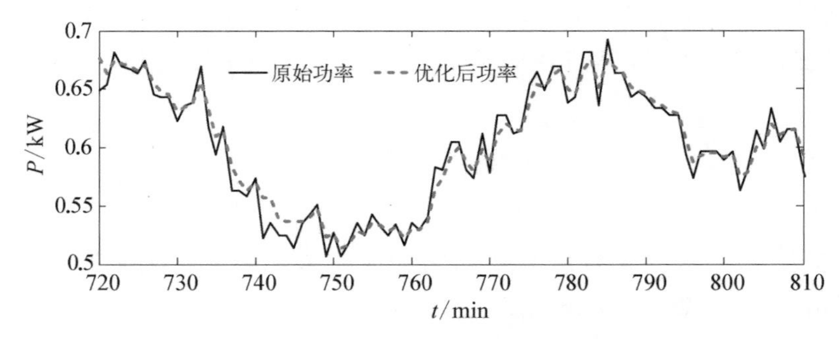

图 6-26　日内分钟级优化前后发电功率的对比

示，优化后该日 10 min 最大有功功率变化率的平均值 $\lambda_{10,\ avg}$ 由 6.35%降至 4.78%，30 min最大有功功率变化率的平均值 $\lambda_{30,\ avg}$ 由 11.84%降至 9.74%，且 10 min 和 30 min 最大有功功率变化率 $\lambda_{10\ min,\ t}$ 和 $\lambda_{30min,\ t}$ 均没有超出波动限制值，表明短时功率波动的抑制效果良好，达到了控制要求。

图 6-27 为采用固定时间常数滤波算法选取不同的系数 γ_t 时短时功率波动的平抑效果对比。其中，图 6-27(a)为某日 11:30～12:30 时间段内 γ_t 分别取 0.2、

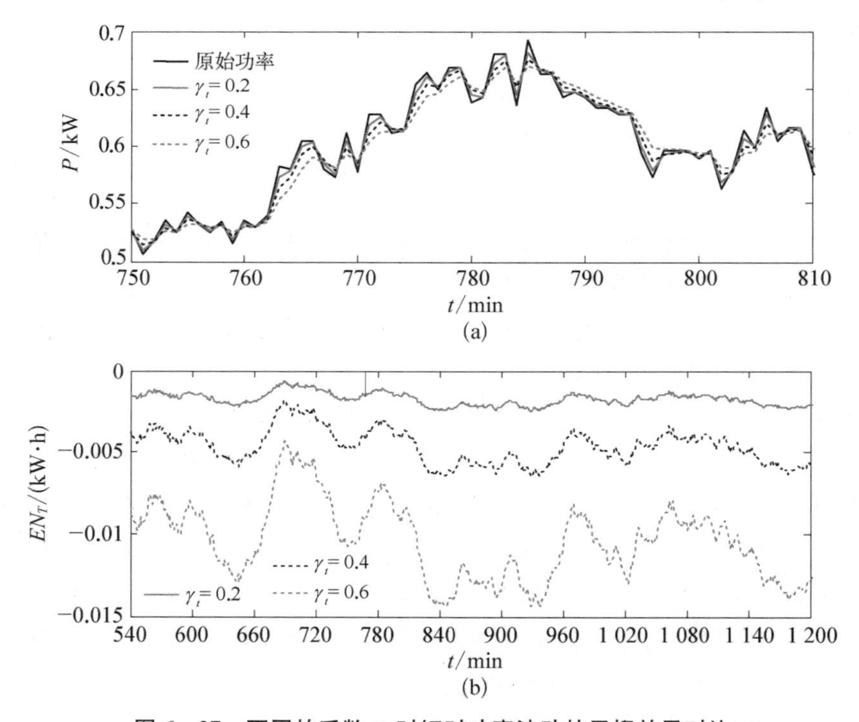

图 6-27　不同的系数 γ_t 时短时功率波动的平抑效果对比

(a) 输出功率；(b) 累积电能

0.4 和 0.6 时的风机和光伏系统输出功率，可以看出，γ_t 越大，输出功率曲线越平滑，即短时功率波动的平抑效果越好；图 6 - 27(b)为该日 8:00～19:00 时间段内 γ_t 分别取 0.2、0.4 和 0.6 时储能系统平抑波动所需充放电的累积电能 EN_T，可以看出，γ_t 越大，EN_T 的波动幅值也越大，即平抑波动所需的储能容量越大。综上，系数 γ_t 取值偏大会增加所需储能容量，而 γ_t 取值偏小则会影响对功率波动的平抑，因此提出变时间常数滤波算法，综合 γ_t 较大时平抑效果好和 γ_t 较小时所需储能电量小的优点，在满足功率波动平抑要求的基础上兼顾储能容量。

图 6 - 28 为不同算法的短时功率波动平抑效果比较，传统固定时间常数算法的系数 γ_t 取 0.2、0.4 和 0.6。图 6 - 28(a)为某日 10 min 最大有功功率变化率 $\lambda_{10\ \text{min},\ t}$ 的概率分布柱状图，图中无滤波算法时 $\lambda_{10\ \text{min},\ t} > 10\%$ 的概率明显高于有滤波算法，而 $\lambda_{10\ \text{min},\ t} < 5\%$ 的概率则低于有滤波算法，表明采用滤波算法后 10 min 内波动幅值较大的部分得到了较好的平抑。由图 6 - 28 可知，随着 γ_t 的增大，10 min 最大有

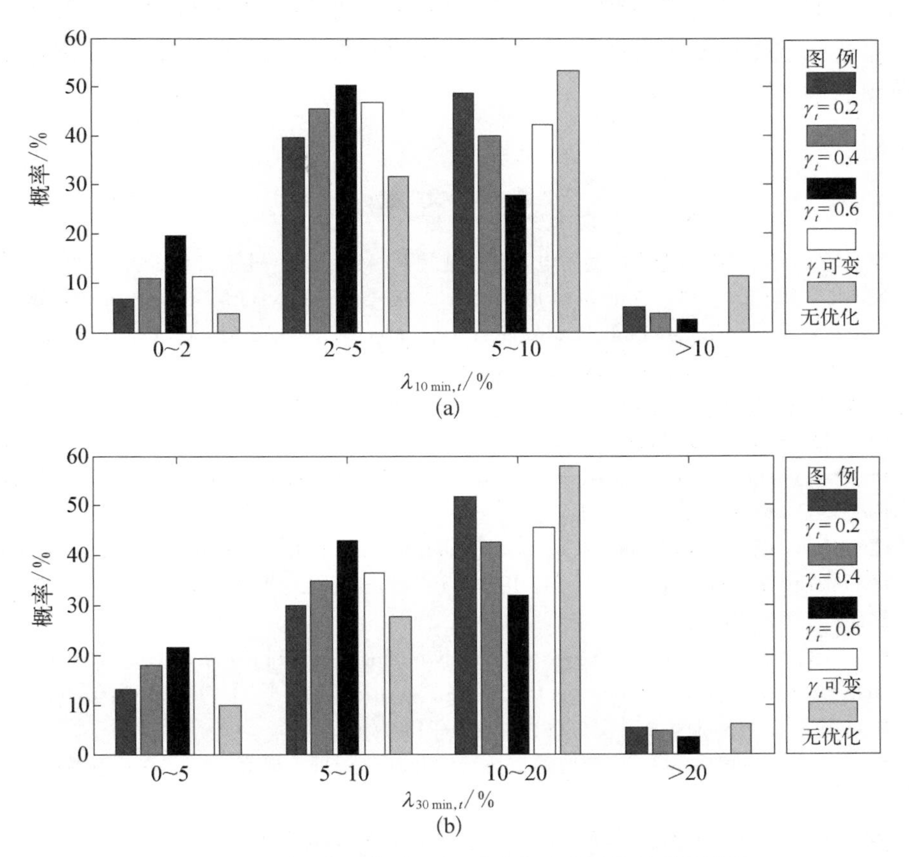

图 6 - 28　不同优化算法下短时功率波动平抑效果的比较

(a) 用户端净负荷曲线；(b) 储能系统荷电状态

功功率变化率中幅值较大的部分得到了一定的抑制，相应地，10 min 内波动幅值较小的概率则有所提升；图中白色柱为采用本节所提基于两级波动限值的变时间常数滤波算法时 $\lambda_{10\ \mathrm{min},\ t}$ 的概率分布，可以看出，此时 $\lambda_{10\ \mathrm{min},\ t}>10\%$ 的概率为零，即 $\lambda_{10\ \mathrm{min},\ t}>10\%$ 的部分得到了完全抑制，表明所提变时间常数滤波算法对于 10 min 内波动幅值较大的输出功率的平抑效果优于固定时间常数法。图 6 - 28(b) 为 $\lambda_{30\ \mathrm{min},\ t}$ 的概率分布柱状图，所提变时间常数法将 $\lambda_{30\ \mathrm{min},\ t}>20\%$ 的概率由无滤波时的 6.02%降至 0，即完全平抑了 $\lambda_{30\ \mathrm{min},\ t}>20\%$ 的波动功率。综上，固定时间常数滤波算法对波动功率有一定的平抑效果，但无法满足波动限值的要求，而采用变时间常数滤波算法后输出功率同时满足 10 min 和 30 min 最大有功功率变化率的要求，实现了大幅值功率波动的完全平抑。

总的来说，针对用户端多类型复合储能，考虑包括超级电容和磷酸铁锂电池、钛酸锂电池、铅酸电池等各类型电池储能单元的复合储能方案，按照基于多目标粒子群优化的内部功率分配策略，其仿真结果表明本节所提分配策略实现了储能系统整体在使用寿命、工作效率和控制效果等方面的综合最优，满足了用户使用需求。

参 考 文 献

[1] 张兴，曹仁贤.太阳能光伏并网发电及其逆变控制[M].北京：机械工业出版社，2011.

[2] Xing L, Rui L, Xu C. Control of a battery-energy-storage system based on a cascaded H-Bridge converter under fault condition, Power Electronics and Motion Control Conference (IPEMC)[C]. Gyeongju, South Korea: IEEE, 2012.

[3] 徐德鸿.电力电子系统建模及控制[M].北京：机械工业出版社，2006.

[4] Ebad M, Song B M. Accurate model predictive control of bidirectional DC - DC converters for DC distributed power systems, Power and Energy Society General Meeting[C]. San Diego, California, USA: IEEE, 2012.

[5] Chen L R, Chu N Y, Wang C S, et al. Design of a reflex-based bidirectional converter with the energy recovery function[J]. IEEE Transactions on Industrial Electronics, 2008, 55(8): 3022 - 3029.

[6] Ma G, Qu W, Yu G, et al. A zero-voltage-switching bidirectional dc-dc converter with state analysis and soft-switching-oriented design consideration[J]. IEEE Transactions on Industrial Electronics, 2009, 56(6): 2174 - 2184.

[7] 许海平.大功率双向 DC/DC 变换器拓扑结构及其分析理论研究[D].北京：中国科学院电工研究所，2005.

[8] 廖志凌，阮新波.一种独立光伏发电系统双向变换器的控制策略[J].电工技术学报，2008，23(1)：97 - 103.

[9] 杨孟雄，阮新波，金科.双向变换器的两段式软起动方法[J].中国电机工程学报，2008，

28(36)：28 - 32.
[10] 金科，杨孟雄，阮新波.三电平双向变换器[J].中国电机工程学报，2006，26(18)：41 - 46.
[11] Sable D M, Lee F C, Cho B H. A zero-voltage-switching bidirectional battery charger/discharger for the NASA EOS satellite, Applied Power Electronics Conference and Exposition, 1992[C]. Boston, MA, USA: IEEE, 1992.
[12] 张方华，朱成花，严仰光.双向 DC - DC 变换器的控制模型[J].中国电机工程学报，2005，25(11)：46 - 49.
[13] Bowtell L, Ahfock A. Comparison between unipolar and bipolar single phase gridconnected inverters for PV applications, Power Engineering Conference, 2007, AUPEC 2007[C]. Perth, WA, Australia: Australasian Universities. IEEE, 2007.
[14] Araújo S V, Zacharias P, Mallwitz R. Highly efficient single-phase transformerless inverters for grid-connected photovoltaic systems[J]. IEEE Transactions on Industrial Electronics, 2010, 57(9): 3118 - 3128.
[15] 张兴，孙龙林，许颇，等.单相非隔离型光伏并网系统中共模电流抑制的研究[J].太阳能学报，2009，30(9)：1202 - 1207.
[16] Gubia E, Sanchis P, Ursua A, et al. Ground currents in single-phase transformerless photovoltaic systems[J]. Progress in photovoltaics: research and applications, 2007, 15(7): 629 - 650.
[17] 张犁，孙凯，冯兰兰，等.一种低漏电流六开关非隔离全桥光伏并网逆变器[J].中国电机工程学报，2012，32(15)：1 - 7.
[18] 邬伟扬，郭小强.无变压器非隔离型光伏并网逆变器漏电流抑制技术[J].中国电机工程学报，2012，32(18)：1 - 8.
[19] Zhou H, Bhattacharya T, Tran D, et al. Composite energy storage system involving battery and ultracapacitor with dynamic energy management in microgrid applications[J]. IEEE Transactions on Power Electronics, 2011, 26(3): 923 - 930.
[20] 朱选才.燃料电池发电系统功率变换及能量管理[D].杭州：浙江大学电气工程学院，2009.
[21] Tani A, Camara M B, Dakyo B. Energy management in the decentralized generation systems based on renewable energy sources, 2012 International Conference on Renewable Energy Research and Applications (ICRERA)[C]. Nagasaki, Japan: IEEE, 2012.
[22] 金科.燃料电池供电系统的研究[D].南京：南京航空航天大学，2006.
[23] Cheah P H, Zhang R, Gooi H B, et al. Consumer energy portal and home energy management system for smart grid applications[J]. IPEC, 2013: 41(23): 407 - 411.
[24] 刘邦银.建筑集成光伏系统的能量变换与控制技术研究[D].武汉：华中科技大学，2008
[25] Chai W, Cai X, Zheng Li. A multi-objective optimal control scheme of the hybrid energy storage system for accurate response in the demand side, the 2017 4th International Conference on Systems and Informatics (ICSAI)[C]. Hangzhou,China: 2017.

第 7 章 区域电网纵横向互动控制技术

传统电力系统是垂直分层的结构，能量主要由输电层、配电层向用电层单向流动。近年来，随着可再生能源发电技术的迅猛发展，大量分布式发电接入配电层和用电层，未来的电力系统将逐渐呈现出分布式的结构，能量也不只局限于单向流动[1]。前文已分别研究了可再生能源发电在输电层、配电层和用电层的典型消纳方案，由于电网每个层面的消纳能力和控制裕度有限，能量会在层间双向流动，可能出现不利于可再生能源就近消纳以及增加网损的情况，因此仅分层消纳无法满足需求，还需要研究区域电网中可再生能源的层间纵向互动和同层横向互动控制技术。一方面，含高比例可再生能源的区域电网对于其所接入的大电网而言增加了电网调度的难度，加大了系统调峰调频的压力和运行风险，因此需要研究区域电网与大电网之间横向互动的控制策略；另一方面，为充分利用区域电网内部各层的可控资源，促进可再生能源的就近消纳，需要研究区域电网内部输电层、配电层和用电层之间协调优化的纵向互动控制策略，提高电网运行的可靠性和经济性，实现区域电网中高比例可再生能源发电的可控可调和高效消纳。

本章将探讨高比例可再生能源的分层消纳与互动控制策略，以统一信息支撑平台和综合能量管理系统为技术支撑，在区域电网与大电网的横向互动方面，研究功率控制模式、频率支撑模式、启停模式和风电突变模式 4 种互动控制方案；在纵向互动方面，研究用电层与配电层、配电层与输电层之间的互动控制策略。最后仿真验证所提控制策略的有效性。

7.1 纵横互动结构体系

7.1.1 高比例可再生能源的分层消纳方案

可再生能源发电根据其并网规模和容量的不同分别接入区域电网的输电层、配电层和用电层，针对不同层面可再生能源消纳的特征和控制需求，其高比例可再生能源的分层消纳方案如图7-1所示。

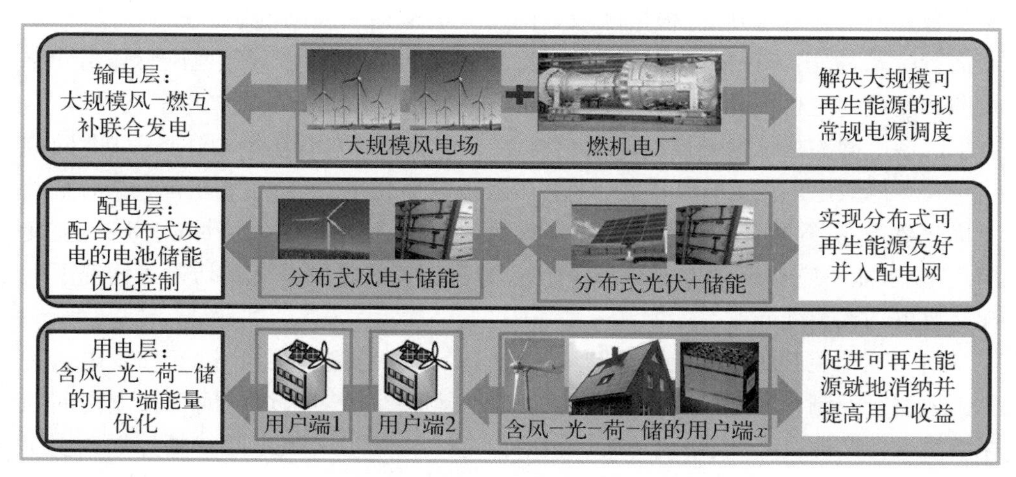

图7-1　区域电网中高比例可再生能源的分层消纳方案

在输电层，以大型风电场为代表的大规模可再生能源发电通常接入110 kV及以上的高压输电网[2]。为解决此类可再生能源发电的拟常规电源调度，由若干大型风电场和燃机电厂构成风-燃互补发电系统（见第2章），基于风电功率超短期预测技术，通过CCGT在计划调度层和实时优化层的双层复合控制，实现输电层电源的可调、可控。

在配电层，以中小型风电场和光伏电站为代表的分布式电源（DG）通常接入10 kV～35 kV配电网，为实现此类分布式可再生能源发电的友好并网，由电池储能系统与DG联合发电（见第3章），使配备了BESS的DG成为波动程度可控、有功/无功可按计划出力，符合电能质量要求的优质电源。

在用电层，越来越多的小型风机和屋顶光伏系统接入用户端，促进了可再生能源的就地消纳，为解决该类可再生能源发电量与负荷需求量不匹配的问题，通过用户端日前能量管理和日内双时间尺度调节，提高可再生能源就地消纳率和用户经济效益。

分层消纳有助于减少新能源高比例接入对电网安全稳定的冲击，但是，由于每个层面的消纳能力和控制裕度有限，能量还可能在层间双向流动，仅分层消纳已无法满足高效消纳的需求，需要进一步研究区域电网与大电网之间的横向互动以及输、配、用各层间的纵向互动控制。

7.1.2　横向互动与纵向互动的总体架构

7.1.2.1　区域电网与大电网的横向互动架构

含高比例可再生能源发电的区域电网作为一个整体，通过联络线接入大电网。

横向互动控制由风-燃互补发电系统作为控制单元，在前文所提风-燃互补发电双层复合控制策略的基础上，根据区域电网与大电网横向互动的不同控制需求和系统运行状态，提出4种横向互动模式：① 功率控制模式，要求区域电网总输出功率按照调度计划运行，即需要联络线交换功率平稳跟踪计划曲线；② 频率支撑模式，要求区域电网在按计划调度的基础上具备支撑系统频率的作用，此时区域电网相当于一个等效电厂；③ 启停模式，要求在满足负荷供电和联络线功率平稳的基础上优化燃气-蒸汽联合循环机组的启停时间，提高系统运行的经济性；④ 风电突变模式，要求能够应对风速超出切入/切出风速范围时大量风电机组切机等情况下引起的风电功率突变问题。

横向互动控制的总体架构如图7-2所示，通过对输电层风-燃互补发电系统的出力进行控制，以满足不同互动模式下的控制需求。对区域电网与大电网间的联络线进行监测，保障联络线功率和频率稳定。风-燃互补发电系统的计划调度层依据区域电网本地负荷和上级调度控制系统(D5000系统)，通过对区域电网的调度指令得到燃机基准功率，实时优化层对区域电网与大电网之间联络线的功率和频率进行闭环控制，从而实现不同模式下区域电网与大电网的横向互动控制。

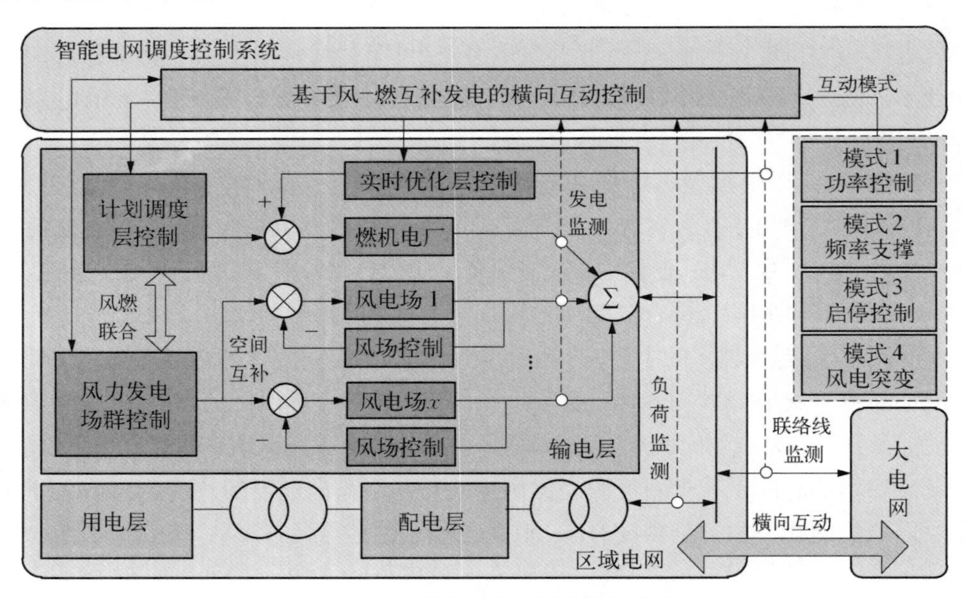

图7-2 区域电网横向互动控制方案

7.1.2.2 区域电网中输配用各层间的纵向互动架构

纵向互动模型包括用电层与配电层间的互动，以及配电层与输电层间的互动。下层与上层互动的控制方案如图7-3所示，下层单元(如用电层某用户端、配电层某配网片区)根据自身优化目标(优化模型A)首先完成自优化，在此基础上计算未

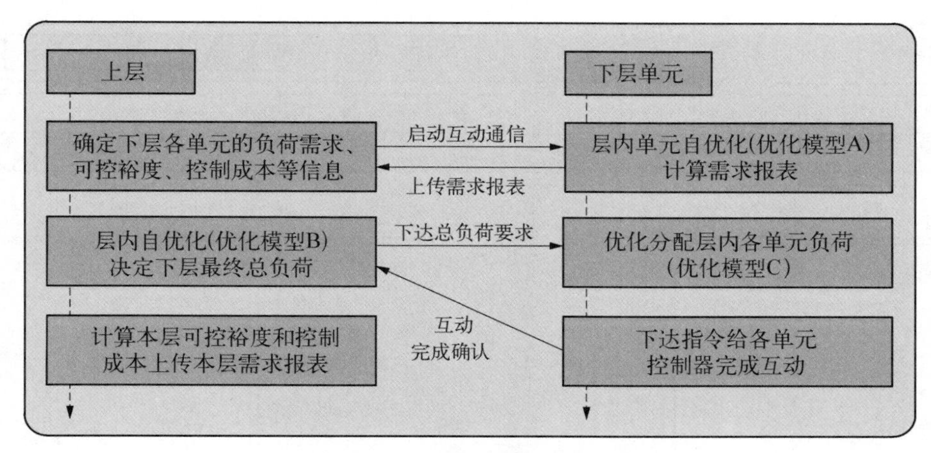

图7-3　层间纵向互动控制方案

来时间段的需求报表并传递至上层，需求报表内包含下层单元的负荷需求、可控裕度、控制成本等信息；上层根据下层的需求报表和本层控制要求进行层内自优化(优化模型B)，在可控裕度范围内以自身目标函数最优为原则决定下层的最终总负荷，并向下层各单元下达总负荷要求；下层单元执行上层的负荷指令，对层内各单元负荷进行优化分配(优化模型C)，并下达指令至本地控制器完成互动。

纵向互动优化模型为含多决策变量的多目标优化问题，针对多目标优化，求解时采用含精英策略和拥挤度排序的非支配遗传算法(nondominated sorting genetic algorithm-Ⅱ, NSGA-Ⅱ)[3]对基本粒子群算法(particle swarm optimization, PSO)[4]进行改进，进一步提高寻优效率和搜索精度。

7.1.3　统一信息支撑平台与综合能量管理系统

传统电网中的信息监控系统通常相互独立，各个系统立足于自身的功能需求可能采用不同的数据格式和通信规范，往往无法做到电力信息的交流共享[5-6]，这将不利于所提区域电网横向互动和层间纵向互动控制方案的实施，因此需要建立统一信息支撑平台，解决这些分散孤立系统之间的信息交互、转换、集成与共享问题，从而打通横向互动和纵向互动的控制通道，实现能量流与信息流的一体化控制，图7-4为支撑层间协调互动的信息集成与能量管理总体架构。

输电层中，大型风电场群和燃机电厂将各自的发电情况和运行状态等信息上传至智能电网调度控制系统(D5000平台)，并接受该系统的调度和控制信息。配电层中，各分布式发电和储能电站与区域电网地级调度自动化系统进行通信，上传现场测量监控信息并接收调度控制信号；配电自动化系统具备对配电网进行信息采集、测量、控制、保护和监测等基本功能。用电层中，用户端的净负荷可控裕度和

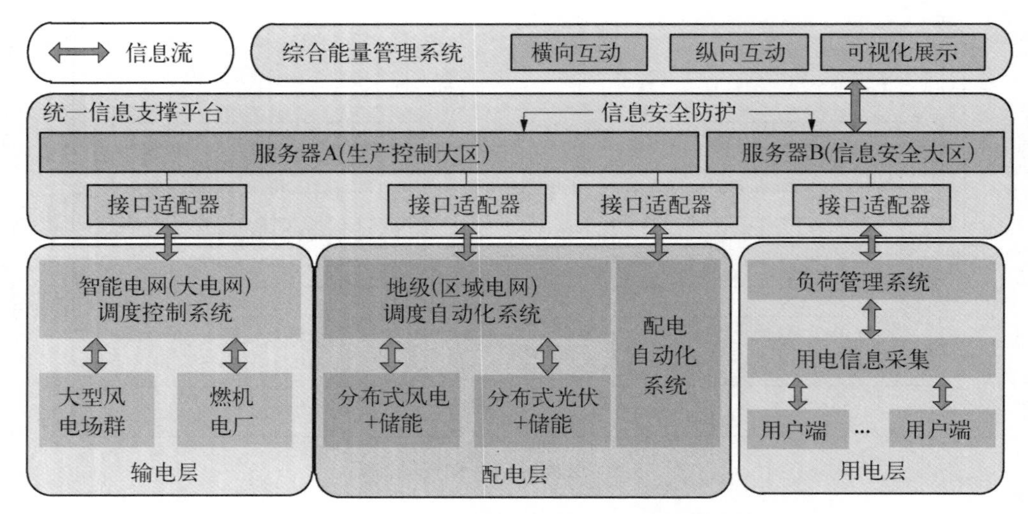

图 7-4　支撑层间协调互动的信息集成与能量管理总体架构

用户储能剩余容量等信息传递至负荷管理系统，并能够接收到该系统提供的用电建议。为实现上述海量信息的集成共享，统一信息支撑平台需要建立统一的电力模型数据库和信息交换规范，并开发适应上述各调度监控系统的接口适配器，实现信息流的双向流动。将本节所提区域电网横向互动和层间纵向互动的控制策略集成嵌入综合能量管理系统中，通过统一信息支撑平台完成与区域电网中各调度监控系统的信息交互，实现区域电网中能量的综合管理和优化利用。为保障信息安全，统一信息支撑平台在生产控制大区设置服务器 A，与大电网调度控制系统、区域电网地级调度自动化系统和配电自动化系统等进行通信，在信息安全大区设置服务器 B，接入负荷管理系统和综合能量管理系统。上述两个大区通过正反向物理隔离、纵向加密认证、防火墙等技术实现信息安全防护。

7.2　横向互动与频率支撑

根据调度部门制定的区域电网 96 点日前对外输送功率计划曲线，风-燃互补发电系统的计划调度层每 15 min 更新一次燃机基准功率指令，通过控制 CCGT 出力，保证联络线功率跟踪计划调度指令。设在时段 $t(t=1,\ 2,\ \cdots,\ 96)$ 区域电网对外联络线的计划交换功率为 $P_{\mathrm{ex},\ t}$，则计划调度层中燃机基准功率指令 $P_{\mathrm{Gref},\ t}$ 为

$$P_{\mathrm{Gref},\ t}=P_{\mathrm{Lf},\ t}-P_{\mathrm{ex},\ t}-P_{\mathrm{wf},\ t} \tag{7-1}$$

根据所提风-燃互补发电系统的双层复合控制策略，计划调度层对燃机基准功率指令 $P_{\mathrm{Gref},\ t}$ 进行优化计算，而实时优化层的控制中，根据横向互动的控制需求，

将偏差量 δ 修正为联络线功率与调度指令间的偏差：

$$\delta_{\mathrm{LI}}=[P^{i}_{\mathrm{L},t}-P^{i}_{\mathrm{w},t}-(P_{\mathrm{Gref},t}+\Delta P^{i}_{\mathrm{Glow},t})]-P_{\mathrm{ex},t} \tag{7-2}$$

式中，$P^{i}_{\mathrm{L},t}$ 为在 t 时段采样时刻 i 的区域电网实际负荷功率。

横向互动实时优化层中补偿风电功率波动的燃机调节量为

$$\Delta P^{i}_{\mathrm{Gp},t}=\begin{cases}P^{i}_{\mathrm{L},t}-P^{i}_{\mathrm{w},t}-P_{\mathrm{Gref},t}-(1-\lambda)P_{\mathrm{ex},t}, & \delta_{\mathrm{LI}}<-\lambda P_{\mathrm{ex},t}\\ \Delta P^{i}_{\mathrm{Glow},t}, & -\lambda P_{\mathrm{ex},t}\leqslant\delta_{\mathrm{LI}}\leqslant\lambda P_{\mathrm{ex},t}\\ P^{i}_{\mathrm{L},t}-P^{i}_{\mathrm{w},t}-P_{\mathrm{Gref},t}-(1+\lambda)P_{\mathrm{ex},t}, & \delta_{\mathrm{LI}}>\lambda P_{\mathrm{ex},t}\end{cases} \tag{7-3}$$

频率偏差 Δf^{i}_{t} 为联络线的频率偏差，通过 PI 闭环调节得到控制系统频率偏差的燃机调节量 $\Delta P^{i}_{\mathrm{Gf},t}$。为适应功率控制和频率支撑两种不同的横向互动控制模式，CCGT 在 t 时段采样时刻 i 的输出功率指令为

$$P^{i}_{\mathrm{G},t}=P_{\mathrm{Gref},t}+k_{p}\cdot\Delta P^{i}_{\mathrm{Gp},t}+k_{f}\cdot\Delta P^{i}_{\mathrm{Gf},t} \tag{7-4}$$

式中，k_{p} 为功率控制调节系数，k_{f} 为频率控制调节系数。

在功率控制横向互动模式中，要求区域电网总输出功率按照调度计划运行，即其与大电网的联络线交换功率应平稳跟踪计划曲线 $P_{\mathrm{ex},t}$，此时所接入的大电网通常为一个强电网，故该模式下区域电网的横向互动对系统频率无控制要求，可设 k_{p} 为 1，k_{f} 为 0。

在频率支撑横向互动模式中，要求区域电网在按计划调度的基础上具备支撑系统频率的作用，此时其所接入的大电网通常为一个弱电网，当系统频率波动时 CCGT 能够迅速响应并优先补偿系统频率偏差，该模式下可设 k_{p} 为 0，k_{f} 为 1。

启停控制模式的控制目标是优化 CCGT 的启停时间，提高系统运行的经济性。在计划调度层对燃机启停状态进行优化，设联合循环机组启停状态变量为 u_{t}，$u_{t}=0$ 表示时段 t 机组处于停运状态，$u_{t}=1$ 表示时段 t 机组处于运行状态，考察时间段 T_{M} 内系统经济效益最优为控制目标，即

$$\begin{aligned}\min\quad f(u_{t})=\sum_{t=i}^{i+T_{M}}\{&[g(u_{t}P_{\mathrm{Gref},t})-u_{t}P_{\mathrm{Gref},t}S_{t}\\&+|P_{\mathrm{L},t}-u_{t}P_{\mathrm{Gref},t}-P_{\mathrm{w},t}-P_{d,t}|D_{t}]\Delta T\\&+F_{\mathrm{st}}u_{t}(1-u_{t-1})+F_{\mathrm{sp}}(1-u_{t})u_{t-1}\}\end{aligned} \tag{7-5}$$

式中，g(　)为机组运行成本模型，通常以二次函数表征；S_{t} 为燃机上网电价；D_{t} 为联络线功率偏差惩罚费用；F_{st} 为机组启动成本；F_{sp} 为停机成本。

机组启停状态优化需要满足最小运行时间 $T_{\mathrm{run,min}}$、最小停运时间 $T_{\mathrm{stop,min}}$、最

大启停次数 $M_{switch,max}$ 等约束条件，当机组累积运行时间小于 $T_{run,min}$ 时不允许其停机，当机组累积停运时间小于 $T_{stop,min}$ 时不允许其启动，在一定时间周期内机组的启停次数不应超过 $M_{switch,max}$，故约束条件如下：

$$\begin{cases} \varphi_1(u_t,\ T_{run,min}) \leqslant 0 \\ \varphi_2(u_t,\ T_{stop,min}) \leqslant 0 \\ \varphi_3(u_t,\ M_{switch,max}) \leqslant 0 \end{cases} \tag{7-6}$$

式中，$\varphi_1(\ )$、$\varphi_2(\ )$ 和 $\varphi_3(\ )$ 分别为表征最小运行时间、停运时间以及最大启停次数的约束函数。

风电突变模式要求能够应对风速超出切入/切出风速范围时大量风电机组切机等情况下引起的风电功率突变问题。当 CCGT 处于停机状态且预判到风电功率将大幅下降时应切换至该模式，此时燃机启动速度是影响系统运行的主要因素，燃气轮机启动速度较快，而蒸汽轮机启动速度慢，故该模式下燃机电厂运行方式由联合循环切换至简单循环，首先对燃气轮机进行快速启动，并减少其暖机时间，即风电突变模式下机组启动时间 $T_{start,wsc}$ 小于其他模式下机组常规启动时间：

$$T_{start,wsc} < T_{start,min} \tag{7-7}$$

风电突变模式对燃机电厂的负荷调节速度要求较高，故该模式下将变负荷速率 κ 设置为一个较高值，即风电突变模式下变负荷速率 κ_{wsc} 大于其他模式下机组最大变负荷速率：

$$\kappa_{wsc} > \kappa_{max} \tag{7-8}$$

但是，减少启动时间和超高的变负荷速率会严重影响机组使用寿命，因此应尽量减少风电突变模式的运行时间和次数。设风电突变模式的运行时间为 T_{wsc}，应将其累积运行时间限制在一定允许范围内，即

$$\sum T_{wsc} \leqslant T_{wsc,max} \tag{7-9}$$

7.3 纵向互动与高效消纳

7.3.1 配电层与用电层的互动控制

用电层中含有大量多种类型的电力用户和微电网，其中部分用户含有一定量的可控资源，如用户端储能以及可平移负荷、可中断负荷和可调负荷等可控负荷。电力用户接入配电网络，通过用电信息采集系统和负荷管理系统将用户端的负荷

需求、可控资源以及控制成本等信息上传至区域电网统一信息支撑平台，同时接收配电层下达的用电建议，完成信息交互。通常，用电层中电力用户以自身利益出发，根据用户自身的控制目标对其可控负荷、储能等做出优化调控方案，而配电层以降低配电网络运行成本、提高可再生能源消纳率等为优化目标，故配电层对用户可控资源所下达的用电建议可能与用户自身的最优方案并不一致。因此，本节提出用电层与配电层间协调互动的控制方案，一方面能够有效利用和优化调控用电层和配电层的可控资源，另一方面可以充分协调用电层和配电层不同的控制需求和优化目标。

第6章已提出了含风-光-荷-储的用户端能量优化控制策略，在此基础上建立用电层中电力用户自身能量优化控制的统一数学模型。设某电力用户共含有 i 个可控发/用电设备，则模型优化变量包括用户全部可控资源：可平移负荷 $L^t_{\mathrm{int},\,i}$、可中断负荷 $L^t_{\mathrm{mov},\,i}$、可调负荷 $L^t_{\mathrm{var},\,i}$、储能充放电功率 $P^t_{\mathrm{ES},\,i}$、可控发电设备输出功率 $G^t_{\mathrm{con},\,i}$。为鼓励用户积极参与可再生能源发电装置的安装建设，促进可再生能源就地消纳，通常对用户端可再生能源发电量不作限制，故用户可采取最大功率跟踪策略，其可再生能源发电的输出功率 $G^t_{\mathrm{ren},\,i}$ 无需优化控制，不列入优化变量。用户的优化目标为自身经济收益最优，包括负荷电费项、发电收入项以及新能源发电补贴项；约束条件包括可控负荷约束、储能约束、发电约束等，用电层电力用户能量优化模型如下。

$$\begin{aligned}\min\quad & f_U(L^t_{\mathrm{int},\,i},\ L^t_{\mathrm{mov},\,i},\ L^t_{\mathrm{var},\,i},\ P^t_{\mathrm{ES},\,i},\ G^t_{\mathrm{con},\,i}) \\ &= \sum_t \sum_i [(L^t_{\mathrm{int},\,i} + L^t_{\mathrm{mov},\,i} + L^t_{\mathrm{var},\,i} + L^t_{\mathrm{unc},\,i} + P^t_{\mathrm{ES},\,i})E_t \\ &\quad - (G^t_{\mathrm{ren},\,i} + G^t_{\mathrm{con},\,i})S_t - G^t_{\mathrm{ren},\,i}A^t_i]\Delta t\end{aligned} \tag{7-10}$$

$$s.t.\quad \sum_t L^t_{\mathrm{int},\,i} \cdot \Delta t = Q_i,\ L^t_{\mathrm{int},\,i} \in \{0,\ p_{\mathrm{int},\,i}\} \tag{7-11}$$

$$L^t_{\mathrm{mov},\,i} = \begin{cases} p_{\mathrm{mov},\,i},\ t \in [t_{\mathrm{mov}},\ t_{\mathrm{mov}} + l] \\ 0,\ t \in [t_0,\ t_{\mathrm{mov}}) \cup (t_{\mathrm{mov}} + l,\ t_{\mathrm{end}}], \end{cases} t_{\mathrm{mov}} \in [t_{\min},\ t_{\max}] \tag{7-12}$$

$$p_{\mathrm{var},\,i,\,\min} \leqslant L^t_{\mathrm{var},\,i} \leqslant p_{\mathrm{var},\,i,\,\max} \tag{7-13}$$

$$P_{\mathrm{ES},\,i,\,\min} \leqslant P^t_{\mathrm{ES},\,i} \leqslant P_{\mathrm{ES},\,i,\,\max} \tag{7-14}$$

$$SOC_{\mathrm{ES},\,i,\,\min} \leqslant SOC^t_{\mathrm{ES},\,i} \leqslant SOC_{\mathrm{ES},\,i,\,\max} \tag{7-15}$$

$$0 \leqslant G^t_{\mathrm{con},\,i} \leqslant G_{\mathrm{con},\,i,\,\max} \tag{7-16}$$

$$\Delta G^t_{\mathrm{con},\,i} \leqslant \kappa_i G_{\mathrm{con}N,\,i} \tag{7-17}$$

$$G^t_{\mathrm{ren},\,i} = \varphi_{\mathrm{MPPT}}(v_t,\ h_t) \tag{7-18}$$

式中，E_t 为用户用电的市场电价；S_t 为用户发电的上网电价；A_t 为新能源补贴电价；$L^t_{unc,i}$ 为用户固定负荷；Q_i 为可中断负荷 i 要求运行的累积电量，其运行功率为 $p_{int,i}$；l 为可平移负荷 i 的要求运行时长，其运行功率为 $p_{mov,i}$，起始运行时间 t_{mov} 允许的运行时间段为[t_{min}，t_{max}]；$P_{var,i,max}$ 和 $P_{var,i,min}$ 为可调负荷 i 的运行功率上下限；$P_{ES,i,max}$ 和 $P_{ES,i,min}$ 为储能 i 的充放电功率上下限；$SOC_{ES,i,max}$ 和 $SOC_{ES,i,min}$ 为储能 i 荷电状态 $SOC_{ES,i}$ 的上下限；$G_{con,i,max}$ 为可控发电设备 i 的发电功率上限，κ_i 为其最大爬坡率，$G_{conN,i}$ 为其额定功率；v_t 表示风速，h_t 表示光照辐射，$\varphi_{MPPT}()$ 为最大功率跟踪函数。

用户以自身经济效益最优为目标求得对各电力设备的最优调控计划后，在该计划的基础上得到各设备的可控裕度[$p_{cL,i}$，$p_{cH,i}$]和对应的控制成本 c_i，并将负荷需求、可再生能源发电量、可控资源最优调控计划、可控裕度、控制成本等信息进行上传。$p_{cL,i}$ 和 $p_{cH,i}$ 分别表示设备 i 在其最优调控计划的基础上最少和最多可增加(或可减少)的输出功率；可控裕度可以是连续域(如可调负荷)，也可以是离散域(如可中断负荷)，可控裕度为 0 则表示该设备当前不可控，例如，当某可平移负荷已经运行了一段时间，由于运行过程不可中断，此时其可控裕度变为 0。表 7-1 为某时段某用户端(互动用户 A)上传的可控资源报表(即需求报表)的示例。

表 7-1　时段 I 互动用户 A 上传的需求报表

用户资源类型	设备编号	用户最优调控计划/MW	可控裕度/MW	控制成本/(¥·kW·h^{-1})
可平移负荷	1	0.03	{−0.03，0}	0.6
	2	0.02	0	—
可调负荷	3	0.03	[0，+0.02]	0.6
固定负荷	4	0.02	0	—
储能	5	0.083	[−0.183，0.017]	0.5
	6	0	[−0.01，0]	0.5
可再生能源发电	7	−0.18	[0，+0.18]	0.9
	8	−0.003	[0,+0.003]	0.9

与用户层类似，配电层中也含有一定的可控资源。配电网中接入的独立分布式可再生能源发电站、储能电站等向地级调度自动化系统上传其预测发电量和可控裕度等信息，并与统一信息支撑平台完成信息交互。当配电层规模较大时，采取分区自治的方案，在片区内实行用户层与配电层的协调互动，在减小计算量的同时实现可再生能源在片区内的就近最大化消纳。将配电网中各分布式电站和用户上传的信息进行整合，设配网片区内用户层和配电层共含有 j 个可控发/用电单元，则配电层优化变量包括：用户可控负荷 $L^t_{con,j}$、储能充放电功率 $P^t_{ES,j}$、可控发电设

备输出功率$G^t_{\mathrm{con},\,j}$以及配电层可再生能源发电功率$G^t_{\mathrm{ren},\,j}$。配电层的优化目标为提高可再生能源的就地消纳率，同时降低电网的运行成本和控制成本。设配网中可再生能源的切负荷率为ζ^t_{ren}，片区与外界的能量交换率为ζ^t_{line}，配网运行能量损耗率(即网损)为ζ^t_{loss}，配电层与用户层互动时对用户可控资源的控制成本为F^t_{cost}，$\omega_{d1}\sim\omega_{d4}$为上述四项对应的权重系数，则配电层的优化目标为

$$\begin{aligned}\min\quad & f_D(L^t_{\mathrm{con},\,j},\ P^t_{\mathrm{ES},\,j},\ G^t_{\mathrm{con},\,j},\ G^t_{\mathrm{ren},\,j}) \\ &= \sum_t(\omega_{d1}\zeta^t_{\mathrm{ren}}+\omega_{d2}\zeta^t_{\mathrm{line}}+\omega_{d3}\zeta^t_{\mathrm{loss}}+\omega_{d4}F^t_{\mathrm{cost}})\Delta t\end{aligned} \tag{7-19}$$

为保证配电网安全运行，有时需要对配电层可再生能源发电站的输出功率进行限幅，设可再生能源发电站j的装机容量为$G_{\mathrm{ren},\,N,\,j}$，其按最大功率跟踪策略得到的最大可发电功率为$G^t_{\mathrm{ren},\,\mathrm{MPPT},\,j}$，则配网片区内可再生能源的切负荷率$\zeta^t_{\mathrm{ren}}$为

$$\zeta^t_{\mathrm{ren}}=\sum_j\frac{G^t_{\mathrm{ren},\,\mathrm{MPPT},\,j}-G^t_{\mathrm{ren},\,j}}{G_{\mathrm{ren},\,N,\,j}}\times 100\% \tag{7-20}$$

为提高本地能源的就地消纳率、降低电网运行损耗，应在满足负荷需求的基础上尽量减少片区与外界的能量交换。设配网片区与外界电网的联络线交换功率为P^t_{line}，其设计的最大交换功率为$P_{\mathrm{line},\,\max}$，则片区与外界的能量交换率ζ^t_{line}为

$$\zeta^t_{\mathrm{line}}=\frac{|P^t_{\mathrm{line}}|}{P_{\mathrm{line},\,\max}}\times 100\% \tag{7-21}$$

配电层的优化应考虑降低网损，设配网中线路mn的功率损耗为$P^t_{\mathrm{loss},\,mn}$，最大运行方式下配网的最大网损为$P_{\mathrm{loss},\,\max}$，则配网运行能量损耗率ζ^t_{loss}为

$$\zeta^t_{\mathrm{loss}}=\frac{1}{P_{\mathrm{loss},\,\max}}\sum_{mn}P^t_{\mathrm{loss},\,mn}\times 100\% \tag{7-22}$$

设配电层对可控发/用电单元j的调节功率为$P^t_{c,\,j}$，即在各可控发用电设备最优调控计划的基础上增加或减少发用电$|P^t_{c,\,j}|$，其单位控制成本为c_j，则总控制成本F^t_{cost}为

$$F^t_{\mathrm{cost}}=\sum_j(|P^t_{c,\,j}|\cdot c_j) \tag{7-23}$$

配电层的优化还应满足配网拓扑约束、潮流约束、节点电压约束、线路电流约束、可控资源控制裕度约束等，具体如下：

$$s.t.\qquad g\in\Omega \tag{7-24}$$

$$P_m^t = U_m^t \sum_n U_n^t (G_{mn}\cos\theta_{mn} + B_{mn}\sin\theta_{mn}) \quad \forall m, n \in \Omega_N \tag{7-25}$$

$$Q_m^t = U_m^t \sum_n U_n^t (G_{mn}\sin\theta_{mn} - B_{mn}\cos\theta_{mn}) \quad \forall m, n \in \Omega_N \tag{7-26}$$

$$U_{m,\min} \leqslant |U_m^t| \leqslant U_{m,\max} \quad \forall m \in \Omega_N \tag{7-27}$$

$$|S_{mn}^t| \leqslant S_{mn,\max} \quad \forall mn \in \Omega_L \tag{7-28}$$

$$0 < G_{\text{ren},j}^t \leqslant G_{\text{ren,MPPT},j}^t \tag{7-29}$$

$$P_{\text{cL},j}^t \leqslant P_{c,j}^t \leqslant P_{\text{cH},j}^t \tag{7-30}$$

式中，g 为当前配网片区的网络拓扑结构，Ω 为电网拓扑集合；P_m^t 和 Q_m^t 为节点 m 处注入的有功功率和无功功率；U_m^t 和 U_n^t 为节点 m 和节点 n 的电压幅值；G_{mn} 和 B_{mn} 为支路 mn 的电导和电纳；θ_{mn} 为节点 m 和节点 n 的相角差；Ω_N 为拓扑 g 中所有节点的集合；$U_{m,\max}$ 和 $U_{n,\min}$ 为节点 m 电压幅值的上下限；S_{mn}^t 为线路 mn 的视在功率，$S_{mn,\max}$ 为线路 mn 视在功率的限值；Ω_L 为拓扑 g 中所有支路的集合；$p_{\text{cH},j}^t$ 和 $p_{\text{cL},j}^t$ 为可控发/用电单元 j 的调节功率上下限。

7.3.2 配电层与输电层互动控制

将配电网络根据变电站供电范围划分为若干片区，片区 k 与输电网间的联络线功率为 $P_{\text{line},k}^t$，即每个片区对于输电层相当于一个等效负荷。在配网片区内实现配电层与用户层的协调互动，得到对片区内可控资源和可再生能源发电的最优调控方案，根据该优化结果，配电层将片区 k 的负荷需求 $P_{\text{line},k}^t$、可控裕度[$\Delta p_{\text{lineL},k}^t$，$\Delta p_{\text{lineH},k}^t$]、控制成本 $c_{d,k}$ 等信息上传。其中，$P_{\text{line},k}^t$ 为配网片区与用户互动并优化后与输电层的总交换功率；可控裕度[$\Delta p_{\text{lineL},k}^t$，$\Delta p_{\text{lineH},k}^t$]表示以该优化后的交换功率 $P_{\text{line},k}^t$ 为基准允许增加的负荷范围；控制成本 $c_{d,k}$ 为增加或减少单位电量所需支付的补偿金。为简化配电层的上传报表并减少输电层运算量，将片区 k 中配电层和用户层内所有可控资源进行整合，并假设各单元的可控裕度均为连续域，设片区 k 中发用电单元 j（包括各种负荷、发电机组、储能等）在其优化后输出功率的基础上，调节下限和上限分别为 $P_{\text{cL},k,j}^t$ 和 $P_{\text{cH},k,j}^t$，则配电层片区 k 的可控裕度计算如下：

$$\begin{cases} \Delta p_{\text{lineL},k}^t = \sum_j p_{\text{cL},k,j}^t \\ \Delta p_{\text{lineH},k}^t = \sum_j p_{\text{cH},k,j}^t \end{cases} \tag{7-31}$$

配电层与输电层进行互动时，首先应保证互动后配网片区内可再生能源并网率不能下降，故应令输配互动中片区 k 内可再生能源发电单元 j 的可控裕度 $[p^t_{cL,ren,j}, p^t_{cH,ren,j}]$ 不小于零，即

$$\begin{cases} p^t_{cL,ren,j}=0 \\ p^t_{cH,ren,j}\leqslant G^t_{ren,MPPT,j}-G^t_{ren,j} \end{cases} \tag{7-32}$$

式中，$G^t_{ren,j}$ 为配电层与用户层互动优化后所得可再生能源发电单元 j 的最优输出功率，$G^t_{ren,MPPT,j}$ 是其由最大功率跟踪算法计算得到的最大可输出功率。根据配电层的上传报表可知，片区 k 与输电层的交换功率上下限为

$$\begin{cases} P^t_{lineL,k}=P^t_{line,k}+\Delta p^t_{lineL,k} \\ P^t_{lineH,k}=P^t_{line,k}+\Delta p^t_{lineH,k} \end{cases} \tag{7-33}$$

输电层根据自身目标在片区 k 可控裕度允许范围内对其进行调控，由于输电层与配电层的控制目标不一致，故该调控需要给予一定的补偿，设片区 k 中发用电单元 j 的单位控制成本为 $c_{k,j}$，则可将输电层对片区 k 的单位控制成本 $c_{d,k}$ 设为配电层和用电层中所有可控单元控制成本的最大值，即

$$c_{d,k}=\max_j(c_{k,j}) \tag{7-34}$$

大型发电机组通常接入输电层，设输电层中共含有 l 个发电单元，则输电层的优化变量包括：燃机电厂等可控发电的输出功率 $G^t_{con,l}$，风力发电等可再生能源发电的输出功率 $G^t_{ren,l}$，以及配网片区 k 与输电层的交换功率 $P^t_{line,k}$。输电层的优化目标为提高可再生能源并网率、降低网损和控制成本，即

$$\begin{aligned} \min\quad f_T(G^t_{con,l}, G^t_{ren,l}, P^t_{line,k}) = & \sum_t\Big[\omega_{T1}\sum_l\frac{G^t_{ren,MPPT,l}-G^t_{ren,l}}{G_{ren,N,l}}+\omega_{T2}\sum_{mn}\frac{P^t_{lossT,mn}}{P_{lossT,max}} \\ & +\omega_{T3}\sum_k(|\Delta P^t_{line,k}|\cdot c_{d,k})\Big]\Delta t \end{aligned} \tag{7-35}$$

式中，$G_{ren,N,l}$ 为输电层中可再生能源发电场 l 的总装机容量，$G^t_{ren,MPPT,l}$ 为其按最大功率跟踪策略得到的最大可发电功率；$P^t_{lossT,mn}$ 为输电层中线路 mn 的功率损耗，$P_{loss,max}$ 为最大运行方式下输电网的最大网损；$\Delta p^t_{line,k}$ 为输电层对配网片区 k 的调节功率；ω_{T1}、ω_{T2} 和 ω_{T3} 分别为可再生能源并网率、网损率、控制成本对应的权重系数。

输电层优化仍须满足网络拓扑约束、潮流约束、节点电压约束、线路电流约束

等，上述约束条件与配电层优化类似，不作赘述。除此之外，输电层对配网片区 k 的调节功率须在允许范围内；输电层直接与大电网相连，还应满足横向互动约束条件，如功率控制模式下要求区域电网与大电网的联络线功率 P^t_{lineT} 按调度计划 $P_{d,t}$ 运行，故应增加约束条件如下：

$$s.t. \quad P^t_{\text{lineT}} = P_{d,t} \tag{7-36}$$

$$\Delta P^t_{\text{lineL},k} \leqslant \Delta P^t_{\text{line},k} \leqslant \Delta P^t_{\text{lineH},k} \tag{7-37}$$

配网片区 k 接收到输电层对其做出的调控建议后，将 $\Delta p^t_{\text{line},k}$ 优化分配至各可控发/用电单元 j。片区 k 内各单元 j 分配到的调节功率 $P^t_{c,k,j}$ 即为优化变量，优化目标为降低网损和控制成本；由于配电层上传的可控裕度假设所有可控单元为连续域，而实际中部分设备的可控裕度为离散域，因此优化目标中还需增加一项，即令所有可控单元实际调节功率 $P^t_{c,k,j}$ 的总和与输电层建议调节功率 $\Delta p^t_{\text{line},k}$ 之间的控制偏差最小。综上，配电层优化分配的控制目标如下：

$$\min \quad f_{DA,k}(P^t_{c,k,j}) = \sum_t (\omega_{DA1}\zeta^t_{\text{loss}} + \omega_{DA2}F^t_{\text{cost}} + \omega_{DA3} \mid \sum_j P^t_{c,k,j} - \Delta P^t_{\text{line},k} \mid)\Delta t \tag{7-38}$$

式中，配网运行能量损耗率 ζ^t_{loss} 和控制成本 F^t_{cost} 分别参见式(7-22)和式(7-23)，ω_{DA1}、ω_{DA2} 和 ω_{DA3} 分别为网损率、控制成本和控制偏差对应的权重系数。优化模型的约束条件参见式(7-24)～式(7-30)。

7.3.3 基于 NSGA-Ⅱ改进的 PSO 求解算法

前文建立了层间纵向互动的数学模型，本节利用含精英策略和拥挤度排序的非支配遗传算法(nondominated sorting genetic algorithm-Ⅱ，NSGA-Ⅱ)对基本粒子群算法(particle swarm optimization，PSO)加以改进，解决 PSO 算法求解多目标优化问题时收敛速度慢、易陷入局部极小值的缺点，从而对前文所述优化模型进行求解。

粒子群算法的基本思想是随机生成一群初始粒子，每个粒子代表优化问题的一个可能解，它们以一个随机生成的初始速度矢量在 N 维搜索空间的可行域内迭代运动，每次位置改变所需的速度矢量由粒子自身的最优位置、整个群体的最优位置以及粒子上一次运动时的速度矢量综合得到[4]

$$\begin{cases} v_i^{k+1} = \omega^k v_i^k + c_1 r_1 (p^k_{\text{best},i} - x_i^k) + c_1 r_1 (g^k_{\text{best}} - x_i^k) \\ x_i^{k+1} = x_i^k + v_i^{k+1} \end{cases} \tag{7-39}$$

式中，x_i^k 表示第 i 个粒子第 k 次迭代时在 N 维解空间中的位置，N 为决策变量的个数；v_i^k表示第i个粒子第k次迭代时的速度矢量；$p_{best,i}^k$和g_{best}^k分别表示粒子i自身和整个粒子群迭代k次后所经历的最优位置，即迭代的k次中由适应度函数计算的最优值所对应的解坐标；c_1和c_2分别为代表粒子自身最优位置和整个群体最优位置的加速常数；r_1和r_2分别为0至1之间生成的随机系数；ω^k为惯性权重。

ω^k越小，粒子群的局部搜索能力越强，反之全局搜索能力强，因此为提高搜索效率和搜索精度，通常采用一种线性下降的惯性权重更新策略：

$$\omega^k = \omega_{max} - \frac{\omega_{max} - \omega_{min}}{k_{max}} \cdot k \tag{7-40}$$

式中，ω_{max}和ω_{min}分别为惯性权重的最大值和最小值，即惯性权重的初始值和最后一次迭代时的权重；k_{max}为迭代总次数。这种方法在粒子搜索初期惯性权重较大，全局搜索能力强，提高了收敛速度；后期粒子群根据学习经验逐渐接近最优解，惯性权重逐渐减小，局部搜索能力加强，提高了搜索精度。

NSGA在传统遗传算法的基础上增加了非支配分层排序策略，更适用于解决多目标优化问题[7]。对于最小化模型中的M个优化目标$f_i(X)$ $(i=1, 2, \cdots, M)$，若

$$\forall i \in \{1, 2, \cdots, M\}, f_i(X_u) < f_i(X_v) \tag{7-41}$$

则称解X_u支配解X_v，即对于所有优化目标，解X_u均优于解X_v。若

$$\begin{cases} \exists i \in \{1, 2, \cdots, M\}, f_i(X_u) < f_i(X_v) \\ \exists j \in \{1, 2, \cdots, M\}, f_i(X_u) > f_i(X_v) \end{cases} \tag{7-42}$$

则称解X_u与解X_v互不支配，即为非支配解。此时解X_u和解X_v对于某项优化目标是较优的，但对另外某项优化目标是较差的，在各项目标无权重系数的情况下这两个解不存在优劣关系。

NSGA在执行选择、交叉、变异算子之前增加了非支配分层排序，即对所有个体（可行解）按照支配与非支配关系进行分类，首先排除所有能够被支配的个体，筛选出第一层非支配解集F_1，这一层个体集合的优先级最高；然后对于除F_1外的剩余个体再次按照支配与非支配关系分类，筛选出第二层非支配解集F_2，其优先级次之；往复循环，直至所有个体全部分层完毕。通过非支配分层排序，一方面使得优秀个体基因遗传下去的概率增大；另一方面也保证了种群的多样性。但该算法计算量较大，因此可利用精英策略和拥挤度排序对其改进，即NSGA-Ⅱ算法[3]。

拥挤度表征了种群中的个体在N维搜索空间中的分布密度。设种群中与个体i距离最近的是个体j，则个体i的拥挤度可以用其与个体j之间的距离d_{ij}表示。种群中所有个体在非支配分层排序后，最先筛选出的层级优先度较高；对每层

内的非支配解按照拥挤度继续排序，不拥挤（d_{ij} 较大）的个体的优先级较高，以此进而完成对种群中所有个体的排序。

NSGA－Ⅱ算法加入了精英策略，提高了上一代优良基因的遗传概率。设种群中共含有 I 个个体，在生成新一代种群前，将上代种群与下代种群合并，通过上述非支配分层排序和拥挤度排序对总数为 $2I$ 的个体进行排序，为提高计算速度，排至前 I 个个体计算即可停止，将前 I 个个体作为下一代种群继续迭代寻优。

将上述 NSGA－Ⅱ排序方法引入 PSO 算法，其算法流程如图 7－5 所示，即在新一代粒子群生成的过程中加入了 NSGA－Ⅱ排序方法。针对层间互动模型中的多目标优化问题，通过非支配分层排序筛选出对不同控制目标的非支配最优解、通过拥挤度排序提高全局搜索能力，使得寻优过程中能够迅速汲取表现优秀的解集的经验，降低求解方法陷入局部极小点的概率，同时提高搜索速度。

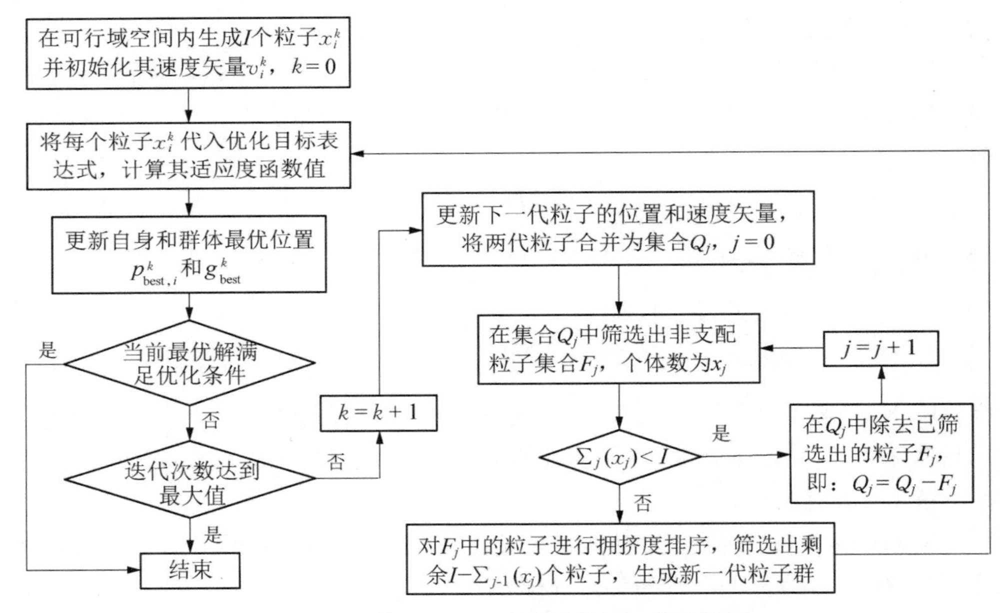

图 7－5　基于 NSGA－Ⅱ改进的 PSO 算法流程

7.4　仿真分析与验证

7.4.1　横向互动的仿真结果与分析

表 7－2 为横向互动启停模式下燃机电厂的运行参数。联络线功率偏差的惩罚费用 D_t 为 0.5 元/kW・h；根据 7.2 节内容可知机组运行成本模型 $g(\quad)$通常以

二次函数表征，系数分别为 a、b 和 c，本节将其简化为线性模型，故 a 为 0；机组启停状态优化需要满足最小运行时间和最小停运时间，均为 3 h；每日最大启动或停止的次数不超过 4 次。

表 7-2　横向互动启停模式下燃机电厂的运行参数

参　数	数值	参　数	数值
燃机上网电价 S_t/(¥/kW·h)	0.7	机组启动成本 F_{st}/¥	5 780
功率偏差罚金 D_t/(¥/kW·h)	0.5	停机成本 F_{sp}/¥	381
运行成本二次项系数 a	0	最小运行时间 $T_{run,\ min}$/h	3
运行成本一次项系数 b/(¥/kW·h)	0.258	最小停运时间 $T_{stop,\ min}$/h	3
运行成本常数项 c/(¥/h)	608	日最大启停次数 $M_{switch,\ max}$	4

对基于风-燃互补发电的横向互动控制进行仿真验证与分析。风-燃互补发电系统工作在横向互动启停模式，图 7-6(a)中曲线①为风电功率曲线，曲线②为采用横向互动控制策略优化后的燃机出力曲线，曲线③为全岛负荷曲线。图 7-6(b)中实线为区域电网与大电网的联络线实际功率，虚线为其调度计划。可以看出，风力发

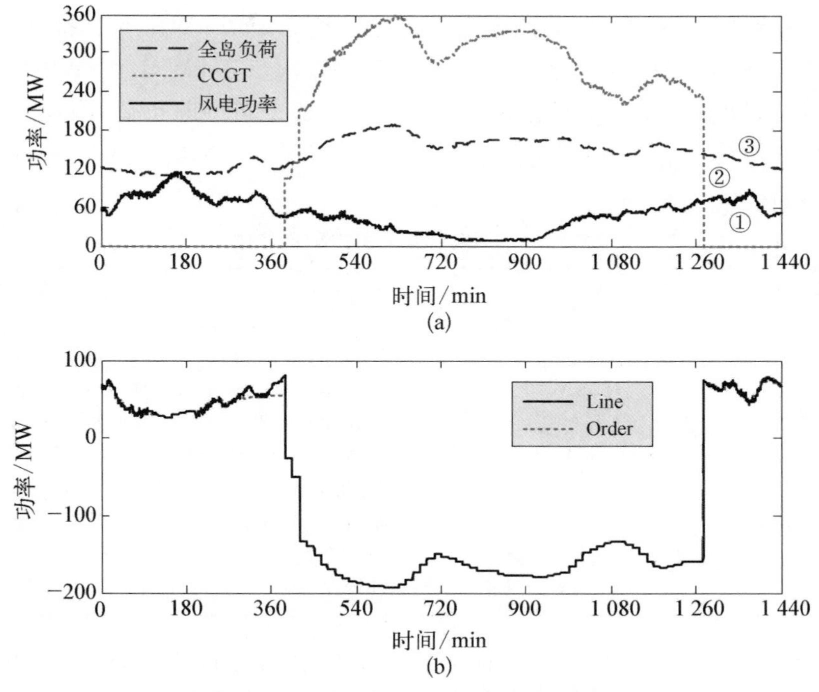

图 7-6　横向互动启停模式下的控制效果

(a) 发电功率与负荷曲线；(b) 联络线功率跟踪效果

电与负荷存在一定的反调峰特性，在横向互动启停模式下，燃机电厂可以作为主调峰电厂。燃机启停时间短，运行时有最小运行功率限制，该燃机电厂要求负荷不低于 200 MW，故夜间负荷较小时不需要向大电网输送电能时，燃机停运，部分岛内负荷由风力发电供给，而当风力发电输出功率高于岛内负荷需求或调度计划时可以合理弃风，因此经优化后该日 6:30～21:15 时段内燃机运行，其他时间停止运行，夜间 1:40～3:20 时段有小部分弃风现象。而日间负荷较大时燃机运行，可以看出，通过风-燃互补发电能够实现岛内负荷供电的同时将电能向大电网平稳外送，使联络线功率按计划调度。

7.4.2 纵向互动的仿真结果与分析

输电层的网架结构见附图 G－1，含 2 座 48 MW 风电场、1 座 60 MW 风电场以及 1 座 400 MW 燃机电厂。配电层划分为 6 个片区，其中片区 A 的拓扑结构见附图 G－2，含一座 2 MW 分布式光伏电站。片区 A 的用电层中含 2 个互动用户，用电层互动用户配置参数见表 7－3。互动用户 A 为一个含风-光-荷-储的智能楼宇用户，其光伏总装机容量为 189 kW，风电总装机容量为 6 kW，具备 2 个分别为 20 kW/4 h 和 30 kW/3 h 的可平移负荷，以及 1 个 30 kW～50 kW 的可调负荷，配置了 100 kW/200 kW・h 磷酸铁锂电池储能系统以及 10 kW/4 h 燃料电池系统。互动用户 B 配备了 300 kW 光伏和 100 kW 风力发电，150 kW/150 kW・h 磷酸铁锂电池储能，具备 40 kW/3 h 和 50 kW/2 h 共计 2 个可中断负荷，以及 20 kW～40 kW 可调负荷。用户均为余电上网模式，采用市场电价参见附录 F，电价函数采用峰谷电价。

表 7－3 用电层互动用户配置参数

互动用户编号	发电设备	可控负荷	储　能
A	光伏发电 189 kW	可平移负荷×2 20 kW/4 h，30 kW/3 h	磷酸铁锂电池储能 100 kW/200 kW・h
	风力发电 6 kW	可调负荷×1 30～50 kW/11:00～15:00	燃料电池储能 10 kW/4 h
B	光伏发电 300 kW	可中断负荷×2 40 kW/3 h，50 kW/2 h	磷酸铁锂电池储能 150 kW/150 kW・h
	风力发电 100 kW	可调负荷×1 20～40 kW/18:00～21:00	—

根据片区 A 的配网架构（见附图 G－2）做出对应的阻抗图以便于潮流计算与优化，如图 7－7 所示。开关 K1、K2 和 K4 闭合，K3 断开，互动用户 A 接入第 16 号节点，互动用户 B 接入第 10 号节点，2 MW 分布式光伏电站位于 1 号节点。

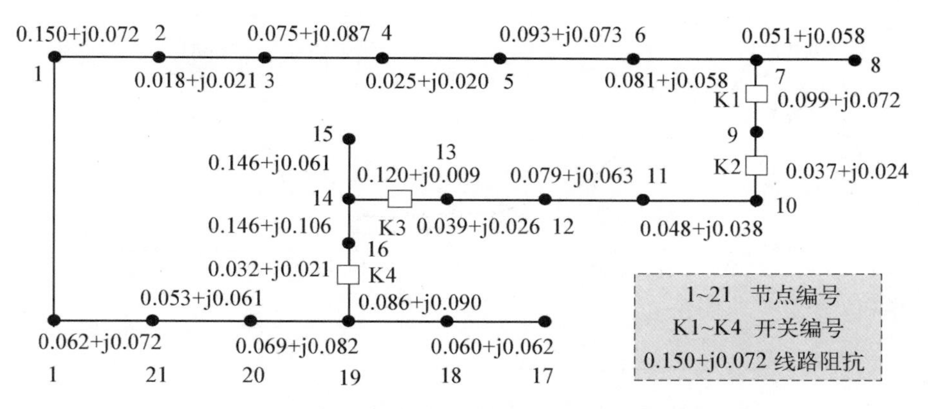

图 7 - 7　配电层片区 A 网络拓扑简化图及线路阻抗

纵向互动以 15 min 为基本时间段，互动用户首先进行自优化，将由优化结果得到的该时段需求报表上传。含风-光-荷-储的用户端能量优化已在第四章做了详细论述和仿真验证，时段Ⅰ用户 A 上传的报表见表 7 - 1，用户 B 上传的报表见表 7 - 4。

表 7 - 4　时段Ⅰ互动用户 B 上传的需求报表

用户资源类型	设备编号	用户最优调控计划/MW	可控裕度/MW	控制成本/(￥·kW·h^{-1})
可中断负荷	1	0.04	{−0.04，0}	0.6
	2	0	{0，+0.05}	0.6
可调负荷	3	0	0	0.6
固定负荷	4	0.01	0	—
储能	5	0.15	[−0.3，0]	0.5
可再生能源发电	6	−0.08	[0，+0.08]	0.9
	7	−0.3	[0，+0.3]	0.9

配电层对辖区内所有可控资源进行协调优化，在控制成本允许的范围内优化配网的潮流分布，从而降低系统网损、减小对外联络线的交换功率，进一步提高可再生能源并网率、促进其就地消纳。图 7 - 8 为互动控制前后配电层片区 A 的节点电压与潮流分布对比，根据配电层与用电层的协调优化结果，互动用户 A 的可平移负荷 1 移至后续时段，互动用户 B 的可中断负荷 1 中断运行，储能设备按照最大功率放电，辖区内可再生能源发电按照最大功率跟踪控制，无需降功率运行。由图 7 - 8 可知，层间互动控制后，配电层节点电压有所抬升，线路电流有所下降，即配电层与用电层的协调优化有利于电压质量的提高，同时降低了系统网损。

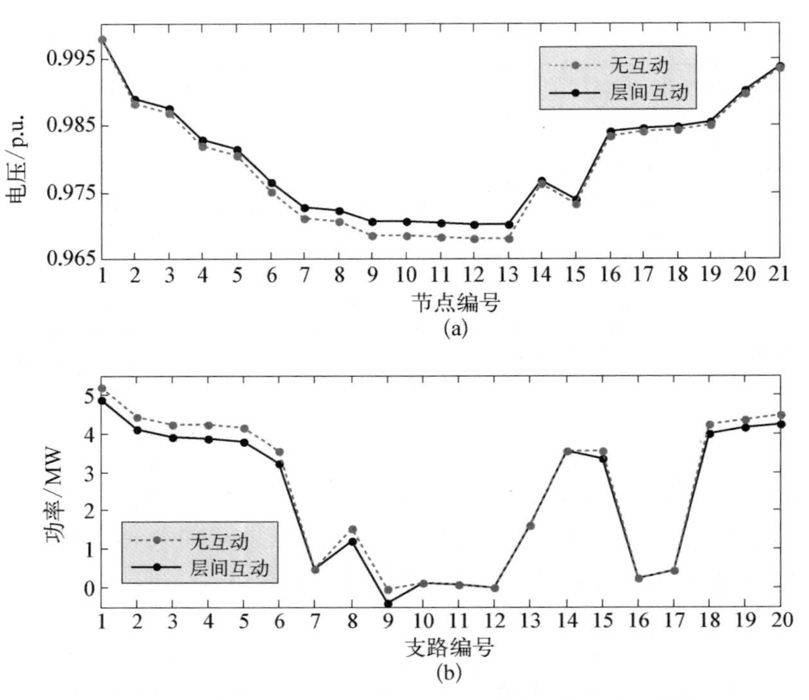

图 7-8 互动控制前后配电层片区 A 的节点电压与潮流分布对比

(a) 节点电压;(b) 线路有功功率

表 7-5 为用电层与配电层互动前后的控制效果比较,可以看出,与无互动控制相比,层间互动优化后,配电层片区 A 的有功网损降低了 14.29%,无功网损降低了 11.76%,对外交换功率降低了 7.59%,最低电压提升了 0.24%,但是需要增加控制成本为 288.5 元每小时。无 DG 的控制方案中假设 1、16 和 10 号节点中的风力/光伏发电均为零,即假设片区 A 中不含可再生能源发电设备,对比可知,DG 接入对于降低系统网损和联络线交换功率、提高系统电压等有重要作用。

表 7-5 用电层与配电层互动前后的控制效果比较

控制方案	有功网损/MW	无功网损/Mvar	联络线功率/MW	控制成本/(¥·h^{-1})	最低电压/p.u.
层间互动	0.18	0.15	7.18	288.5	0.970 4
无互动	0.21	0.17	7.77	0	0.968 1
无 DG	0.23	0.19	10.05	0	0.966 4

对某区域电网的输电层网架结构(见附图 G-1)进行简化并做出其阻抗图,以便于潮流优化与分析,如图 7-9 所示,该输电网络共含有 11 个节点,第 9～11 号

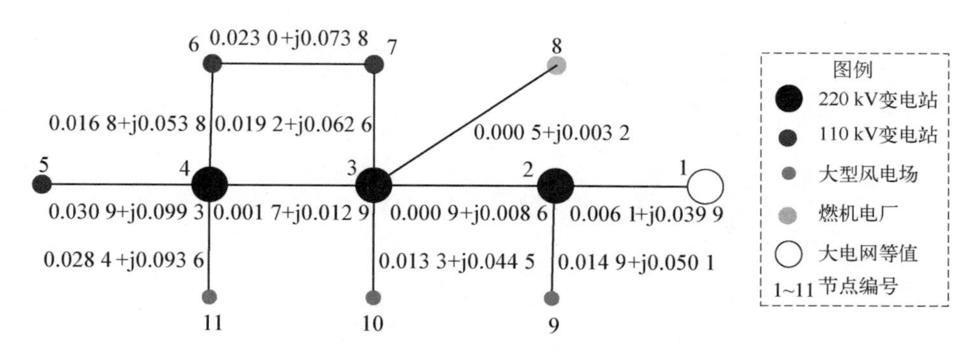

图 7-9 某区域电网输电层网络拓扑简化图及线路阻抗

节点分别接入2座48 MW和1座60 MW风电场，第8号节点接入400 MW燃机电厂，其运行下限为210 MW，第1号节点为大电网等值节点，仿真中要求区域电网向大电网输送50 MW电能。燃机运行期间，当区域电网总发电量大于负荷需求时，允许对风电机组提出适当降功率运行的要求。

配电层各片区将各自的负荷需求、可控裕度和控制成本等信息上传，输电层对所有可控资源进行协调优化，根据所提控制策略，输电层的优化目标包括提高可再生能源并网率、降低系统网损以及降低控制成本，权重系数分别为ω_{T1}、ω_{T2}和ω_{T3}，根据权重系数的选取分为以下两种控制方案：降低网损优先的互动策略（层间互动A）和提高可再生能源并网率优先的互动策略（层间互动B）。图7-10为配电层与输电层互动控制前后以及不同互动策略下输电层各节点电压与潮流分布的对比，无互动控制时，各片区根据自优化结果进行负荷安排，燃机电厂最小运行功率为210 MW，多余发电量由各风电场按比例做弃风处理，可以看出，层间互动A方案与无互动控制时相比，明显减小了节点电压偏差、降低了线路电流，对于提高电压质量和降低系统网损效果明显；而层间互动B方案通过增加可控负荷的方式减小了风电的弃风率，对于提高可再生能源并网率效果显著。

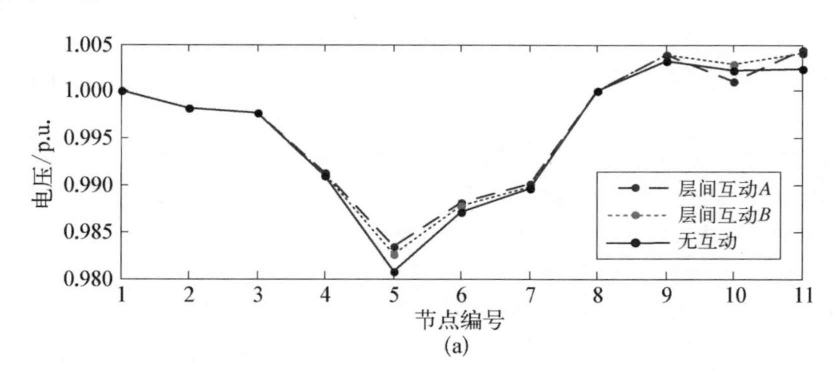

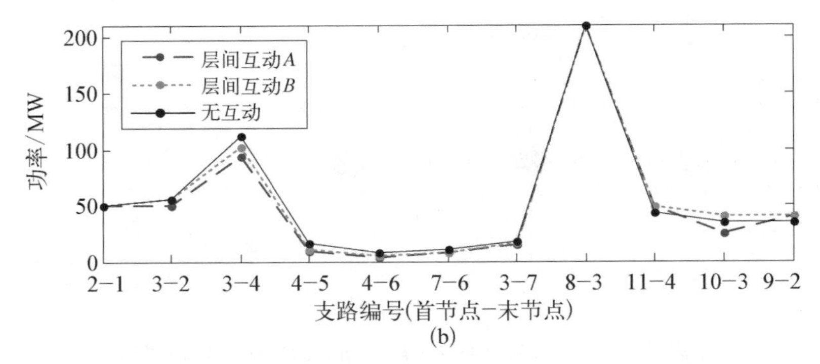

图 7-10　互动控制前后输电层各节点电压与潮流分布对比

(a) 节点电压;(b) 线路有功功率

表 7-6 为配电层与输电层互动控制前后以及不同互动策略下的控制效果比较,可以看出,与无互动控制相比,按照层间互动 A 方案优化后,输电层的有功网损降低了 1.16%,无功网损降低了 4.06%,可再生能源并网率提高了 1.77%,最低电压提升了 0.31%,但是需要增加控制成本为 18 000 元/小时;按照层间互动 B 方案优化后,可再生能源并网率提高了 15.03%,最低电压提升了 0.20%,但是需要增加控制成本为 22 200 元/小时。

表 7-6　输电层与配电层互动前后的控制效果比较

控制方案	有功网损/MW	无功网损/Mvar	可再生能源并网率/%	控制成本/(¥·h^{-1})	最低电压/p.u.
层间互动 A	1.71	7.80	73.72	18 000	0.983
层间互动 B	1.90	8.58	83.33	22 200	0.982
无互动	1.73	8.13	72.44	0	0.980

参 考 文 献

[1] 薛禹胜,雷兴,薛峰,等.关于风电不确定性对电力系统影响的评述[J].中国电机工程学报,2014,34(29): 5029-5040.

[2] 田书欣,程浩忠,曾平良,等.大型集群风电接入输电系统规划研究综述[J].中国电机工程学报,2014,34(10): 1566-1574.

[3] Kannan S, Baskar S, Mccalley J D, et al. Application of NSGA-II algorithm to generation expansion planning[J]. IEEE Transactions on Power Systems, 2009, 24(1): 454-461.

[4] 赵劲帅,邱晓燕,马菁曼,等.基于模糊聚类分析与模型识别的微电网多目标优化方法[J].电网技术,2016,40(8): 2316-2323.

[5] Andersen P B, Poulsen B, Decker M, et al. Evaluation of a generic virtual power plant framework using service oriented architecture, 2008 Power and Energy Conference[C]. Johor Bahru, Malaysia: 2008.
[6] Kieny C, Berseneff B, Hadjsaid N, et al. On the concept and the interest of virtual power plant: some results from the European project FENIX, Power & Energy Society General Meeting, 2009[C]. Galgary, Canada: 2009.
[7] Wang J, Yang F. Optimal capacity allocation of standalone wind/solar/battery hybrid power system based on improved particle swarm optimisation algorithm[J]. IET Renewable Power Generation, 2013, 7(5): 443 - 448.

第 8 章　风光高渗透区域智能电网案例分析

未来区域电网将呈现高比例可再生能源接入、分层与分布式结构并存的特点。为推动我国电网从传统电网向高效、经济、清洁、互动的现代电网的升级和跨越，在我国东部某海岛区域电网开展了以大规模可再生能源利用为特征的智能电网综合示范工程，实现可再生能源的分层消纳与互动控制。

该岛现有四座大型风电场，分别是风电场 1(60 MW)、风电场 2(48 MW)、风电场 3(48 MW)，还有拟建立的陆上风电场(47.5 MW)，总装机容量约为 203 MW。另外，岛上还将建设一座有 2 台 400 MW 大型燃气机组的电站。建成后，全岛电网将由受端电网变为清洁能源输出的电网。此外，根据全岛的远景规划，可再生能源装机总量将达到 3 200～4 200 MW，饱和负荷 2 000～2 500 MW，因此，该区域电网将成为强送出电网。

风电的大规模接入将为电网调度带来巨大困难。随着电网风电渗透程度的不断提高，风电的间歇性、波动性与反调峰特性有时会加剧某些时段的调峰与调频压力，从而导致 AGC 机组调节容量不足、CPS 指标恶化、运行风险增大等问题。在大规模风电接入背景下，电网各调度时间级的可调节资源都将趋于紧张，不同出力时间级机组的协调控制极为重要。可见，提高风电调度的计划性，实现风电的“拟常规电源调度”是大型风电利用的关键。

本章将对可再生能源分层消纳与互动控制的示范应用和现场运行效果进行详细阐述，以现场运行效果验证所提出控制方案的有效性。示范工程基于输电信息平台(D5000)，设计建设由 60 MW、48 MW、48 MW 三座风电场和 400 MW 燃气电厂构成的等效发电厂。开展全岛配网信息平台框架设计，初步构建由几个分布区域的上层配网能量管理分系统组成的配网能量管理系统，选取四个地区开展局部底层深入设计，打造四个 35 kV 片区中心。基于配网能量管理系统在局部地区建设成“灵活调配分布发电和用户的配电网示范”。在用户端重点建设“风储联合分布发电”、“以沼气发电、供热冷为特色，综合应用光伏、风能的农业微网”和“以钠硫储能应用为特色的工业微网”。

目前该区域电网的最高负荷为345 MW,其可再生能源装机容量约占最高负荷的59%;2015年该区域电网可再生能源发电量为3.36亿千瓦·时,总供电量为15.1亿千瓦·时,即可再生能源发电量占总供电量的22.3%,实现了高比例可再生能源的高效消纳。

8.1　示范工程总体架构

在示范工程区域电网的输电层、配电层和用电层分别完成风-燃互补发电示范应用、风电场储能并网示范应用和智能用电示范应用,并在上述基础上以统一信息支撑平台和综合能量管理系统为支撑,完成电网分层横纵互动的示范应用。示范工程的总体布局及配置如图8-1所示。

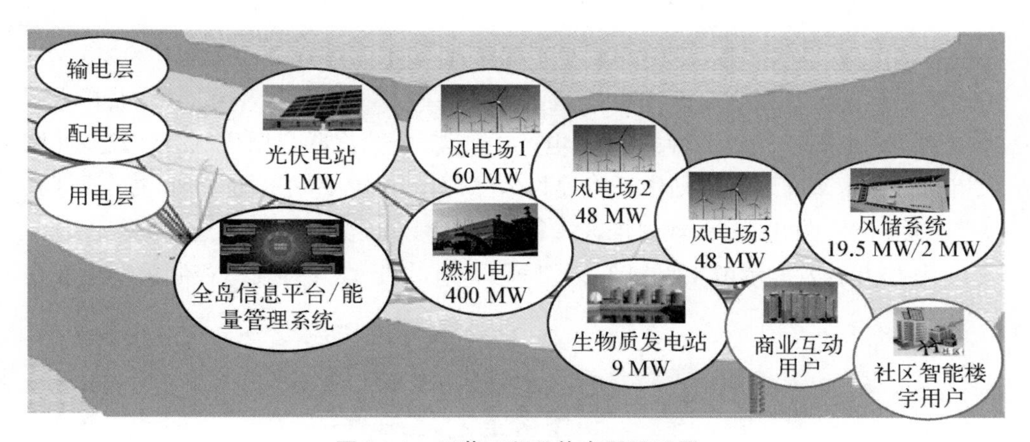

图8-1　示范工程总体布局及配置

输电层风-燃互补发电示范对接入输电网的大型海上、陆上风电场和燃机电厂等大型电源进行集中监测、互补发电控制和优化调度,实现区域电网内大规模绿色能源的平稳输送。目前,该区域电网输电层已建成装机容量分别为60 MW、48 MW、48 MW和47.5 MW的4座大型风电场,以及一座400 MW燃机电厂,风-燃互补发电示范已完成现场调试并投入运行。

配电层风电场储能并网示范针对接入配电网的分布式电源进行电池储能系统的充放电优化和互动控制,实现分布式可再生能源发电的友好并网。目前,该区域电网配电层已建成1 MW光伏电站、9 MW生物质能电站和19.5 MW风电场,并为该19.5 MW风电场配备了2 MW/2 MW·h磷酸铁锂电池储能系统,风电场储能并网示范已完成现场调试并投入运行。

用电层智能用电示范对电力用户的用电信息进行采集、处理和分析,通过用户能效智能控制终端进行用户端能量的优化管理与智能控制，实现用户经济效益的提升，促进可再生能源的就地消纳。目前该区域电网用电层已有商业互动用户和智能楼宇用户参与智能用电示范，用户能效智能控制终端已部署于该岛居民用户（8 户）和工商业用户（2 户）中，完成了现场调试并已投入运行。

在上述基础上，建设全岛统一信息支撑平台和综合能量管理系统，进行信息交互与共享，完成区域电网与大电网的横向互动以及区域电网内各层间的纵向互动，实现信息流与能量流的一体化控制。

8.2 各层示范应用与现场运行效果

8.2.1 输电层风-燃互补发电示范

在输电层开展风-燃互补发电示范工程建设，该示范海岛的 4 座共计 203.5 MW 的大型风电场分别接入 3 座 220 kV 变电站的 110 kV 侧，通过 110 kV 线路接入区域电网的输电层，400 MW 大型燃机电厂中的燃气-蒸汽联合循环机组已具备并网发电条件。未来在远景规划中还将建设大型海上风电，并将扩建燃机电厂使其具备 2×400 MW 发电能力，规划将该海岛区域电网发展为绿色能源送出岛[1]。

风-燃互补发电示范工程如图 8-2 所示，通过风-燃互补发电控制策略可实现

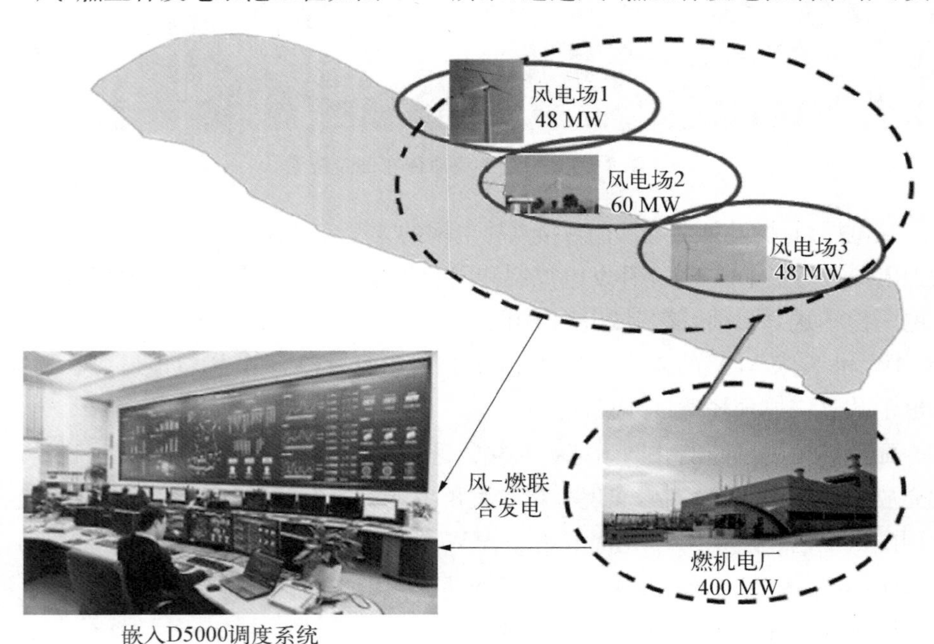

图 8-2　风-燃互补联合发电示范工程

大规模可再生能源的稳定输出和灵活调控，实现高比例清洁能源的拟常规电源调度。目前，风-燃互补发电控制模块已成功嵌入 D5000 调度系统，完成了安装部署和现场调试。

图 8-3 为风-燃互补发电示范工程的运行效果及数据监测。图 8-3(a)为系统频率与交换功率偏差的运行曲线，图中横坐标为时间，单位是 s；左侧纵坐标为频率，单位是 Hz；右侧纵坐标为功率，单位是 MW。由图可见系统频率始终维持在 50 Hz 附近，交换偏差非常小，系统输出功率能够较好地跟踪调度计划。图 8-3(b)为风-燃互补发电系统的实时数据监测，对系统频率、发电计划、实际输出功率以及功率偏差等进行监测。可见两台燃机均处于受控状态，风电场按照最大功率

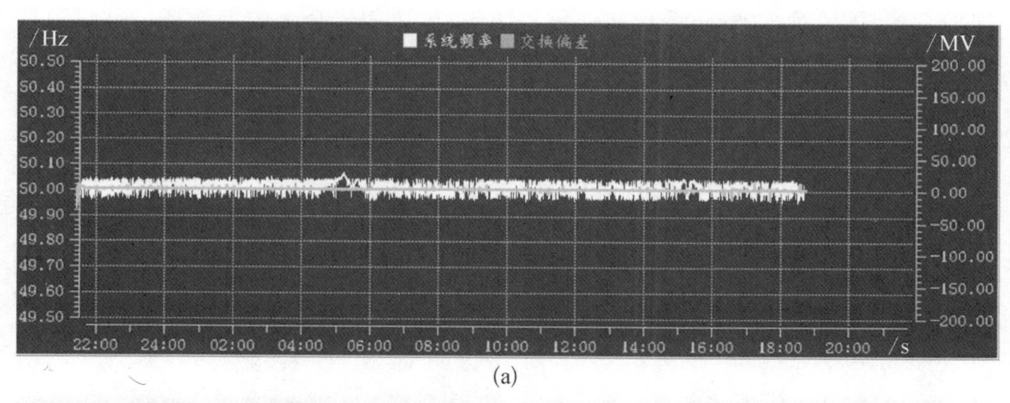

(a)

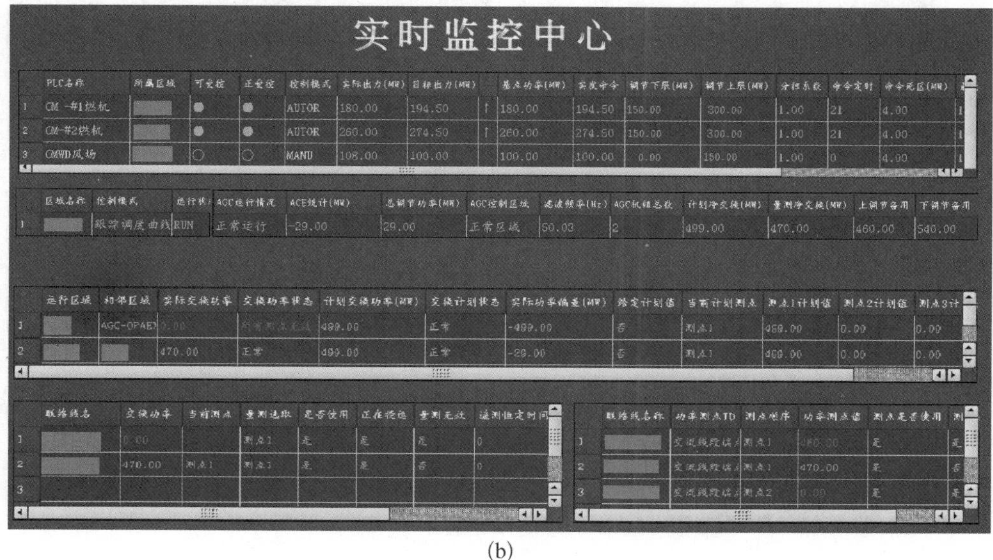

(b)

图 8-3　风-燃互补发电示范工程运行效果及数据监测

(a) 系统频率与交换功率偏差的运行曲线；(b) 实时数据监测

跟踪曲线运行，处于不受控状态。CCGT 在计划调度层计算所得基准功率的基础上完成与风电功率互补发电的实时控制，运行效果良好。

8.2.2 配电层风电场储能并网示范

为该区域电网配电层的风电场(19.5 MW)建设配套的 2 MW/2 MW·h 磷酸铁锂电池储能电站，开展风电场储能并网的示范应用。储能装置集成于集装箱内，布置在 35 kV 及 10 kV 变电站站区南侧 42 m×15.4 m 区域内。储能设备主要由 4 个 500 kW·h 电池集装箱(包括电池、电池管理系统等)、2 个变流器集装箱(包括 PCS、变压器等)和 1 个监控系统集装箱组成，如图 8-4 所示，集装箱内设计有温控系统、排风系统、安防系统和通信系统等，可适用于全天候工作环境并可灵活布置，具有安装灵活、移动性强和扩展性好等特点。风力发电经由 4 条 10 kV 线路接入变电站低压侧母线，BESS 升压至 10 kV 后通过新建线路并联接入变电站低压侧母线，站内主变升压至 35 kV 后由 2 回 35 kV 架空线路接入区域电网配电层。经过

(a) (b) (c) (d)

图 8-4 配合分布式风电并网的 BESS 示范工程现场

(a) 电池系统集装箱；(b) 能量管理系统站控柜；(c) 电池组模块；(d) 电池储能系统整体概貌

对控制策略的现场调试和参数优化，目前该示范工程已投入运行，运行效果良好。

风电场储能并网示范工程的监控系统具有数据采集、现场监测和实时控制等功能，图 8－5 为示范工程现场运行的监控系统截屏。图 8－5(a)中浅色曲线为风电功率，深色曲线为并网功率，最下端曲线为储能出力。图 8－5(b)中深色曲线为风电功率，浅色曲线为并网功率，图中横坐标为时间，单位是 h，纵坐标为功率，单位是 kW。电池储能系统工作在波动平抑有功控制模式下，通过 BESS 充放电控制实现了风电功率的波动平抑，使得并网功率更加平滑。当风速较低，风电输出功率较小时，BESS 的控制裕度充足，波动平抑效果更好。图 8－5(c)为某日 24 h 内每

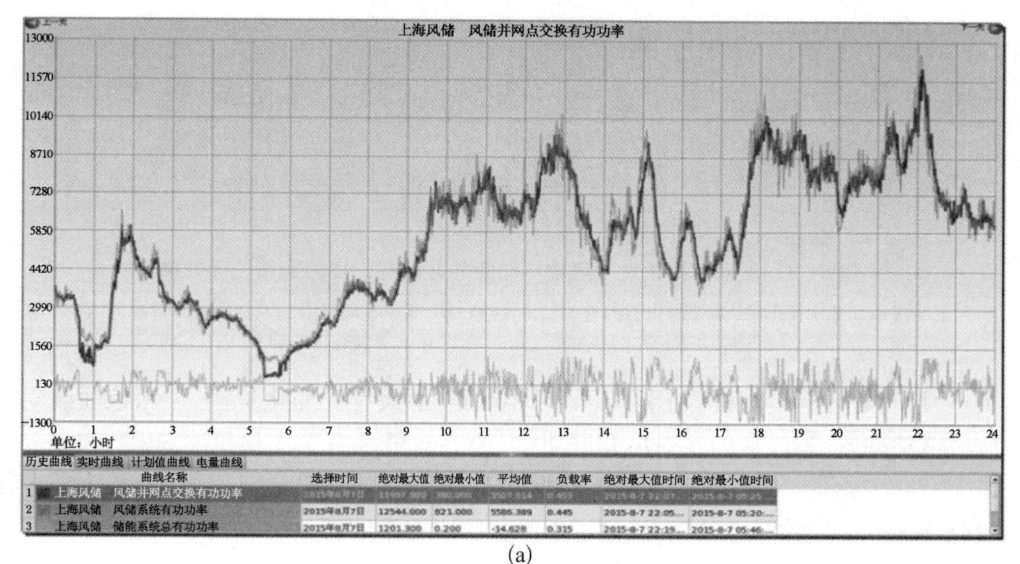

(a)

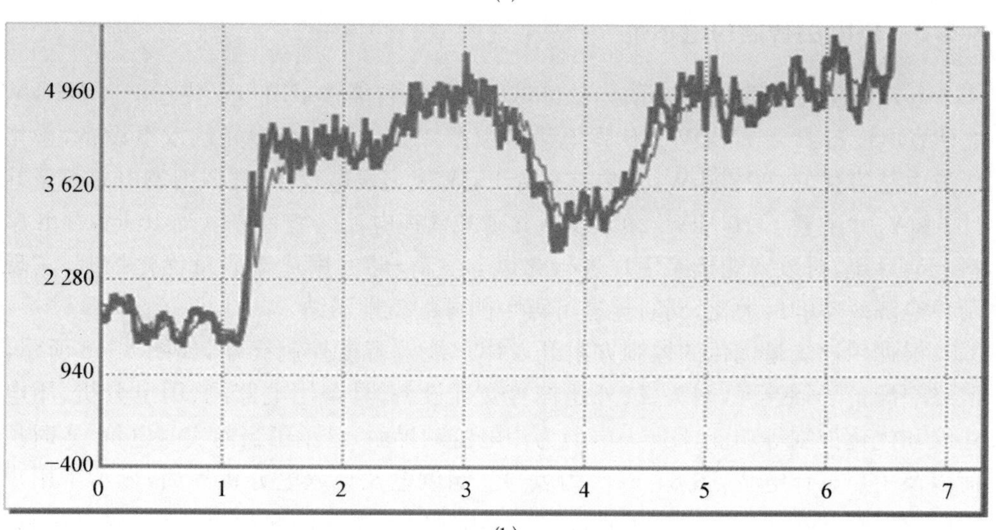

(b)

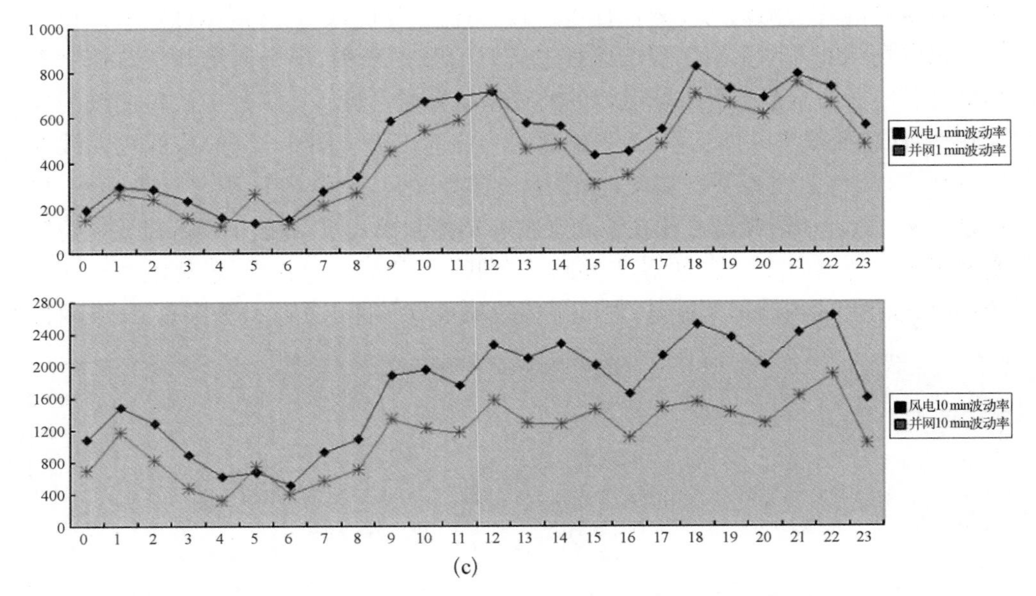

图 8-5　波动平抑模式下风电场储能并网示范工程的现场运行效果

(a) 风电功率、并网功率及储能出力的全天监测曲线；(b) 低风速段风电和并网功率的监测曲线；(c) 风电功率和并网功率的 1 min 和 10 min 最大有功波动对比

个小时段风电功率和并网功率 1 min 和 10 min 最大有功变化量，上端深色曲线对应风电功率，下端浅色曲线对应并网功率，10 min 最大有功变化量明显高于 1 min 最大有功变化量。通过 BESS 的优化控制，并网功率实现了波动平抑，其最大功率变化明显低于原始风电功率，验证了 BESS 控制方案的有效性。

8.2.3　用电层智能用电示范

在用电层开展智能用电示范，该区域电网中某智能楼宇用户安装有 1 台 125 kW 光伏发电设备、2 台 30 kW 光伏发电设备以及 1 台 4 kW 小型光伏发电设备，含光伏发电总容量共计 189 kW；安装有 6 台 1 kW 风力发电设备，含风力发电总容量共计 6 kW；并配置了 100 kW/200 kW · h 磷酸铁锂电池储能系统以及 10 kW/4 h 燃料电池系统，对该智能楼宇用户进行含风-光-荷-储的用户端能量优化控制，实现用户经济效益的最大化，同时促进可再生能源的就地消纳。

根据用户能量优化的控制方案开发用户能效智能控制终端，如图 8-6 所示，该终端配备了触摸屏、网关、红外遥控等交互设备，具备用电监测、用电分析、用电建议和优化控制等功能，图 8-6(a)为用电监测界面，显示了当前实时电价、实时负荷以及用户累计电费，图 8-6(b)为风-光-储供电及充放电分析界面，显示了用户端风力发电和光伏发电的供电情况，并对用户储能系统的充放电量、充放电次数、

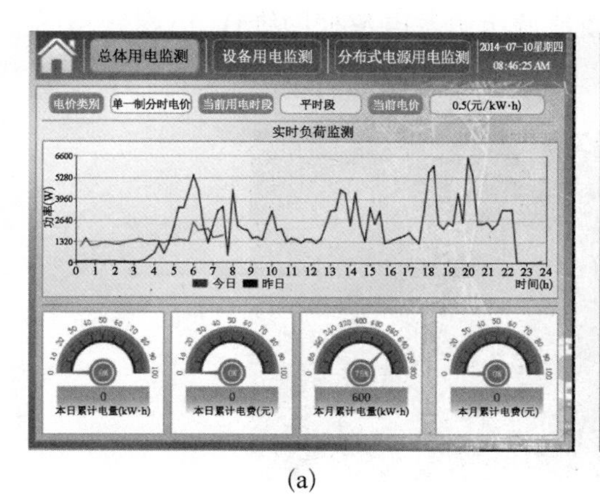

(a)

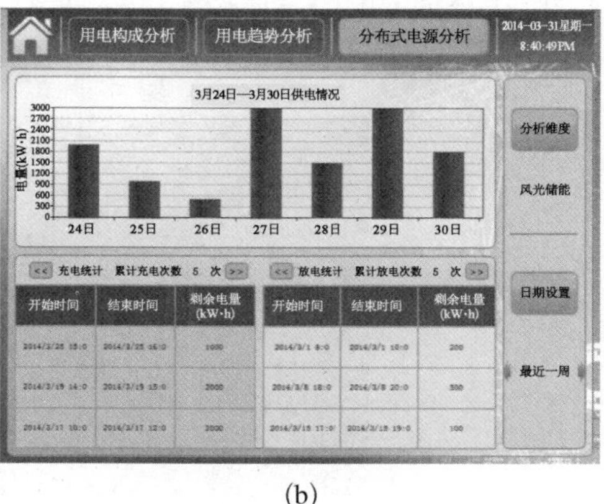

(b)

图 8-6　用户能效智能控制终端运行界面

(a) 用电监测界面；(b) 风-光-储供电及充放电分析界面

剩余容量等进行统计分析。目前，该用户能效智能控制终端已部署在该岛居民用户(8 户)和工商业用户(2 户)中，运行效果良好。

根据用户端能量优化控制策略对用户负荷安排提出合理建议，并对储能系统进行充放电优化管理，表 8-1 为用户参与智能用电能量优化控制前后一周内的日电费收益对比，收益为负表示需要缴纳电费，即该用户的日用电量高于其可再生能源发电量。用户收益 A 为参与智能用电能量优化控制前的日电费收益，用户收益 B 为进行了能量优化控制后的收益，可见通过负荷和储能的优化管理与控制，用户经济收益得到了较大提升。

表 8-1　智能用电示范的运行效果

时间/日	1	2	3	4	5	6	7
用户收益 A/元	−20.08	−19.32	−21.53	−24.43	−23.76	−21.82	−22.31
用户收益 B/元	−18.95	−18.33	−19.98	−22.97	−21.97	−20.65	−21.22
收益提升率/%	5.63	5.12	7.20	5.98	7.53	5.36	4.89

8.3　电网分层横纵向互动示范应用

建设区域电网统一信息支撑平台实现信息交互与共享，支撑区域电网横纵互动控制的示范应用。图 8-7 为统一信息支撑平台的运行界面。如图 8-7 所示，统一信息支撑平台接入了生产管理系统、负控系统、综合数据平台、配变监测系统、配网自动化系统以及调度自动化系统，实现了上述系统之间的信息集成与交互。

此外，还具备了电网监控功能，包括支持新能源历史发电数据的统计、电网线路的实时监测、新能源电站的监控以及变电站/发电厂的监控等。

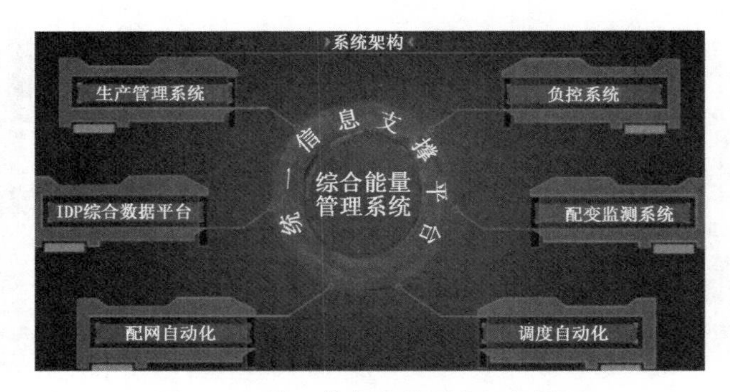

图 8-7 统一信息支撑平台运行界面

建设区域电网综合能量管理系统，将横向互动和纵向互动的控制策略嵌入其中，运行界面如图 8-8 和图 8-9 所示。横向互动的运行界面中实时显示风电场、燃机电厂的出力曲线，以及联络线的交换功率和控制偏差等信息。图 8-8 为横向互动的联络线功率曲线，可见横向互动功率控制模式下，联络线的交换功率能够准确跟踪调度曲线，将控制偏差维持在较低水平。

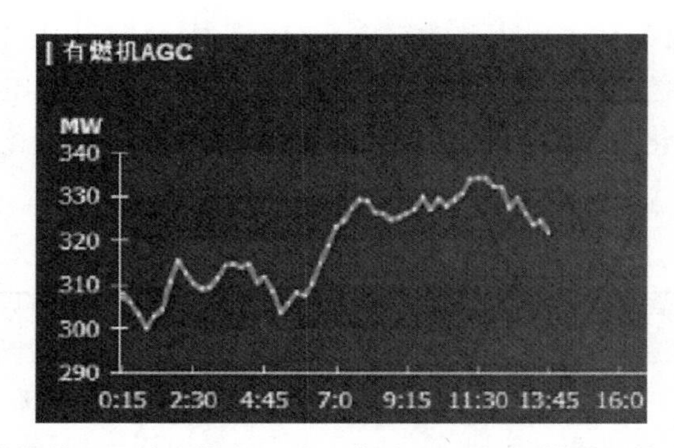

图 8-8 综合能量管理系统中横向互动示范的运行效果(横向互动联络线功率曲线)

图 8-9 为综合能量管理系统中纵向互动示范的运行效果，包括输电层、配电层、用电层之间纵向互动的运行情况概览，上层根据优化结果在可控裕度范围内将控制需求传递至下层，完成层间的协调优化。图中统计了参与互动的配网片区和各类型用户的累计用电量、所含储能的累积充放电量、可再生能源的累计发电量和自消纳率等，未来系统运行中互动用户的普及率和执行率将会进一步提高。当日用电层含 5 个互动用户，指令执行率为 14.39%；配电层含两个参与互动的配网片区，可再生能源自消纳率达 89.12%；当日峰谷差率为 39.33%，谷电占比为 37.53%。无纵向互动时，该区域电网的平均峰谷差率为 46.76%，可再生能源平均自消纳率为

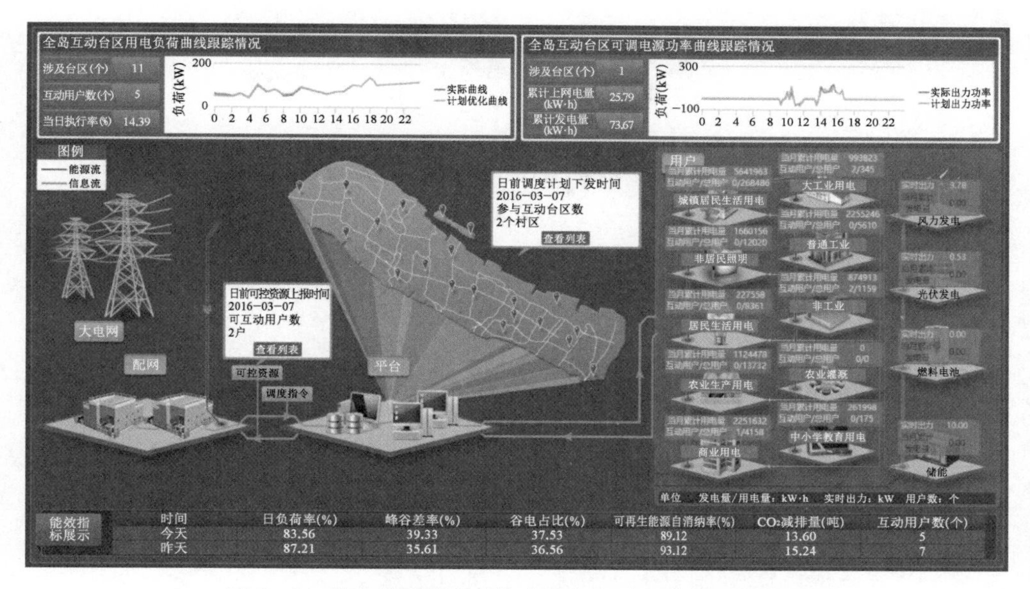

图8-9　综合能量管理系统中纵向互动示范的运行效果

81.88%。可见层间纵向互动控制有效降低了系统峰谷差,促进了可再生能源的就地消纳。

参 考 文 献

[1] Cai X, Li Z. Regional smart grid of island in China with multifold renewable energy, IEEE 2014 International Power Electronics Conference[C]. Hiroshima, Japan: 2014.

附　　录

附录 A　燃气-蒸汽联合循环机组主要参数

附表 A-1　燃气-蒸汽联合循环机组模型参数

参　　数	数　值
燃气透平进气温度额定值 $T_{GTin,N}$/℃	1 310.00
压气机排气温度额定值 $T_{Cd,N}$/℃	381.00
空气进气温度 T_{amb}/℃	30.00
燃气透平效率 η_{GT}/%	89.90
压气机效率 η_{C}/%	89.50
压气机压缩比 γ_{C}	17.00
比热比 σ	1.34
燃气轮机出力比例系数 $K_0/10^{-4}$	17.94
汽轮机出力比例系数 $K_1/10^{-4}$	3.85
最大燃料量	1
最小燃料量	0.15
调差系数 $k_{s,GT}$	0.05
加速度限定值 a^*_{GT}	0.01
加速度控制积分系数 $T_{I,AC}$	10
转速控制比例系数 $K_{P,NC}$	4
转速控制微分系数 $T_{D,NC}$	0
转速控制积分系数 $T_{I,NC}$	1.5
温度限定值	0.916 7
温度控制比例系数 $K_{P,TC}$	1
温度控制积分系数 $T_{I,TC}$	0.2

附录 B　风电场储能并网系统主要参数

附表 B-1　风电场储能并网系统主要参数

类　型	参　数	数 值
风电场	机组台数	13
	单机容量	1.5 MW
	总装机容量	19.5 MW
磷酸铁锂电池储能设备	电池装机容量	2 MW·h
	PCS 额定容量	3.5 MV·A
	最大充放电功率	2 MW
	充放电效率	90%
	SOC 允许范围	10%～90%
	初始 *SOC*	45%

附表 B-2　磷酸铁锂 BESS 的寿命模型参数

参　数	数 值	参　数	数 值
C_{N1}/(A·h)	2.2	B_1	31 630
C_N/(kA·h)	3.02	B_2	21 681
N_1/次	3 500	B_3	12 934
N/次	3 000	B_4	15 512
I_{1C}/kA	3.02	a_1	31 700
T/K	298	a_2	370.3
z	0.55	R	8.314

附录 C　各电制冷机空调工况运行数据

3 900 kW 电制冷机			2 150 kW 电制冷机			6 329 kW 电制冷机		
制冷功率/kW	冷却水进口温度/℃	耗电功率/kW	制冷功率/kW	冷却水进口温度/℃	耗电功率/kW	制冷功率/kW	冷却水进口温度/℃	耗电功率/kW
3 900	32	720	2 149	32	386	6 329	32	1 346
3 900	31	698	2 149	31	373	6 329	31	1 313
3 900	30	678	2 149	30	362	6 329	30	1 281
3 900	29	658	2 149	29	351	6 329	29	1 251

（续表）

3 900 kW 电制冷机			2 150 kW 电制冷机			6 329 kW 电制冷机		
制冷功率/kW	冷却水进口温度/℃	耗电功率/kW	制冷功率/kW	冷却水进口温度/℃	耗电功率/kW	制冷功率/kW	冷却水进口温度/℃	耗电功率/kW
3 900	28	639	2 149	28	341	6 329	28	1 222
3 900	27	622	2 149	27	332	6 329	27	1 195
3 900	26	605	2 149	26	323	6 329	26	1 168
3 900	25	589	2 149	25	315	6 329	25	1 143
3 900	24	574	2 149	24	307	6 329	24	1 118
3 900	23	559	2 149	23	300	6 329	23	1 095
3 900	22	545	2 149	22	293	6 329	22	1 072
3 900	21	532	2 149	21	286	6 329	21	1 049
3 900	20	519	2 149	20	280	6 329	20	1 028
3 900	19	507	2 149	19	274	6 329	19	1 007
3 900	18	495	2 149	18	269	6 329	18	987
3 900	17	484	2 149	17	264	6 329	17	967
3 900	16	473	2 149	16	259	6 329	16	947
3 900	15	462	2 149	15	254	6 329	15	928
3 900	14	452	2 149	14	249	6 329	14	909
3 900	13	441	2 149	13	244	6 329	13	891
3 510	32	638	1 934	32	347	5 696	32	1 190
3 510	31	620	1 934	31	336	5 696	31	1 162
3 510	30	602	1 934	30	326	5 696	30	1 136
3 510	29	585	1 934	29	317	5 696	29	1 111
3 510	28	569	1 934	28	308	5 696	28	1 087
3 510	27	554	1 934	27	300	5 696	27	1 063
3 510	26	539	1 934	26	292	5 696	26	1 041
3 510	25	526	1 934	25	285	5 696	25	1 019
3 510	24	513	1 934	24	278	5 696	24	998
3 510	23	500	1 934	23	272	5 696	23	977
3 510	22	488	1 934	22	265	5 696	22	957
3 510	21	476	1 934	21	259	5 696	21	938
3 510	20	465	1 934	20	254	5 696	20	919
3 510	19	455	1 934	19	249	5 696	19	901
3 510	18	444	1 934	18	244	5 696	18	882
3 510	17	434	1 934	17	239	5 696	17	865
3 510	16	424	1 934	16	234	5 696	16	847
3 510	15	415	1 934	15	230	5 696	15	830
3 510	14	405	1 934	14	225	5 696	14	812

（续表）

3 900 kW 电制冷机			2 150 kW 电制冷机			6 329 kW 电制冷机		
制冷功率/kW	冷却水进口温度/℃	耗电功率/kW	制冷功率/kW	冷却水进口温度/℃	耗电功率/kW	制冷功率/kW	冷却水进口温度/℃	耗电功率/kW
3 510	13	396	1 934	13	221	5 696	13	795
3 120	32	566	1 719	32	312	5 063	32	1 057
3 120	31	550	1 719	31	302	5 063	31	1 033
3 120	30	535	1 719	30	293	5 063	30	1 011
3 120	29	520	1 719	29	285	5 063	29	989
3 120	28	506	1 719	28	277	5 063	28	968
3 120	27	493	1 719	27	270	5 063	27	948
3 120	26	481	1 719	26	263	5 063	26	928
3 120	25	469	1 719	25	256	5 063	25	909
3 120	24	457	1 719	24	250	5 063	24	890
3 120	23	446	1 719	23	244	5 063	23	872
3 120	22	436	1 719	22	239	5 063	22	854
3 120	21	426	1 719	21	234	5 063	21	837
3 120	20	416	1 719	20	229	5 063	20	820
3 120	19	407	1 719	19	224	5 063	19	803
3 120	18	397	1 719	18	219	5 063	18	787
3 120	17	389	1 719	17	215	5 063	17	771
3 120	16	380	1 719	16	211	5 063	16	755
3 120	15	371	1 719	15	207	5 063	15	739
3 120	14	363	1 719	14	203	5 063	14	723
3 120	13	355	1 719	13	199	5 063	13	707
2 730	32	501	1 504	32	278	4 430	32	937
2 730	31	487	1 504	31	269	4 430	31	916
2 730	30	473	1 504	30	261	4 430	30	896
2 730	29	461	1 504	29	254	4 430	29	877
2 730	28	449	1 504	28	247	4 430	28	859
2 730	27	437	1 504	27	240	4 430	27	841
2 730	26	427	1 504	26	234	4 430	26	823
2 730	25	416	1 504	25	229	4 430	25	806
2 730	24	406	1 504	24	223	4 430	24	790
2 730	23	397	1 504	23	218	4 430	23	774
2 730	22	387	1 504	22	213	4 430	22	758
2 730	21	378	1 504	21	209	4 430	21	742
2 730	20	370	1 504	20	204	4 430	20	727
2 730	19	362	1 504	19	200	4 430	19	712

（续表）

3 900 kW 电制冷机			2 150 kW 电制冷机			6 329 kW 电制冷机		
制冷功率/kW	冷却水进口温度/℃	耗电功率/kW	制冷功率/kW	冷却水进口温度/℃	耗电功率/kW	制冷功率/kW	冷却水进口温度/℃	耗电功率/kW
2 730	18	354	1 504	18	196	4 430	18	698
2 730	17	346	1 504	17	192	4 430	17	683
2 730	16	338	1 504	16	188	4 430	16	668
2 730	15	331	1 504	15	185	4 430	15	654
2 730	14	323	1 504	14	181	4 430	14	639
2 730	13	316	1 504	13	178	4 430	13	625
2 340	32	439	1 289	32	242	3 797	32	821
2 340	31	427	1 289	31	235	3 797	31	803
2 340	30	415	1 289	30	229	3 797	30	786
2 340	29	404	1 289	29	224	3 797	29	769
2 340	28	394	1 289	28	218	3 797	28	753
2 340	27	385	1 289	27	212	3 797	27	738
2 340	26	375	1 289	26	207	3 797	26	723
2 340	25	366	1 289	25	202	3 797	25	708
2 340	24	358	1 289	24	197	3 797	24	693
2 340	23	349	1 289	23	193	3 797	23	679
2 340	22	341	1 289	22	189	3 797	22	665
2 340	21	334	1 289	21	185	3 797	21	651
2 340	20	326	1 289	20	181	3 797	20	638
2 340	19	319	1 289	19	177	3 797	19	625
2 340	18	312	1 289	18	174	3 797	18	612
2 340	17	305	1 289	17	171	3 797	17	599
2 340	16	298	1 289	16	168	3 797	16	586
2 340	15	292	1 289	15	164	3 797	15	573
2 340	14	285	1 289	14	161	3 797	14	560
2 340	13	279	1 289	13	159	3 797	13	547
1 950	32	381	1 074	32	208	3 165	32	710
1 950	31	371	1 074	31	203	3 165	31	694
1 950	30	361	1 074	30	198	3 165	30	679
1 950	29	352	1 074	29	193	3 165	29	665
1 950	28	343	1 074	28	189	3 165	28	651
1 950	27	334	1 074	27	184	3 165	27	637
1 950	26	326	1 074	26	180	3 165	26	624
1 950	25	318	1 074	25	177	3 165	25	611
1 950	24	311	1 074	24	173	3 165	24	599

（续表）

3 900 kW 电制冷机			2 150 kW 电制冷机			6 329 kW 电制冷机		
制冷功率/kW	冷却水进口温度/℃	耗电功率/kW	制冷功率/kW	冷却水进口温度/℃	耗电功率/kW	制冷功率/kW	冷却水进口温度/℃	耗电功率/kW
1 950	23	304	1 074	23	170	3 165	23	587
1 950	22	297	1 074	22	167	3 165	22	575
1 950	21	290	1 074	21	164	3 165	21	563
1 950	20	284	1 074	20	159	3 165	20	552
1 950	19	278	1 074	19	156	3 165	19	541
1 950	18	272	1 074	18	154	3 165	18	530
1 950	17	266	1 074	17	151	3 165	17	519
1 950	16	261	1 074	16	148	3 165	16	508
1 950	15	255	1 074	15	146	3 165	15	497
1 950	14	250	1 074	14	143	3 165	14	486
1 950	13	244	1 074	13	141	3 165	13	475
1 560	32	321	859	32	176	2 532	32	577
1 560	31	313	859	31	171	2 532	31	565
1 560	30	304	859	30	167	2 532	30	554
1 560	29	297	859	29	163	2 532	29	544
1 560	28	290	859	28	160	2 532	28	534
1 560	27	283	859	27	156	2 532	27	524
1 560	26	277	859	26	153	2 532	26	515
1 560	25	271	859	25	150	2 532	25	507
1 560	24	266	859	24	147	2 532	24	498
1 560	23	260	859	23	144	2 532	23	490
1 560	22	255	859	22	142	2 532	22	489
1 560	21	249	859	21	140	2 532	21	480
1 560	20	244	859	20	137	2 532	20	470
1 560	19	239	859	19	135	2 532	19	462
1 560	18	234	859	18	133	2 532	18	453
1 560	17	230	859	17	131	2 532	17	444
1 560	16	225	859	16	129	2 532	16	435
1 560	15	221	859	15	127	2 532	15	427
1 560	14	217	859	14	125	2 532	14	418
1 560	13	212	859	13	123	2 532	13	423
1 170	32	261	644	32	143	1 899	32	465
1 170	31	254	644	31	140	1 899	31	456
1 170	30	247	644	30	136	1 899	30	448
1 170	29	241	644	29	133	1 899	29	440

（续表）

3 900 kW 电制冷机			2 150 kW 电制冷机			6 329 kW 电制冷机		
制冷功率/kW	冷却水进口温度/℃	耗电功率/kW	制冷功率/kW	冷却水进口温度/℃	耗电功率/kW	制冷功率/kW	冷却水进口温度/℃	耗电功率/kW
1 170	28	235	644	28	131	1 899	28	432
1 170	27	230	644	27	128	1 899	27	425
1 170	26	225	644	26	125	1 899	26	419
1 170	25	220	644	25	123	1 899	25	412
1 170	24	215	644	24	121	1 899	24	406
1 170	23	211	644	23	119	1 899	23	400
1 170	22	207	644	22	117	1 899	22	395
1 170	21	203	644	21	115	1 899	21	390
1 170	20	200	644	20	113	1 899	20	385
1 170	19	196	644	19	111	1 899	19	380
1 170	18	193	644	18	109	1 899	18	376
1 170	17	190	644	17	108	1 899	17	371
1 170	16	187	644	16	106	1 899	16	367
1 170	15	184	644	15	104	1 899	15	363
1 170	14	181	644	14	103	1 899	14	359
1 170	13	178	644	13	101	1 899	13	355
780	32	197	429	32	109	1 266	32	361
780	31	192	429	31	107	1 266	31	355
780	30	187	429	30	104	1 266	30	349
780	29	182	429	29	102	1 266	29	343
780	28	178	429	28	100	1 266	28	338
780	27	174	429	27	98	1 266	27	333
780	26	170	429	26	96	1 266	26	328
780	25	166	429	25	95	1 266	25	324
780	24	163	429	24	93	1 266	24	320
780	23	160	429	23	91	1 266	23	316
780	22	157	429	22	90	1 266	22	312
780	21	154	429	21	89	1 266	21	309
780	20	152	429	20	87	1 266	20	306
780	19	149	429	19	86	1 266	19	303
780	18	147	429	18	85	1 266	18	301
780	17	145	429	17	83	1 266	17	299
780	16	143	429	16	82	1 266	16	297
780	15	141	429	15	81	1 266	15	295
780	14	139	429	14	80	1 266	14	293

（续表）

3 900 kW 电制冷机			2 150 kW 电制冷机			6 329 kW 电制冷机		
制冷功率/kW	冷却水进口温度/℃	耗电功率/kW	制冷功率/kW	冷却水进口温度/℃	耗电功率/kW	制冷功率/kW	冷却水进口温度/℃	耗电功率/kW
780	13	136	429	13	78	1 266	13	292
586	32	163	323	32	91	959	32	312
586	31	158	323	31	89	959	31	307
586	30	154	323	30	87	959	30	302
586	29	150	323	29	86	959	29	297
586	28	147	323	28	84	959	28	292
586	27	144	323	27	82	959	27	288
586	26	141	323	26	81	959	26	284
586	25	138	323	25	80	959	25	281
586	24	135	323	24	78	959	24	275
586	23	133	323	23	77	959	23	274
586	22	130	323	22	76	959	22	271
586	21	128	323	21	75	959	21	269
586	20	126	323	20	74	959	20	267
586	19	124	323	19	73	959	19	265
586	18	123	323	18	72	959	18	263
586	17	121	323	17	71	959	17	261
586	16	119	323	16	70	959	16	260
586	15	118	323	15	69	959	15	259
586	14	116	323	14	68	959	14	258
586	13	115	323	13	67	959	13	257

附录 D 双工况电制冷机制冰工况运行数据

制冰功率/kW	冷却水进口温度/℃	COP
3 939	30	3.964
4 120	29	4.089
4 279	28	4.196
4 422	27	4.294
4 512	26	4.396
4 595	25	4.463
4 657	24	4.474

（续表）

制冰功率/kW	冷却水进口温度/℃	COP
4 707	23	4.508
4 755	22	4.549
4 802	21	4.591
4 842	20	4.898
4 881	19	4.891
4 920	18	4.877
4 959	17	4.857
4 998	16	4.904
5 036	15	5.009
5 075	14	5.119
5 113	13	5.225
5 151	12	5.328
5 190	11	5.435
5 228	10	5.538
5 265	9	5.654
5 303	8	5.755
5 333	7.22	5.841

附录 E　负荷数据

表格显示一天 48 个优化周期的原负荷值，可平移负荷，可调整负荷，以及电价。

附表 E-1　全天负荷参数

时　间	预测负荷/(p.u.·h)	实际负荷/(p.u.·h)	预测风能/(p.u.·h)	实际风能/(p.u.·h)	预测光伏/(p.u.·h)	实际光伏/(p.u.·h)	上海非夏季电价/(元/度)
00:00～00:30	0.333 333	0.322 043	0.041 176	0.026 471	0	0	0.35
00:30～01:00	0.25	0.238 286	0.047 059	0.038 235	0	0	0.35
01:00～01:30	0.216 667	0.226 296	0.047 059	0.041 176	0	0	0.35
01:30～02:00	0.166 667	0.160 03	0	0.047 059	0	0	0.35
02:00～02:30	0.183 333	0.180 236	0	0.044 118	0	0	0.35
02:30～03:00	0.15	0.153 334	0.047 059	0.041 176	0	0	0.35
03:00～03:30	0.125	0.129 062	0.041 176	0.029 412	0	0	0.35
03:30～04:00	0.116 667	0.118 534	0.041 176	0.041 176	0	0	0.35
04:00～04:30	0.15	0.143 608	0.047 059	0.035 294	0	0	0.35

（续表）

时 间	预测负荷/(p.u.·h)	实际负荷/(p.u.·h)	预测风能/(p.u.·h)	实际风能/(p.u.·h)	预测光伏/(p.u.·h)	实际光伏/(p.u.·h)	上海非夏季电价/(元/度)
04:30～05:00	0.166 667	0.160 667	0.041 176	0.026 471	0	0	0.35
05:00～05:30	0.208 333	0.210 641	0.029 412	0.020 588	0	0	0.35
05:30～06:00	0.25	0.237 814	0.035 294	0.023 529	0	0	0.35
06:00～06:30	0.358 333	0.346 354	0.023 529	0.023 529	0	0	0.714
06:30～07:00	0.433 333	0.452 691	0.017 647	0.023 529	0.008	0.012	0.714
07:00～07:30	0.5	0.518 413	0.023 529	0.011 765	0.016	0.02	0.714
07:30～08:00	0.541 667	0.560 188	0.035 294	0.026 471	0.028	0.028	0.714
08:00～08:30	0.583 333	0.611 862	0.005 882	0	0.028	0.04	1.167
08:30～09:00	0.65	0.687 341	0.017 647	0.005 882	0.04	0.044	1.167
09:00～09:30	0.75	0.783 515	0.011 765	0.002 941	0.044	0.044	1.167
09:30～10:00	0.833 333	0.875 913	0	0	0.048	0.052	1.167
10:00～10:30	1	0.963 917	0.011 765	0	0.06	0.064	1.167
10:30～11:00	0.891 667	0.942 928	0.023 529	0.014 706	0.064	0.064	1.167
11:00～11:30	0.875	0.909 674	0.023 529	0.017 647	0.076	0.064	0.714
11:30～12:00	0.916 667	0.971 493	0.029 412	0.017 647	0.08	0.076	0.714
12:00～12:30	0.85	0.835 554	0.011 765	0	0.08	0.08	0.714
12:30～13:00	0.875	0.840 13	0.011 765	0.002 941	0.08	0.08	0.714
13:00～13:30	0.9	0.862 835	0.023 529	0.011 765	0.08	0.064	0.714
13:30～14:00	0.916 667	0.875 463	0.023 529	0.014 706	0.08	0.068	0.714
14:00～14:30	0.883 333	0.920 093	0.029 412	0.017 647	0.08	0.06	0.714
14:30～15:00	0.858 333	0.887 207	0.017 647	0.017 647	0.08	0.064	0.714
15:00～15:30	0.8	0.831 417	0.011 765	0	0.08	0.056	0.714
15:30～16:00	0.75	0.784 724	0.023 529	0.014 706	0.076	0.052	0.714
16:00～16:30	0.708 333	0.688 194	0.029 412	0.020 588	0.076	0.044	0.714
16:30～17:00	0.633 333	0.632 426	0.011 765	0.023 529	0.056	0.032	0.714
17:00～17:30	0.616 667	0.656 524	0.029 412	0.035 294	0.032	0.016	0.714
17:30～18:00	0.541 667	0.541 386	0.035 294	0.044 118	0.02	0.012	0.714
18:00～18:30	0.483 333	0.505 212	0.035 294	0.044 118	0.010 4	0	1.167
18:30～19:00	0.416 667	0.430 928	0.029 412	0.044 118	0	0	1.167
19:00～19:30	0.391 667	0.382 95	0.041 176	0.044 118	0	0	1.167
19:30～20:00	0.408 333	0.382 85	0.047 059	0.035 294	0	0	1.167
20:00～20:30	0.375	0.389 125	0	0.05	0	0	1.167
20:30～21:00	0.466 667	0.488 528	0.047 059	0.05	0	0	1.167
21:00～21:30	0.416 667	0.399 934	0.035 294	0.05	0	0	0.714

（续表）

时间	预测负荷/(p.u.·h)	实际负荷/(p.u.·h)	预测风能/(p.u.·h)	实际风能/(p.u.·h)	预测光伏/(p.u.·h)	实际光伏/(p.u.·h)	上海非夏季电价/(元/度)
21:30～22:00	0.4	0.388 103	0.029 412	0.05	0	0	0.714
22:00～22:30	0.433 333	0.429 069	0.035 294	0.05	0	0	0.35
22:30～23:00	0.366 667	0.378 004	0.035 294	0.044 118	0	0	0.35
23:00～23:30	0.35	0.362 64	0	0.041 176	0	0	0.35
23:30～24:00	0.383 333	0.384 669	0.047 059	0.035 294	0	0	0.35

附表 E－2　可平移负荷分段情况

时间	负荷 1 (5 h)	时间	负荷 2 (5 h)	时间	负荷 3 (5 h)
00:00～00:30	0.02	00:30～01:00	0.02	07:00～07:30	0.01
00:30～01:00	0.035	01:00～01:30	0.045	07:30～08:00	0.02
01:00～01:30	0.04	01:30～02:00	0.056	08:00～08:30	0.035
01:30～02:00	0.03	02:00～02:30	0.07	08:30～09:00	0.03
02:00～02:30	0.02	02:30～03:00	0.01	09:00～09:30	0.043
				09:30～10:00	0.03
				10:00～10:30	0.01
				10:30～11:00	0.025
时间	负荷 4 (5 h)	时间	负荷 5 (4 h)	时间	负荷 6 (5 h)
09:00～09:30	0.01	09:30～10:00	0.06	12:30～13:00	0.01
09:30～10:00	0.06	10:00～10:30	0.06	13:00～13:30	0.06
10:00～10:30	0.05	10:30～11:00	0.06	13:30～14:00	0.05
10:30～11:00	0.07	11:00～11:30	0.04	14:00～14:30	0.07
		11:30～12:00	0.04		
		12:00～12:30	0.01		
时间	负荷 7 (4 h)	时间	负荷 8 (5 h)	时间	负荷 9 (5 h)
15:30～16:00	0.06	17:00～17:30	0.1	18:30～19:00	0.01
16:00～16:30	0.06	17:30～18:00	0.1	19:00～19:30	0.06
16:30～17:00	0.06	18:00～18:30	0.1		
17:00～17:30	0.04	18:30～19:00	0.08		
17:30～18:00	0.04				
18:00～18:30	0.01				

附录F　含风-光-荷-储的用户端主要参数

F-1　电价参数

目前我国各省市普遍采用峰谷电价。本文案例上网电价划分为三个时段，弃风时段为0:00～3:59，低电价时段为4:00～7:59和22:00～23:59，取0.3元/kW·h；高电价时段为8:00～21:59，取0.5元/kW·h。电网售电价格划分为两个时段，8:00～21:59执行高峰电价，取0.7元/kW·h；0:00～7:59和22:00～23:59执行低谷电价，取1.2元/kW·h。可再生能源发电补贴取0.35元/kW·h。

附表F-1　用户负荷参数

负荷类型	编号 i	运行功率 P_i/kW	工作时间
可平移负荷	1	0.8	3 h
	2	0.5	3 h
	3	0.4	2 h
可中断负荷	4	0.4	3 h
	5	0.2	3 h
可调负荷	6	[0.4，1]	t=12～14
	7	[0.4，1]	t=19～22

附录G　区域电网的主要拓扑结构

G-1　输电层的主要网架结构

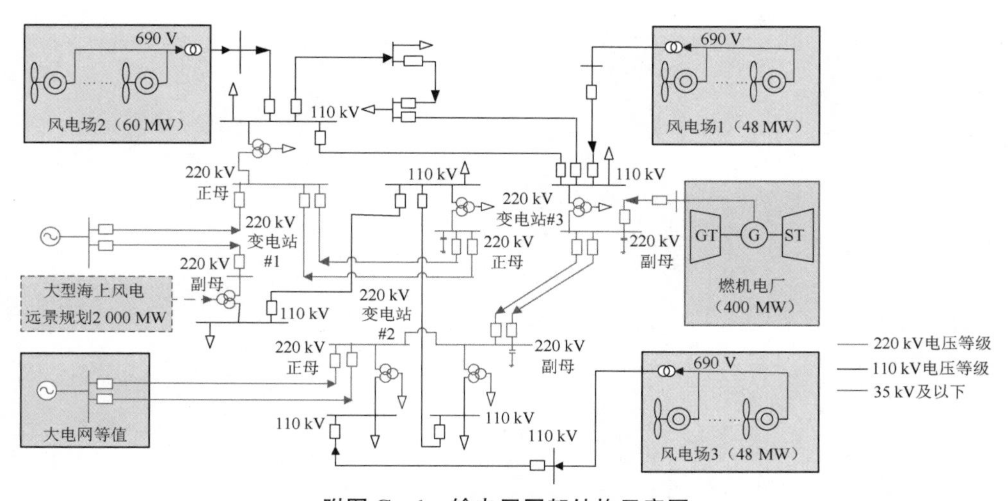

附图G-1　输电层网架结构示意图

G-2 配电层片区 A 的拓扑结构

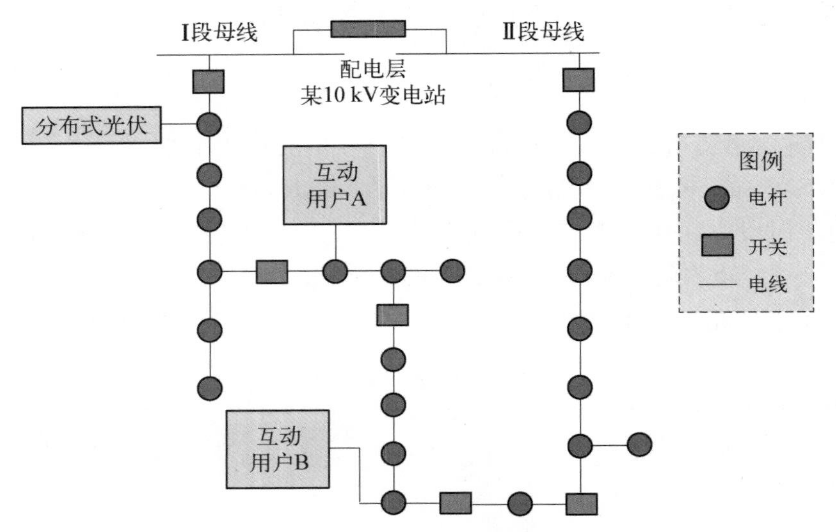

附图 G-2 配电层片区 A 拓扑结构示意图

索 引